THE GERMPLASM RESOURCES OF ORNAMENTAL PLANTS IN NINGXIA , CHINA

中国观赏植物种质资源
宁夏卷

张启翔　主编

中国林业出版社

THE GERMPLASM RESOURCES OF ORNAMENTAL PLANTS IN NINGXIA , CHINA

中国观赏植物种质资源

宁夏卷

张启翔　主编

中国林业出版社

编 委 会

主审 陈俊愉

主编 张启翔

编委 罗　乐　孔　瑾　程堂仁　潘会堂　孙　明　张玉钧　于　超
梁建国　张强英　王　佳　杨炜茹　刘红梅　冯　菁　高亦珂
李　健　潘才博　蔡　明　凌春英　董玲玲　薛　辉　吴根松
韩　东　宋　平　邓平平　马　力　张　骞　叶瑞睿　莫官站
姜　岩　王蕴红　孟　锐　黄祯强　孙霞枫　李筱帆　王学凤
严冬瑾　段　超　张景峰　金紫霖　胡伟娟　孙佳琦　石晋芳
王　琼　喇燕菲　李　卉　陈雪鹏　任翔翔

本书相关内容由
“十五”国家科技攻关计划课题“中国特有花卉种质
资源的保存、创新与利用研究”
中华人民共和国环境保护部“中国重要观赏植物种质资源调查”项目
资助完成

图书在版编目（CIP）数据

中国观赏植物种质资源·宁夏卷 / 张启翔主编. — 北京：中国林业出版社，2011.8

ISBN 978-7-5038-6267-0

Ⅰ. ①中… Ⅱ. ①张… Ⅲ. ①观赏植物—种质资源—宁夏—图集
Ⅳ. ①Q948.52-64

中国版本图书馆CIP数据核字（2011）第144192号

策　　划：邵权熙　李　惟
责任编辑：贾麦娥　李　惟

出　　版：中国林业出版社
（100009 北京西城区德内大街刘海胡同7号）
网　　址：www.lycb.forestry.gov.cn
E-mail：jiamaie@yahoo.com.cn
电　　话：(010) 83223051
发　　行：新华书店
制　　版：北京美光制版有限公司
印　　刷：北京华联印刷有限公司
版　　次：2011年8月第1版
印　　次：2011年8月第1次
开　　本：230mm × 300mm
印　　张：40
字　　数：522千字
定　　价：380.00元

作为中国观赏植物种质资源丛书的主审，又承主编张启翔博士约写宁夏卷序言。我将该丛书的第一卷宁夏卷批阅一过，详细审阅了每一页，认为这部新作确是记述我国野生观赏植物种质资源的一部巨著。该书优点甚多，举其要者，约有数端：

第一，调查翔实，搜集全面。如在一些科、属、种、变种的名称（含中译名）上，该书以中国植物志和Flora of China作主要依据和参考。如在一些种、变

用名力求科学合理，而不盲目以权威是从。如在大李属（Prunus）的分类上，即用国内外近习惯之大科大属做法，将桃、李、杏、樱等俱置于李属之下，因其共同特征为具坚硬之核（stone），故同称核果类，而未采用中国植物志的小科小属的做法。又如该书在蕨类植物及裸子植物排列分类上，均主要按中国植物志1-7卷、中国高等植物1-13卷及郑万钧1978年系统办理。至被子植物分类，则主要采用克朗奎斯特（A. Cronquist）1981以后的新分类

《中国观赏植物种质资源·宁夏卷》序

中国观赏植物种质资源是一部规模宏大的丛书，宁夏卷是该丛书的首卷。为了这一卷，他们历时四年，参加外业和内业的人员达五十余人，共计收录了宁夏野生观赏植物种质资源90科297属649种(含亚种、变种、变型)，彩色图片近千幅，真可谓在大西北绽放了一批野生美花。为在西北、内蒙、华北等地区引种耐干旱、抗瘠薄植物提供了具体而翔实的全面资料和根据。

种的处理尤其是拉丁学名上，该书和宁夏植物志有些差异，而多以Flora of China为据，并经实地调查核实。象该书搜集到宁夏新纪录植物三种(变种)，即鼠李科的柳叶鼠李(*Rhamnus erythroxylon* Pall.)，报春花科的甘青报春(*Primula tangutica* Duby)及其变种黄甘青报春(*P. tangutica* var. *flavescens* Chen et C.M.Hu)。这些，也被视作重要的发现。因该三种(变种)都是美丽动人观赏植物，适于引种栽培后，对宁夏乃至大西北等地的风景园林，起到一定的增光添彩作用。

第二，坚持从实际出发，分类，

在农林风景园林等业绩中保证全功，名扬史册。如英国早在一二百年前大量引种我国云南高山常绿杜鹃及英格兰、苏格兰等地，取得成功，时至今日，英国人都说：没有中国的高山杜鹃，就没有英国的现代园林。又如美国在大量、系统引种我国植物种质资源上做到了系统性、大规模。美国很晚才从我国陕西等地引去大豆，而今，却成为世界大豆的第一生产国。国人现在吃的(大)豆油，多由美国进口。多么令人汗颜啊！世人大都知道中国植物种质

Resources of Ornamental Plants in Ningxia, China"。

②照片多而好，但当注明摄影者之地点。

③书稿中出现一些笔误和印刷错误，我已大部加以改正。

九五叟 陈俊愉于

北京林业大学

梅菊斋中

时在2011.[illegible].11.

陳俊愉印

系统，凡此种种，都是该书重视与时俱进和弘扬祖国科学家杰出成果的具体表现。

第三，该书图文并茂，丰富多采，精心印制，装订大方、然后并将宁夏全部野生观赏种质资源列表附于书后，以便查阅。应该说，该书编著者是全心全意地为风景园林业服务，为全国人民服务的。

关于野生植物种质资源之特殊重要性，我要在此强调一下，国际上一贯极为重视，我国有识之士纷纷高呼，只有掌握了种质资源，才可

资源丰实异常，长任美国的英国植物学家威尔逊（E.H. Wilson）1929著书，即名"中国，花园的母亲"，从此，我国即以世界园林之母而闻名全球。但是，中国植物为世界做出了贡献，是無地的具有显著的植物资源多样性，都在其本土上表现出风景园林应用中的少样性，凡此种种，亟应引起全国上下的重视，并及时改正才好。而野生观赏植物种质资源之系统调查与核实，则系这一系统工程的第一步。

顺便，也就该书提出几点意见和建议：

①该书英名可更改为："The Germplasm

Foreword/序 言

中国观赏植物种质资源是一部规模宏大的丛书，宁夏卷是该丛书的首卷。为了这一卷，他们历时四年，参加外业与内业的人员达五十余人，共计收录了宁夏野生观赏植物种质资源90科297属649种（含亚种、变种、变型），彩色图片近千幅，真可谓在大西北绽放了一批野生美花，为在西北、内蒙古、华北等地区引种耐干旱、抗瘠薄植物提供了具体而翔实的全面资料与根据。

作为中国观赏植物种质资源丛书的主审，又承主编张启翔博士约写宁夏卷序言，我将该丛书的第一卷宁夏卷批阅一过，详细审阅了每一页，认为这部新作确是记述我国野生观赏植物种质资源的一部巨著，该书优点甚多，举其要者，约有数端：

①调查翔实，搜集全面。如在一些科、属、种与变种的名称（含中译名）上，该书以《中国植物志》和*Flora of China* 作主要依据和参考，如在一些种与变种的处理，尤其是拉丁学名上，该书与《宁夏植物志》有些差异，而多以*Flora of China*为据，再经实地调查复核而定。像该书搜集到宁夏新记录植物三种（变种），即鼠李科的柳叶鼠李（*Rhamnus erythroxylon* Pall.），报春花科的甘青报春（*Primula tangutica* Duthie）及其变种黄甘青报春（*P. tangutica* var. *flavescens* Chen et C.M.Hu）。这些应被视作重要的发现，因该三种（变种）都是美丽动人的观赏植物，当可在引种栽培后，对宁夏及至大西北等地的风景园林起到一定的增光添彩作用。

②坚持从实际出发，分类、用名力求科学合理，而不盲目以权威是从。如在大李属（*Prunus*）的分类上，即用国内外原已习惯之大科大属做法，将桃、李、杏、梅、樱等俱置于李属之下，因其共同特征为具坚硬之核（stone），故同称核果类，而未采用《中国植物志》的小科小属的做法；又如该书在蕨类植物及裸子植物排列分类上，均主要按《中国植物志》2~7卷、《中国高等植物》2~3卷及郑万钧1978年系统办理。至被子植物分类，则主要采用克朗奎斯特（A. Cronguist）1981年以后的新分类系统。凡此种种，都是该书重视与时俱进和弘扬祖国科学家杰出成果的具体表现。

③该书图文并茂，丰富多彩，精心印刷，装订大方，并将宁夏全部野生观赏种质资源列表附于书后，以便查阅。应该说，该书编著者是全心全意地为风景园林业服务，为全国人民服务的。

关于野生植物种质资源之特殊重要性，我要在此强调一下，国际上一贯极为重视，各国有识之士纷纷高呼，只有掌握了种质资源，才可在农林、风景园林等业绩中保证全功，名扬史册。如英国早在一二百年前大量引种我国云南高山常绿杜鹃至英格兰、苏格兰等地，取得成功。时至今日，英国人都说：“没有中国的高山杜鹃，就没有英国的现代园林。”又如美国在大量、系统引种我国植物种质资源上，做到了系统性与大规模。美国很晚才从我国陕西等地引去大豆，如今，却成为世界大豆的第一生产国。国人现在吃的（大）豆油，多由美国进口，多么令人汗颜啊！

世人大都知道中国植物种质资源丰富异常，长住美国的英国植物学家威尔逊（E.H.Wilson）1929年著书，即名《中国，花园的母亲》。从此，我国即以世界园林之母而闻名全球。但是，中国植物为世界做出了贡献，虽然她具有显著的植物资源多样性，却在其本土上表现出风景园林应用中的少样性。凡此种种，亟应引起举国上下的重视，并及时改正才好。而野生观赏植物种质资源之系统调查与核实，则系这一系统工程的第一步。

顺便，也给该书提出几点意见和建议：

1.该书英名可否改为：The Germplasm Resources of Ornamental Plants in Ningxia，China 。

2.照片多而好，但当注明摄影者与地点。

3.书稿中出现一些笔误和印刷错误，我已大部加以改正。

九五叟　**陈俊愉**

于北京林业大学梅菊斋中

时在2011年7月11日

Preface / "中国观赏植物种质资源"前言

我国幅员辽阔，各地区气候、土壤及地形差异较大，兼有热带、温带、寒带三大类型，复杂的地理环境孕育了种类繁多的野生植物资源，拥有高等植物达30000多种，是世界物种资源最丰富的国家之一，也是世界重要栽培作物的起源中心。

威尔逊（Wilson E. H.）曾于1899–1918年期间来华5次，搜集野生观赏植物1000多种，他在1929年出版的《中国，花园之母》（*China, Mother of Gardens*）一书中写到："中国的确是世界花园之母，因为在一些国家中，我们的花园深深受惠于她，那里优异独特的植物，从早春开花的连翘、玉兰，夏季的牡丹、芍药、蔷薇、月季，秋天的菊花，显然都是中国贡献给这些园林的丰富花卉资源。还有现代月季的亲本、温室杜鹃、报春，吃的桃、橙、柠檬、葡萄、柚等都是。老实说来，美国或欧洲的园林中无不具备中国的代表植物，而这些都是乔木、灌木、草花和藤木中最好的。假如中国原产的这些花卉全部撤离的话，我们的花园必将为之黯然失色。"细细考证起来，中国的观赏植物流传国外已有1000多年的悠久历史，约公元5世纪，荷花就经朝鲜传入日本；7世纪茶花又传到日本，后来流入欧美；约8世纪起，梅花、牡丹、芍药、菊花等也相继传入日本；石竹于1702年首次传入英国，翠菊于1728年传入法国，紫薇于1747年传至欧美；现代月季的关键性杂交亲本'月月红'、'月月粉'、'淡黄'香水月季、'彩晕'香水月季等也先后于1791–1824年引入英国。此外，还有很多外国人士到中国来搜集野生和栽培的观赏植物资源。英国人乔治・福礼士（George Forrest）自1904年陆续搜走了300多种杜鹃属植物；北美引种中国的乔灌木在1500种以上，英国爱丁堡皇家植物园来自中国的观赏植物也有1500多种，意大利引种中国的观赏植物约达1000种，德国露地栽培的观赏植物约50%的种源来自中国，荷兰近40%的园林植物自中国引入。由此可见中国观赏植物对世界的贡献。

作为世界园林之母，我国的观赏植物种质资源具有突出的特点：

（1）物种多样性丰富

中国拥有许多北半球其它地区早已灭绝的古老孑遗植物，特有的属、种很多，如著名的观赏植物金钱松、银杉、银杏、水杉、观光木、珙桐、鸡麻、水松、翠菊、猬实、南天竹、梅花、菊花、牡丹、紫斑牡丹、月季花、香水月季、羽叶丁香等，得天独厚。

中国原产的乔灌木有8000多种，是世界乔灌木资源最丰富的国家。山茶属占世界的88.6%；杜鹃花属占世界的58.9%；蔷薇属占世界的47.5%；丁香属占世界的86.7%；金粟兰属和泡桐属占世界的100%。草本资源也很丰富，在若干科、属中尤为突出。如兰属中国

占世界的62.5%；兜兰属占世界的28%；杓兰属占世界的70%；万代兰属占世界的25%；百合属占世界的50%；石蒜属占世界的75%；报春花属占世界的58.8%；落新妇属占世界的60%；龙胆属占世界的59.9%；乌头属占世界的70%。

中国花卉栽培的历史有3000多年，中国原产和栽培历史悠久的花卉，常具有变异广泛、类型丰富、品种多样的特点，中国名花资源数量大，世界少有，品种丰富。如梅花，梅花枝条有直枝、垂枝和曲枝等变异，花有洒金、台阁、绿萼等变异，形成的品种达300多个；牡丹已有1000多个品种；菊花有3000多个品种；月季、蔷薇、紫薇、山茶、丁香、杜鹃、芍药、蜡梅、桂花等更是丰富多彩、名品繁多，深受中国人民的喜爱。

(2)植物遗传品质突出

我国的观赏植物种质资源不仅丰富，而且还有许多独特的优良性状。在花期方面，早花和特早类型多，如梅花、蜡梅、迎春、瑞香、金缕梅、香荚蒾、迎红杜鹃、二月蓝、山桃、连翘、水仙、寒兰、冬樱花等；四季或两季开花类型多，如四季桂、四季米兰、月季花、香水月季、小叶丁香、金露梅等。在花香方面，如蜡梅、梅花、水仙、春兰、米兰、玉兰、栀子、玫瑰、桂花、茉莉、结香、瑞香、夜来香、百合、丁香、含笑等，香者众多，且各具特色。花色方面，由于很多植物的科或属缺少黄色的种质，因此这些黄色的种和品种被世界视为极为珍贵的植物资源，而中国有着很多重要的黄色花基因资源。如中国的金花茶、梅花品种‘黄香’梅、黄牡丹、大花黄牡丹、蜡梅、黄凤仙等资源对我国乃至世界花卉新品种育种起到了重要作用。

此外，奇异的类型和品种也非常丰富。如变色类的品种、台阁类型品种、龙游品种、枝条下垂的品种、微型与巨型种类与品种等。而抗性强的种类和品种也较多，如抗寒的疏花蔷薇、弯刺蔷薇、‘耐冬’山茶；抗旱的锦鸡儿；耐热的紫薇、深水荷花；抗病耐旱的玫瑰、榆；耐盐的楝树、沙枣；适应性强的水杉、圆柏等。

然而，我国如此丰富多彩、特色鲜明的观赏植物种质资源却尚未被系统、全面的调查研究，家底不清，而且栽培所涉及的种类只占所有观赏植物种质资源很少的比例。据粗略统计，中国有直接开发价值的观赏植物种质资源在1000种以上，有发展潜力的在10000种左右，但现今栽培应用的仍很少。现在市场上很多盆花、切花及露地栽培的观赏植物都是舶来品，而这些舶来品很大一部分是20世纪初国外从中国引种的资源中选育出来的！另一方面，

我们也注意到，相当数量观赏植物资源受到了严重的破坏，有的甚至濒临灭绝或已经消失。不少野生种被大量挖取牟利或因为设施建设而大面积毁灭，如兰花资源破坏相当严重，有的甚至遭到搜山清空的厄运；一些野生植物因为药用也被大肆挖掘滥采，在物种量剧减的同时其生存环境也遭到严重毁坏，如棒槌石斛、桃儿七、羽叶丁香、雪莲等；还有一些珍贵的野生观赏植物资源尚在深山人未识，缺乏科学有效的保护利用机制，无法保证其物种在环境中应有的地位和价值的发挥。

鉴于我国观赏植物种质资源的现状，国家科技部、环保部和国家林业局等部委都高度重视，决定对全国的观赏植物种质资源情况进行调查、摸底、备案，然后通过后期的网络平台管理和新政策法规的制订，以期对我国观赏植物种质资源的现状及保护利用进程进行全面、科学监督和指导。北京林业大学拥有全国最早的园林植物与观赏园艺学科和博士点，长期从事观赏植物种质资源的调查、搜集、评价及引种育种研究。从“十五”期间开始，承担国家科技部“中国特有花卉种质资源的保存、创新与利用研究”项目；后又承担国家环保部“中国重要观赏植物种质资源调查”项目，陆续对云南、贵州、四川、广西、海南、福建、河北、宁夏、甘肃、新疆、青海、吉林、西藏等省（自治区、直辖市）的资源状况进行调查研究，有的仍在继续进行中。调查内容包括区域观赏植物资源状况及重点科属观赏植物资源状况。通过调查和后期的评价整理，已经积累了大量的原始资料，对我国现有的观赏植物种质资源状况有了较全面的了解。我们希望通过专著的形式，以省（自治区、直辖市）为单位陆续出版，每卷主要涉及该地区的观赏植物资源概况和现状、重点观赏植物资源的分类和评价，主要物种的详细信息（主要特征、分布、生境、生活习性、园林应用价值等）和精美的图片，让同行了解最新的信息，为保护资源和科学利用资源作出贡献。

希望“中国观赏植物种质资源”的出版能给读者们带来帮助和启发；也由于编者知识有限，书中难免会有疏漏和错误之处，恳请大家批评指正。在此，谨代表丛书编写组全体同仁向广大读者和所有帮助、支持本书出版的个人与单位表示衷心的感谢！

中国观赏植物种质资源编写组

2011-7

Preface/“宁夏卷”前言

宁夏回族自治区地处我国西北内陆，为典型的大陆性半湿润半干旱气候，南北气候差异大。宁夏地理面积仅6.6万平方千米，但特殊的地理环境和气候条件使得宁夏植物资源十分丰富，是我国西北地区重要的天然种质资源宝库，拥有种子植物(不包括栽培植物) 1400余种（不含种下等级），主要分布在六盘山、贺兰山和罗山等林区，其中很多都具有较高的观赏价值和开发潜力。为了解宁夏野生花卉资源现状，本课题组从2007年到2010年对宁夏的野生植物进行了系统调查，并参考相关资料对宁夏野生花卉资源的特点进行了科学的评价，认为宁夏干旱半干旱地区特殊的气候地理条件孕育了相当丰富的抗逆性突出的观赏植物资源，这也是宁夏野生观赏植物资源最显著的特点之一。特别是在花灌木、花果灌木、花境花卉等方面都储备有丰富的野生种质资源，这对丰富西北干旱区园林绿化种类也具有特殊的指导意义。

经后期不断地整理，本书共收录了宁夏野生观赏植物资源90科297属649种（其中亚种3种，变种44种，变型4种），彩色图片1000余幅。在总论部分对所有资源进行了科学的评价分类，而各论部分则对388种（包括种下类型）重点观赏植物资源给予详细的说明，包括简要特征的形态描述、分布及分布量、分布示意图、观赏形态彩图、生态习性、观赏特性及园林应用等。所有物种具有拉丁名，如有中文别名各论部分也一并列出，并在书末附有植物拉丁名科、属、种和中文科、属、种及别名的索引，方便读者查找及对照。

本书中各科属的排列，蕨类及裸子植物主要参照《中国植物志》（第2至7卷）、《中国高等植物》（第2至3卷）及郑万钧裸子植物1978年系统，被子植物主要采用克朗奎斯特（A. Cronquist）1981年以后的新分类系统。特别指出的是对于蔷薇科李亚科几个属的处理，由于本书是从观赏植物的角度去介绍植物资源的，故*Prunus*属沿用的是国内观赏园艺界普遍认可的大属分类（即包括了小属中的李属*Prunus*、桃属*Amygdalus*、杏属*Armeniaca*、樱桃属*Cerasus*、稠李属*Padus*等小属），并未采用《中国植物志》中的小属分类。对于科、属、种的中文译名，本书以《中国植物志》及*Flora of China*的译名为主要参考，但也有本丛书编写组比较相关文献后的集体共识，并在别名里尽量收录其他植物志或文献的叫法，以便读者参考。对于一些种与变种的处理及其拉丁名称，本书与《宁夏植物志》（2006版）有差异，主要以*Flora of China*列出的分类地位为准。根据调查后期鉴定核实，本书收录了宁夏新记录3种，即鼠李科鼠李属的柳叶鼠李（*Rhamnus erythroxylon*），报春花科报春花属的甘青报春（*Primula tangutica*）及其变种黄甘青报春（*P. tangutica* var. *flavescens*）。

为了便于读者更直观地了解宁夏植物资源及其分布情况，本书以宁夏地图为底图，用颜色的深浅表示分布量的多少。颜色深的部分为物种较为集中的区域，颜色浅的部分为零散分布区。如右图为狭叶草原石头花（*Gypsophila davurica* var. *augustifolia*）在宁夏的分布示意图。

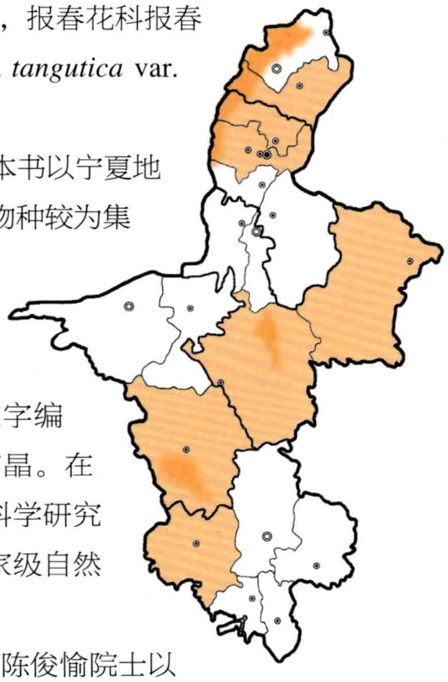

本书完成历时四年，参与外业调查、后期资料整理及文字编撰工作的人员50余人，是团队同心协力、通力合作的智慧结晶。在调查、收集、整理及补充材料的过程中，还得到了宁夏林业科学研究所、宁夏六盘山林业局、红梅园艺产业集团、宁夏贺兰山国家级自然保护区管理局的支持，在此表示衷心的感谢。

在这里，我们要特别感谢陈俊愉院士为本书审稿并作序。陈俊愉院士以95岁高龄，冒着酷暑对书稿每一页、每一段都进行了细致、认真的审阅，指出了书稿中存在的问题与不足，并提出了具体的修改意见和建议。陈俊愉院士严谨的治学态度，一丝不苟的精神不断激励和鞭策作者认真做好本卷的编写工作。

本书图片除文中个别标注的图片作者外，其他皆为该丛书考察队集体摄影。

本书编写虽经努力，几经修改，成稿后又多次校正，但仍感水平有限，书中难免有遗漏、不足之处，还望广大读者不吝批评指正，以便再版时能修正、更新、充实、提高。

编者

2011–7

Contents/目录

序言

“中国观赏植物种质资源”前言

“宁夏卷”前言

总论

第一章　宁夏自然地理环境

1.1　地理地貌特征 / 2

1.2　气候资源 / 4

1.3　土壤特点 / 6

1.4　植被状况 / 8

第二章　宁夏植被

2.1　宁夏植被状况 / 11

2.2　宁夏主要植物分布区资源现状 / 13

2.3　珍稀濒危植物 / 26

第三章　宁夏观赏植物

3.1　观赏植物栽培及应用历史 / 32

3.2　观赏植物种质资源特点及评价 / 37

各论

木贼科	EQUISETACEAE	/ 70
蕨科	PTERIDIACEAE	/ 70
铁角蕨科	ASPLENIACEAE	/ 71
水龙骨科	POLYPODIACEAE	/ 71
松科	PINACEAE	/ 72
柏科	CUPRESSACEAE	/ 73
麻黄科	EPHEDRACEAE	/ 74
毛茛科	RANUNCULACEAE	/ 75
小檗科	BERBERIDACEAE	/ 87
罂粟科	PAPAVERACEAE	/ 96
紫堇科	FUMARIACEAE	/ 98
榆科	ULMACEAE	/ 101
壳斗科	FAGACEAE	/ 103
桦木科	BETULACEAE	/ 103
石竹科	CARYOPHYLLACEAE	/ 104

Contents/目录

蓼科	POLYGONACEAE	/108
白花丹科	PLUMBAGINACEAE	/110
芍药科	PAEONIACEAE	/111
藤黄科	GUTTIFERAE	/112
锦葵科	MALVACEAE	/113
堇菜科	VIOLACEAE	/114
柽柳科	TAMARICACEAE	/114
杨柳科	SALICACEAE	/116
十字花科	BRASSICACEAE	/118
报春花科	PRIMULACEAE	/120
绣球花科	HYDRANGEACEAE	/127
茶藨子科	RIBESIACEAE	/128
景天科	CRASSULACEAE	/130
虎耳草科	SAXIFRAGACEAE	/131
蔷薇科	ROSACEAE	/132
蝶形花科	PAPILIONACEAE	/162
胡颓子科	ELAEAGNACEAE	/178
瑞香科	THYMELAEACEAE	/180
柳叶菜科	ONAGRACEAE	/181
山茱萸科	CORNACEAE	/181
卫矛科	CELASTRACEAE	/182
大戟科	EUPHORBIACEAE	/183
鼠李科	RHAMNACEAE	/184
葡萄科	VITACEAE	/186
亚麻科	LINACEAE	/187
远志科	POLYGALACEAE	/187
槭树科	ACERACEAE	/188
无患子科	SAPINDACEAE	/190
芸香科	RUTACEAE	/190
蒺藜科	ZYGOPHYLLACEAE	/191
牻牛儿苗科	GERANIACEAE	/192
凤仙花科	BALSAMINACEAE	/195
五加科	ARALIACEAE	/195
伞形科	UMBELLIFERAE	/196
龙胆科	GENTIANACEAE	/199
夹竹桃科	APOCYNACEAE	/203
萝藦科	ASCLEPIADACEAE	/204
茄科	SOLANACEAE	/206
旋花科	CONVOLVULACEAE	/208
花荵科	POLEMONIACEAE	/209
紫草科	BORAGINACEAE	/209
唇形科	LABIATAE	/212
木犀科	OLEACEAE	/220
玄参科	SCROPHULARIACEAE	/222
列当科	OROBANCHACEAE	/228
紫葳科	BIGNONIACEAE	/228
桔梗科	CAMPANULACEAE	/229
茜草科	RUBIACEAE	/231
忍冬科	CAPRIFOLIACEAE	/231
败酱科	VALERIANACEAE	/241
川续断科	DIPSACACEAE	/242
菊科	COMPOSITAE	/243
天南星科	ARACEAE	/262
禾本科	GRAMINEAE	/263
百合科	LILIACEAE	/265
鸢尾科	IRIDACEAE	/270
兰科	ORCHIDACEAE	/272

参考文献 /274
附录：宁夏观赏植物种质资源名录 /277
植物中文名拼音索引（各论） /288
植物拉丁名索引（各论） /295

GENERAL 总论

第一章

宁夏自然地理环境

宁夏回族自治区位于东经104°17′～107°39′，北纬35°14′～39°23′，我国西北地区东部的黄河中上游，东与陕西省相连，南邻甘肃，西、北与内蒙古接壤，总面积为6.64万km^2。全区地势自南向北倾斜，分为三个阶梯：南部为黄土丘陵，地势高，海拔1500～2300m；中部为鄂尔多斯剥蚀台地及间山缓坡丘陵，海拔1250～2000m；北部为黄河冲积平原即宁夏平原，地势较低，海拔1100～1300m（王吉智，1990）。区内主要山脉有贺兰山、罗山、牛首山、香山、六盘山等，其中贺兰山、罗山、六盘山是宁夏的三大天然林区。

图1 宁夏地理位置及地形区划

（注：1.宁夏贺兰山区 2.宁夏北部平原 3.宁夏中部干草原风蚀沙化区 4.宁夏南部黄土高原 5.宁夏南部六盘山区）

宁夏深居内陆，为典型的大陆性半湿润半干旱气候，南北气候相差大，南寒北暖、南湿北干，冬长夏短。全年干旱少雨、境内日照充足、蒸发量大、风大沙多、无霜期短。该区特殊的地理环境形成了以水分因素为主导的植物生态条件差异较大，导致了类型不同的植被带。

1.1 地理地貌特征

1.1.1 地形地势

宁夏地处我国地质、地貌“南北中轴”的北端，在华北台块、阿拉善台块与祁连山褶皱之间（王连喜，2008）。西、北、东三面分别由腾格里沙漠、乌兰布和沙漠和毛乌素沙地相围，南面与黄土高原相连。地形南北狭长，南北相距约456km（南起泾源县六盘山的中嘴梁，北至石嘴山市头道坎的黄河江心），东西相距50～250km不等（东起盐池县柳树梁，西至中卫营盘水车站的田涝坝），中间宽，呈橄榄状。

该区域是我国地貌三大阶梯中一、二级阶梯转折过渡地带，地跨黄土高原和内蒙古高原，地势南高北低，西部高差较大，东部起伏较缓。平均海拔在1000m以上。境内地貌复杂，高原与山地交错带山地迭起，盆地错落，还有台地和沙丘。据统计，宁夏地形中丘陵46.5%，平原28.7%，山地11.9%，风沙地11.5%，其他1.4%（王吉智，1990），其中著名的山

图2 贺兰山滚钟口风景区

地有贺兰山、六盘山和罗山等。依据地形自北向南划分为：贺兰山区、北部平原、中部干草原风蚀沙化区、南部黄土高原、六盘山地。北部以干旱剥蚀、风蚀地貌为主，属于内蒙古高原的一部分；南部是黄土地貌，以流水侵蚀为主，属黄土高原(图1)。

1.1.2 地貌分区与主要特征

1.1.2.1 贺兰山区

宁夏贺兰山区是指贺兰山以东至宁夏黄河冲积平原之间的狭长地带。北起石嘴山市，南到青铜峡，南北长200km，东西宽5～30km，土地总面积2410.7km^2，海拔高度在1200m以上，最高峰为3556m (苏顺，2001) (图2)。

1.1.2.2 北部平原

宁夏平原享有“塞上江南”之美誉，西南起中卫市沙坡头，北至石嘴山，形狭长，斜贯宁夏北部。南北长约320km，东西宽10～50km，总面积达10000km^2。由黄河冲积而成的平原，地势平坦，土层深厚，引水方便，利于自流灌溉，因此又为宁夏引黄灌区的核心区域。

1.1.2.3 中部干草原风蚀沙化区

中部干草原风蚀沙化区即鄂尔多斯高原的西部，黄河斜贯其间，流程397km，水流缓和，水面宽阔，地势平坦，形成了大面积的自流灌溉区。

1.1.2.4 南部黄土高原

宁夏南部是黄土高原的一部分，海拔在1500～2000m之间，其上覆盖黄土，厚度可达100m，但薄的地方仅有1m左右，黄土厚度大致由南向北逐渐削减。由于流水的切割作用，形成起伏不定的丘陵。

1.1.2.5 六盘山区

六盘山区位于宁夏南部的黄土高原上，山脉狭长形，山体呈东南—西北走向，平均海拔在贺兰山之上，约为2500m，最高峰米缸山海拔2942m，山势高峻 (张永利 等, 2007)。六盘山是重要水源涵养林地，拥有国家级自然保护区与国家森林公园，素有“高原

图3 六盘山泾源地区

绿岛”之称。区域内森林茂密，气候凉爽，物种丰富(图3)。

1.2 气候资源

1.2.1 温度

宁夏气温呈北高南低分布，年均温5.4～9.9℃之间。南部的固原年均温为6.2℃，北部的银川、中宁、大武口是年均气温最高的地方，分别为8.6℃、9.2℃和9.4℃。贺兰山和六盘山因海拔较高，年均温为最低，分别为0.64℃和1.3℃。山脉和地形对气温影响很明显，由山下至山顶温度垂直递减，贺兰山东坡的递减率为0.53℃／100m，六盘山东坡为0.49℃／100m，六盘山西坡为0.58℃／100m。气流越过山脉下滑时，会产生干绝热增温的焚风效应，所以贺兰山东坡的年均气温普遍高于西坡约1℃，大武口紧靠东坡，焚风效应更为明显，年均气温比西坡高2.4℃。

贺兰山属于典型的中温带干旱区自然地理景观。气候特点为：中温带大陆性气候，干旱少雨，常年刮西北风，风大沙多。日照充足，蒸发强烈。冬寒长，春暖快，夏热短，秋凉早。气温年较差、日较差大，无霜期短而多变(苏顺，2001)。

六盘山属暖温带大陆性季风半湿润气候，冬夏气候交替明显。年平均温度为5.8℃，年降水量为676mm，年日照时间为2100～2400小时，无霜期为90～130天(张永利 等，2007)。

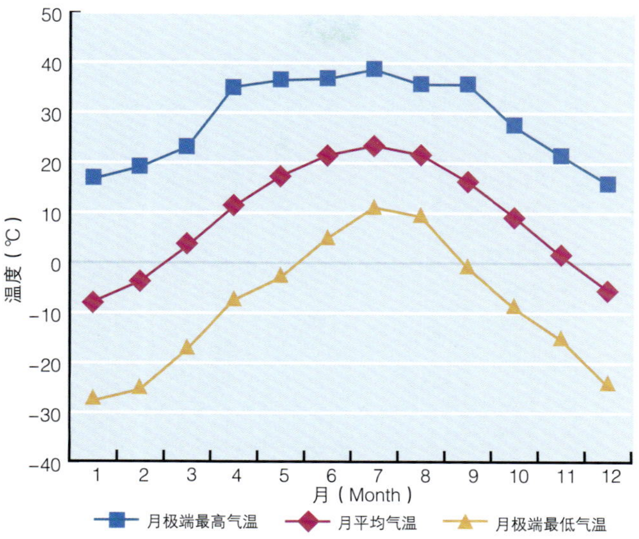

图4 宁夏银川月气温统计图(1971～2000年)

据宁夏银川1971～2000年间月气温统计，7月气温最高，1月最低，年温差较大(图4)。1～7月平均气温均呈升高趋势，8～12月平均气温又呈下降趋势，过渡季节的升温和降温速度都较大。月极端气温为18～38℃，月平均气温为-9～23℃。6～8月的夏季平均气温为22℃，凉爽而短暂；春秋平均气温为10℃左右，较为凉爽；冬季平均气温为0℃以下，寒冷而漫长。

1.2.2 降水与蒸发

1.2.2.1 降水

宁夏降水少，年均降水量为183.4～677mm，夏季约占1/2～2/3，秋季占1/3，冬季降水更少。由南向北递减，六盘山地区600mm以上，贺兰山为430mm，分别是宁夏南、北多雨中心。根据宁夏的气候状况、农牧业分布情况和生态环境条件以及传统的习惯，把宁夏划分为三个区域：引黄灌区(年降水量200mm左右)，中部干旱带(年降水量200～400mm)，南部山区(年降水量400mm以上)。各地降水曲线都呈单峰型，降水量最大值一般出现于7月下旬至8月上旬，降水量自6月以来迅速增大，9月以后，急剧减少。月平均降水量最小值一般出现于12月，占年降水量的比重各地都在0.5%以下(图5)。降水的年际变化也很大，多雨年降水量是少雨年降水量的2～6倍。降水变差系数0.2～0.46，从南向北增大，降水越少的地区降水越不稳定。

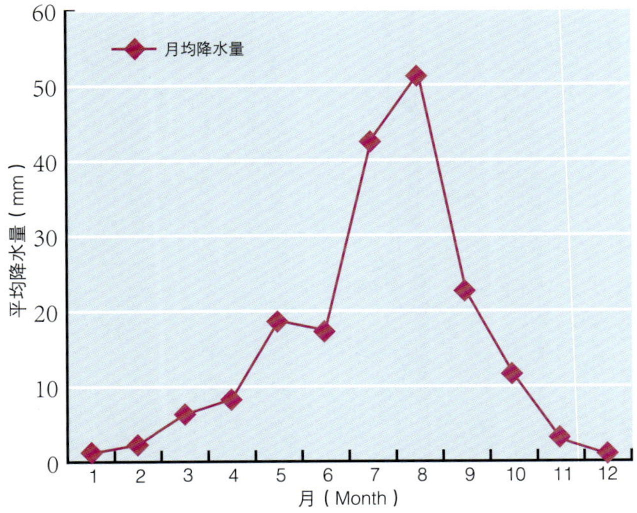

图5 宁夏银川月平均降水量统计图(1971～2000年)

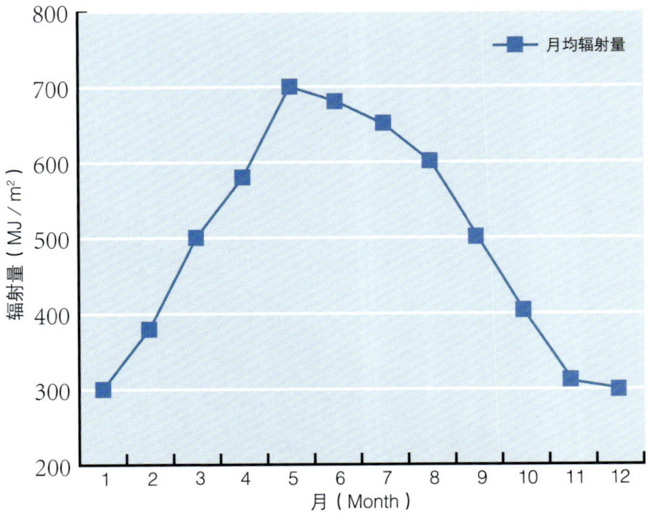

图6 宁夏年总辐射变化统计图(1971～2000年)

1.2.2.2 **蒸发**

影响蒸发的因素包括温度、风速、空气湿度和日照等。宁夏在一年中夏季蒸发量最大，冬季蒸发量最小，春秋两季介于冬夏之间。1～5月蒸发量逐渐增大，至6月达到最大值，7～12月又逐渐减小。

宁夏各地年蒸发量在1214.3～2803.4mm之间，其中同心县超过2200mm，西吉等在1312.0～1401.5mm之间。总体趋势为：以同心为高值中心向南北逐渐减小，南部至隆德为低值中心，北部至银川为低值中心，至石嘴山市又逐渐增大。

1.2.3 光照

由于宁夏位于西北内陆高原，日照时间相对较长，太阳辐射较强，为宁夏提供了得天独厚的阳光资源。全区的年太阳辐射总量为5800～6100MJ/m^2，是全国太阳辐射最丰富的地区之一，北部地区由于云雾日照数较少，直接辐射量为散射辐射的1.5倍。以麻黄山北缘—青龙罗山南麓—李旺—关桥—干盐池一线为界，气候资源南北差异明显。该线以北的宁夏中、北部地区，光能丰富，热量适中，为温带干旱区。年日照时数3000小时左右，年太阳辐射总量5711～6096MJ / m^2；该线以南的宁夏南部地区，降水稍多，热量不足，为温带半干旱区和半湿润区，年日照时数2200～2700小时，年太阳辐射总量一般为4932～5661 MJ / m^2。

太阳辐射有明显的季节变化（图6），其变化规律一般为冬季最小，春季涨速较大，夏季达到最大，秋季又速降，12月为一年最低值，平均为275 MJ/m^2，3月增加到472 MJ/m^2，6月达到最大值675 MJ/m^2，8～9月又回落到500 MJ/m^2(王连喜,2008)。

1.3 土壤特点

宁夏土壤面积约4.97万km^2，其中灰钙土占25.4%，黄绵土占23.3%，风沙土占11.5%，还有新积土、黑垆土、灌淤土等（王吉智,1990)。在土壤形成中，有机质累积、碳酸钙淋溶与淀积、氧化与还原、盐化与碱化、熟化等过程具有重要作用，决定着土壤的类型、分布和特点。

1.3.1 土壤主要类型及地域分布

1.3.1.1 **黑垆土**

主要分布在宁夏中部及南部黄土高原区，黑垆土分布地区平均年降水量300～600mm，干燥度1.0左右，土壤有机质积累较多，植被以旱生多年生草本植物为主。

1.3.1.2 **灰钙土**

主要分布在宁夏中部，向北分布在黄河冲积平原的高阶地部位及贺兰山东麓地区。灰钙土沙性大，有机质含量低，植被覆盖率较低。

1.3.1.3 **灌淤土**

集中分布于宁夏北部平原。灌淤土的主要特征是有一定厚度的灌淤熟化土层，是长期引灌含有大量泥沙的黄河水、人为耕作施肥等作用相交迭而形成的，其物理性质和化学性质良好，土壤肥力较高，适于农作物的生长。

1.3.1.4 **灰褐土**

分布于贺兰山、六盘山、罗山、南华山、西华山和月亮山等海拔较高的山地。自然植被为森林、灌丛和草被，土壤侵蚀轻微，因坡度较陡，一般土层较薄，有机质含量高。

1.3.1.5 **黄绵土**

集中分布于宁夏南部黄土高原区。黄绵土的机械组成以粉粒为主，土体松软，土层深厚，水土流失严重，有机质含量低，植被覆盖率低。

1.3.1.6 **新积土**

主要分布在丘陵间的低地、贺兰山东麓高阶地、河道两岸。新积土是一种在新近堆积的冲积物、洪积物、坡积物或人工堆垫物的成土母质上，没有或很少经过生物作用的土类，没有明显的发育特征。

1.3.1.7 **风沙土**

分布于中部沙化区，风沙土没有明显的成土过程，颗粒松散，无结构，有机质和速效养分含量甚低，唯有钾含量较高，极易风蚀。

1.3.1.8 **粗骨土和石质土**

这两种土类分布于石质山地的阳坡和近山丘陵的陡坡，海拔1500～3400m，都是岩性土，其化学性质与成土母质岩相同，无明显发育特征。

1.3.1.9 **潮土**

主要分布在宁夏平原、河滩地、低洼地和低洼湖滩边缘。有机质含量较低，速效钾含量较高。

1.3.1.10 **盐土**

在宁夏分布较广，几乎都有分布。盐土形成于地下水位较高的地区，表层盐分含量平均值为5.36%，只能生长盐生或耐盐植物。

1.3.2 土壤主要分布

1.3.2.1 **水平地带性**

宁夏土壤水平地带性自南向北为：宁夏南部的温带干草原的黑垆土、宁夏中北部的灰钙土及石嘴山落石滩一带的灰漠土。中间也有一些过渡性地区。黑垆土带北缘有少量碳酸钙沉积的斑块。

1.3.2.2 **垂直地带性**

对于垂直地带性而言，山地随着高度上升，生物、气候条件发生变化，土壤类型也发生相应变化。最高山地贺兰山，土壤垂直分布很明显，自下而上分别为：粗骨灰钙土、石灰性灰褐土、灰褐土、亚高山草甸土等(图7)。六盘山的垂直分布也很明显，自下而上依次为黑垆土或黄绵土、石灰性灰褐土、暗灰褐土、亚高山草甸土等(图8)。

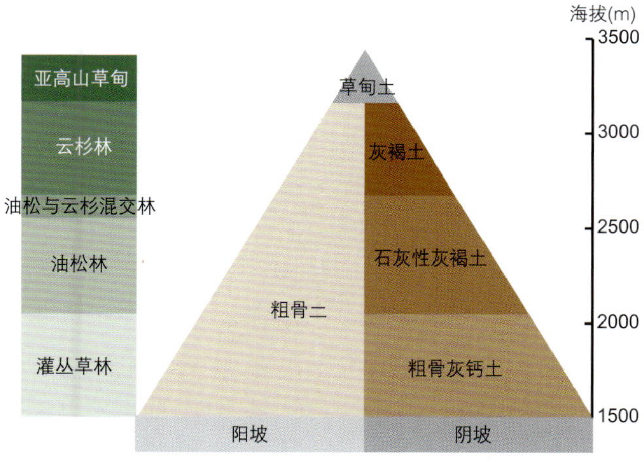

图7 贺兰山土壤垂直分布

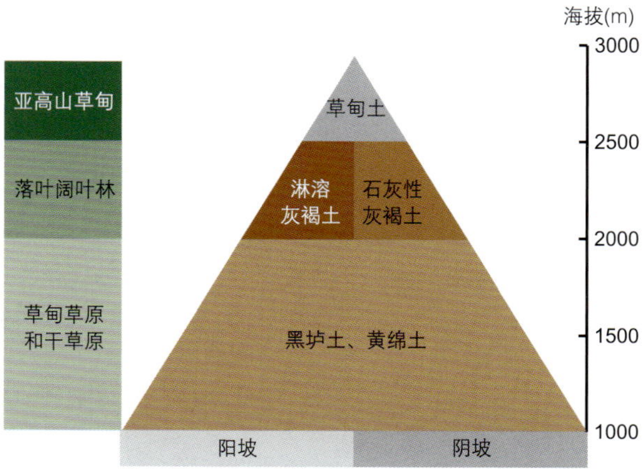

图8 六盘山土壤垂直分布

1.4 植被状况

植被具有明显的年变化和季节变化特征，是连接大气、土壤和水分的自然“纽带”。宁夏独特的地貌条件和气候特征形成了以水分因素为主导的植物生态条件差异，导致了类型不同的植被带，从南向北植被带过渡性特征明显，依次为森林草原带、干草原带、荒漠草原带和荒漠带(马德滋 等,2007)。

森林草原带分布于宁夏最南端较小地区，包括泾源县、原州区的南部、隆德县的东部及山区、西吉县的少部山区。该地区年降水量大，植物类型主要以落叶阔叶林和针叶林带、落叶灌丛、禾草杂类草为主(陈晓光 等,2007)。因受温带草原气候的控制，干草原和荒漠草原自然成为宁夏植被的主体。干草原带区域主要包括盐池、同心、海原等县的南部和西吉、隆德、原州区的大部分半干旱区。此区域年降水量为300～500mm，主要植被类型有呈片状分布的白桦林、落叶灌丛、干草原植被及草甸草群落。荒漠草原带分布于盐池、同心、海原的中北部，中卫、中宁、灵武等县(市)引黄灌区以外的山区及黄河以西至贺兰山山麓的广大地区。植被类型主要以沙生、旱生草原植被为主。荒漠带仅包括中卫黄河以北的卫宁北山、石嘴山最北端的落石滩和原陶乐县（现其行政区域分别并入平罗县和银川市兴庆区）东部边缘的鄂尔

图9 贺兰山石质山坡灌丛

图10 贺兰山青海云杉（*Picea crassifolia*）纯林

图11 贺兰山高山草原

图12 六盘山群山植被

图13 六盘山中低山灌丛草原

图14 六盘山落叶松林（*Larix principis-rupprechtii*）

多斯台地，范围较小，降水量少，分布有超旱生灌木及草原植物层片等荒漠化植被(马德滋 等，2007)。

南北水平过渡性特征明显的宁夏植被，垂直分布类型亦明显不同。其中六盘山、贺兰山地形复杂，气候与土壤的空间变化十分明显，形成复杂多样的生态环境。贺兰山植被垂直带变化明显，有高山灌丛草甸、落叶阔叶林、针阔叶混交林、青海云杉林、油松林、山地草原等多种类型。其中分布于海拔2400～3100m阴坡的青海云杉纯林是贺兰山区最重要的林带(图9至图11)。

六盘山自然保护区森林覆盖率达72.8%，植被为森林草原带，垂直分布由下而上为低山干草原、低山草甸草原、中生杂类草草甸带、落叶阔叶林带、针叶林带、亚高山中生杂类草草甸带(图12至图15)。

罗山林区的垂直分布也很明显，从山麓至山顶的顺序为：山麓荒漠草原层，浅山灌木层，油松、山杨林层，云杉林层。

图15 六盘山高海拔植被

第二章

宁夏植被

2.1 宁夏植被状况

2.1.1 植物种类组成

宁夏回族自治区总面积约为6.64万km^2。其中，耕地面积110.63万hm^2，林地面积60.64万hm^2，未利用土地面积72.95万hm^2(宁夏统计年鉴,2009)。有林地约占林地面积的20%，灌木林约占林地面积的17%，天然草地约占牧草地面积的97%，荒草地约占未利用土地面积的12%，沙地约占未利用土地面积的21%。

宁夏有种子植物(不包括栽培植物)101科493属1415种(含种下等级)，其中裸子植物3科7属11种，被子植物98科486属1404种(李登武 等,2003)，主要分布在六盘山、贺兰山和罗山的次生林区。六盘山有种子植物87科345属871种(宁夏林业厅自然保护区办公室,1988;张旭斌,2005)，贺兰山有种子植物69科294属573种、3亚种、63变种(狄维忠,1986;田连恕,1996;胡天华,2003)，罗山有种子植物66科182属294种、7变种(徐秀梅 等,1997,2001)。

2.1.2 植物区系

宁夏植物区系中的优势科、优势属多集中于温带类型。处于前10位的优势科分别为禾本科(Poaceae)、菊科(Compositae)、蔷薇科(Rosaceae)、蝶形花科 (Papilionaceae)、毛茛科 (Ranunculaceae)、藜科(Chenopodiaceae)、百合科(Liliaceae)、唇形科(Lamiaceae)、莎草科(Cyperaceae)、伞形科(Umbelliferae)(李登五 等,2003)。优势属分别为柳属 (*Salix*)、忍冬属(*Lonicera*)、李属(*Prunus*)、绣线菊属(*Spiraea*)、委陵菜属(*Potentilla*)、蒿属(*Artemisia*)、苔草属(*Carex*)、小檗属(*Berberis*)、栒子属(*Cotoneaster*)、蔷薇属(*Rosa*)、锦鸡儿属(*Caragana*)、卫矛属(*Euonymus*)、槭属(*Acer*)、茶藨子属 (*Ribes*)等(徐秀梅 等,1997,2001)。

朱源等(2007)尝试将贺兰山划分为等面积的数个高度带，从而分析其物种丰富度的海拔格局，认为贺兰山植物物种在海拔2000m处最丰富。含有20种以上的优势科有10个，分别为禾本科(Poaceae)、菊科(Compositae)、蝶形花科 (Papilionaceae)、藜科(Chenopodiaceae)、蔷薇科(Rosaceae)、毛茛科(Ranunculaceae)、百合科(Liliaceae)、莎草科(Cyperaceae)、蓼科 (Polygonaceae)、十字花科(Brassicaceae) (胡天华,2003)。该地区有野生禾本科植物41属、112种、6变种，主要分布在海拔1400～3000m之间，且呈现南多北少的分布状况 (解新明 等,1999)。贺兰山自然保护区因其独特的地理位置，以及自然条件的变迁和人为因素的干扰，形成了一些当地的珍稀和濒危的物种，包括四合木(*Tetraena mongolica*)、沙冬青(*Ammopiptanthus mongolicus*)、野大豆(*Glycine soja*)、羽叶丁香(*Syringa pinnatifolia*)、蒙古扁桃 (*Prunus mongolica*)、小叶朴(*Celtis bungeana*)、花叶海棠(*Malus transitoria*)、西北沼委陵菜(*Comarum salesovianum*)、青杨(*Populus cathayana*)、文冠果(*Xanthoceras sorbifolia*)、金花忍冬(*Lonicera chrysantha*)、霸王(*Sarcozygium xanthoxylon*)、荆条(*Vitex chinensis*)、凹舌兰(*Coeloglossum viride*)等。

六盘山植物区系中含有10种以上的科有22个，约占种子植物总科数的24%；共237属，约占种子植物总属数的66%；含627种，占种子植物总种数的75%(戴君虎 等,2007)。优势科有：蔷薇科(Rosaceae)、菊科(Compositae)、禾本科(Poaceae)、豆科(Leguminosae)、毛茛科(Ranunculaceae)、百合科(Liliaceae)、忍冬科(Caprifoliaceae)、唇形科(Lamiaceae)、伞形科(Umbelliferae)、莎草科(Cyperaceae)、玄参科(Scrophulariaceae)、石竹科(Caryophyllaceae)、十字花科(Brassicaceae)、藜科(Chenopodiaceae)等。优势属有：苔草属(*Carex*)、忍冬属(*Lonicera*)、委陵菜属(*Potentilla*)、柳属(*Salix*)、蔷薇属(*Rosa*)、卫矛属(*Euonymus*)、五加属(*Acanthopanax*)、蓼属(*Polygonum*)、栒子属(*Cotoneaster*)、早熟禾属(*Poa*)、小檗属(*Berberis*)、李属(*Prunus*)、马先蒿属(*Pedicularis*)、蒿属(*Artemisia*)、槭属(*Acer*)等(戴君虎 等,2007;张旭斌,2005)。六盘山种子植物区系主要表现为华北成分，如：当地的森林植物的建群种分别为白桦、辽东栎、山杨、华北落叶松、油松、红桦、槭树等。

罗山种子植物区系中，含10种以上的优势科为：菊科(Compositae)、蔷薇科(Rosaceae)、豆科(Leguminosae)、毛茛科(Ranunculaceae)、禾本科(Poaceae)、藜科(Chenopodiaceae)、唇形科(Lamiaceae)、百合科(Liliaceae)等。罗山不同植被类型的主要建群种所在的属，如：云杉属(*Picea*)、落叶松属(*Larix*)、松属(*Pinus*)、刺柏属(*Juniperus*)、圆柏属(*Sabina*)、杨属(*Populus*)、柳属(*Salix*)、桦木属(*Betula*)、榆属(*Ulmus*)、槭属(*Acer*)、栎属(*Quercus*)、委陵菜属(*Potentilla*)、苔草属(*Carex*)、忍冬属(*Lonicera*)、蔷薇属(*Rosa*)、卫矛属(*Euonymus*)、五加属(*Acanthopanax*)、早熟禾属(*Poa*)、虎榛子属(*Ostryopsis*)、栒子属(*Cotoneaster*)、小檗属(*Berberis*)等，均属于北温带分布型(徐秀梅 等,1997)。

2.1.3 植被类型

植物群落是在一定的气候、基质及生物等因素的综合作用下形成的有规律的植物组合。植被分类的目的在于揭示植物的这种组合规律及其与环境的关系，从而比较全面系统地认识一定区域的植被。

宁夏植被呈带状垂直性分布，主要集中在贺兰山、六盘山和罗山等林区。贺兰山森林植物多分布于阴坡及半阴坡，从山麓到山顶依次为：山麓荒漠草原层，耐旱乔、灌木层，油松、山杨林层，云杉林层，高山灌丛草甸层，高寒草甸层(宁夏森林编辑委员会,1990)。梁存柱等(2004)将贺兰山植物群落分为寒温性针叶林、温性针叶林、针阔混交林、落叶阔(小)叶林、疏林、常绿针叶林、落叶阔(小)叶灌丛、旱生灌丛、草原、荒漠、草甸等11个植被型,55个群系。六盘山位于宁夏南部，植被分为温性针叶林、落叶阔叶林、常绿竹类灌丛、落叶阔叶灌丛、草原、草甸、荒漠等7个植被型,32个群系和89个群丛。根据不同植被类型，可将植被分为辽东栎林、油松林、华山松林、青海云杉林、糙皮桦林、紫苞风毛菊草甸地带性植被以及白桦林、红桦林、山杨林、华北落叶松林、落叶阔叶灌丛等非地带性植被(郭浩,2006)。罗山林区从山麓到山顶的垂直分布顺序为：山麓荒漠草原层，浅山灌木层，油松、山杨林层，云杉林层。因此，马琼等(2001)将罗山植物群落分为针叶林植被型、针阔混交林植被型、阔叶混交林植被型、灌木林植被型以及草本植被型等5个植被型、15个群系、32个群丛。

由于宁夏广大中北部地区以及与之相连的鄂尔多斯台地边缘等地区为中温带半干旱区，宁夏植被带水平分布呈现由宁夏南部森林草原植被带、干旱草原带、荒漠草原带和荒漠带依次过渡，植物群落也由草甸草原、干草原、荒漠草原、草原化荒漠依次过渡(赵爱桃 等,1996;李登武 等,2003;徐秀梅 等,2001;马琼 等,2001;温存,2007;梁存柱 等,2004)。其中，干草原和荒漠草原是宁夏植被的主体(赵爱桃 等,1996)。

2.2 宁夏主要植物分布区资源现状

2.2.1 贺兰山地区

2.2.1.1 自然概况

贺兰山地处宁夏西北部，位于银川平原和阿拉善高原之间，在北纬38°27′～39°30′，东经105°41′～106°41′之间。南北长约250km，东西宽约20～40km，最高峰海拔3556m，是我国西部重要的气候和植被分界线(中国科学院内蒙古宁夏综合考察队，1985；胡天华，2009)。它是中国季风气候与非季风气候的分界线，因此该地区东西两侧呈现完全不同的气候类型，也分布着完全不同的植被类型，贺兰山区以东受草原气候影响，以温带草原植被为主，以西则是荒漠气候影响，以荒漠植被为代表。

贺兰山受大陆性气候的影响，表现为夏季干旱少雨，寒暑变化强烈，日照强，无霜期短。年平均气温-0.8℃，极端最高温度25℃，极端最低温度-31℃，年均降水量200～400mm，年均蒸发量2000mm，降水主要集中于夏季，受地形的影响，降水呈现南多北少，垂直分布现象明显的特点。年均日照约3000小时，无霜期94～175天(中国科学院内蒙古宁夏综合考察队，1985；胡天华，2009)。

贺兰山植被垂直分异明显，带谱比较复杂。按植被型可划分成4个植被垂直带：山前荒漠与荒漠草原带→山麓与低山草原、灌丛带→中山针叶林带→高山、亚高山灌丛、草甸带(梁存柱 等，2004)。

2.2.1.2 资源分布

贺兰山是连接多个植物区系的枢纽。由于受到构造运动等作用的影响，使贺兰山山势陡峭，山体东西不对称，也形成了峪谷相间的复杂地貌，给植物提供了多种多样的生存环境，形成了以温带植物区系为主的复杂植物区系类型，因此，贺兰山为多种植物区系成分的汇集地，植物区系成分复杂、植物资源丰富。

贺兰山山体相对高差大，使其植被分布呈现以下特点：阴坡植物类型丰富，植物盖度大，林木长势较好，植被垂直分布明显；阳坡多为荒山，岩石裸露，仅有少数耐旱植物(图16至图24)。

（1）山前地区

山前地区即贺兰山山麓荒漠草原带，主要分布在西坡海拔2000m，及东坡海拔1500m以下的山麓地带。贺兰山山麓地带位于北纬38°41′，东经105°58′附近，土壤为灰褐色荒漠土及棕钙土，植被稀疏，主要分布旱生植物，有旱生木本植物：荒漠锦鸡儿(*Caragana roborovskyi*)、刺旋花(*Convolvulus tragacanthoides*)、贺兰山女蒿(*Hippolytia alashanensis*)、斑子麻黄(*Ephedra lepidosperma*)、木本猪毛菜(*Salsola arbuscula*)、驼绒藜(*Ceratoides latens*)；旱生草本：山女娄菜(*Melandrium tatarinowii*)、骆驼蓬属(*Peganum*)、蝎虎驼蹄瓣(*Zygophyllum mucronatum*)、雀瓢(*Cynanchum thesioides* var. *australe*)、红景天(*Rhodiola rosea*)、冬青叶兔唇花(*Lagochilus ilicifolius*)、戈壁天门冬(*Asparagus gobicus*)、延胡索(*Corydalis yanhusuo*)、蚓果芥(*Neotorularia humilis*)、三褶脉紫菀(*Aster ageratoides*)、细裂亚菊(*Ajania przewalskii*)、鸦葱(*Scorzonera austriaca*)、细枝补血草(*Limonium tenellum*)、狼尾花(*Lysimachia barystachys*)、白草(*Pennisetum centrasiaticum*)等植物。

（2）小口子地区

贺兰山小口子(滚钟口)地区位于北纬38°36′，东经105°55′附近，海拔在1464～1667m之间，土壤有棕钙土、栗钙土及粗骨土。该区属于浅山区，接近居民点，由于长期放牧、砍柴等破坏，天然植被稀少，使水土流失，岩石裸露。植被稀少，山麓有灰榆、山荞麦(*Polygonum aubertii*)、旱柳(*Salix matsudana*)等小乔木，及槲树(*Quercus dentata*)的幼苗，优势种为灰榆；小灌木有内蒙野丁香(*Leptodermis ordosica*)、细叶锦鸡儿(*Caragana stenophylla*)、蒙古莸(*Caryopteris mongholica*)；草本层有灰绿黄堇(*Corydalis adunca*)、蒿属(*Artemisia*)植物、黄花棘豆(*Oxytropis ochrocephala*)、瓦松(*Orostachys fimbriatus*)、黄香草木犀(*Melilotus officinalis*)、内蒙西风芹(*Seseli intramongolicum*)等；层间植物有芹叶铁线莲(*Clematis aethusifolia*)；随着海拔的升高，灌木层中增加耐旱的灌木蒙古扁桃、小叶鼠李(*Rhamnus parvifolia*)、百里香(*Thymus mongolicus*)、木贼麻黄(*Ephedra equisetina*)等，其中以内蒙野丁香、蒙古扁桃为优势种。在海拔1613m左右，出现单瓣黄刺玫(*Rosa xanthina* f. *normalis*)。在海拔1635m左右，出现小叶金露梅(*Potentilla parvifolia*)、迥折绣线菊(*Spiraea tomentulosa*)、红花栒子(*Cotoneaster rubens*)；山坡丛生耐旱草本术叶合耳菊(*Synotis atractylidifolia*)、阿尔泰狗娃花(*Heteropappus altaicus*)、小红菊(*Chrysanthemum chanetii*)、狭叶草原石头花(*Gypsophila davurica* var. *angustifolia*)、岩青兰(*Dracocephalum rupestre*)等群落，岩石上还生有耐旱藤本乌头叶蛇葡萄(*Ampelopsis aconitifolia*)，山谷中小溪边多有宁夏沙参(*Adenophora ningxianica*)。

贺兰山有些区域的植物群落是由该地特有植物组成，但面积不大。如内蒙野丁香群落是贺兰山特有群落中分布最广的一个类型，在本区海拔1464～1640m均有分布，多出现在干燥石质阳坡，低山带阴坡、半阴坡的裸岩石缝，为小灌木群落。

（3）苏峪口地区

贺兰山苏峪口地区位于北纬38°44′，东经105°55′附近，海拔在2000～3000m之间。土壤为山地灰褐土，垂直分布较为明显。植物类型丰富，植被覆盖率较高，林木长势较好，从山麓到山顶依次为：耐旱乔灌木层、油松山杨林层、云杉林层、高山灌丛草甸层。山麓有耐旱的灰榆、杜松(*Juniperus rigida*)。灰榆生于海拔1500～2800m的阳坡及石崖上。在海拔1947～2035m处为耐旱乔灌木层，乔木层以油松次生林、毛樱桃为优势种，油松(*Pinus tabulaeformis*)主要分布在海拔1900～2400m的阴坡和半阴坡。贺兰山区是油松分布的最北界，自然更新不良。毛樱桃(*Prunus tomentosa*)生于海拔2200m的山谷灌丛中，为本层优势乔木，偶见甘肃山楂(*Crataegus kansuensis*)分布，并发现灰榆的垂枝类型；灌木层分布有华北紫丁香(*Syringa oblata*)、枸杞(*Lycium chinense*)、单瓣黄刺玫、甘肃小檗(*Berberis kansuensis*)、小叶金露梅、糖茶藨子(*Ribes himalense*)、西北栒子(*Cotoneaster zabelii*)、岩生忍冬(*Lonicera rupicola*)、蒙古扁桃、互叶醉鱼草(*Buddleja alternifolia*)、木本猪毛菜等耐旱灌木。蒙古扁桃生于海拔1300～2100m宽阔石质沟谷及干旱阳坡山地，为本层灌木优势种。互叶醉鱼草生于海拔1360～2500m的干旱山坡、山沟砾石滩地。海拔1300～3000m的干旱山坡、山沟河岸等处有小叶金露梅分布；草本植物较为单调，有小红菊、披针叶黄华(*Thermopsis lanceolala*)、泡沙参(*Adenophora potaninii*)、瞿麦(*Dianthus superbus*)等植物；层间植物有短尾铁线莲(*Clematis brevicaudata*)、芹叶铁线

图16　贺兰山麓

莲等。

在海拔2039～2259m附近为油松山杨林层，乔木层以油松、山杨(*Populus davidiana*)为主，偶见山杏(*Prunus sibirica*)、灰榆，主要分布在贺兰山东山坡、半阴坡及山梁顶端。灌木层有西北栒子、华中栒子(*Cotoneaster silvestrii*)、置疑小檗(*Berberis dubia*)、迴折绣线菊、单瓣黄刺玫、小叶金露梅、虎榛子(*Ostryopsis davidiana*)、蒙古荚蒾(*Viburnum mongolicum*)、美丽茶藨子(*Ribes pulchellum*)，干旱阳坡有耐旱植物贺兰山女蒿、木本猪毛菜、刺旋花。西北栒子生于海拔2500m以下的山坡、沟谷及林中，为贺兰山中山地带灌丛中主要的植物种类之一。叉子圆柏(*Sabina vulgaris*)生长在海拔2115m处的半阳坡；草本层较为丰富，林下广布大披针苔草(*Carex lanceolata*)、蒙古莸、西伯利亚远志(*Polygala sibirica*)、卷耳(*Cerastium*

图17 贺兰山季节性干河谷

图18 贺兰山干旱阳坡

图19 灰榆（*Ulmus glaucescens*）为贺兰山季节性干河谷主要乔木

图20 贺兰山山前地区

图21 贺兰山苏峪口地区

图22 贺兰山高海拔灌丛草原

图23 贺兰山小口子地区

图24 贺兰山阔叶针叶混生林

arvense)、鳞叶龙胆(*Gentiana squarrosa*)、披针叶黄华、翠雀花(*Delphinium grandiflorum*)、女娄菜(*Silene aprica*)、细叶鸢尾(*Iris tenuifolia*)、宿根亚麻(*Linum perenne*)、阿拉善马先蒿(*Pedicularis alaschanica*)、干旱阳坡分布有细裂亚菊、蓟属(*Cirsium*)、小红菊等耐旱植物。

在海拔2281m附近植被类型为青海云杉(*Picea crassifolia*)林层。林下灌木层植被稀疏，主要有华西银露梅(*Potentilla mandshurica*)、小叶金露梅、毛灰栒子(*Cotoneaster acutifolius* var. *villosulus*)、秦岭小檗(*Berberis circumserrata*)、刺叶小檗(*B. sibirica*)、虎榛子、蒙古绣线菊(*Spiraea mongolica*)等，草本主要有大披针苔草。

兔儿坑附近植被类型为高山灌丛草甸层，分布有显脉小檗(*Berberis phanera*)灌木层及银露梅亚高山灌层。该地草本植物丰富，观赏价值也较高，主要有阿拉善马先蒿、滇黄芩(*Scutellaria amoena*)、玉竹(*Polygonatum odoratum*)、瞿麦、鳞叶龙胆、紫菀(*Aster tataricus*)、椭圆叶花锚(*Halenia elliptica*)、贺兰山南芥(*Arabis alashanica*)、达乌里龙胆、短尾铁线莲、湿生扁蕾(*Gentianopsis paludosa*)、雪山点地梅(*Androsace septentrionalis*)、鼠掌老鹳草(*Geranium sibiricum*)、疗齿草(*Odontites serotina*)、狭叶草原石头花、齿缘草(*Eritrichium rupestre*)等草本植物及小红菊群落。山地阴坡分布毛蕊杯腺柳(*Salix cupularis* var. *lasiogyne*)，山石岩缝中生有波叶大黄(*Rheum undulatum*)、网眼瓦韦(*Lepisorus clathratus*)等。

2.2.2 六盘山地区

2.2.2.1 自然概况

六盘山位于我国黄土高原西部、秦岭西段以北，地处宁夏南部，地跨固原、隆德、泾源3县，约在北纬35°00′～36°10′，东经105°42′～106°30′之间。六盘山山脉呈狭长形，山体主要由西侧的平行山脉组成，可分东西两部分，海拔约为2000～2500m。东部以秋千架为主，气候比较温暖，有少量暖温带植物分布。西部主脉海拔高，多在2500m以上，主峰米缸山海拔约有2940m。地势大致是南高北低，东西坡不对称。河流属黄河水系，境内有大小河流溪沟80余条(宁夏林业厅自然保护区办公室，1988；

王淑英,2007)。

六盘山属于暖温带半湿润地区，受季风影响，呈现冬季寒冷干燥，夏季高温多雨，温差及湿度大，四季分明的气候特征(宁夏林业厅自然保护区办公室,1988)。由于山脉呈南北走向，造成山脉东西两侧气候差异明显，通常西坡的年降水量平均比东坡少100mm以上。

六盘山区年平均气温5.8℃,7月平均温度11.6～17.4℃,1月平均温度-7.0～-11.3℃，极端最高温30℃，极端最低温-26℃，近年来温度呈现逐年增高的趋势。六盘山大部分山区的年平均降水量在600～700mm左右，降水集中于夏季，降水量占全年降水总量的73%左右，冬季寒冷干燥，降水量相对较少，近年来降雨量有逐渐增多的趋势。

日照方面比较充足，呈现山顶的日照高于山脚，西坡高于东坡的日照特征，年日照时数在2100～2400小时之间(宁夏林业厅自然保护区办公室,1988；王连喜,2005；张智,2007；王梦麦,2009)。

六盘山土壤类型主要由山地灰褐土和山地草甸土构成，其中褐土面积占该地区土壤总面积的90%以上。在环境和森林植被的长期作用下，六盘山区土壤类型的山地特征明显，土壤类型呈现垂直分布(宁夏林业厅自然保护区办公室,1988；戴军虎,2007；钟福平,2010；汤济广,2009)。

2.2.2.2 资源分布

六盘山地区位于我国半湿润气候与半干旱气候的过渡区域，也是暖温带阔叶林地带与荒漠草原地带之间的生态过渡带。植物种类丰富，具有明显的过渡特征(图25至图30)。

（1）米缸地区

六盘山主峰米缸山位于北纬35°33′，东经106°15′，海拔在2233～2942m之间。地处温带草原区的南部森林草原地带，地带性植物类型为草甸草原落叶阔叶林，地理成分复杂，植物种类丰富，山麓丘陵地带目前大多数被开垦为农田。六盘山林区总面积约为680km^2，森林覆盖率已由过去的28%提高到73%左右(苏峰,2005)。主要树种有：山杨、白桦、红桦、山荆子。其中山杨、桦树是该地区次生林中最主要的组成树种，其分布面积广，且生长良好。

图25 六盘山生态林区

六盘山的天然灌丛为落叶阔叶类型，主要乔灌木树种为蔷薇科的甘肃山楂、野山楂(*Crataegus cuneata*)、甘肃海棠(*Malus kansuensis*)、美丽绣线菊(*Spiraea elegans*)、珍珠梅(*Sorbaria kirilowii*)、峨眉蔷薇(*Rosa omeiensis*)、刺悬钩子(*Rubus pungens*)、水栒子(*Cotoneaster multiflorus*)等，忍冬科的球花荚蒾(*Viburnum glomeratum*)，山茱萸科的沙梾(*Cornus bretschneideri*)，卫矛科的石枣子(*Euonymus sanguineus*)，小檗科的秦岭小檗，绣球花科的黄脉八仙花(*Hydrangea xanthoneura*)、建德山梅花(*Philadelphus sericanthus*)，茶藨子科的冰川茶藨子(*Ribes glaciale*)，桦木科的毛榛(*Corylus mandshurica*)、红桦(*Betula albo-sinensis*)等，都具有较高的观赏价值。

其主峰米缸山是以草甸草原为主的植被类型。小灌木有甘肃山楂、牛奶子(*Elaeagnus umbellata*)、水栒子、华西银露梅、百里香等植物，草本植物较为丰富，山谷中分布着大片的大火草(*Anemone tomentosa*)、羽裂蟹甲草(*Cacalia tangutica*)群落，山坡上有成片的西伯利亚乌头(*Aconitum barbatum* var. *puberulum*)、紫沙参(*Adenophora paniculata*)、翠雀花分布，并有燕麦(*Avena sativa*)、川续断(*Dipsacus asperoides*)、牛蒡(*Arctium lappa*)、匍枝委陵菜(*Potentilla yokusaiana*)、紫菀分布。

海拔2233m附近分布有光叶珍珠梅(*Sorbaria arborea* var. *glabrata*)、球花荚蒾(*Viburnum glomeratum*)、沙棘(*Hippophae rhamnoides*)，草本植物种类丰富，长叶火绒草(*Leontopodium longifolium*)在草甸上大量散生分布，并有羽节蕨(*Gymnocarpium jessoense*)、问荆(*Equisetum arvense*)、椭圆叶花锚、铃铃香青(*Anaphalis hancockii*)、藓生马先蒿(*Pedicularis muscicola*)、穗花马先蒿(*P. spicata*)、华北蓝盆花(*Scabiosa tschiliensis*)、牛扁、地榆(*Sanguisorba officinalis*)、小花草玉梅(*Anemone rivularis* var. *flore-minore*)、匍枝委陵菜、小米草(*Euphrasia pectinata*)、老鹳草属(*Geranium*)、柴

图26 米缸山高山草甸

图27 米缸山落叶松林（*Larix principis-rupprechtii*）

胡(*Bupleurum chinense*)、黄芩属(*Scutellaria*)、血满草(*Sambucus adnata*)、大火草、秦艽(*Gentiana macrophylla*)、紫菀等。

海拔2282m附近有黄花败酱(*Patrinia scabiosaefolia*)、景天三七(*Sedum aizoon*)、石竹(*Dianthus chinensis*)、百里香、细叶婆婆纳(*Veronica linariifolia*)、倒提壶(*Cynoglossum amabile*)、瓣蕊唐松草(*Thalictrum petaloideum*)、歪头菜(*Vicia unijuga*)、穗花马先蒿、阿拉善马先蒿、甘菊(*Chrysanthemum lavandulaefolium*)、华北蓝盆花等植物分布。

海拔2315m附近的植被类型仍然为草甸草原落叶阔叶林，分布成片的荫蔽乔、灌木，有华北落叶松(*Larix principis-rupprechtii*)、刺悬钩子、蔷薇属、沙棘、茶藨子属、甘肃海棠、甘肃山楂、毛榛、沙梾、秦岭小檗、华西银露梅、石枣子、金丝桃(*Hypericum chinense*)、峨眉蔷薇、黄脉八仙花、毛叶丁香(*Syringa pubescens*)、球花荚蒾、忍冬属等大量灌木树种；草本有鸢尾属(*Iris*)、米口袋(*Gueldenstaedtia verna* subsp. *multiflora*)、铃铃香青、黄花鸭跖柴胡(*Bupleurum commelynoideum* var. *flaviflorum*)、红柴胡(*B. scorzonerifolium*)、野苜蓿(*Medicago falcata*)、松潘乌头(*Aconitum sungpanense*)、疗齿草、瓣蕊唐松草、老鹳草、牛扁、升麻(*Cimicifuga foetida*)、华北蓝盆花、华西箭竹(*Fargesia nitida*)、大火草、地榆、玉竹、紫沙参、蓝翠雀花(*Delphinium caeruleum*)、黄花败酱、景天三七、穗花马先蒿、鬼灯檠(*Rodgersia aesculifolia*)、椭圆叶花锚、短尾铁线莲、小花草玉梅、翼茎风毛菊(*Saussurea alata*)、紫苞风毛菊(*S. iodostegia*)、党参(*Codonopsis pilosula*)、黄香草木犀(*Melilotus officinalis*)、牧地山黧豆(*Lathyrus pratensis*)、瞿麦、龙芽草(*Agrimonia pilosa*)、水杨梅(*Geum aleppicum*)、鼠掌老鹳草、桃儿七(*Sinopodophyllum hexandrum*)等。

海拔2636m附近为高山草甸，分布有黄瑞香(*Daphne giraldii*)、血满草、草芍药(*Paeonia*

图28 六盘山自然花境

obovata)、胭脂花(*Primula maximowiczii*)、甘青报春(*P. tangutica*)及柳兰(*Epilobium angustifolium*)等高山花卉，具有很高的观赏价值。

随海拔继续升高，散生着康藏荆芥(*Nepeta prattii*)、梅花草(*Parnassia palustris*)、牧地山黧豆、雪山点地梅、紫苞风毛菊、薄雪火绒草(*Leontopodium japonicum*)、天蓝韭(*Allium cyaneum*)、野罂粟(*Papaver nudicaule*)、拳蓼(*Polygonum bistorta*)、柴胡、大戟(*Euphorbia pekinensis*)、中国马先蒿(*Pedicularis chinensis*)、阿拉善马先蒿、泡沙参、紫沙参、贺兰山女蒿、铃铃香青、乳白香青(*Anaphalis lactea*)、黄腺香青(*A. aureopunctata*)、翼茎风毛菊、短角淫羊藿(*Epimedium brevicornu*)、额河千里光(*Senecio argunensis*)、金线草(*Rubia membranacea*)、花荵(*Polemonium coeruleum*)、长叶微孔草(*Microula trichocarpa*)、小米草、问荆、毛茛属(*Ranunculus*)、瞿麦、椭圆叶花锚、细叶亚菊(*Ajania tenuifolia*)、柳叶亚菊(*A. salicifolia*)，干旱阳坡生有岩青兰等。

（2）六盘山长征亭附近

六盘山长征亭位于六盘山西山区，地势较高，气候湿润，岩石以红砂岩为主，土壤为山地棕壤。在海拔2600m以上有山地草甸土分布。林木生长较好，郁闭度较大，森林植被以较喜阴湿的种类为主。植被类型以草甸草原为主，山麓分布的木本植物有陕甘花楸(*Sorbus koehneana*)，草本植物有矮密花香薷(*Elsholtzia densa* var. *calycocarpa*)、米口袋、红轮狗舌草(*Tephroseris flammea*)、柳兰、紫花野菊(*Chrysanthemum zawadskii*)。阳坡山石缝中分布有宁夏特有植物六盘山鸡爪大黄(*Rheum tanguticum* var. *liupanshanense*)、伏毛铁棒锤(*Aconitum flavum*)等。

海拔在2710m附近出现中国马先蒿群落，伴生有野韭(*Allium ramosum*)、齿叶蓍(*Achillea acuminata*)、薄雪火绒草、疗齿草、柳叶亚菊、蔷薇属植物、泽漆(*Euphorbia helioscopia*)、窃衣(*Torilis scabra*)、紫菀、蒲公英(*Taraxacum mongolicum*)等草本植物，零星分布粗野马先蒿(*Pedicularis rudis*)。

海拔在2790m附近乔木树种仍为青海云杉，灌木树种为甘肃小檗、美丽绣线菊，层间植物有啤酒花(*Humulus lupulus*)、黄花铁线莲(*Clematis intricata*)、大瓣铁线莲(*C. macropetala*)，伴生有鸢尾(*Iris tectorum*)、碱地风毛菊(*Saussurea runcinata*)、华北风毛菊(*S. mongolica*)、黄腺香青、毛细辛(*Asarum himalaicum*)、细叉梅花草(*Parnassia oreophila*)、薄雪火绒草、柴胡、野韭、椭圆叶花锚、紫沙参、毛茛、小米草、康藏荆芥、泽漆、水杨梅、柳叶亚菊、细裂亚菊、瞿麦、中国扁蕾(*Gentianopsis barbata* var. *sinensis*)、筋骨草(*Ajuga ciliata*)、叉歧繁缕(*Stellaria dichotoma*)、岩青兰、胭脂花、甘青报春、花葱、升麻等草本植物，并有大量紫苞风毛菊散生于草甸上。

（3）泾源地区

海拔在1900～2590m之间，该区域有龙泉谷、六盘山生态植物园、野荷谷等著名生态景区，植被类型丰富。

主要观赏乔木有陕甘花楸、北京花楸(*Sorbus discolor*)、鼠李(*Rhamnus davurica*)、山荆子(*Malus baccata*)、茶条槭(*Acer ginnala*)、稠李(*Prunus padus*)、春榆(*Ulmus davidiana* var. *japonica*)、黑壳楠(*Lindera megaphylla*)、毛梾(*Cornus walteri*)、甘肃海棠、黄花楤木(*Aralia chinensis* var. *nuda*)、大果榆(*Ulmus macrocarpa*)、红桦(*Betula albo-sinensis*)、青海云杉；灌木有栓翅卫矛(*Euonymus phellomanus*)、毛榛、土庄绣线菊(*Spiraea pubescens*)、香荚蒾(*Viburnum farreri*)、茶藨子属、鸡树条荚蒾(*Viburnum opulus* var. *calvescens*)、南方六道木(*Abelia dielsii*)、华西忍冬(*Lonicera webbiana*)、小叶丁香(*Syringa pubescens* subsp. *microphylla*)、无梗五加(*Acanthopanax sessiliflorus*)、葱皮忍冬(*Lonicera*

图29 长征亭附近植被

ferdinandii)、蔷薇属、甘肃小檗。观赏草本有大火草、半夏(*Pinellia ternata*)、黄海棠(*Hypericum ascyron*)、川续断、垂果南芥(*Arabis pendula*)、术叶合耳菊、铃兰(*Convallaria majalis*)、北重楼(*Paris verticillata*)、茖葱(*Allium victorialis*)、紫沙参、掌叶橐吾(*Ligularia przewalskii*)、大黄橐吾(*L. duciformis*)、水金凤(*Impatiens noli-tangere*)、花葱、升麻、异色繁缕(*Stellaria discolor*)、蓝萼香茶菜(*Rabdosia japonica* var. *glaucocalyx*)、菥蓂(*Thlaspi arvense*)、甘肃耧斗菜(*Aquilegia oxysepala* var. *kansuensis*)、山尖子(*Parasenecio hastatus*)、齿叶蓍、一把伞南星(*Arisaema erubescens*)、陕西峨眉蕨(*Lunathyrium giraldii*)、舞鹤草(*Maianthemum bifolium*)等;观赏藤本有绣球藤(*Clematis montata*)、松潘乌头、攀援天门冬(*Asparagus brachyphyllus*)等。

图30 六盘山野荷谷(大黄橐吾, *Ligularia duciformis*)

图31 火石寨丹霞地貌

2.2.3 西吉地区

2.2.3.1 自然概况

西吉地区位于六盘山西山的黄土高原中心地带。南部地势较低，北、东、西逐渐增高，最高海拔约2633m，黄土丘陵地貌约占全区总面积的84%。土壤类型多样，其中以黑垆土为主，约占土壤总面积的88%，土层深厚，土质疏松。该地属温带半干旱气候，与同纬度地区相比，西吉气候具有冬春寒冷少雨，夏秋温和多雨，四季变化不明显，无霜期短等特点。年均气温5.3℃，年均降水量350～500mm左右，7～9月份降水量约占全年总降水量的61%，无霜期100～150天。

西吉县境内的天然次生林分布，主要在火石寨、沙沟、白崖等地。分布于阴坡、半阴坡的树种包括白桦(*Betula platyphylla*)、山杨、辽东栎(*Quercus liaotungensis*)；分布于阳坡、半阳坡的树种包括栒子属、蔷薇属、山桃(*Prunus davidiana*)、忍冬属(*Lonicera*)。干草原植被，主要分布在黄土丘陵梁峁、沟川沟台、低山谷坡的大部分地区。山地植被重点分布于月亮山。盐生沼泽植被分布在山泉水边及低洼积水处。

2.2.3.2 火石寨资源分布

火石寨位于西吉县西北部约18km处，面积约50km^2。该地区植被繁茂，动植物资源丰富，具有较高的生态保护价值(图31)。

火石寨在海拔2350m左右为草甸草原带。乔木层主要为青海云杉、红桦次生林，灌木有美蔷薇(*Rosa bella*)、甘肃小檗等。草本植物丰富，有丛生的蒿属多种植物，另外还有许多美丽的高山花卉，包括：铃铃香青、败酱、麻花头(*Serratula centauroides*)、碱地风毛菊、柴胡、女娄菜、地榆、百里香、弯管马先蒿(*Pedicularis curvituba*)、白花枝子花(*Dracocephalum heterophyllum*)、黄花棘豆、小黄紫堇(*Corydalis raddeana*)、华北蓝盆花、石竹(*Dianthus chinensis*)、狭叶草原石头花、阿尔泰狗娃花(*Heteropappus altaicus*)、匍枝委陵菜、紫沙参、狼毒(*Stellera chamaejasme*)、长叶火绒草、达乌里龙胆、穗花马先蒿、紫花野菊、老鹳草、瞿麦、山丹(*Lilium pumilum*)、矮密花香薷、苦豆子(*Sophora alopecuroides*)、天蓝韭、三春水柏枝(*Myricaria paniculata*)、天仙子(*Hyoscyamus niger*)、野葵(*Malva crispa*)等。尤其以成片分布、具很高观赏价值的植物有紫苞风毛菊、掌叶橐吾、弯管马先蒿、白花枝子花、乳白香青、长叶火绒草、穗花马先蒿等。

2.3 珍稀濒危植物

宁夏西北部是贺兰山地区，连接阿拉善高原和银川平原，是荒漠区域和草原区域过渡地区；中部是沙漠以及荒漠化草原区域；南部是六盘山地区，是暖温带落叶阔叶林地带与荒漠草原地带之间的过渡带。因此，宁夏植物区系呈现为过渡类型，形成了不同类型的植物资源，其中有不少为我国珍稀濒危植物。

图32 羽叶丁香（*Syringa pinnatifolia*）

羽叶丁香(*Syringa pinnatifolia*) 为木犀科丁香属植物(图32)。落叶灌木，高1～3m；当年生枝紫褐色，老枝灰褐色，枝皮细条裂或薄片状剥落。奇数羽状复叶，叶轴具狭翅；小叶7～9片，纸质或老时近革质，先端急尖或渐尖，叶柄不明显，圆锥花序侧生于去年生小枝上，长3～8cm；花冠筒白色或粉红色，长1.0～1.5cm，雄蕊2，着生于花冠筒的喉部，花药黄色，花丝片状；子房2室。蒴果圆锥状，长约1.0cm，裂片向外反曲；种子褐色，有棱，长约0.8cm。羽叶丁香为阳性树种，具有喜光、耐寒、抗风等特性，多生于海拔2000～2800m间的向阳山坡灌丛中或郁闭度较小的针阔叶混交林下。羽叶丁香为我国特有种，在宁夏的局部地区有分布。四川、青海以及陕西秦岭中部也有星散分布。

贺兰山是羽叶丁香在宁夏分布的最大区域，分布的海拔在1755～2170m间，最南端为原贺兰山军区。伴生植物多为准噶尔栒子、小叶忍冬、黄蔷薇、术叶千里光、贺兰山女蒿、岩黄耆、岩青兰、铁线莲、西伯利亚远志等。羽叶丁香繁殖力弱，且生长缓慢，加上近年来生境破坏，致使天然资源不断减少，在《中国珍稀濒危保护植物名录》中被列为国家三级珍稀濒危保护植物。贺兰山仅有几条沟集中分布，其中只有一条沟分布较多，存在大面积自然群落，其他的山沟只有零星分布，有的仅有几株，自然更新困难。

贺兰山丁香(*Syringa pinnatifolia* var. *alashanica*) 是羽叶丁香的一个变种，《中国植物志》已归并到羽叶丁香中，但实际分布中确实具明显变异，最主要的就是小叶多为5～7枚；而原种多为7～9枚。贺兰山丁香灌丛是该地区特有的植被类型，分布于贺兰山南端海拔1800～2300m的高口子沟至榆树沟的山沟和阴坡杂木林中，或形成灌丛。在《中国珍稀濒危保护植物名录》中列为国家三级珍稀濒危保护植物。

四合木(*Tetraena mongolica*) 为蒺藜科四合木属植物。小灌木，高40～80cm，茎基部分枝，老枝弯曲，黑紫色或棕红色，一年生枝黄白色，密被毛；叶倒披针形，两面密被叉状毛；花单生于叶腋，萼片4枚，表面被叉状毛，灰绿色；花瓣4枚，白色；子房被毛，呈4裂，花期一般在5～6月；果4瓣裂，呈灰绿色，果期在7～8月份。在宁夏主要分布于贺兰山南端低山和河流边，为该地区特有种。在《中国珍稀濒危保护植物名录》中列为国家二级珍稀濒危保护植物，在《国家重点保护野生植物名录》中列为国家二级重点保护植物。

半日花(*Helianthemum songoricum*) 为半日花科半日花属植物。落叶小灌木，高10～15cm，多分枝，形成较紧密的灌丛；单叶对生，革质，常向下反卷，两面被白色绵毛；花两性，单生枝顶，鲜黄色，径约1.4cm；萼片5枚，外面2片线形，内面3片卵形，稍长，背面具3～5条纵肋；花瓣5枚，倒卵形；雄蕊多数，长为花瓣的一半；子房上位，密生柔毛。蒴果卵圆形，被短柔毛。我国仅有1属1种。在宁夏荒漠区有分布。生于荒漠区的沙砾中或石质块粒中。在《中国珍稀濒危保护植物名录》中列为国家二级珍稀濒危保护植物，在《国家重点保护野生植物名录》中列为国家二级重点保护植物。

野大豆(*Glycine soja*) 为蝶形花科大豆属植物。一年生草本，茎缠绕、纤细，疏生黄褐色长硬毛。叶为羽状复叶，具3小叶；小叶卵圆形，淡紫红色；苞片披针形；萼钟状，密生黄色长硬毛，5齿裂，裂片三角状披针形；旗瓣近圆形，基部具短瓣柄，翼瓣斜倒卵形，有耳，龙骨瓣较旗瓣及翼瓣短；荚果狭长圆形或镰刀形，密被黄色长硬毛；种子间缢缩，含2～3粒种子；种子呈褐色至黑色。在宁夏主要分布于黄灌区。生于沟渠边、田边、湖边、草丛中。在《中国珍稀濒危保护植物名录》中列为国家三级珍稀濒危保护植物，在《国家重点保护野生植物名录》中列为国家二级重点保护植物。

沙冬青(*Ammopiptanthus mongolicus*) 为蝶形花科沙冬青属植物。常绿灌木，高1.0～2.0m；小叶先端急尖或钝，微凹缺；树皮黄绿色；茎多分枝，有沟棱，托叶呈三角形，有白色柔毛；小叶椭圆形或阔披针形，通常为3小叶；总状花序顶生，花互生，一般8～12朵小花密集着生，萼钟形，萼齿5，花期4～5月；荚果扁平，线形，无毛，果期5～6月。在宁夏主要分布在陶乐、吴忠、中卫等地区，生于沙丘、河滩边台地、山前平原等地。在《中国珍稀濒危保护植

图33 蒙古扁桃（*Prunus mongolica*）

物名录》中列为国家三级珍稀濒危保护植物。

蒙古扁桃(*Prunus mongolica*) 为蔷薇科李属植物(图33)。灌木，高1.0～2.0m；多分枝，小枝顶端变成刺；树皮灰褐色；叶宽椭圆形、近圆形或倒卵形，无毛，边缘有浅钝锯齿，侧脉约4对；花常单生，稀数朵簇生于短枝上，花梗极短；花萼萼筒钟形；花瓣倒卵形，粉红色；雄蕊长短不一；核果宽卵球形，长1.2～1.5cm，果皮黄绿色或带红晕，果肉薄而干燥。花期5月，果期8月。在宁夏贺兰山区分布范围广，为该地区常见灌丛之一。野外更新较慢，在《中国珍稀濒危保护植物名录》中列为国家二级珍稀濒危保护植物。

桃儿七(*Sinopodophyllum hexandrum*) 为小檗科桃儿七属植物(图34)。桃儿七为我国稀有种，残存于东亚，呈零星分布。多年生草本，高20～50cm；根状茎粗壮，横走，通常呈节状；茎直立，基部具抱茎的鳞片，叶2枚。叶具长达30cm的柄；叶片轮廓心脏形，有裂片；花两性，6基数，单生茎端，先叶开放；花瓣粉红色，倒卵状长圆形，外轮大，内轮较小；雄蕊6枚，花药线形，雌蕊1枚，子房1室；浆果圆形，

图34 桃儿七（*Sinopodophyllum hexandrum*）

熟时红色。花期5～6月，果期8～9月。在宁夏主要分布于六盘山海拔较高地区，生于林下、灌丛中、沟谷溪边。近年由于药用价值高遭到不断采挖，破坏较严重。在《中国珍稀濒危保护植物名录》中列为国家三级珍稀濒危保护植物。

黄耆(*Astragalus membranaceus*)　为蝶形花科黄耆属植物。又用作黄芪，商品名北黄芪、北芪、关芪、绵黄芪等。多年生草本，株高50～100cm；主根肥厚，可达100cm以上；茎直立，具棱；被长毛，叶互生，奇数羽状复叶，具小叶21～31片；总状花序生茎上部叶腋，每花序具花10～20朵；花淡黄色，蝶形花冠，旗瓣倒卵形，顶端微凹，翼瓣与龙骨瓣近等长。子房有柄，花后荚果膨胀。花期6～8月，果期7～9月。在宁夏分布范围广，贺兰山、六盘山均有分布。生长于林下、灌丛或草甸中。在《中国珍稀濒危保护植物名录》中列为国家三级珍稀濒危保护植物。

绵刺(*Potaninia mongolica*)　为蔷薇科绵刺属植物。落叶小灌木，高30～40cm，地下茎粗壮；茎多分枝，枝被长绢毛，具宿存、坚硬而成刺状的老叶柄。叶为三出复叶；小叶革质，顶生小叶3枚，全裂，裂片与侧生小叶同形，两面具长绢毛；花单生叶腋，直径0.3～0.4cm；萼筒漏斗形，萼片3枚，三角状卵形，先端锐尖；副萼片3枚；花瓣3枚，圆形，白色或浅粉红色；子房上位，长卵圆形，密生绢毛，花柱基生；子房椭圆形，被长柔毛；瘦果长圆形，淡黄色，为宿存萼筒所包被。花期6～9月，果期8～10月。在宁夏主要分布于西部荒漠地区。在《国家重点保护野生植物名录》中列为国家二级重点保护植物。

星叶草(*Circaeaster agrestis*)　为毛茛科星叶草属植物。一年生小草本，高3～10cm；叶小，纸质，菱状倒卵形、匙形或楔形，边缘上部有小齿，齿端有刺状短尖，叶背粉绿色；花两性，单生叶腋；子房上位，1室。瘦果近纺锤形或狭长圆形，常具钩状毛；种子含丰富胚乳。花期4～6月。在宁夏分布范围较广。生于沟谷边、溪边、林下阴暗潮湿处。在《国家重点保护野生植物名录》中列为国家二级重点保护植物。

宁夏珍稀濒危植物具有很高的学术价值、经济价值及生态价值，有的既可以防风固沙、保持水土，又可以用于园林观赏和药物提取。因此，对这些植物资源在系统的调查研究、开展多层次的保育基础上进行合理的开发利用，显得尤为重要和迫切。

表2-1　宁夏部分珍稀濒危植物

植物名	科名	属名	产地及生境	应用价值
斑子麻黄 (*Ephedra lepidosperma*)	麻黄科	麻黄属	分布于贺兰山荒漠地区及宁夏中部，多生于坡地	我国特有种，可以用做饲料植物，固沙，具有较高科研价值
贺兰翠雀花 (*Delphinium albocoeruleum* var. *przewalskii*)	毛茛科	翠雀属	分布于贺兰山，多生于林缘、灌丛及草丛中	具有很高的观赏价值，可作地被。也可药用
紫红花长瓣铁线莲 (*Clematis macropetala* var. *punicoflora*)	毛茛科	铁线莲属	分布于贺兰山海拔2000m左右，生于林下、草甸、石缝中	当地特有植物，具有较高的观赏价值
贺兰山稀花紫堇 (*Corydalis pauciflora* var. *alaschanica*)	紫堇科	紫堇属	分布于贺兰山区，在林缘、草甸、灌丛均有分布	可观赏，亦具有药用价值
梭梭 (*Haloxylon ammodendron*)	藜科	梭梭属	分布于宁夏西北部，生长于荒漠盐碱地、河边、滩涂边	用于固沙，保持水土及干旱园林应用
贺兰山蝇子草 (*Silene alaschanica*)	石竹科	蝇子草属	分布于贺兰山，多生于路边、荒草地	具有药用价值，可以固沙，作林下地被
六盘山鸡爪大黄 (*Rheum tanguticum* var. *liupanshanense*)	蓼科	大黄属	分布于六盘山及附近地区，生长于山沟中，水边	药用植物，同时亦具有观赏价值
胡杨 (*Populus euphratica*)	杨柳科	杨属	生长于盆地、河谷和平原地区	可用于盐碱地绿化，木材质地坚硬，可用于生产生活，老干极具观赏性
黄花柳 (*Salix sinica*)	杨柳科	柳属	生于山坡和疏林中	栽植于半干旱地区，具有涵养水源、固沙等作用
线叶柳 (*Salix wilhelmsiana*)	杨柳科	柳属	生于半荒漠地区的河谷、河边滩涂	可作当地乡土树种，应用于园林绿化
贺兰山南芥 (*Arabis alaschanica*)	十字花科	南芥属	分布于贺兰山中段，多生于沟谷中，石灰岩上	具有园林观赏价值，可作地被，亦可药用
阿拉善点地梅 (*Androsace alaschanica*)	报春花科	点地梅属	多分布于贺兰山中高海拔的干旱沙地	荒漠固沙植物，可作耐旱地被，且具有观赏价值
苞芽粉报春 (*Primula gemmifera*)	报春花科	报春花属	分布于宁夏固原、泾源、二龙河、小南川等地，生于林缘	为高山野生花卉，具有很高观赏价值
柠条 (*Caragana korshinskii*)	蝶形花科	锦鸡儿属	分布于宁夏沙漠地区	可用于防风固沙，保持水土，景观效果也较好
阿拉善黄耆 (*Astragalus alaschanus*)	蝶形花科	黄耆属	分布于贺兰山荒漠地区，生于沙质土壤中	能保持水土，具有较高的观赏及科研价值

(续)

植物名	科名	属名	产地及生境	应用价值
乌拉特黄耆 (*Astragalus hoantchy*)	蝶形花科	黄耆属	分布于宁夏中部，在林缘、草甸、灌丛均有分布	具有很高的药用价值
贺兰山棘豆 (*Oxytropis holanshanensis*)	蝶形花科	棘豆属	分布于贺兰山海拔2030～2400m山沟中	为贺兰山特有种，具有较高的科学价值及园林应用价值
六盘山棘豆 (*Oxytropis ningxiaensis*)	蝶形花科	棘豆属	分布于六盘山地区，生于林缘、沟谷、岩缝中	可以作地被，具有一定观赏价值
文冠果 (*Xanthoceras sorbifolia*)	无患子科	文冠果属	在贺兰山地区有野生分布	具有药用价值，油料树种，具有较高观赏价值
大叶细裂槭 (*Acer stenolobum* var. *megalophyllum*)	槭树科	槭树属	分布于宁夏东南部，生于山坡疏林中	中国特有种，秋叶观赏价值高
短柄五加 (*Acanthopanax brachypus*)	五加科	五加属	分布于宁夏六盘山等地区，生于林下、灌丛中	观赏树木，亦作为药用
麻花艽 (*Gentiana straminea*)	龙胆科	龙胆属	生于灌丛、草甸、林下等地	药用植物，野生观赏植物
秦艽 (*Gentiana macrophylla*)	龙胆科	龙胆属	分布于六盘山等地区，生于灌丛、草甸、林下等地	药用植物，野生观赏植物
水曲柳 (*Fraxinus mandschurica*)	木犀科	梣属	多为人工栽培，生长于山坡疏林地或沟谷等地	重要营林树种及园林风景树
羽叶丁香 (*Syringa pinnatifolia*)	木犀科	丁香属	分布于贺兰山区，生于林缘、沟谷中	具有药用价值，亦具有很高的观赏价值
内蒙野丁香 (*Leptodermis ordosica*)	茜草科	野丁香属	分布于贺兰山地区，生于岩石缝隙中	具有很高的观赏价值，亦可入药
贺兰山女蒿 (*Hippolytia alashanensis*)	菊科	女蒿属	分布于贺兰山区，多生于岩边、石缝中	为较好的地被观赏植物，亦可药用
阿拉善风毛菊 (*Saussurea alaschanica*)	菊科	风毛菊属	分布于贺兰山荒漠区，多生于岩石下、石缝中	为干旱地区野生观赏花卉
百花蒿 (*Stilpnolepis centiflora*)	菊科	百花蒿属	分布于贺兰山荒漠地区，生于沙丘上，沙质土壤中	极耐干旱，可用于荒漠区防风固沙
四花早熟禾 (*Poa tetrantha*)	禾本科	早熟禾属	贺兰山、六盘山等地均有分布，生于干旱山坡	为优良牧草，可以作草坪地被
硬叶早熟禾 (*Poa stereophylla*)	禾本科	早熟禾属	模式标本采于贺兰山地区，生长于灌木丛、草丛中	可用于铺设草地，亦可作牧草及用于固沙

第三章

宁夏观赏植物

3.1 观赏植物栽培及应用历史

宁夏居黄河上游，北倚贺兰山，南凭六盘山，黄河纵贯北部全境，历史文化悠久，古今素有“塞上江南”之美誉，宁夏是中华文明的发祥地之一。宁夏回族自治区具有悠久的历史，灵武市水洞沟旧石器时代文化遗址中发掘出来的石器、骨器和用火痕迹表明，远在距今3万年前后，宁夏境内就有了人类活动，他们创造了旧石器晚期的“水洞沟文化”。根据《西夏博物馆》记载，公元前221年，秦始皇统一中国，大批的移民到宁夏，开凿“秦渠”，屯垦拓边，繁衍生息，宁夏属北地郡。公元11～13世纪，党项族在这里建立西夏王国，此后，宁夏经历了元、明、清等数次历史朝代的变迁，乾隆时期成为全国最大的回族聚居区。1958年10月25日，宁夏回族自治区成立，辖原属甘肃省的银川专区、吴忠回族自治州、西海固回族自治州及泾源、隆德2县，直至今日。

3.1.1 古代宁夏园林植物栽培应用情况

3.1.1.1 宁夏花卉早期应用历史记载

1949年以后宁夏境内陆续发现了较多的诸如“细石器文化”、“马家窑文化”和“齐家文化”遗址。这些遗址表明，距今6000年到3000年前，宁夏南北的“居民”已由母系氏族社会进入父系氏族社会，开始从事畜牧业和农业生产，并与中原地区有了密切的联系。西夏王陵出土的文物中，已经发现大量陶器上绘有花卉图案纹饰，如牡丹、兰花等，这是花卉较早的应用形式(图35至图37)。

随着农业的发展，生产力的提高，灌溉农业的出现，花卉的种植和应用不断涌现，最初花卉的应用主要是伴随以农作物的形式出现，而后是一些具有药用价值的植物，如红花、枸杞等用做贡品。《晋书·华表传附子廙传》中记载魏太尉华歆的孙子、华表的长子华廙在迟家巷居住了10年，“教诲子孙，讲诵经典。集经书要事，名曰《善文》”。华廙与陈勰

图35 白釉剔刻花牡丹纹罐

图36 白釉印塑花三足炉

图37 剔刻花广口经瓶

"共造猪阑于宅侧"，晋武帝司马炎曾经探视过华家，看到他如此简朴的生活，心生怜悯之情。登上陵云台，"望见廙苜蓿园，阡陌甚整"。可见当时不仅用苜蓿作猪马的饲草，而且其群体栽培时的地被效果已经显现出来。

1981年在宁夏固原东部发现一座北魏夫妇合葬墓。出土棺木上绘有精美漆画，棺盖的边缘饰忍冬花纹，并加饰飞鸟，早期的花卉应用多是以这种纹饰装饰形式出现。

早在唐宋时期，这里的少数民族还很少吃五谷，而以肉乳和野生植物为食。据《辽史》记载，西夏建国前"其民春食鼓子蔓，夏食苁蓉苗，秋食席子鸡、地黄叶、登厢草，冬则蓄沙葱、野韭、拒霜、灰条、白蒿、碱松子以为岁计"。朱元璋建立明朝后，曾将其第十六子封为庆王，于韦州建王府，宁设群牧千户，专有千名军士为庆王放牲畜，从韦州到香山一带都是庆王的牧场。以后逐渐发展为以牧为主的半农半牧区，居民除以放牧为主外，还随水而居，垦地种粮。

随着农业的规模化和物质生活水平的提高，花卉在园林和生活中的应用逐渐丰富起来。秦朝建国之后花卉的园林应用有所增加，西夏国建立后随着大量苑囿园池、王府陵园的建造，应用的植物种类和数量也随之增加，魏晋时期的丝绸之路张骞等引入了葡萄、苜蓿、菠菜等西域植物，丰富了宁夏植物种类。随着灌溉农业的出现，人们自然地在农田两边、路旁、沟渠边种植柳树等，从而起到稳固、遮荫、美化作用，可认为是早期的园林应用形式。而先秦以来富贵显赫的达官贵人就拥有一定数量的土地，修建苑囿园池，种植植物以作修饰。西夏国建立后大兴修建宫殿、陵园，亭榭台池，逶迤数里，院中多有私家花园，园中种以各种花草。

3.1.1.2 明、清观赏植物的应用

明清年代宁夏观赏植物的种类、数量及应用类型都很丰富。明代宁夏作为北边重镇之一，有很多王府、花园，尤其是庆亲王府，其花园中植物品种丰富，姹紫嫣红。明代宁夏镇总兵修建了梅所，成功地将梅花移栽成功。据宁夏最早的地方志《宁夏志》(朱旃，明)中记载，明代弘治年间宁夏花类有"蔷薇(*Rosa*)、石竹(*Dianthus chinensis*)、金盏(*Nuphar pumilum*，当地亦称作金莲，即萍蓬草)、凤仙(*Impatiens*)、珍珠(可能为珍珠梅 *Sorbaria kirilowii*)、鸡冠(*Celosia cristata*)、玉簪(*Hosta*)、萱草(*Hemerocallis*)、荷(*Nelumbo nucifera*)、菊(*Chrysanthemum*)、蜀葵(*Althaea*)、黄蜀葵(*Abelmoschus manihot*)、红花(*Carthamus*)"等17种，树类有"松(*Pinus*)、柏(*Sabina*)、槐

(*Sophora*)、桦(*Betula*)、椿(*Ailanthus*)、暖木(可能为*Meliosma veitchiorum*)、白杨(*Populus tomentosa*)、榆树(*Ulmus*)、柳(*Salix*)、柽(*Tamarix*)”，其中“百合(*Lilium*)”和“瞿麦(*Dianthus superbus*)”等作为药材记载，“桃(*Prunus*)、杏(*Prunus*)、梨(*Pyrus*)、李(*Prunus*)”等作为果物记载利用。当时许多王府花园中有些景点还以芍药(*Paeonia lactiflora*)、牡丹(*Paeonia suffruticosa*)、荷花等命名，如“桃蹊”、“杏坞”、“菊井”、“芍药亭”、“牡丹亭”、“荷香柳影亭”等(薛正昌,2002)。

清代，宁夏栽培植物种类已经非常丰富。《银川小志》中记载，阳坊市物产稻谷类、菜类、花，其中花卉有牡丹、芍药、蔷薇、石竹、鸡冠、玉簪、黄蜀葵、荷、罂粟(*Papaver*)、小竹(*Bambusa*)、菊(八月间，余间菊花如南方蓝菊，稍大，有红紫二色)、萱(遍地皆有，郊外人多种植，采花做素菜)、宝象、百合、金盏、凤仙、珍珠、山丹(*Lilium pumilum*)。果有杏、桃(有极大者，味极美，产中卫县者，味如南方水蜜桃)、梨(皮薄多汁，香甜色佳，南方所无有，所说长柄梨，状如木瓜，味更鲜爽)、菱(*Trapa bispinosa*)、林檎(*Malus asiatica*)、柰(*Malus*)、藕(*Nelumbo*)、葡萄(*Vitis*)、樱桃(*Prunus*)、楸子(*Malus*)、胡桃(*Juglans regia*)、花红(*Malus asiatica*)、白沙、沙枣(*Elaeagnus angustifolia*)、桑(*Morus alba*)、酸枣(*Ziziphus jujuba* var.*spinosa*)、慈姑(*Sagittaria sagittifolia*)、枣(*Ziziphus jujuba*)、含桃。乔木有松、柏、槐、桦、椿、榆、柳(*Salix*，有紫梗柳，条长不脆，采以代藤竹，编筐篓等物)、柽、暖木、白杨、梧桐(*Firmiana simplex*)。药类有荆芥(*Schizonepeta tenuifolia*)、防风(*Saposhnikovia divaricata*)、苁蓉(*Cistanche salsa*)、桑白皮(*Morus alba*)、地骨皮(*Lycium*)、甘草(*Glycyrrhiza uralensis*)、柴胡(*Bupleurum*)、枸杞(*Lycium*)(宁安堡产者极佳，家家种植)、黄芩(*Scutellaria baicalensis*)、黄耆(*Astragalus*)、麻黄(*Ephedra*)、远志(*Polygala*)、紫苏(*Perilla frutescens*)、苦参(*Sophora flavescens*)、瞿麦、茴香(*Foeniculum vulgare*)、知母(*Anemarrhena asphodeloides*)、升麻(*Rhizoma cimicifuage*)、大戟(*Euphorbia pekinensis*)、扁蓄(*Polygonum aviculare*)、秦艽(*Gentiana macrophylla*)、黄精(*Polygonatum odoratum*)、百合、茵陈(*Artemisia scopariae*)、葶苈(*Draba nemorosa*)、三棱(*Sparganium stoloniferum*)、草血竭(*Polygonum paleaceum*)、牛蒡子(*Fructus Arctii*)、菟丝子(*Cuscuta chinensis*)、薄荷(*Menthae haplocalycis*)、菖蒲(*Acorus calamus*)、木瓜(*Chaenomeles sinensis*)、天仙子(*Hyoscyamus niger*)、葫芦巴(*Semen trigonellae*)、锁阳(*Songaria Cynomorium*)、车前子(*Plantago asiatica*)、青木香(*Radix aristolochiae*)、千金子(*Euphorbia lathyris*)(汪绎辰，清)。由此可见，除常用花草外，百合、鸡冠、瞿麦、黄芩等已经从药用植物转向观赏栽培应用，观赏植物种类逐渐增多。

关于花卉园林应用的记载较多，清代雍正年间，杨中时隐居治国，养花种树以自适。赵飞熊(贺兰县李岗乡人)性格豪逸，屋后辟一园可数亩，号西园，遍植花卉果木，朝夕赏玩。清光绪三十一年(1905年)，吴忠董府(董福祥私宅)内植有玫瑰(*Rosa rugosa*)、丁香(*Syringa*)、连翘(*Forsythia suspensa*)、凤仙、牵牛(*Pharbitis*)等多种花卉。清末，宁夏花卉计有：梅花(*Prunus mume*，有红、黄、白色)、香荚蒾(*Viburnum farreri*)、丽春(虞美人，*Papaver rhoeas*)、珍珠梅(*Sorbaria kirilowii*)、萱草、牡丹、荷花牡丹、山丹花、石竹、天竹、凤仙、鸡冠、绣球(*Hydrangea*)、粉团蔷薇(*Rosa multiflora*)、玫瑰、桃花(*Prunus persica*)、月季花(*Rosa chinensis*)、夹竹桃(*Nerium oleander*)、石榴(*Punica granatum*)、荷花、西番莲(*Passiflora edulis*，一名雪莲)、蜀葵(*Althaea rosea*)、桂花(*Osmanthus fragrans*)、菊花(*Chrysanthemum × morifolium*，包括六月菊、七月菊、九月菊)、荷兰菊(贺兰菊)、锦葵(*Malva sinensis*，荆葵)等。

3.1.2 近现代宁夏园林植物栽培应用情况

3.1.2.1 近代花卉应用状况

民国时期新城有常将军(常连)花园，有玫瑰、秋菊等十多种花卉。罗家庄马鸿逵房宅(现宁夏农业勘察设计院址)，内植有大丽花(*Dahlia pinnata*)、美人蕉(*Canna*)、什样锦(可能为 *Hibiscus*)、菊花、丁香、玫瑰、蜡梅(*Chimonanthus praecox*)、探春(即香荚蒾)等十余种花。银川城区有东花园，也称云亭纪念堂，植有美人蕉、大丽花、石竹、菊花等草本花卉及丁香、玫瑰、牡丹等木本花卉。马鸿逵公馆小花园(今宁夏农林科学院作物所)，植有牡丹、芍药、萱草、丁香、玫瑰、黄刺玫(*Rosa xanthina*)、四季海棠(*Begonia semperflorens*)、大丽花、美人蕉、菊以及观赏常青树等。固原西湖公园(1943年左右)原系国民党军长高桂滋的私人花园，面积约20亩，栽植有榆叶梅(*Prunus triloba*)、海棠(*Malus spectabilis*)、牡丹、月季、芍药等。

3.1.2.2 现代宁夏花卉栽培种类

1990年宁夏有温室花卉47科170种，其中露地草花20科85种，露地木本花卉10科27种，水生花卉2科5种，蔓生花卉4科8种。在已经栽培的花卉中，部分系宁夏野生种驯化而来，大部分是由外省区引入。原产于宁夏，经驯化业已栽培的花卉有：石竹、芍药、太平花(*Philadelphus pekinensis*)、珍珠梅、黄刺玫、山桃(*Prunus davidiana*)、文冠果(*Xanthoceras sorbifolia*)、四季丁香(*Syringa microphylla*)、华北紫丁香(*S. oblata*)、北京丁香(*S. pekinensis*)、香荚蒾等。

宁夏现有的花卉大部分是由外省区引入。其中主要的温室花卉种类有：广玉兰(*Magnolia grandiflora*)、扶桑(*Hibiscus rosa-sinensis*)、炮仗红(*Pyrostegia ighea*)、夹竹桃、黄夹竹桃(*Thevetia peruviana*)、石榴、叶子花(*Bougainvillea glabra*)、米兰(*Aglaia odorata*)、棕榈(*Trachycarpus fortunei*)、五针松(*Pinus parviflora*)、南洋杉(*Araucaria cunninghamii*)、翠柏(*Calocedrus macrolepis*)、罗汉柏(*Thujopsis dolabrata*)、龙柏(*Juniperus chinensis* 'Kaizuka')、黄杨(*Buxus*)、四季海棠、竹节海棠(*Begonia maculata*)、玻璃翠(*Impatiens holstii*)、仙客来(*Cyclamen persicum*)、朱顶红(*Hippeastrum rutilum*)、君子兰(*Clivia*)、文竹(*Asparagus setaceus*)、龟背竹(*Monstera deliciosa*)、令箭荷花(*Nopalxochia ackermannii*)、昙花(*Epiphyllum oxypetalum*)、蟹爪兰(*Zygocactus truncatus*)、仙人掌(*Opuntia stricta*)等；宿根及球根花卉种类有香石竹(*Dianthus caryophyllus*)、萱草、百合、菊花、大丽花、贺兰菊、玉簪、晚香玉(*Polianthes tuberosa*)、美人蕉、鸢尾(*Iris tectorum*)、唐菖蒲(*Gladiolus hybrids*)等；一二年生草花有蜀葵、半枝莲(*Portulaca oleracea*)、虞美人、旱金莲(*Tropaeolum majus*)、五色草(*Altermanthera bettzichiana*)、鸡冠花、紫茉莉(*Mirabilis jalapa*)、一串红(*Salvia splendens*)、金龟草(*Cimicifuga acerina*)、重瓣凤仙花(*Impatiens*)、三色堇(*Viola tricolor*)、金盏菊(*Callendula officinalis*)、翠菊(*Callistephus chinensis*)、万寿菊(*Tagetes erecta*)、波斯菊(*Cosmos bipinnatus*)、百日草(*Zinnia elegans*)、孔雀草(*Tagetes patula*)、旱菊、矮牵牛(*Petunia hybrida*)等；木本花卉有金银木(*Lonicera maackii*)、月季、贴梗海棠(*Chaenomeles speciosa*)、西府海棠(*Malus micromalus*)、红叶李(*Prunus cerasifera*)、玫瑰、榆叶梅、连翘、牡丹、文冠果、小檗(*Berberis thunbergii*)等；蔓生花卉有紫藤(*Wisteria sinensis*)、金银花(*Lonicera japonica*)、爬山虎(*Parthenocissus tricuspidata*)、五叶地锦(*P. quinquefolia*)等。

3.1.2.3 现代宁夏花卉引种驯化情况

宁夏观赏植物栽培及应用历史，尤其是从现代观赏植物栽培应用来看，大多数是引进的外来资源。虽深处内陆，但具多样的植被类型和较丰富的野生花卉资源。许多野生花卉资源广泛分布于森林、灌丛草甸、草原、沼泽植被类型中，如常绿针叶林中的互叶醉鱼草(*Buddleja alternifolia*)、矮卫矛(*Euonymus nanus*)、蒙古绣线菊(*Spiraea mongolica*)、小红菊(*Chrysanthemum chanetii*)、小叶忍冬(*Lonicera microphylla*)、羽叶丁香(*Syringa pinnatifolia*)、玉竹(*Polygonatum odoratum*)等；落叶阔叶林中的单瓣黄刺玫(*Rosa xanthina* f. *normalis*)、毛灰栒子(*Cotoneaster acutifolius* var. *villosulus*)、黄精、裂叶堇菜(*Viola dissecta*)、山丹、铁线莲(*Clematis*)、胭脂花(*Primula maximowiczii*)、费菜(*Sedum aizoon*)、蕨类(*Pteridophyta*)、早熟禾(*Poa annua*)、苔草(*Carex tristachya*)等；落叶灌丛中的

绣线菊类(*Spiraea*)、紫丁香、金露梅类(*Potentilla*)、毛茛类(*Ranunculus*)、石竹、野豌豆(*Vicia sepium*)、沙棘(*Hippophae rhamnoides*)、锦鸡儿(*Caragana sinica*)、柽柳、点地梅(*Androsace umbellata*)、黄花补血草(*Limonium aureum*)等；草甸中的翠雀花(*Delphinium grandiflorum*)、百里香(*Thymus mongolicus*)、小丛红景天(*Rhodiola dumulosa*)、高山地榆(*Sanguisorba alpina*)、柳兰(*Epilobium angustifolium*)、高山蚤缀(*Arenaria serpyllifolia*)、紫羊茅(*Festuca rubra*)、赖草(*Leymus secalinus*)等；沼泽中的狭叶香蒲(*Typha angustifolia*)、水葱(*Scirpus validus*)、芦苇(*Phragmites australis*)、菖蒲、狭叶慈姑(*Sagittaria trifolia*)等，资源十分丰富。宁夏对观赏植物资源的开发主要是做引种驯化及选择育种等工作，据统计，从20世纪70年代至今，宁夏相关部门已引种栽培的野生观赏树木种类有24科42属近80种，绝大多数引种都较为成功。如常绿树有青海云杉(*Picea crassifolia*)、杜松(*Juniperus rigida*)、沙冬青(*Ammopiptanthus mongolicus*)等；落叶乔木有华北落叶松(*Larix principis-rupprechtii*)、甘肃山楂(*Crataegus kansuensis*)、辽东栎(*Quercus liaotungensis*)、细裂槭(*Acer leptophyllum*)、灰榆(*Ulmus glaucescens*)等；落叶灌木有蒙古扁桃(*Prunus mongolica*)、回折绣线菊(*Spiraea tomentulosa*)、西北栒子(*Cotoneaster zabelii*)、黄刺玫、金露梅、建德山梅花(*Philadelphus sericanthus*)、小叶丁香(*Syringa pubescens* subsp.*microphylla*)等。但是对于野生观赏草本植物的引种却较少（张克和郁东宁，2002）。同时还有许多有较高观赏和育种价值的植物资源还处于野生状态没有充分利用。因此，及时调查摸清野生观赏植物资源状况并加以科学评价，才能为进一步合理开发利用宁夏野生观赏植物资源打下基础。

图38 刺旋花（*Convolvulus tragacanthoides*）

3.2 观赏植物种质资源特点及评价

3.2.1 宁夏观赏植物种质资源特点

3.2.1.1 耐旱型植物资源突出

宁夏多处于干旱半干旱地区，分布在该区域的植物长期受环境胁迫，形成耐旱、耐盐碱、耐贫瘠等特性，主要包括蝶形花科(Papilionaceae)、禾本科(Poaceae)、麻黄科(Ephedraceae)、蓼科(Polygonaceae)、藜科(Chenopodiaceae)、蒺藜科(Zygophyllaceae)、菊科(Compositae)等科的植物。很多植物在恶劣的环境中不仅生长良好，且观赏性状突出，有的花色艳丽、花量繁多，如岩青兰(*Dracocephalum rupestre*)、风毛菊属(*Saussurea*)；有的植株秀美飘逸，如观赏禾草类；有的呈低矮灌木状，苍劲有力，如贺兰山女蒿(*Hippolytia alashanensis*)；有的丛生群体壮观美丽，如亚菊属(*Ajania*)、蒿属(*Artemisia*)植物等。这些优秀的观赏植物资源栽植管理相对较易，将是园林引种的优先选择(图38至图41)。

图39 灰毛软紫草（*Arnebia fimbriata*）

图40 白刺（*Nitraria tangutorum*）

图41 细枝岩黄耆（*Hedysarum mongolicum*）

表3-1　宁夏部分重点耐旱观赏植物种质资源

种名	科名	属名	拉丁名	生境
网眼瓦韦	水龙骨科	瓦韦属	*Lepisorus clathratus*	岩石坡及崖缝里
杜松	柏科	刺柏属	*Juniperus rigida*	沙质山坡
叉子圆柏	柏科	圆柏属	*Sabina vulgaris*	沙质山坡
中麻黄	麻黄科	麻黄属	*Ephedra intermedia*	山坡及滩地
膜果麻黄	麻黄科	麻黄属	*Ephedra przewalskii*	干燥沙漠地区或干旱山麓，多沙石的盐碱土上，在水分稍充足地区形成大面积群落
灰绿黄堇	紫堇科	紫堇属	*Corydalis adunca*	干旱山地草原或荒漠草原
灰榆	榆科	榆属	*Ulmus glaucescens*	干旱山坡、沟谷地区
虎榛子	桦木科	虎榛子属	*Ostryopsis davidiana*	沙质山坡
木本猪毛菜	藜科	猪毛菜属	*Salsola arbuscula*	砾质荒漠、沙地
狭叶草原石头花	石竹科	石头花属	*Gypsophila davurica* var. *angustifolia*	干旱山坡、砾石滩地和固定沙丘
二色补血草	白花丹科	补血草属	*Limonium bicolor*	海滨碱滩、荒漠草地或沙丘地带
细枝补血草	白花丹科	补血草属	*Limonium tenellum*	荒漠、半荒漠干燥多石场所和盐渍化滩地上
黄花补血草	白花丹科	补血草属	*Limonium aureum*	荒漠地区的石质山区或山麓
瓦松	景天科	瓦松属	*Orostachys fimbriatus*	草原地带的碎石山坡或石质裂缝中
长柄扁桃	蔷薇科	李属	*Prunus pedunculata*	砾石土、沙土、黏壤土、石灰土、盐碱土上
蒙古扁桃	蔷薇科	李属	*Prunus mongolica*	荒漠和荒漠草原区的山地、丘陵、石质坡地、山前洪积平原及干河床
迴折绣线菊	蔷薇科	绣线菊属	*Spiraea tomentulosa*	干旱山坡灌木丛中
西北栒子	蔷薇科	栒子属	*Cotoneaster zabelii*	石灰岩山地、山坡阴处、沟谷边、灌木丛中
胡枝子	蝶形花科	胡枝子属	*Lespedeza bicolor*	生于海拔1750～2300m阳坡灌丛中
沙打旺	蝶形花科	黄耆属	*Astragalus adsurgens*	沙质山坡
灰叶黄耆	蝶形花科	黄耆属	*Astragalus discolor*	野生于草原上的干燥坡地或疏林间
野苜蓿	蝶形花科	苜蓿属	*Medicago falcata*	沙质偏旱耕地、山坡、草原及河岸杂草丛中
披针叶黄华	蝶形花科	黄华属	*Thermopsis lanceolala*	沙地、砾质戈壁，也见于湿润的丘陵、河岸、草滩
蒙古岩黄耆	蝶形花科	岩黄耆属	*Hedysarum mongolicum*	流动沙丘上
细枝岩黄耆	蝶形花科	岩黄耆属	*Hedysarum scoparium*	荒漠、半荒漠地区，沙地上
苦豆子	蝶形花科	槐属	*Sophora alopecuroides*	干旱沙漠和草原边缘地带
黄花棘豆	蝶形花科	棘豆属	*Oxytropis ochrocephala*	亚高山草甸、半荒漠化草原
鬼箭锦鸡儿	蝶形花科	锦鸡儿属	*Caragana jubata*	高山灌丛群落中、砾石山坡、沟缘及林下

（续）

种名	科名	属名	拉丁名	生境
荒漠锦鸡儿	蝶形花科	锦鸡儿属	*Caragana roborovskyi*	荒漠、半荒漠地带的流动沙地或半固定沙地上
柠条	蝶形花科	锦鸡儿属	*Caragana korshinskii*	流动沙地和丘间低地以及固定、半固定沙地上
沙冬青	蝶形花科	沙冬青属	*Ammopiptanthus mongolicus*	荒漠、半荒漠沙区
沙枣	胡颓子科	胡颓子属	*Elaeagnus angustifolia*	沙地、盐碱地
牛奶子	胡颓子科	胡颓子属	*Elaeagnus umbellata*	山坡干燥地或河边沙地、灌丛内
白刺	蒺藜科	白刺属	*Nitraria tangutorum*	荒漠和半荒漠的湖盆沙地、河流阶地、山前平原积沙地、有风积沙的黏土地
蝎虎驼蹄瓣	蒺藜科	驼蹄瓣属	*Zygophyllum mucronatum*	荒漠化、半荒漠化草原
内蒙西风芹	伞形科	西风芹属	*Seseli intramongolicum*	向阳干旱山坡
罗布麻	夹竹桃科	罗布麻属	*Apocynum venetum*	盐碱地、沙地、渠边
雀瓢	萝藦科	鹅绒藤属	*Cynanchum thesioides* var. *australe*	水沟旁及河岸边或山坡、路旁的灌木丛、草地上
杠柳	萝藦科	杠柳属	*Periploca sepium*	平原及低山丘的林缘、沟坡、河边沙地及地埂处
刺旋花	旋花科	旋花属	*Convolvulus tragacanthoides*	石缝中及戈壁滩
蒙古莸	马鞭草科	莸属	*Caryopteris mongholica*	干旱坡地、沙丘荒野及干旱碱质土壤上
冬青叶兔唇花	唇形科	兔唇花属	*Lagochilus ilicifolius*	沙地、 半荒漠灌丛中
角蒿	紫葳科	角蒿属	*Incarvillea sinensis*	高山草甸、半荒漠化草原
内蒙野丁香	茜草科	野丁香属	*Leptodermis ordosica*	干旱石质山坡、石缝
蒙古荚蒾	忍冬科	荚蒾属	*Viburnum mongolicum*	山坡疏林下或河滩地
盐地风毛菊	菊科	风毛菊属	*Saussurea salsa*	田边、荒地及沟渠旁
翼茎风毛菊	菊科	风毛菊属	*Saussurea alata*	沙漠、戈壁、沙地、荒地及田边路旁
盐蒿	菊科	蒿属	*Artemisia halodendron*	流动、半固定或固定的沙丘
贺兰山女蒿	菊科	女蒿属	*Hippolytia alashanensis*	沙壤质棕钙土上，稀见于草原带向荒漠草原带过渡的边缘地区
术叶合耳菊	菊科	合耳菊属	*Synotis atractylidifolia*	石灰岩山地、山坡阴处、沟谷边、灌木丛中
蝟菊	菊科	蝟菊属	*Olgaea lomonosowii*	山谷、山坡、沙窝、河槽地
虎尾草	禾本科	虎尾草属	*Chloris virgata*	沙地、高山草甸、半荒漠化草原
芨芨草	禾本科	芨芨草属	*Achnatherum splendens*	盐碱滩沙质土上，低洼河谷、干河床、湖边、河岸等地
白草	禾本科	狼尾草属	*Pennisetum centrasiaticum*	田岸坡地、道旁、小山坡上
戈壁天门冬	百合科	天门冬属	*Asparagus gobicus*	戈壁、荒漠区的盐渍低地上

3.2.1.2 高山草本花卉资源丰富

在宁夏贺兰山、六盘山等高海拔的高山灌丛草甸层、高山草甸层有大量的高山野生花卉混生，如柳叶亚菊(*Ajania salicifolia*)、细叉梅花草、马先蒿属(*Pedicularis*)、龙胆属(*Gentiana*)、花锚属(*Halenia*)、西伯利亚乌头(*Aconitum barbatum* var. *hispidum*)、白花枝子花(*Dracocephalum heterophyllum*)等，这些材料花色鲜艳夺目，是园林花坛、花境布置的优选素材(图42、图43)。但这类植物普遍位于高海拔地区，空气偏湿、光照强、温度冷凉，这是决定能否引种成功的首要问题。

图43 达乌里龙胆（*Gentiana dahurica*）

3.2.1.3 奇特花卉资源丰富

宁夏的观赏植物中许多具有特殊观赏性状，如奇特的花色、花形、叶形等。蓝紫色是稀有的、充满神秘感的颜色，龙胆属、翠雀属(*Delphinium*)、乌头属(*Aconitum*)多此色系的种类；花形奇特的如椭圆叶花锚(*Halenia elliptica*)、马先蒿属、镰萼喉毛花(*Comastoma falcatum*)、瞿麦等；还有园林中鲜有应用，但观赏价值却极高的一些，诸如六盘山鸡爪大黄(*Rheum tanguticum* var. *liupanshanense*)、掌叶橐吾(*Ligularia przewalskii*)、鬼灯檠(*Rodgersia aesculifolia*)等(图44、图45)。这些植物都是开发新花卉的重要材料。

图42 中国马先蒿（*Pedicularis chinensis*）

3.2.1.4 观赏植物重点属的种类丰富

宁夏观赏植物重点属的种类约230属，包括翠雀属、蔷薇属(*Rosa*)、栒子属(*Cotoneaster*)、绣线菊属(*Spiraea*)、海棠属(*Malus*)、忍冬属(*Lonicera*)、龙胆属、马先蒿属、铁线莲属(*Clematis*)、黄芩属(*Scutellaria*)、青兰属(*Dracocephalum*)、小檗属(*Berberis*)、紫堇属(*Corydalis*)、沙参属(*Adenophora*)、葱属(*Allium*)、茶藨子属(*Ribes*)、风毛菊属、千里光属(*Senecio*)、菊属(*Chrysanthemum*)、香青属(*Anaphalis*)、亚菊属、女娄菜属(*Silene*)等，这些属的植物观赏价值都较高且种类多，如蔷薇属宁夏分布有13种3变种，马先蒿属宁夏分布11种1亚种等。丰富的种类为园林应用和育种提供了广泛的选择空间。

3.2.2 宁夏观赏植物种质资源评价

目前筛选统计宁夏的重点观赏植物资源计90科297属649种（其中包括3亚种，44变种，4变型），详见表3-2。为便于分析，从木本观赏植物、草本观赏植物、藤本观赏植物、观赏蕨类植物等4个方面进行归类，但许多植物的观赏特性兼而有之，因此，各人为分类之间无严格的区分界限。

图44 六盘山鸡爪大黄（*Rheum tanguticum* var. *liupanshanense*）

图45 掌叶橐吾（*Ligularia przewalskii*）

表3-2 宁夏重点观赏植物种质资源统计列表

宁夏观赏植物种质资源，计90科297属649种（其中包括3亚种，44变种，4变型）					
（一）蕨类植物门			樟科	1	1
科名	属	种	五味子科	1	1
卷柏科	1	2	毛茛科	12	42（1亚种，9变种，1变型）
木贼科	1	1	星叶草科	1	1
蕨科	1	1(1变种)	小檗科	5	20
蹄盖蕨科	3	3	罂粟科	4	5（1变种）
铁角蕨科	1	1	紫堇科	1	7（1变种）
鳞毛蕨科	1	1	榆科	1	1
水龙骨科	2	2	桑科	1	1
（二）裸子植物门			胡桃科	1	1
科名	属	种	壳斗科	1	1
松科	3	3	桦木科	4	6
柏科	2	3	藜科	3	3
麻黄科	1	2	石竹科	7	13（1变种）
（三）被子植物门			蓼科	3	5（1变种）
1、双子叶植物纲			白花丹科	1	3
科名	属	种	芍药科	1	3（1变种）

（续）

宁夏观赏植物资源，计90科297属649种（其中包括3亚种，44变种，4变型）					
科名	属	种	科名	属	种
猕猴桃科	1	2	凤仙花科	1	1
藤黄科	1	3	五加科	3	4（2变种）
椴树科	1	1	伞形科	6	11（3变种，1变型）
锦葵科	2	2	龙胆科	5	13
堇菜科	1	5	夹竹桃科	1	2
柽柳科	2	7	萝藦科	2	6（1变种）
杨柳科	2	9（1变种）	茄科	3	3
十字花科	6	7	旋花科	1	2
鹿蹄草科	2	3	花荵科	1	1
报春花科	4	14（1变种）	紫草科	6	8
绣球花科	3	5	马鞭草科	1	1
茶藨子科	1	7	唇形科	11	22（2变种）
景天科	2	3	醉鱼草科	1	1
虎耳草科	5	7	木犀科	3	8（1亚种）
蔷薇科	18	82（4变种，2变型）	玄参科	8	16
蝶形花科	19	59（4变种）	列当科	1	3
胡颓子科	2	3	紫葳科	1	1
瑞香科	3	4	桔梗科	3	8
柳叶菜科	2	3	茜草科	1	1
山茱萸科	1	2	忍冬科	5	24
卫矛科	2	5	败酱科	2	3（1亚种）
大戟科	1	6（1变种）	川续断科	2	2
鼠李科	2	4（1变种）	菊科	30	51（3变种）
葡萄科	1	1	2、单子叶植物纲		
亚麻科	1	1	科名	属	种
远志科	1	1	天南星科	2	2
省沽油科	1	1	禾本科	9	10
无患子科	1	1	香蒲科	1	1
槭树科	1	5（1变种）	泽泻科	1	1
漆树科	1	1	百合科	12	24（3变种）
芸香科	4	4	鸢尾科	3	9（1变种）
蒺藜科	4	4	兰科	8	10（1变种）
牻牛儿苗科	1	5			

3.2.2.1 **木本观赏植物**

宁夏重点木本观赏植物种质资源统计有42科83属229种(其中包括1亚种,12变种)。主要集中在蔷薇科(Rosaceae)、忍冬科(Caprifoliaceae)、小檗科(Berberidaceae)、虎耳草科(Saxifragaceae)等，根据观赏部位分为观花类，观花、观果类，观叶、观果类，观叶、观姿类4类，有些种类具多种观赏特性。其中，观果类植物在植物配置中比较受重视，可作为开发利用的优先考虑种类，这些植物主要集中在蔷薇属、山楂属(*Crataegus*)、栒子属、海棠属、忍冬属、荚蒾属(*Viburnum*)、茶藨子属、小檗属等，种类丰富，果实亮丽，非常引人注目(图46、图47)。有的花、叶、果，甚至枝干皆可观赏，如美蔷薇(*Rosa bella*)、黄瑞香(*Daphne giraldii*)、球花荚蒾(*Viburnum glomeratum*)、岩生忍冬(*Lonicera rupicola*)等，可用于园林花灌木栽培；有的植株高大，树型优美，如甘肃山楂、山荆子(*Malus baccata*)、甘肃海棠(*M. kansuensis*)等，可作为园景树、行道树等；而小檗属、茶藨子属、刺蔷薇(*Rosa acicularis*)等可以作为刺篱、果篱、灌丛等使用。此外，像冠果忍冬(*Lonicera stephanocarpa*)、石枣子(*Euonymus sanguineus*)等果形奇特的植物，也是值得适当开发的一类。

图46 毛樱桃（*Prunus tomentosa*）

图47 青海云杉（*Picea crassifolia*）的紫粉色球果

（1）观花类

观花类木本植物种质资源的主要观赏性状是花色艳丽或花量大(图48至图50)，有的具香气，可在园林中用作园景树、花灌木、风景林、花篱等。本卷收录16科29属67种（其中包括1亚种、4变种），具体列表如下：

表3-3 宁夏重点观花类木本植物种质资源列表

植物名	科名	属名	拉丁名	主要观赏性状	园林用途
灌木铁线莲	毛茛科	铁线莲属	*Clematis fruticosa*	植株直立，花黄色，聚伞花序，花量较多	观花灌木
柽柳	柽柳科	柽柳属	*Tamarix chinensis*	花序长，粉红色，叶纤细秀美	庭院树，风景林
甘蒙柽柳	柽柳科	柽柳属	*Tamarix austromongolica*	花紫红色，圆锥花序，花量大，花期长	庭院树，风景林，防护植物
刚毛柽柳	柽柳科	柽柳属	*Tamarix hispida*	花紫红色，圆锥花序密集，花期较长	庭院树，风景林，防护植物
细穗柽柳	柽柳科	柽柳属	*Tamarix leptostachys*	花序粉红，花量大，叶纤细秀美	庭院树，风景林
宽苞水柏枝	柽柳科	水柏枝属	*Myricaria bracteata*	花淡红色或紫红色，花朵小巧	观花灌木，风景林
宽叶水柏枝	柽柳科	水柏枝属	*Myricaria platyphylla*	花粉红色，总状花序密集，花朵小巧	观花灌木，风景林
三春水柏枝	柽柳科	水柏枝属	*Myricaria paniculata*	花序粉红色，叶翠绿，花量大，花期长	庭院树，风景林
拟五蕊柳	杨柳科	柳属	*Salix paraplesia*	花序黄色，小花密集，叶墨绿光亮	庭院树，风景林
光叶溲疏	绣球花科	溲疏属	*Deutzia nitidula*	花白色，花朵较多呈伞房状	观花灌木，岩生植物
建德山梅花	绣球花科	山梅花属	*Philadelphus sericanthus*	花白色，有香气，株型秀美	观花灌木
毛萼山梅花	绣球花科	山梅花属	*Philadelphus dasycalyx*	总状花序，白色，花量较多，略香	观花灌木
太平花	绣球花科	山梅花属	*Philadelphus pekinensis*	花白色，量大，芳香	观花灌木
黄脉八仙花	绣球花科	绣球属	*Hydrangea xanthoneura*	花粉白色，花序大，花繁多	观花灌木
高山绣线菊	蔷薇科	绣线菊属	*Spiraea alpina*	花白色，密集，量大	观花灌木
海拉尔绣线菊	蔷薇科	绣线菊属	*Spiraea hailarensis*	花白色，伞形花序密集，株型丰满	观花灌木
金丝桃叶绣线菊	蔷薇科	绣线菊属	*Spiraea hypericifolia*	花白色，花量大，花期较长	观花灌木
迎折绣线菊	蔷薇科	绣线菊属	*Spiraea tomentulosa*	花白色，花量大，枝形独特	观花灌木
楼斗菜叶绣线菊	蔷薇科	绣线菊属	*Spiraea aquilegifolia*	花白色可人，花量大	观花灌木
毛果绣线菊	蔷薇科	绣线菊属	*Spiraea trichocarpa*	花白色，复伞形花序，花量较多	观花灌木
美丽绣线菊	蔷薇科	绣线菊属	*Spiraea elegans*	花白色密集，花量大	观花灌木
蒙古绣线菊	蔷薇科	绣线菊属	*Spiraea mongolica*	花白色密集，花量大	观花灌木
南川绣线菊	蔷薇科	绣线菊属	*Spiraea rosthornii*	花白色，花序长，花量大	观花灌木
三裂叶绣线菊	蔷薇科	绣线菊属	*Spiraea trilobata*	花白色，花密集，层次感佳	观花灌木
土庄绣线菊	蔷薇科	绣线菊属	*Spiraea pubescens*	花白色，花量大	观花灌木
乌拉绣线菊	蔷薇科	绣线菊属	*Spiraea uratensis*	花白色，花密集，层次感佳	观花灌木
小叶绣球绣线菊	蔷薇科	绣线菊属	*Spiraea blumei* var. *microphylla*	花白色，花量大，株型紧凑	观花灌木
绣球绣线菊	蔷薇科	绣线菊属	*Spiraea blumei*	花白色，花量大，株型紧凑	观花灌木
毛叶绣线梅	蔷薇科	绣线梅属	*Neillia ribesioides*	花淡粉红色，花形独特，总状花序密集	观花灌木
中华绣线梅	蔷薇科	绣线梅属	*Neillia sinensis*	花粉红色，花形独特，总状花序密集	观花灌木
高丛珍珠梅	蔷薇科	珍珠梅属	*Sorbaria arborea*	花白色，圆锥花序密集，叶秀美，秋叶发红	观花灌木
珍珠梅	蔷薇科	珍珠梅属	*Sorbaria kirilowii*	花白色，花序长，层次感佳	观花灌木
白毛银露梅	蔷薇科	委陵菜属	*Potentilla glabra* var. *mandshurica*	花白色，繁密，株型紧凑	观花灌木，岩生植物，盆栽花卉

（续）

植物名	科名	属名	拉丁名	主要观赏性状	园林用途
金露梅	蔷薇科	委陵菜属	*Potentilla fruticosa*	花金黄色，花量大，株型紧凑、低矮	观花灌木，岩生植物，盆栽花卉
小叶金露梅	蔷薇科	委陵菜属	*Potentilla parvifolia*	花黄色，繁密，株型紧凑	观花灌木，岩生植物，盆栽花卉
银露梅	蔷薇科	委陵菜属	*Potentilla glabra*	花白色，花量大，株型紧凑、低矮	观花灌木，岩生植物，盆栽花卉
白刺花	蝶形花科	槐属	*Sophora davidii*	蝶形花冠白色或略带蓝晕，果熟时暗紫红色	观花灌木，防护植物，岩生植物
甘肃木蓝	蝶形花科	木蓝属	*Indigofera potaninii*	花黄色，冠形美丽，花量较大	观花灌木
多花胡枝子	蝶形花科	胡枝子属	*Lespedeza floribunda*	花粉红色，花量大，花期长	观花灌木
胡枝子	蝶形花科	胡枝子属	*Lespedeza bicolor*	花粉红色，花量大，花期长	观花灌木
细梗胡枝子	蝶形花科	胡枝子属	*Lespedeza virgata*	花形似蝶，黄白色，总状花序	观花灌木
鬼箭锦鸡儿	蝶形花科	锦鸡儿属	*Caragana jubata*	蝶形花紫红色，果熟红褐色，扭卷	观花灌木，防护植物，岩生植物
荒漠锦鸡儿	蝶形花科	锦鸡儿属	*Caragana roborovskyi*	蝶形花黄白色，果熟红褐色，扭卷	观花灌木，防护植物，岩生植物
小叶锦鸡儿	蝶形花科	锦鸡儿属	*Caragana microphylla*	蝶形花黄色，果熟红褐色，扭卷	观花灌木，防护植物
蒙古岩黄耆	蝶形花科	岩黄耆属	*Hedysarum mongolicum*	紫红色花朵似蝴蝶，花量大	观花灌木，防护植物
木岩黄耆	蝶形花科	岩黄耆属	*Hedysarum fruticosum* var. *lignosum*	花紫红色，总状花序密集，半灌木	花境花卉，地被观花、观果植物
细枝岩黄耆	蝶形花科	岩黄耆属	*Hedysarum scoparium*	紫红色花朵似蝴蝶，花量大	观花灌木，防护植物
沙冬青	蝶形花科	沙冬青属	*Ammopiptanthus mongolicus*	蝶形花亮黄色，花量大，较壮观	观花灌木，防护植物
鄂北荛花	瑞香科	荛花属	*Wikstroemia pampaninii*	花白色，总状或圆锥花序，花较多，略芳香	观花灌木
针枝芸香	芸香科	拟芸香属	*Haplophyllum tragacanthoides*	花亮黄色，花量大，果熟时略橘红色，株型紧凑	地被观花半灌木，岩生植物
刺旋花	旋花科	旋花属	*Convolvulus tragacanthoides*	喇叭花冠，粉红色，花量大而紧凑	地被观花半灌木，岩生植物
蒙古莸	马鞭草科	莸属	*Caryopteris mongholica*	花蓝紫色，花序长，花量大	观花灌木
灌木青兰	唇形科	青兰属	*Dracocephalum fruticulosum*	花蓝紫色，花朵密集，花量大	观花灌木
百里香	唇形科	百里香属	*Thymus mongolicus*	花粉红色，芳香，密集，低矮匍匐	地被观花半灌木，防护植物，铺地植物，岩生植物，盆栽花卉
白花百里香	唇形科	百里香属	*Thymus mongolicus* var. *leucanthus*	花细小密集，白色，芳香	地被观花半灌木，防护植物，铺地植物，岩生植物，盆栽花卉
互叶醉鱼草	醉鱼草科	醉鱼草属	*Buddleja alternifolia*	花有红、紫、白等色，花量大	观花灌木，岩生植物
暴马丁香	木犀科	丁香属	*Syringa reticulata*	花白色或淡黄白色，花量大而密集，树形圆整	庭院树，风景林
北京丁香	木犀科	丁香属	*Syringa pekinensis*	花白色，圆锥花序，花密集，量大	庭院树，风景林
华北紫丁香	木犀科	丁香属	*Syringa oblata*	淡紫色花序，繁茂，清香，花期长	庭院树，风景林
四川丁香	木犀科	丁香属	*Syringa sweginzowii*	花淡紫色或淡紫白色，花密集，量大	庭院树，风景林
小叶丁香	木犀科	丁香属	*Syringa pubescens* subsp. *microphylla*	花紫红色，淡香，花量大	庭院树，风景林
羽叶丁香	木犀科	丁香属	*Syringa pinnatifolia*	花紫红色，淡香，羽状叶奇特	观花灌木
内蒙野丁香	茜草科	野丁香属	*Leptodermis ordosica*	花粉红色，密集清香，株型低矮	观花灌木，岩生植物
南方六道木	忍冬科	六道木属	*Abelia dielsii*	花粉色，萼片粉色宿存，果形奇特	观花灌木
伞花六道木	忍冬科	六道木属	*Abelia umbellata*	花黄色，花形美丽，花朵密集	观花灌木
中亚紫菀木	菊科	紫菀木属	*Asterothamnus centrali-asiaticus*	花紫红色，花量较多	地被观花半灌木，岩生植物
灌木亚菊	菊科	亚菊属	*Ajania fruticulosa*	花淡黄色，花朵精巧	地被观花半灌木，岩生植物

图48 单瓣黄刺玫（*Rosa xanthina* f. *normalis*）

图49 黄芦木（*Berberis amurensis*）

图50 迴折绣线菊（*Spiraea tomentulosa*）

（2）观花、观果类

观花、观果类木本植物种质资源是观赏性状极佳的一类，多是春(夏)花秋实的树种(图51)，可作庭院树、行道树、园景树、风景林等园林用途，本卷收录17科31属116种（其中包括2变种、2变型），具体列表如下：

表3-4　宁夏重点观花、观果类木本观赏植物种质资源列表

植物名	科名	属名	拉丁名	主要观赏性状	园林用途
木姜子	樟科	木姜子属	*Litsea pungens*	花黄绿色，花量大，有香气	庭院树，风景林
刺叶小檗	小檗科	小檗属	*Berberis sibirica*	花黄色，量大，果序长，红色	花果灌木，绿篱
短柄小檗	小檗科	小檗属	*Berberis brachypoda*	花黄色，量大，密集，果红色	花果灌木，绿篱
甘肃小檗	小檗科	小檗属	*Berberis kansuensis*	花果序长，花黄色，果熟时红色	花果灌木，绿篱
黄芦木	小檗科	小檗属	*Berberis amurensis*	花序穗状，金黄色，果熟时红色	花果灌木，绿篱
毛脉小檗	小檗科	小檗属	*Berberis giraldii*	花黄色，量大，密集，果红色	花果灌木，绿篱
毛叶小檗	小檗科	小檗属	*Berberis brachypoda*	花黄色，量大，密集，果红色	花果灌木，绿篱
秦岭小檗	小檗科	小檗属	*Berberis circumserrata*	花黄色，量大，密集，果红色	花果灌木，绿篱
陕西小檗	小檗科	小檗属	*Berberis shensiana*	花黄色，量大，密集，果红色	花果灌木，防护植物
匙叶小檗	小檗科	小檗属	*Berberis vernae*	叶似匙，花黄色，果量大，红色	花果灌木，防护植物
首阳小檗	小檗科	小檗属	*Berberis dielsiana*	花黄色，量大，密集，果红色	花果灌木，防护植物
西伯利亚小檗	小檗科	小檗属	*Berberis sibirica*	花黄色，量大密集，叶型奇特，果红色	花果灌木
细脉小檗	小檗科	小檗属	*Berberis dictyoneura*	花黄色，密集，叶细腻，果红色	花果灌木，绿篱
显脉小檗	小檗科	小檗属	*Berberis phanera*	花黄色，量大，密集，果红色	花果灌木，绿篱
延安小檗	小檗科	小檗属	*Berberis purdomii*	花黄色，量大，密集，果红色	花果灌木，防护植物
直穗小檗	小檗科	小檗属	*Berberis dasystachya*	花黄色穗状，花量大，果熟时红色	花果灌木，绿篱
置疑小檗	小檗科	小檗属	*Berberis dubia*	花鲜黄，叶近革质，果熟时红色	花果灌木，防护植物
冰川茶藨子	茶藨子科	茶藨子属	*Ribes glaciale*	花紫红色，奇特，果鲜亮，紫红色	花果灌木
长刺茶藨子	茶藨子科	茶藨子属	*Ribes alpestre*	花紫红或发绿，果熟时橘红色	花果灌木
穆坪茶藨子	茶藨子科	茶藨子属	*Ribes moupinense*	花紫红色，奇特，果鲜亮，紫红色	花果灌木
糖茶藨子	茶藨子科	茶藨子属	*Ribes himalense*	花紫红或发绿，果熟时红色	花果灌木，庭院树
细枝茶藨子	茶藨子科	茶藨子属	*Ribes tenue*	花紫红色奇特，果红色或紫红，鲜亮	花果灌木
狭果茶藨子	茶藨子科	茶藨子属	*Ribes stenocarpum*	花紫红色，奇特，果鲜亮，紫红色	花果灌木
小叶茶藨子	茶藨子科	茶藨子属	*Ribes pulchellum*	花紫红色，奇特，果鲜亮，紫红色	花果灌木
珍珠梅	蔷薇科	珍珠梅属	*Sorbaria kirilowii*	花白色，花序密集，叶型秀美	花果灌木，绿篱
川康栒子	蔷薇科	栒子属	*Cotoneaster ambiguus*	花白色，聚伞花序密集，果熟时鲜红	花果灌木，庭院树
黑果栒子	蔷薇科	栒子属	*Cotoneaster melanocarpus*	花白色，果实紫红色	花果灌木
红花栒子	蔷薇科	栒子属	*Cotoneaster rubens*	花红色，量大，果实红色	花果灌木，庭院树
华中栒子	蔷薇科	栒子属	*Cotoneaster silvestrii*	花粉色，量大，果实红色	花果灌木
灰栒子	蔷薇科	栒子属	*Cotoneaster acutifolius*	花粉白色，果实红色	花果灌木
毛灰栒子	蔷薇科	栒子属	*Cotoneaster acutifolius* var. *villosulus*	花粉白色，果实红色	花果灌木
毛叶水栒子	蔷薇科	栒子属	*Cotoneaster submultiflorus*	花粉白色，果实红色	花果灌木，庭院树
匍匐栒子	蔷薇科	栒子属	*Cotoneaster adpressus*	花粉红色，果实红色，植株匍匐	花果灌木，铺地植物
全缘栒子	蔷薇科	栒子属	*Cotoneaster integerrimus*	花粉色，果实红色	花果灌木

（续）

植物名	科名	属名	拉丁名	主要观赏性状	园林用途
水栒子	蔷薇科	栒子属	*Cotoneaster multiflorus*	花白色或粉色，果实红色，量大	花果灌木，庭院树
西北栒子	蔷薇科	栒子属	*Cotoneaster zabelii*	花粉白色，果实红色	花果灌木，岩生植物
细枝栒子	蔷薇科	栒子属	*Cotoneaster tenuipes*	花粉白色，果实红色	花果灌木
准噶尔栒子	蔷薇科	栒子属	*Cotoneaster soongoricus*	花白色，花量大，果实鲜红	花果灌木，绿篱
甘肃山楂	蔷薇科	山楂属	*Crataegus kansuensis*	花白色，密集，果实红色，秋叶红	庭院树，防护植物，桩景树
北京花楸	蔷薇科	花楸属	*Sorbus discolor*	花白色，繁多，果乳白色，小巧精致	庭院树，风景林
湖北花楸	蔷薇科	花楸属	*Sorbus hupehensis*	花白色，密集，果实红色，秋叶红	庭院树，风景林
陕甘花楸	蔷薇科	花楸属	*Sorbus koehneana*	花白色，繁多，果乳白色，小巧精致	庭院树，风景林
木梨	蔷薇科	梨属	*Pyrus xerophila*	花白色，量大，果熟时暗红色	庭院树
甘肃海棠	蔷薇科	苹果属	*Malus kansuensis*	花粉白色，果黄或红色	庭院树，风景林
山荆子	蔷薇科	苹果属	*Malus baccata*	花粉白色，果黄或红色	庭院树，风景林，桩景树
秀丽莓	蔷薇科	悬钩子属	*Rubus amabilis*	花白色，果实橘红色透亮	花果灌木，防护植物
针刺悬钩子	蔷薇科	悬钩子属	*Rubus pungens*	花白色，果实橘红色透亮	花果灌木，防护植物
扁刺蔷薇	蔷薇科	蔷薇属	*Rosa sweginzowii*	花粉红色，刺扁，果红色	花果灌木
扁刺峨眉蔷薇	蔷薇科	蔷薇属	*Rosa omeiensis* f. *pteracantha*	花粉色，量大，果亮红色，扁刺奇特	花果灌木，绿篱
刺玫蔷薇	蔷薇科	蔷薇属	*Rosa davurica*	花粉红色，果鲜亮红色	花果灌木，防护植物
单瓣黄刺玫	蔷薇科	蔷薇属	*Rosa xanthina* f. *normalis*	花黄色单瓣，果鲜亮红色	花果灌木，绿篱，防护植物
峨眉蔷薇	蔷薇科	蔷薇属	*Rosa omeiensis*	花粉红色，果鲜亮红色	花果灌木，绿篱
华西蔷薇	蔷薇科	蔷薇属	*Rosa moyesii*	花粉红色，花量较多，果橘红色	花果灌木，绿篱
黄蔷薇	蔷薇科	蔷薇属	*Rosa hugonis*	花亮黄色，花量大，果熟时红色	花果灌木，绿篱，防护植物
美蔷薇	蔷薇科	蔷薇属	*Rosa bella*	花粉红色，果鲜亮红色	花果灌木，绿篱
秦岭蔷薇	蔷薇科	蔷薇属	*Rosa tsinglingensis*	花粉红色，果鲜亮红色	花果灌木，防护植物
山刺玫	蔷薇科	蔷薇属	*Rosa davidii*	花紫红色，果鲜亮红色	花果灌木，绿篱
稠李	蔷薇科	李属	*Prunus padus*	花白色，繁多，果紫黑色	花果灌木，桩景树
刺毛樱桃	蔷薇科	李属	*Prunus setulosa*	花粉白色，花量大，果红色透亮	花果灌木，风景林
短梗稠李	蔷薇科	李属	*Prunus brachypoda*	花白色，总状花序密集壮观，果棕褐色	庭院树，风景林
李	蔷薇科	李属	*Prunus salicina*	花白色，花量大，果熟时黄或红色	庭院树，风景林
毛叶欧李	蔷薇科	李属	*Prunus dictyoneura*	花粉红色，花量大，果实红色	庭院树，风景林
毛樱桃	蔷薇科	李属	*Prunus tomentosa*	花粉白色，花量大，果红色透亮	花果灌木，风景林
蒙古扁桃	蔷薇科	李属	*Prunus mongolica*	叶小而光亮，灌丛紧密	绿篱，防护植物，岩生植物
山桃	蔷薇科	李属	*Prunus davidiana*	花粉白色，花果量大，干皮亮红色	庭院树，风景林
山杏	蔷薇科	李属	*Prunus sibirica*	花粉白色，量大，果毛黄色	庭院树，风景林
四川樱桃	蔷薇科	李属	*Prunus szechuanica*	花白色，总状花序，花量较多，果紫红色	庭院树，风景林
西南樱桃	蔷薇科	李属	*Prunus duclouxii*	花粉红色，总状花序，花量较多，果红色	庭院树，风景林
榆叶梅	蔷薇科	李属	*Prunus triloba*	花粉红色，花量大，果熟时黄色	花果灌木，风景林
长柄扁桃	蔷薇科	李属	*Prunus pedunculata*	叶小而光亮，灌丛紧密	花果灌木，绿篱
锐齿臭樱	蔷薇科	臭樱属	*Maddenia incisoserrata*	花亮白色，总状花序密集壮观，核果亮黑色	庭院树，风景林
河北木蓝	蝶形花科	木蓝属	*Indigofera bungeana*	花粉红色，花量大，花期长	花境花卉，地被观花植物

（续）

植物名	科名	属名	拉丁名	主要观赏性状	园林用途
矮角锦鸡儿	蝶形花科	锦鸡儿属	*Caragana brachypoda*	蝶形花黄色，果熟红褐色	花果灌木，绿篱
甘蒙锦鸡儿	蝶形花科	锦鸡儿属	*Caragana opulens*	花黄色，冠型美丽，花量较大	花果灌木，绿篱，岩生植物
甘肃锦鸡儿	蝶形花科	锦鸡儿属	*Caragana kansuensis*	花黄色，冠型美丽，花量较大	花果灌木，绿篱，岩生植物
柠条锦鸡儿	蝶形花科	锦鸡儿属	*Caragana korshinskii*	蝶形花黄色，果熟红褐色，扭卷	花果灌木，防护植物，岩生植物
通天河锦鸡儿	蝶形花科	锦鸡儿属	*Caragana przewalskii*	花黄色，花量大，花色明丽	花果灌木
细叶锦鸡儿	蝶形花科	锦鸡儿属	*Caragana stenophylla*	蝶形花黄色，叶纤细，果熟红褐色	花果灌木，绿篱
小叶锦鸡儿	蝶形花科	锦鸡儿属	*Caragana microphylla*	蝶形花黄色，果熟红褐色，扭卷	花果灌木，防护植物
红花岩黄耆	蝶形花科	岩黄耆属	*Hedysarum multijugum*	蝶形花红色，果熟时发红	花果半灌木，岩生植物
牛奶子	胡颓子科	胡颓子属	*Elaeagnus umbellata*	花乳黄色，叶背银白色，果橘红色	花果灌木
沙枣	胡颓子科	胡颓子属	*Elaeagnus angustifolia*	叶银白色，果熟时乳黄色	庭院树，行道树，桩景树
沙棘	胡颓子科	沙棘属	*Hippophae rhamnoides*	花淡黄色，果橘红色	绿篱，防护植物
黄瑞香	瑞香科	瑞香属	*Daphne giraldii*	花黄色芳香，株形秀美，果红色	花果灌木，盆栽花卉，桩景树
唐古特瑞香	瑞香科	瑞香属	*Daphne tangutica*	花外紫内红，花朵密集，果红色	花果灌木，盆栽花卉，桩景树
沙梾	山茱萸科	山茱萸属	*Cornus bretschneideri*	花白色，花序密集层层叠叠，果红色	庭院树，行道树
毛梾	山茱萸科	山茱萸属	*Cornus walteri*	花白色，花量大而密集，果黑色	庭院树，风景林
陕西卫矛	卫矛科	卫矛属	*Euonymus schensianus*	花淡绿色，花丝奇特，聚伞花序，果红色	花果灌木
石枣子	卫矛科	卫矛属	*Euonymus sanguineus*	花黄绿色，叶易变红，果红色奇特	花果灌木
紫花卫矛	卫矛科	卫矛属	*Euonymus porphyreus*	花紫红色，聚伞花序，果红色	花果灌木
膀胱果	省沽油科	省沽油属	*Staphylea holocarpa*	花白色或粉红色，圆锥花序，果形奇特	花果灌木
文冠果	无患子科	文冠果属	*Xanthoceras sorbifolia*	花黄白色、橘黄色或橘红色，变化丰富	庭院树，风景林
重齿槭	槭树科	槭属	*Acer duplicato-serratum*	树形优美，叶秀美，花序密集，幼嫩翅果紫红色	庭院树，风景林，行道树
元宝枫	槭树科	槭属	*Acer tuncatum*	叶掌状裂，光亮美丽，秋叶黄	庭院树，行道树
臭檀	芸香科	吴茱萸属	*Evodia daniellii*	树形优美，聚伞状圆锥花序，果紫红色	庭院树，风景林，行道树
白刺	蒺藜科	白刺属	*Nitraria tangutorum*	花白色密集，果熟时鲜红色	花果灌木
宁夏枸杞	茄科	枸杞属	*Lycium barbarum*	花紫红色，果实红色诱人	花果灌木
雪柳	木犀科	雪柳属	*Fontanesia fortunei*	花淡黄白色，树形优美	庭院树，风景林，行道树
接骨木	忍冬科	接骨木属	*Sambucus williamsii*	花绿白色，果熟时亮黑色	花果灌木
鸡树条荚蒾	忍冬科	荚蒾属	*Viburnum opulus* var. *calvescens*	花序大型，白色，果红色	花果灌木
阔叶荚蒾	忍冬科	荚蒾属	*Viburnum lobophyllum*	花白色，花密集，量大，果色鲜红	花果灌木，庭院树
蒙古荚蒾	忍冬科	荚蒾属	*Viburnum mongolicum*	花序大型，白色，果红色	花果灌木
球花荚蒾	忍冬科	荚蒾属	*Viburnum glomeratum*	花序大型，白色，果亮红色	花果灌木
陕西荚蒾	忍冬科	荚蒾属	*Viburnum schensianum*	花白色，聚伞花序，果鲜红色	花果灌木，庭院树
香荚蒾	忍冬科	荚蒾属	*Viburnum farreri*	花细小繁多，有香气，小果红色	花果灌木，庭院树
葱皮忍冬	忍冬科	忍冬属	*Lonicera ferdinandii*	花白至黄色，浆果亮红色	花果灌木
粗毛忍冬	忍冬科	忍冬属	*Lonicera hispida*	花白至黄色，浆果亮红色	花果灌木
冠果忍冬	忍冬科	忍冬属	*Lonicera stephanocarpa*	花白色，大型，果橘红色，大型	花果灌木，庭院树
红脉忍冬	忍冬科	忍冬属	*Lonicera nervosa*	花粉红色，叶中脉略红，果实亮红色	花果灌木

图51 甘肃山楂（*Crataegus kansuensis*）

（续）

植物名	科名	属名	拉丁名	主要观赏性状	园林用途
华西忍冬	忍冬科	忍冬属	*Lonicera webbiana*	花紫红或绛红色，浆果先红后黑	花果灌木
金花忍冬	忍冬科	忍冬属	*Lonicera chrysantha*	花白至黄色，浆果亮红色	花果灌木，庭院树
陇塞忍冬	忍冬科	忍冬属	*Lonicera tangutica*	花黄白或略带紫，果红色	花果灌木
毛药忍冬	忍冬科	忍冬属	*Lonicera serreana*	花黄白、淡粉或紫色，果红	花果灌木
四川忍冬	忍冬科	忍冬属	*Lonicera szechuanica*	花白至黄色，浆果亮红色	花果灌木
小叶忍冬	忍冬科	忍冬属	*Lonicera microphylla*	花粉红色，植株低矮，果实橘红色	花果灌木
岩生忍冬	忍冬科	忍冬属	*Lonicera rupicola*	花紫红色，浆果红色，植株低矮	花果灌木，绿篱，铺地植物，岩生植物

（3）观叶、观果类

观叶、观果类植物种质资源主要是叶色或叶形特点突出，冠型或株丛整齐，果期观赏特性亦突出(图52)，很多可用于行道树、园景树、果篱等园林用途。本卷收录11科15属19种（其中包括3变种），具体列表如下：

表3-5　宁夏重点观叶、观果类木本观赏植物种质资源列表

植物名	科名	属名	拉丁名	主要观赏性状	园林用途
华山松	松科	松属	*Pinus armandii*	枝叶苍翠，株型挺拔	庭院树，行道树，风景林
青海云杉	松科	云杉属	*Picea crassifolia*	条叶扁平绿色，株型低矮整齐	庭院树，行道树，风景林
膜果麻黄	麻黄科	麻黄属	*Ephedra przewalskii*	叶退化成条形或线形，球果红色	花果灌木，岩生植物
中麻黄	麻黄科	麻黄属	*Ephedra intermedia*	叶退化成条形或线形，球果红色	花果灌木，防护植物，岩生植物

（续）

植物名	科名	属名	拉丁名	主要观赏性状	园林用途
显脉小檗	小檗科	小檗属	*Berberis phanera*	叶卵圆形，果熟时红色	花果灌木，绿篱
置疑小檗	小檗科	小檗属	*Berberis dubia*	叶近革质，果熟时红色	花果灌木，防护植物
胡桃	胡桃科	胡桃属	*Juglans regia*	叶大翠绿，树形优美，果实先绿后棕褐色	庭院树，行道树，风景林
毛榛	桦木科	榛属	*Corylus mandshurica*	叶宽大奇特，果奇特，株型整齐	花果灌木，防护植物
虎榛子	桦木科	虎榛子属	*Ostryopsis davidiana*	叶宽大奇特，果奇特，株型整齐	花果灌木，防护植物
鹅耳枥	桦木科	鹅耳枥属	*Carpinus turczaninowii*	树形优美，苞片奇特，小坚果卵形	庭院树，行道树，风景林
木本猪毛菜	藜科	猪毛菜属	*Salsola arbuscula*	叶肉质小巧，果实轻盈特别	花果灌木，防护植物
栓翅卫矛	卫矛科	卫矛属	*Euonymus phellomanus*	叶狭长，易变红，假种皮粉红色，种子红色	花果灌木
酸枣	鼠李科	枣属	*Zizyphus jujuba* var. *spinosa*	花黄绿色，果熟时红，秋叶金黄	花果灌木，防护植物
茶条槭	槭树科	槭属	*Acer ginnala*	叶光亮奇特，翅果粉红色	庭院树，行道树
桦叶四蕊槭	槭树科	槭属	*Acer tetramerum* var. *betulifolium*	花丝长而秀美，叶形美，翅果粉红色	庭院树，行道树
细裂槭	槭树科	槭属	*Acer stenolobum*	叶光亮奇特，翅果粉红色	庭院树，行道树，风景林
霸王	蒺藜科	霸王属	*Sarcozygium xanthoxylon*	叶肉质奇特，果实似棱角灯笼	花果灌木，防护植物
红毛五加	五加科	五加属	*Acanthopanax giraldii*	掌状叶，圆锥果序，果实近球形，亮黑色	花果灌木，防护植物
黄花楤木	五加科	楤木属	*Aralia chinensis* var. *nuda*	掌状叶，圆锥果序，果实近球形，亮黑色	花果灌木，防护植物

图52 匙叶小檗（*Berberis vernae*）

（4）观叶、观姿类

观叶、观姿类木本植物种质资源主要是花果形态或颜色不太突出，但叶形、叶色或植株整体观赏效果良好(图53)，可用于行道树、庭院树、绿篱等用途。本卷收录14科16属27种（其中包括1变种），具体列表如下：

表3-6 宁夏重点观叶、观姿类木本观赏植物种质资源列表

植物名	科名	属名	拉丁名	主要观赏性状	园林用途
华北落叶松	松科	落叶松属	*Larix principis-rupprechtii*	叶螺旋簇生，球果黄绿，植株层次感强	庭院树，行道树，风景林，防护植物
叉子圆柏	柏科	圆柏属	*Sabina vulgaris*	刺叶与鳞叶细密紧凑，植株匍匐	铺地植物
刺柏	柏科	刺柏属	*Juniperus formosana*	叶色墨绿，株型苍虬	庭院树，行道树，风景林，防护植物
杜松	柏科	刺柏属	*Juniperus rigida*	叶常绿，球果灰绿，植株苍劲	庭院树，行道树，风景林
灰榆	榆科	榆属	*Ulmus glaucescens*	叶脉鱼骨状，果似铜钱，株型秀美	庭院树，行道树，风景林，防护植物
辽东栎	壳斗科	栎属	*Quercus liaotungensis*	叶色青翠，叶型美丽，植株繁茂	庭院树，行道树，风景林，防护植物
白桦	桦木科	桦木属	*Betula platyphylla*	树形优美，树皮白色，层状剥落	庭院树，风景林，防护植物
糙皮桦	桦木科	桦木属	*Betula utilis*	树形优美，树皮光滑，暗红色，层状剥落	庭院树，风景林，防护植物
红桦	桦木科	桦木属	*Betula albo-sinensis*	叶光亮，树皮暗红发亮，植株秀美	庭院树，行道树，风景林，防护植物
宽叶沙木蓼	蓼科	木蓼属	*Atraphaxis bracteata*	叶深绿，花粉红色，冠型开张	风景林，防护植物
少脉椴	椴树科	椴树属	*Tilia paucicostata*	树形优美，花黄绿色，聚伞花序	庭院树，行道树，风景林，防护植物
河北杨	杨柳科	杨属	*Populus hopeiensis*	叶掌状，树干挺拔，树冠宽阔	行道树
山杨	杨柳科	杨属	*Populus davidiana*	叶卵形，枝叶细密，株直立	行道树，防护植物
黄花柳	杨柳科	柳属	*Salix caprea*	叶黄绿色，背面灰白，植株秀丽	庭院树，行道树
毛蕊杯腺柳	杨柳科	柳属	*Salix cupularis* var. *lasiogyne*	叶黄绿色，光亮近革质，植株秀丽	庭院树，行道树
沙柳	杨柳科	柳属	*Salix psammophila*	叶纤细翠绿，枝干颜色从黄到红，富于变化	风景林，防护植物
丝毛柳	杨柳科	柳属	*Salix luctuosa*	叶苍翠，株型秀美	庭院树
线叶柳	杨柳科	柳属	*Salix wilhelmsiana*	树挺拔，叶线形，翠绿秀美	庭院树，防护植物
小叶柳	杨柳科	柳属	*Salix hypoleuca*	叶苍翠，株型秀美	庭院树
黑桦树	鼠李科	鼠李属	*Rhamnus maimovicziana*	叶卵形光亮，植株整齐宽阔	庭院树
柳叶鼠李	鼠李科	鼠李属	*Rhamnus erythroxylon*	叶细长条形，光亮，植株整齐宽阔	庭院树
小叶鼠李	鼠李科	鼠李属	*Rhamnus parvifolia*	叶小而光亮，植株低矮紧凑	绿篱，桩景树
青麸杨	漆树科	盐肤木属	*Rhus potaninii*	树形优美，花白色，果血红色，秋叶美	庭院树，风景林，防护植物
黄檗	芸香科	黄檗属	*Phellodendron amurense*	树形优美，花黄绿色，圆锥花序，果紫黑色	庭院树，行道树，风景林，防护植物
水曲柳	木犀科	梣属	*Fraxinus mandshurica*	羽状复叶秀美，树形优美	庭院树
贺兰山女蒿	菊科	女蒿属	*Hippolytia alashanensis*	植株低矮苍劲，叶灰绿，小花金黄色	观花灌木，桩景树
华西箭竹	禾本科	箭竹属	*Fargesia nitida*	叶翠绿，叶形纤美	风景灌木，庭院灌木

图53 灰榆（*Ulmus glaucescens*）野生群落

3.2.2.2 草本观赏植物

统计调查到宁夏重点草本观赏植物种质资源计55科205属382种（其中包括2亚种，30变种，2变型）。其中以菊科、唇形科(Labiatae)、玄参科(Sorophulariaceae)、石竹科(Caryophyllaceae)、毛茛科(Ranunculaceae)、龙胆科(Gentianaceae)、伞形科(Umbelliferae)等，观赏性状突出，很多植物株形低矮、紧凑整齐，宜用于地被开发。耐旱丛生型植物，如阿拉善点地梅(*Androsace alashanica*)、针枝芸香(*Haplophyllum tragacanthoides*)、灰绿黄堇(*Corydalis adunca*)、术叶合耳菊(*Synotis atractylidifolia*)、大火草(*Anemone vitifolia*)、狭叶草原石头花(*Gypsophila davurica* var. *angustifolia*)、黄花补血草、小叶金露梅(*Potentilla parvifolia*)等，可用于道路绿化带、花境。较低矮的如百里香还可用于岩石园布置；耐旱攀缘型的如松潘乌头(*Aconitum sungpanense*)、啤酒花(*Humulus lupulus*)等可用于垂直绿化；耐旱型观赏草如白草(*Pennisetum centrasiaticum*)、假苇拂子茅(*Calamagrostis pseudophragmites*)等适应性强，管理粗放，是花境配置、花坛点缀的优选材料；喜湿高山型如长叶火绒草(*Leontopodium longifolium*)、小花草玉梅(*Anemone rivularis* var. *floreminore*)、达乌里龙胆(*Gentiana dahurica*)、马先蒿属、西伯利亚乌头、柴胡属(*Bupleurum*)等，虽对环境要求偏高，却是精巧园林所需的宝贵资源；还有一类虽不是特别耐旱但引种相对容易，花量也较大的植物，如沙参属、宿根亚麻(*Linum perenne*)、翠雀属、紫花野菊(*Chrysanthemum zawadskii*)、白花枝子花、瞿麦等，也是很好的地被植物。

以下将这些草本植物分为观花类，观叶类，观花、叶(姿)类，观果、花(姿)类等四类，其中观花、叶(姿)类是指花叶俱佳，或花美丽且姿态亦美者；观果、花(姿)类是指以观果为主，观花或姿态为辅的一类观赏植物。以下具体分类：

（1）观花类

观花类草本植物种质资源与木本相比，具有植株小巧、花色丰富、形式多样等特点(图54、图55)，是花境、花坛等园林绿化的优选材料，有些性状整齐的优秀者更适合于盆花、切花的开发。本卷收录39科142属261种（其中包括2亚种，22变种，1变型），具体列表如下：

表3-7　宁夏重点观花类草本观赏植物种质资源列表

植物名	科名	属名	拉丁名	主要观赏性状	园林用途
升麻	毛茛科	升麻属	*Cimicifuga foetida*	总状花序长，似条状，白色	花境花卉，地被观花植物
类叶升麻	毛茛科	类叶升麻属	*Actaea asiatica*	花白色，总状花序密集，叶大而翠绿	花境花卉，地被观花植物
伏毛铁棒锤	毛茛科	乌头属	*Aconitum flavum*	花序紫红色，较长，株型直立	切花，花境花卉
露蕊乌头	毛茛科	乌头属	*Aconitum gymnandrum*	花蓝紫色，花形独特，花量较多	切花，花境花卉，地被观花植物
西伯利亚乌头	毛茛科	乌头属	*Aconitum barbatum* var. *hispidum*	花序长，黄白色，花朵密集	切花，花境花卉，地被观花植物
翠雀花	毛茛科	翠雀属	*Delphinium grandiflorum*	花蓝紫色，花形奇特，密集	花境花卉
单花翠雀花	毛茛科	翠雀属	*Delphinium candelabrum* var. *monanthum*	花蓝紫色，花形奇特，单生茎顶	花境花卉，地被观花植物
蓝翠雀花	毛茛科	翠雀属	*Delphinium caeruleum*	花蓝紫色，花形奇特，密集	花境花卉
细须翠雀花	毛茛科	翠雀属	*Delphinium siwanense* var. *leptopogon*	花蓝紫色，伞形花序，花朵较多	花境花卉，花坛花卉，地被观花植物
甘肃耧斗菜	毛茛科	耧斗菜属	*Aquilegia oxysepala* var. *kansuensis*	花紫红色，花冠漏斗状，奇特	花境花卉
无距耧斗菜	毛茛科	耧斗菜属	*Aquilegia ecalcarata*	花淡紫红色或黄紫色，花冠奇特似斗	花境花卉
紫花耧斗菜	毛茛科	耧斗菜属	*Aquilegia viridiflora* f. *atropurpurea*	花蓝紫色，花似钟斗	花境花卉，地被观花植物
耧斗菜	毛茛科	耧斗菜属	*Aquilegia viridiflora*	花黄褐色略紫，花冠钟状	花境花卉，地被观花植物
瓣蕊唐松草	毛茛科	唐松草属	*Thalictrum petaloideum*	花白色，雄蕊瓣化为管状	花境花卉
东亚唐松草	毛茛科	唐松草属	*Thalictrum minus* var. *hypoleucum*	花黄白色，辐射状	花境花卉
展枝唐松草	毛茛科	唐松草属	*Thalictrum squarrosum*	花黄绿色，聚伞花序，花量较多	花境花卉，地被观花植物
卵裂银莲花	毛茛科	银莲花属	*Anemone narcissiflora* var. *sibirica*	花白色带粉，花量大，叶翠绿	花境花卉，地被观花植物
疏齿银莲花	毛茛科	银莲花属	*Anemone obtusiloba* subsp. *ovalifolia*	花白色，花朵小而精致	花境花卉，地被观花植物
水仙银莲花	毛茛科	银莲花属	*Anemone narcissiflora*	花白色，花朵似小莲花	花境花卉，地被观花植物
小花草玉梅	毛茛科	银莲花属	*Anemone rivularis* var. *flore-minore*	花白色，散生枝顶，小而精巧	花境花卉，地被观花植物
小银莲花	毛茛科	银莲花属	*Anemone exigua*	花白色，背面带紫红色	花境花卉，地被观花植物
银莲花	毛茛科	银莲花属	*Anemone cathayensis*	花亮白色略带红晕，似小莲花	盆栽花卉，花境花卉，地被观花植物
展毛银莲花	毛茛科	银莲花属	*Anemone demissa*	花蓝紫色，花朵似小莲花	花境花卉，地被观花植物
甘青侧金盏花	毛茛科	侧金盏花属	*Adonis bobroviana*	花黄色，形态亮丽，开张，单生茎顶	盆栽花卉，花境花卉，地被观花植物
美丽毛茛	毛茛科	毛茛属	*Ranunculus pulchellus*	花金黄色，花量大，花期较长	花境花卉，地被观花植物
五脉绿绒蒿	罂粟科	绿绒蒿属	*Meconopsis quintuplinervia*	花大，蓝紫色，花瓣绢质感	盆栽花卉，花境花卉，地被观花植物
白屈菜	罂粟科	白屈菜属	*Chelidonium majus*	花亮黄色，花量大，密集	花境花卉，地被观花植物
光果野罂粟	罂粟科	罂粟属	*Papaver nudicaule* var. *aquilegioides*	花橘黄色，花瓣绢质感，花期较长	花境花卉，地被观花植物
野罂粟	罂粟科	罂粟属	*Papaver nudicaule*	花单朵顶生，鲜黄色，绢质	花坛花卉，花境花卉
角茴香	罂粟科	角茴香属	*Hypecoum erectum*	花黄色，花量大，花形奇特	花境花卉，地被观花植物
糙果紫堇	紫堇科	紫堇属	*Corydalis trachycarpa*	花紫红色，花形独特，花朵密集	花境花卉，地被观花植物
贺兰山延胡索	紫堇科	紫堇属	*Corydalis alaschanica*	花蓝紫色，花形奇特，总状花序密集	花境花卉，地被观花植物
灰绿黄堇	紫堇科	紫堇属	*Corydalis adunca*	小花黄色，密集，叶灰绿色	盆栽花卉，岩生植物，花境花卉
曲花紫堇	紫堇科	紫堇属	*Corydalis curviflora*	花亮黄色，花小而独特，花朵多	花境花卉，地被观花植物
蛇果紫堇	紫堇科	紫堇属	*Corydalis ophiocarpa*	花蓝紫色，花序密集	花境花卉，地被观花植物
条裂黄堇	紫堇科	紫堇属	*Corydalis linarioides*	花鲜黄色，花朵奇特	盆栽花卉，花境花卉，地被观花植物
小黄紫堇	紫堇科	紫堇属	*Corydalis raddeana*	小花黄色密集，具喙	盆栽花卉，花境花卉
缘毛卷耳	石竹科	卷耳属	*Cerastium furcatum*	花白色，花冠美丽、精致，花量大	花境花卉，地被观花植物
叉歧繁缕	石竹科	繁缕属	*Stellaria dichotoma*	花白色较小，密如繁星	地被观花植物

(续)

植物名	科名	属名	拉丁名	主要观赏性状	园林用途
繁缕	石竹科	繁缕属	*Stellaria media*	花白色，精致小巧，花朵繁密	花境花卉，地被观花植物
薄蒴草	石竹科	薄蒴草属	*Lepyrodiclis holosteoides*	花白色，花量多，花期较长	花境花卉，地被观花植物
麦瓶草	石竹科	蝇子草属	*Silene conoidea*	花白色或略粉，萼筒膨大带条纹	花境花卉
女娄菜	石竹科	蝇子草属	*Silene aprica*	花白色或略粉，萼筒膨大带条纹	花境花卉
石生蝇子草	石竹科	蝇子草属	*Silene tatarinowii*	花白色或略粉，萼筒膨大带条纹	花境花卉
狗筋蔓	石竹科	狗筋蔓属	*Cucubalus baccifer*	花白色，花朵较多，花形可爱	花境花卉，地被观花植物
瞿麦	石竹科	石竹属	*Dianthus superbus*	花粉红色，花瓣裂片如流苏	花境花卉，地被观花植物
石竹	石竹科	石竹属	*Dianthus chinensis*	花鲜红色，花量大	花坛花卉，花境花卉
头状石头花	石竹科	石头花属	*Gypsophila capituliflora*	花淡紫红色，聚伞花序密集	花境花卉，地被观花植物，岩生植物
狭叶草原石头花	石竹科	石头花属	*Gypsophila davurica* var. *angustifolia*	花粉色较小，多朵聚生	岩生植物，花境花卉
紫萼石头花	石竹科	石头花属	*Gypsophila patrinii*	花及萼筒紫红色，聚伞花序密集	花境花卉，地被观花植物，岩生植物
二色补血草	白花丹科	补血草属	*Limonium bicolor*	花紫红色或淡粉色，花朵密集，萼宿存	切花，地被观花植物，花境花卉
黄花补血草	白花丹科	补血草属	*Limonium aureum*	花黄色，花朵密集，萼宿存	切花，地被观花植物 ，花境花卉
细枝补血草	白花丹科	补血草属	*Limonium tenellum*	花淡粉色或白色，密集，萼宿存	切花，花坛花卉，花境花卉
草芍药	芍药科	芍药属	*Paeonia obovata*	花大，粉红色，株型饱满	盆栽花卉，花境花卉
鸡腿堇菜	堇菜科	堇菜属	*Viola acuminata*	花淡蓝紫色，小巧精致	花境花卉，地被观花植物
裂叶堇菜	堇菜科	堇菜属	*Viola dissecta*	花淡紫色，叶形奇特	花境花卉，地被观花植物
奇异堇菜	堇菜科	堇菜属	*Viola mirabilis*	花淡粉色或粉白色，花及叶形奇特	花境花卉，地被观花植物
球果堇菜	堇菜科	堇菜属	*Viola collina*	花淡粉或白色，果近球形	花境花卉，地被观花植物
双花堇菜	堇菜科	堇菜属	*Viola biflora*	花黄色，花朵小巧精致	花境花卉，地被观花植物
灰毛庭荠	十字花科	庭荠属	*Alysssum canescens*	花白色或略有粉黄心，植株小型	花境花卉，地被观花植物
紫花碎米荠	十字花科	碎米荠属	*Cardamine tangutorum*	花紫红色或紫色，总状花序，花量较多	花境花卉，地被观花植物
贺兰山南芥	十字花科	南芥属	*Arabis alaschanica*	白色，花小而密集	花境花卉，岩生植物
硬毛南芥	十字花科	南芥属	*Arabis hirsuta*	花白色，小而别致，量大	花境花卉
小花糖芥	十字花科	糖芥属	*Erysimum cheiranthoides*	花亮黄色，总状花序	花境花卉，花坛花卉，地被观花植物
蚓果芥	十字花科	念珠芥属	*Neotorularia humilis*	白色，花小而密集	花境花卉，地被观花植物
独丽花	鹿蹄草科	独丽花属	*Moneses uniflora*	花白色，花小而精致、剔透	盆栽花卉，花境花卉，地被观花植物
狼尾花	报春花科	珍珠菜属	*Lysimachia barystachys*	花白色，花序奇特，颜色明丽	花境花卉，地被观花植物
假报春	报春花科	假报春属	*Cortusa matthioli*	花紫红色，花量多，叶深绿色	盆栽花卉，花坛花卉，花境花卉
阿拉善点地梅	报春花科	点地梅属	*Androsace alaschanica*	花白色带彩晕花眼，花小而密集	花境花卉，地被观花植物
长叶点地梅	报春花科	点地梅属	*Androsace longifolia*	花粉白色，伞形花序	花境花卉
陕西点地梅	报春花科	点地梅属	*Androsace engleri*	花粉红色，小巧精致，密集	花境花卉，地被观花植物
西藏点地梅	报春花科	点地梅属	*Androsace mariae*	花粉红色，花量大，密集	花境花卉，地被观花植物
雪山点地梅	报春花科	点地梅属	*Androsace septentrionalis*	聚伞花序，粉白，花梗亮红	花境花卉，地被观花植物
直茎点地梅	报春花科	点地梅属	*Androsace erecta*	花粉红色，伞形花序	花境花卉
翠南报春	报春花科	报春花属	*Primula sieboldii*	花紫红色，花朵密集，叶翠绿	花境花卉，地被观花植物
粉叶报春	报春花科	报春花属	*Primula farinosa*	花紫红色，花朵密集	盆栽花卉，花境花卉，地被观花植物
甘青报春	报春花科	报春花属	*Primula tangutica*	花橘红色，花朵鲜嫩，叶翠绿	花境花卉，盆栽花卉，地被观花植物
黄甘青报春	报春花科	报春花属	*Primula tangutica* var. *flavescens*	花橘黄或黄色，花朵鲜嫩，叶翠绿	花境花卉，盆栽花卉，地被观花植物
伞报春	报春花科	报春花属	*Primula nutans*	花冠紫红色，花密集	盆栽花卉，花境花卉，地被观花植物
胭脂花	报春花科	报春花属	*Primula maximowiczii*	花鲜红色，顶生，密集	盆栽花卉，花坛花卉，花境花卉

（续）

植物名	科名	属名	拉丁名	主要观赏性状	园林用途
瓦松	景天科	瓦松属	*Orostachys fimbriatus*	圆锥花序，粉红色，叶肉质	盆栽花卉，岩生植物
落新妇	虎耳草科	落新妇属	*Astilbe chinensis*	花序粉红色，长而密集	切花，花境花卉，地被观花植物
鳞余虎耳草	虎耳草科	虎耳草属	*Saxifraga cernua*	花白色，精致，植株小巧	盆栽花卉，花境花卉，岩生植物
细叉梅花草	虎耳草科	梅花草属	*Parnassia oreophila*	花白色，花心黄色，花形美丽	花境花卉
鹅绒委陵菜	蔷薇科	委陵菜属	*Potentilla anserina*	花黄色，花量多，叶背银白色	花境花卉，地被观花植物
二裂委陵菜	蔷薇科	委陵菜属	*Potentilla bifurca*	花黄色，花量多，植株低矮	花境花卉，地被观花植物
匍匐委陵菜	蔷薇科	委陵菜属	*Potentilla reptans*	花黄色，花量多，植株低矮	花境花卉，地被观花植物
匍枝委陵菜	蔷薇科	委陵菜属	*Potentilla flagellaris*	花黄色，花量多，植株低矮	花境花卉，地被观花植物
西山委陵菜	蔷薇科	委陵菜属	*Potentilla sischanensis*	花黄色，花量多，植株低矮	花境花卉，地被观花植物
齿裂西山委陵菜	蔷薇科	委陵菜属	*Potentilla sischanensis* var. *peterae*	花黄色，聚伞花序，花量较多	花境花卉，地被观花植物
龙芽草	蔷薇科	龙芽草属	*Agrimonia pilosa*	花黄色，小花密集，花期较长	花境花卉，地被观花植物
地榆	蔷薇科	地榆属	*Sanguisorba officinalis*	花紫红色，穗状花序，线条感强	花境花卉，地被观花植物
高山地榆	蔷薇科	地榆属	*Sanguisorba alpina*	花绿白色，穗状花序密集	花境花卉，地被观花植物
草木犀状黄耆	蝶形花科	黄耆属	*Astragalus melilotoides*	花淡黄色，小而密集	花境花卉，地被观花植物
边向花黄耆	蝶形花科	黄耆属	*Astragalus moellendorffii*	蝶形花蓝紫色，色彩艳丽	花境花卉，地被观花植物
甘肃边向花黄耆	蝶形花科	黄耆属	*Astragalus moellendorffii* var. *kansuensis*	花蓝紫色，总状花序	花境花卉，地被观花植物
灰叶黄耆	蝶形花科	黄耆属	*Astragalus discolor*	花白色或淡蓝色，密集	花境花卉，地被观花植物，岩生植物
乳白黄耆	蝶形花科	黄耆属	*Astragalus galactites*	花乳白色，花形奇特，花量较多	花境花卉，地被观花植物，岩生植物
细茎黄耆	蝶形花科	黄耆属	*Astragalus miniatus*	花深黄色，花小巧，花量大	花境花卉，地被观花植物
直立黄耆	蝶形花科	黄耆属	*Astragalus adsurgens*	花蓝紫色，花密集，株型紧凑	花境花卉，地被观花植物
大花棘豆	蝶形花科	棘豆属	*Oxytropis grandiflora*	花紫红色，总状花序穗状或头状	花境花卉，地被观花植物
黄花棘豆	蝶形花科	棘豆属	*Oxytropis ochrocephala*	花黄色，明丽，羽状叶被，银白毛	花境花卉，地被观花植物
砂珍棘豆	蝶形花科	棘豆属	*Oxytropis gracilima*	蝶形花冠粉红色或带紫色	岩生植物，花境花卉，地被观花植物
小花棘豆	蝶形花科	棘豆属	*Oxytropis glabra*	花紫色，花量大，密集	岩生植物，花境花卉，地被观花植物
小叶小花棘豆	蝶形花科	棘豆属	*Oxytropis glabra* var. *tannis*	花紫色，花量大，密集	花境花卉，地被观花植物
甘草	蝶形花科	甘草属	*Glycyrrhiza uralensis*	花紫白色，果紫红色	花境花卉，地被观花植物
少花米口袋	蝶形花科	米口袋属	*Gueldenstaedtia verna*	花白色，花量大而密集，低矮铺地	岩生植物，花境花卉，地被观花植物
宽叶多序岩黄耆	蝶形花科	岩黄耆属	*Hedysarum polybotrys* var. *alaschanicum*	花粉白色，萼筒果期变红	岩生植物，花境花卉，地被观花植物
百脉根	蝶形花科	百脉根属	*Lotus corniculatus*	花黄色或黄褐色，花量较多，花期长	花境花卉，地被观花植物
细叶百脉根	蝶形花科	百脉根属	*Lotus tenuis*	花黄色，蝶形，花量大	花境花卉，地被观花植物
大山黧豆	蝶形花科	山黧豆属	*Lathyrus davidii*	花黄色，总状花序密集	花境花卉，地被观花植物
白香草木犀	蝶形花科	草木犀属	*Melilotus albus*	小花白色，略带芳香，花序长	花境花卉，地被观花植物
黄香草木犀	蝶形花科	草木犀属	*Melilotus officinalis*	花淡黄色，小而密集	盆栽花卉，花境花卉
天蓝苜蓿	蝶形花科	苜蓿属	*Medicago lupulina*	花黄色，繁密，花量大	花境花卉，地被观花植物
野苜蓿	蝶形花科	苜蓿属	*Medicago falcata*	花黄色，羽状叶	花境花卉，地被观花植物
紫花苜蓿	蝶形花科	苜蓿属	*Medicago sativa*	花蓝紫色，花量大，色彩明丽	花境花卉，地被观花植物
披针叶黄华	蝶形花科	黄华属	*Thermopsis lanceolala*	花鲜黄色，绒质三小叶较为特别	花坛花卉，花境花卉
狼毒	瑞香科	狼毒属	*Stellera chamaejasme*	花粉红色，密集，群丛效果好	花境花卉，地被观花植物
高山露珠草	柳叶菜科	露珠草属	*Circaea alpina*	花紫红色或白色，总状花序	花境花卉
滇藏柳叶菜	柳叶菜科	柳叶菜属	*Epilobium wallichianum*	花紫红色，花序长，花量大	花境花卉，地被观花植物
柳兰	柳叶菜科	柳叶菜属	*Epilobium angustifolium*	花粉紫色，花序硕大，花朵密集	切花，花境花卉，地被观花植物

（续）

植物名	科名	属名	拉丁名	主要观赏性状	园林用途
泽漆	大戟科	大戟属	*Euphorbia helioscopia*	叶圆心形，紫红色	花坛花卉，花境花卉
宿根亚麻	亚麻科	亚麻属	*Linum perenne*	花淡蓝色，花朵轻柔，花量较多	花坛花卉，花境花卉，地被观花植物
西伯利亚远志	远志科	远志属	*Polygala sibirica*	花蓝紫色，花形奇特精巧	花境花卉，地被观花植物
白藓	芸香科	白藓属	*Dictamnus dasycarpus*	花粉红色，花形奇特奔放，总状花序较长	花境花卉，地被观花植物
水金凤	凤仙花科	凤仙花属	*Impatiens noli-tangere*	花形似小虾，黄色，茎肉质半透明	花境花卉，地被观花植物
羽叶三七	五加科	人参属	*Panax pseudo-ginseng* var. *bipinnatifidus*	花黄绿色，伞形花序，叶形美丽	花境花卉，地被观花、观叶植物
北柴胡	伞形科	柴胡属	*Bupleurum chinense*	花及苞片黄绿色，花序开张	花境花卉，地被观花植物
黄花鸭跖柴胡	伞形科	柴胡属	*Bupleurum commelynoideum* var. *flaviflorum*	花及苞片黄绿色，花序开张	花境花卉，地被观花植物
紫花大叶柴胡	伞形科	柴胡属	*Bupleurum longiradiatum* var. *porphyranthum*	花及苞片淡紫红色，花序开张	花境花卉，地被观花植物
田葛缕子	伞形科	葛缕子属	*Carum buriaticum*	花白色，细小飘逸，花朵密集	花境花卉，地被观花植物
内蒙西风芹	伞形科	西风芹属	*Seseli intramongolicum*	花白色，细小飘逸，花朵密集	花境花卉，地被观花植物
多裂独活	伞形科	独活属	*Heracleum dissectifolium*	花白色，伞形花序大型，果实略发紫红	切花，花境花卉，地被观花植物
达乌里龙胆	龙胆科	龙胆属	*Gentiana dahurica*	花冠5裂，紫色，花较多	盆栽花卉，花境花卉
管花秦艽	龙胆科	龙胆属	*Gentiana siphonantha*	花深蓝色，花形奇特	花境花卉，地被观花植物
假水生龙胆	龙胆科	龙胆属	*Gentiana pseudo-aquatica*	花冠蓝紫色，花形小巧精致	盆栽花卉，花境花卉
鳞叶龙胆	龙胆科	龙胆属	*Gentiana squarrosa*	花小巧，鳞状叶，紫色	花境花卉
麻花艽	龙胆科	龙胆属	*Gentiana straminea*	花淡黄色，聚伞花序	花境花卉
秦艽	龙胆科	龙胆属	*Gentiana macrophylla*	花紫色较多，腋生	花境花卉，地被观花、观叶植物
条纹龙胆	龙胆科	龙胆属	*Gentiana striata*	花冠筒长，黄色具黑色条纹	盆栽花卉，花境花卉
椭圆叶花锚	龙胆科	花锚属	*Halenia elliptica*	花冠淡紫色，似锚	盆栽花卉，花境花卉
扁蕾	龙胆科	扁蕾属	*Gentianopsis barbata*	花冠4裂带流苏，蓝紫色	盆栽花卉，花境花卉
湿生扁蕾	龙胆科	扁蕾属	*Gentianopsis paludosa*	花蓝紫色，花色艳丽，花型高雅	盆栽花卉，花境花卉
镰萼喉花草	龙胆科	喉花草属	*Comastoma falcatum*	花蓝紫色，花型独特	盆栽花卉，花境花卉
北方獐牙菜	龙胆科	獐牙菜属	*Swertia diluta*	花淡紫色，聚伞花序	花境花卉，地被观花植物
红直獐牙菜	龙胆科	獐牙菜属	*Swertia erythrosticta*	花绿色或黄绿色，圆锥状复伞花序	花境花卉，地被观花植物
白麻	夹竹桃科	罗布麻属	*Apocynum pictum*	花粉红色，花量大，花期长	花境花卉，地被观花植物
罗布麻	夹竹桃科	罗布麻属	*Apocynum venetum*	花小，粉色，花较多，密集	花境花卉，地被观花植物，岩生植物
银灰旋花	旋花科	旋花属	*Convolvulus ammannii*	花白色，花冠圆，花期较长	花境花卉，地被观花植物，岩生植物
花荵	花荵科	花荵属	*Polemonium coeruleum*	花蓝紫色，花朵较多，秀雅自然	花坛花卉，花境花卉
灰毛软紫草	紫草科	软紫草属	*Arnebia fimbriata*	花亮黄色，花朵密集成丛，极其夺目	花境花卉，地被观花植物，岩生植物
疏花软紫草	紫草科	软紫草属	*Arnebia szechenyi*	花亮蓝紫色，花朵密集成丛，极其夺目	花境花卉，地被观花植物，岩生植物
钝萼附地菜	紫草科	附地菜属	*Trigonotis amblyosepala*	花朵蓝紫色，小而精致，花期较长	花境花卉，地被观花植物
长叶微孔草	紫草科	微孔草属	*Microula trichocarpa*	花淡蓝紫色，花小而紧密，较为精致	花境花卉
齿缘草	紫草科	齿缘草属	*Eritrichium rupestre*	花淡蓝色，花量较多，较小	花境花卉
倒提壶	紫草科	琉璃草属	*Cynoglossum amabile*	花蓝紫色，小而精致，花朵密集	花境花卉，地被观花植物
滇黄芩	唇形科	黄芩属	*Scutellaria amoena*	花蓝紫色，花形特别，花密集	盆栽花卉，花坛花卉，地被观花植物，花境花卉
多毛并头黄芩	唇形科	黄芩属	*Scutellaria scordifolia*	花蓝紫色，花密集成丛	花境花卉，地被观花植物
甘肃黄芩	唇形科	黄芩属	*Scutellaria rehderiana*	花蓝紫色，花量大，密集成丛	花境花卉，地被观花植物
细花黄芩	唇形科	黄芩属	*Scutellaria tenuiflora*	花冠蓝紫色，花量大	花境花卉，花坛花卉，地被观花植物

（续）

植物名	科名	属名	拉丁名	主要观赏性状	园林用途
大花荆芥	唇形科	荆芥属	*Nepeta sibirica*	花冠淡蓝紫色，轮伞花序	花境花卉，地被观花植物
康藏荆芥	唇形科	荆芥属	*Nepeta prattii*	花淡紫色，密集	花境花卉，地被观花植物
裂叶荆芥	唇形科	荆芥属	*Nepeta tenuifolia*	花淡紫色，密集	花境花卉
白花枝子花	唇形科	青兰属	*Dracocephalum heterophyllum*	花白色，密集，地被覆盖效果好	花坛花卉，地被观花植物，花境花卉
甘青青兰	唇形科	青兰属	*Dracocephalum tanguticum*	花蓝紫色，花序密集	盆栽花卉，花境花卉，地被观花植物
毛建草	唇形科	青兰属	*Dracocephalum rupestre*	花蓝紫色，鲜艳美丽	花境花卉，地被观花植物
香青兰	唇形科	青兰属	*Dracocephalum moldavica*	花淡紫红色，有香气	盆栽花卉，花坛花卉，地被观花植物，花境花卉
糙苏	唇形科	糙苏属	*Phlomis umbrosa*	花粉红色，轮伞花序，具绒质感	花坛花卉，花境花卉，地被观花植物
蒙古糙苏	唇形科	糙苏属	*Phlomis mongolica*	花粉红色，花密集	花境花卉，地被观花植物，岩生植物
宝盖草	唇形科	野芝麻属	*Lamium amplexicaule*	花紫红色，轮伞花序密集	花境花卉，地被观花植物
益母草	唇形科	益母草属	*Leonurus japonicus*	花粉红色，轮伞状排列，花量大	花境花卉，地被观花植物
脓疮草	唇形科	脓疮草属	*Panzerina alaschanica*	花白色，花量大，密集	花境花卉，地被观花植物
冬青叶兔唇花	唇形科	兔唇花属	*Lagochilus ilicifolius*	花白色可爱，花苞似珍珠，叶近革质	花境花卉，地被观花植物，沙生植物
矮密花香薷	唇形科	香薷属	*Elsholtzia densa* var. *calycocarpa*	花序密集顶生，紫红色，绒质	花坛花卉，花境花卉
贺兰玄参	玄参科	玄参属	*Scrophularia alaschanica*	花鲜黄色，花形似小金鱼	花境花卉，地被观花植物
地黄	玄参科	地黄属	*Rehmannia glutinosa*	花淡紫红色，花朵较大，花量大	花境花卉，地被观花植物，岩生植物
草本威灵仙	玄参科	腹水草属	*Veronicastrum sibiricum*	花蓝紫色，花序似小尖伞，花朵密集	花境花卉，地被观花植物
北水苦荬	玄参科	婆婆纳属	*Veronica anagallis-aquatica*	花淡蓝色，叶色翠绿	花境花卉，阴地观花观叶植物
长果婆婆纳	玄参科	婆婆纳属	*Veronica ciliata*	花蓝色或蓝紫色，花型奇特，花朵密集	花境花卉，地被观花植物
细叶婆婆纳	玄参科	婆婆纳属	*Veronica linariifolia*	花蓝紫色，花朵密集	花境花卉，花坛花卉，地被观花植物
山罗花	玄参科	山罗花属	*Melampyrum roseum*	花蓝紫色或紫红色，花形美丽	花境花卉
小米草	玄参科	小米草属	*Euphrasia pectinata*	花白色带橘红斑，植株小巧	花境花卉，地被观花植物
阿拉善马先蒿	玄参科	马先蒿属	*Pedicularis alaschanica*	花奶黄色，花型奇特，植株低矮	盆栽花卉，花境花卉，地被观花植物
粗野马先蒿	玄参科	马先蒿属	*Pedicularis rudis*	花紫红色，花朵密集花序长，直立	花境花卉，地被观花植物
甘肃马先蒿	玄参科	马先蒿属	*Pedicularis kansuensis*	花淡紫红色，花形奇特，花朵密集	花境花卉，花坛花卉，地被观花植物
穗花马先蒿	玄参科	马先蒿属	*Pedicularis spicata*	花紫红色，穗状花序，花朵密集	花境花卉，花坛花卉，地被观花植物
弯管马先蒿	玄参科	马先蒿属	*Pedicularis curvituba*	花紫红色，花形独特，花期较长	花境花卉，地被观花植物
藓生马先蒿	玄参科	马先蒿属	*Pedicularis muscicola*	花粉紫色，花形特别，叶常紫红色，植株低矮	花境花卉，地被观花植物
中国马先蒿	玄参科	马先蒿属	*Pedicularis chinensis*	花鲜黄色，花形特别，花朵较多	盆栽花卉，花境花卉，地被观花植物
蒙古芯芭	玄参科	芯芭属	*Cymbaria mongolica*	花深黄色，带细条纹，果初为橘黄色	花境花卉，地被观花植物
黄花列当	列当科	列当属	*Orobanche pycnostachya*	花鲜黄色，肉质，株型奇特	花境花卉，地被观花植物
列当	列当科	列当属	*Orobanche coerulescens*	淡黄色，肉质，花奇特	花境花卉，地被观花植物
弯管列当	列当科	列当属	*Orobanche cernua*	花冠裂片淡蓝紫色，冠筒淡黄色	花境花卉，地被观花植物
角蒿	紫葳科	角蒿属	*Incarvillea sinensis*	花紫红色，花冠较大，花量较多	花境花卉，岩生植物
秦岭党参	桔梗科	党参属	*Codonopsis tsinglingensis*	花冠钟形，蓝色奇特	花境花卉，地被观花植物
紫斑风铃草	桔梗科	风铃草属	*Campanula puncatata*	花蓝紫色，花冠奇特	花境花卉，花坛花卉，地被观花植物
多歧沙参	桔梗科	沙参属	*Adenophora wawreana*	花淡蓝紫色，花小而多	花境花卉，地被观花植物
宁夏沙参	桔梗科	沙参属	*Adenophora ningxianica*	花冠钟状，蓝紫色，花量大	花境花卉，岩生植物

（续）

植物名	科名	属名	拉丁名	主要观赏性状	园林用途
泡沙参	桔梗科	沙参属	*Adenophora potaninii*	花冠钟状，蓝紫色，花量大	花境花卉，地被观花植物
秦岭沙参	桔梗科	沙参属	*Adenophora petiolata*	花冠钟状，蓝色，奇特	花境花卉，地被观花植物
紫沙参	桔梗科	沙参属	*Adenophora paniculata*	花冠钟状，蓝紫色，花量大	花境花卉，地被观花植物
糙叶败酱	败酱科	败酱属	*Patrinia rupestris* subsp. *scabra*	花色淡粉或紫，叶秀美	花境花卉，地被观花植物
黄花败酱	败酱科	败酱属	*Patrinia scabiosaefolia*	花黄色，聚伞顶生，花量大	切花，花坛花卉，花境花卉
缬草	败酱科	缬草属	*Valeriana officinalis*	花粉红色，花量大，密集	花境花卉，地被观花植物
续断	川续断科	川续断属	*Dipsacus japonicus*	花淡紫红色，总状花序球形	切花，花境花卉，地被观花植物
华北蓝盆花	川续断科	蓝盆花属	*Scabiosa tschiliensis*	花淡蓝紫色，盘状	花坛花卉，花境花卉，地被观花植物
全叶马兰	菊科	马兰属	*Kalimeris integrifolia*	舌状花紫红色，管状花黄色	花坛花卉，花境花卉
阿尔泰狗娃花	菊科	狗娃花属	*Heteropappus altaicus*	舌状花淡蓝紫色，管状花黄色	盆栽花卉，花坛花卉，地被观花植物，花境花卉
红轮狗舌草	菊科	狗舌草属	*Tephroseris flammea*	舌状花橘红色，花形独特	花坛花卉，地被观花植物，花境花卉
三褶脉紫菀	菊科	紫菀属	*Aster ageratoides*	舌状花紫红色，管状花黄色	花境花卉，地被观花植物
狭苞紫菀	菊科	紫菀属	*Aster farreri*	花蓝紫色，花朵较多	花境花卉，地被观花植物
湿生美头火绒草	菊科	火绒草属	*Leontopodium calocephalun* var. *uliginosum*	花白色，全株绒质感，银白色	花境花卉，地被观花植物
铃铃香青	菊科	香青属	*Anaphalis hancockii*	花白色略黄，清香，叶绒质	盆栽花卉，花境花卉，地被观花植物
旋叶香青	菊科	香青属	*Anaphalis contorta*	花白色略黄，清香，叶绒质	盆栽花卉，花坛花卉
珠光香青	菊科	香青属	*Anaphalis margaritacea*	花白色，全株绒质感，银白色	花境花卉，地被观花植物
蓼子朴	菊科	旋覆花属	*Inula salsoloides*	花金黄色，花量大	花境花卉，地被观花植物，沙生植物
暗花金挖耳	菊科	天名精属	*Carpesium triste*	花黄绿色，花形奇特	花境花卉，地被观花植物
高原天名精	菊科	天名精属	*Carpesium lipskyi*	花黄绿色，花形奇特	花境花卉，花坛花卉，地被观花植物
齿叶蓍	菊科	蓍属	*Achillea acuminata*	花白色顶生，密集	切花，花坛花卉，花境花卉
甘菊	菊科	菊属	*Chrysanthemum lavandulaefolium*	花小而繁多，黄色，清香	盆栽花卉，花坛花卉，地被观花植物，花境花卉
小红菊	菊科	菊属	*Chrysanthemum chanetii*	舌状花粉红色，管状花黄色	盆栽花卉，花坛花卉，地被观花植物，花境花卉
紫花野菊	菊科	菊属	*Chrysanthemum zawadskii*	舌状花粉红色，管状花黄色	盆栽花卉，花坛花卉，地被观花植物，花境花卉
细裂亚菊	菊科	亚菊属	*Ajania przewalskii*	花黄色密集，株型紧凑	盆栽花卉，花坛花卉，地被观花植物，花境花卉
细叶亚菊	菊科	亚菊属	*Ajania tenuifolia*	花黄色密集，株型紧凑	花坛花卉，地被观花植物，花境花卉，盆栽花卉
款冬	菊科	款冬属	*Tussilago farfara*	株型小巧，花亮黄色	花境花卉
额河千里光	菊科	千里光属	*Senecio argunensisi*	舌状花黄色，花量大，叶羽状裂	地被观花植物，花境花卉
术叶合耳菊	菊科	合耳菊属	*Synotis atractylidifolia*	舌状花黄色，花量大，密集	盆栽花卉，地被观花植物，花境花卉
草地风毛菊	菊科	风毛菊属	*Saussurea amara*	花紫红或粉红色，花期长	花境花卉，地被观花植物
小花风毛菊	菊科	风毛菊属	*Saussurea parviflora*	花紫红色，花量较多，花期长	花境花卉，地被观花植物
盐地风毛菊	菊科	风毛菊属	*Saussurea salsa*	花暗紫红色，花量大，持续期长	切花，花境花卉，地被观花植物
紫苞风毛菊	菊科	风毛菊属	*Saussurea iodostegia*	总苞片大，紫红色，株型特别	花坛花卉，地被观花植物，花境花卉
顶羽菊	菊科	顶羽菊属	*Acroptilon repens*	花黄色，花量较多	花境花卉，地被观花植物
蝟菊	菊科	蝟菊属	*Olgaea lomonosowii*	头状花紫红色，花期较长	切花，花境花卉，地被观花植物
麻花头	菊科	麻花头属	*Serratula centauroides*	头状花紫红色，花期较长	花境花卉，地被观花植物
毛连菜	菊科	毛连菜属	*Picris japonica*	花黄色，花量大	花境花卉，地被观花植物
青甘莴苣	菊科	莴苣属	*Lactuca roborowskoo*	花淡蓝色，花量大	花境花卉，地被观花植物

（续）

植物名	科名	属名	拉丁名	主要观赏性状	园林用途
山苦荬	菊科	苦荬菜属	*Ixeris chinensis*	花黄色，花量大	花境花卉，地被观花植物
知母	百合科	知母属	*Anemarrhena asphodeloides*	花淡紫色，花形独特	花境花卉，地被观花植物
小顶冰花	百合科	顶冰花属	*Gagea hiensis*	花淡黄色，精巧，群体花量较多	花境花卉
宁夏贝母	百合科	贝母属	*Fritillaria taipaiensis* var. *ningxiaensis*	花冠黄绿色，形状独特	花境花卉，地被观花植物
山丹	百合科	百合属	*Lilium pumilum*	花橘红色，较大，单花顶生	花坛花卉，花境花卉
贺兰韭	百合科	葱属	*Allium eduardii*	花淡粉紫或粉白色，花序密集	花境花卉，地被观花植物
青甘韭	百合科	葱属	*Allium przewalskianum*	花紫红色，密集顶生	花坛花卉，花境花卉
天蓝韭	百合科	葱属	*Allium cyaneum*	花蓝紫色，密集顶生	岩生植物，花坛花卉，花境花卉
黄精	百合科	黄精属	*Polygonatum sibiricum*	花黄绿色肉质，细叶轮生	花境花卉，地被观花植物
红葱	鸢尾科	红葱属	*Eleutherine plicata*	花红色，花形独特	花境花卉，地被观花植物
射干	鸢尾科	射干属	*Belamcanda chinensis*	花橙红色，花形奇特奔放，叶剑形秀美	花境花卉，花坛花卉，地被观花植物
粗根鸢尾	鸢尾科	鸢尾属	*Iris tigridia*	花蓝紫色，具紫色纹脉，叶线形秀美	花境花卉，花坛花卉，地被观花植物
大苞鸢尾	鸢尾科	鸢尾属	*Iris bungei*	花蓝紫色，苞片大，叶线形秀美	花境花卉，花坛花卉，地被观花植物
马蔺	鸢尾科	鸢尾属	*Iris lactea* var.*chinensis*	花蓝紫色，花量多，叶纤长秀美	花境花卉，地被观花植物
锐果鸢尾	鸢尾科	鸢尾属	*Iris goniocarpa*	花蓝紫色，花形优美，花期较长	花境花卉，地被观花植物
天山鸢尾	鸢尾科	鸢尾属	*Iris loczyi*	花蓝紫色，花期长，叶丝形秀美	盆栽花卉，花境花卉，地被观花植物
野鸢尾	鸢尾科	鸢尾属	*Iris dichotoma*	花白色，有紫褐色斑点，叶镰刀形	花境花卉，花坛花卉，地被观花植物
准噶尔鸢尾	鸢尾科	鸢尾属	*Iris songarica*	花蓝紫色，叶线形秀美	盆栽花卉，花境花卉，地被观花植物
火烧兰	兰科	火烧兰属	*Epipactis helleborine*	花紫红色，总状花序密集	盆栽花卉，花境花卉，地被观花植物
勘察加鸟巢兰	兰科	鸟巢兰属	*Nettia camtschatea*	花绿白色，松散总状花序	花境花卉，地被观花植物
绶草	兰科	绶草属	*Spiranthes sinensis*	花粉紫红色，花排列奇特	盆栽花卉，花境花卉，地被观花植物
广布红门兰	兰科	红门兰属	*Orchis chusua*	花紫红色，总状花序	盆栽花卉，花境花卉，地被观花植物
二叶舌唇兰	兰科	舌唇兰属	*Platanthera chlorantha*	花白色，花型奇特	盆栽花卉，花境花卉，地被观花植物
凹舌兰	兰科	凹舌兰属	*Coeloglossum viride* var. *bracteatum*	花黄绿色密集，叶翠绿	盆栽花卉，花境花卉，地被观花植物
角盘兰	兰科	角盘兰属	*Herminium monorchis*	花形奇特，株型精致	花境花卉，地被观花植物

图54 翠南报春（*Primula sieboldii*）

图55 蓝翠雀花（*Delphinium caeruleum*）

（2）观叶类

观叶类草本观赏植物种质资源主要特点体现在叶形、叶色及叶大小上，包括有叶大而奇者如六盘山鸡爪大黄；叶肉质或退化者如景天、木贼麻黄等；以及叶形奇特或整体株型能引人注意者。另外，将禾本科的一些观赏草如白草归入此类(图56)，其观赏特点即其花(果)穗的群丛效果，大部分秋冬叶色还有变化，在此一并放入观叶类，特此说明。本卷收录6科12属13种，具体列表如下：

表3-8　宁夏重点观叶类草本观赏植物种质资源列表

植物名	科名	属名	拉丁名	主要观赏性状	园林用途
问荆	木贼科	木贼属	*Equisetum arvense*	叶小或退化，嫩绿色	花境花卉，地被观叶植物
星叶草	星叶草科	星叶草属	*Circaeaster agrestis*	叶着生独特，花簇生于叶丛中央	花境花卉，地被观花、观叶植物
尖叶盐爪爪	藜科	盐爪爪属	*Kalidium cuspidatum*	退化的叶及茎肉质可爱，颜色多变	岩生植物，花境花卉，地被观叶植物
沙蓬	藜科	沙蓬属	*Agriophyllum squarrosum*	叶形可爱，植株精巧	岩生植物，地被观叶植物
蝎虎驼蹄瓣	蒺藜科	驼蹄瓣属	*Zygophyllum mucronatum*	叶退化成棒状，绿色，奇特	盆栽花卉，岩生植物
盐蒿	菊科	蒿属	*Artemisia halodendron*	全株银灰色	花境花卉，地被观花、观叶植物
芦苇	禾本科	芦苇属	*Phragmites australis*	叶细长秀美，果穗飘逸	水生花卉，花境花卉
沙芦草	禾本科	冰草属	*Agropyron mongolicun*	叶色翠绿，植株丰满	花境花卉，地被观叶植物
大拂子茅	禾本科	拂子茅属	*Calamagrostis macrolepis*	植株丰满，果穗清新飘逸	切花，花境花卉，地被观花、观叶植物
假苇拂子茅	禾本科	拂子茅属	*Calamagrostis pseudophragmites*	叶细长秀美，果穗飘逸	切花，花境花卉，地被观花、观叶植物
芨芨草	禾本科	芨芨草属	*Achnatherum splendens*	叶细长秀美，果穗飘逸	花境花卉，地被观叶植物
虎尾草	禾本科	虎尾草属	*Chloris virgata*	叶细长秀美，果穗飘逸	切花，花境花卉，地被观叶植物
白草	禾本科	狼尾草属	*Pennisetum flaccidum*	叶细长秀美，果穗飘逸	切花，岩生植物，花境花卉

图56 假苇拂子茅（*Calamagrostis pseudophragmites*）

（3）观花、观叶(姿)类

观花、观叶(姿)类植物种质资源的花、叶俱佳，是花境、花坛等园林应用的良好材料(图57)，如掌叶橐吾不仅叶大，且花序硕大壮观，可用于林缘、水边的花境配置，丰富空间立体感。有的耐旱耐贫瘠，如灰绿黄堇、瓦松(*Orostachys fimbriatus*)等还可用于岩石园配置。本卷收录18科35属59种（其中包括7变种，1变型），具体列表如下：

表3-9　宁夏重点观花、观叶(姿)类草本观赏植物种质资源列表

植物名	科名	属名	拉丁名	主要观赏性状	园林用途
驴蹄草	毛茛科	驴蹄草属	*Caltha palustris*	花金黄色，花量大，叶翠绿似小圆盘	湿生观花、观叶植物，花境花卉
大火草	毛茛科	银莲花属	*Anemone tomentosa*	花大，粉色，花心亮黄色	花坛花卉，地被观花、观叶植物，花境花卉
南方山荷叶	小檗科	山荷叶属	*Diphylleia senensis*	花朵精巧别致，浅粉色，叶翠绿似荷叶	地被观花、观叶植物，花境花卉
短角淫羊藿	小檗科	淫羊藿属	*Epimedium brevicornu*	花小而独特，白色叶椭圆状心形	盆栽花卉，花境花卉，地被观花、观叶植物
波叶大黄	蓼科	大黄属	*Rheum franzenbachii*	掌状叶巨大，波状，花序粉红色	花境花卉，地被观花、观叶植物
六盘山鸡爪大黄	蓼科	大黄属	*Rheum tanguticum* var. *liupanshanense*	花序及叶大型，果红，叶形奇特	花境花卉，地被观花、观叶植物
总序大黄	蓼科	大黄属	*Rheum racemiferum*	花序大型，叶深绿色似荷叶，大型	花境花卉，地被观花、观叶植物
川赤芍	芍药科	芍药属	*Paeonia vertchii*	花紫红色，花朵大而鲜艳，量大	花坛花卉，地被观花、观叶植物，花境花卉，盆栽花卉
毛果芍药	芍药科	芍药属	*Paeonia lactiflora* var. *trichocarpa*	花大，颜色鲜艳，白色或紫红色	盆栽花卉，花境花卉，地被观花、观叶植物
野葵	锦葵科	锦葵属	*Malva verticillata*	花黄色带紫，较大	花境花卉，花坛花卉，地被观花、观叶植物
红花鹿蹄草	鹿蹄草科	鹿蹄草属	*Pyrola incarnata*	花粉红色或紫红色，精巧，叶近革质	盆栽花卉，花境花卉，地被观花、观叶植物
鹿蹄草	鹿蹄草科	鹿蹄草属	*Pyrola calliantha*	花白色，精巧，叶近革质	盆栽花卉，花境花卉，地被观花、观叶植物
红景天	景天科	红景天属	*Rhodiola rosea*	叶肉质，花如繁星，小巧	花坛花卉，地被观花、观叶植物，花境花卉，盆栽花卉
小丛红景天	景天科	红景天属	*Rhodiola dumulosa*	叶肉质奇特，花白色或淡红色，株丛密集	盆栽花卉，花境花卉，地被观花、观叶植物，岩生植物
七叶鬼灯檠	虎耳草科	鬼灯檠属	*Rodgersia aesculifolia*	掌状叶，初为暗紫褐色，大如伞	花境花卉，地被观叶植物
毛金腰	虎耳草科	金腰属	*Chrysosplenium pilosum*	花叶皆肉质感，黄绿色至翠绿色	花境花卉，地被观花、观叶植物
秦岭金腰	虎耳草科	金腰属	*Chrysosplenium biondianum*	苞片呈叶状，花黄绿色	花境花卉，地被观花、观叶植物
中华金腰	虎耳草科	金腰属	*Chrysosplenium sinicum*	花钟状，苞片呈叶状，黄绿色聚伞花序	花境花卉，地被观花、观叶植物
多叶棘豆	蝶形花科	棘豆属	*Oxytropis myriophylla*	花粉色，花朵密集，叶似狐尾	花境花卉，地被观花、观叶植物
密花棘豆	蝶形花科	棘豆属	*Oxytropis imbricata*	花冠淡黄色，花朵密集奔放	花境花卉，地被观花、观叶植物
歪头菜	蝶形花科	野豌豆属	*Vicia unijuga*	花粉紫色，叶形奇特，花期较长	花境花卉，地被观花、观叶植物
大戟	大戟科	大戟属	*Euphorbia pekinensis*	花绿黄色或紫绿色，叶翠绿	花境花卉，地被观花、观叶植物，岩生植物
甘遂	大戟科	大戟属	*Euphorbia kansui*	花绿黄色，叶翠绿秀美	花境花卉，地被观花、观叶植物，岩生植物
多伞北柴胡	伞形科	柴胡属	*Bupleurum chinense* f. *chiliosciadium*	花黄绿色，复伞形花序，果棱具狭翅	花境花卉，地被观花、观叶植物
红柴胡	伞形科	柴胡属	*Bupleurum scorzonerifolium*	苞片黄色，复伞形花序	花境花卉，地被观花、观叶植物
小叶黑柴胡	伞形科	柴胡属	*Bupleurum smithii* var. *parvifolium*	苞片黄色，复伞形花序	花境花卉，地被观花、观叶植物
竹灵消	萝藦科	鹅绒藤属	*Cynanchum inamoenum*	花黄绿色，小巧可爱，叶色墨绿	花境花卉，地被观花、观叶植物
荫生鼠尾草	唇形科	鼠尾草属	*Salvia umbratica*	花蓝紫色，较密，叶宽大，被银白色绒毛	花境花卉，地被观花、观叶植物

（续）

植物名	科名	属名	拉丁名	主要观赏性状	园林用途
兔儿伞	菊科	兔儿伞属	*Syneilesis aconitifolia*	花粉红色，叶形似阳伞，被绒毛	花境花卉，地被观花、观叶植物，岩生植物
大耳叶风毛菊	菊科	风毛菊属	*Saussurea macrota*	紫红色头状花序，叶色深绿	切花，花境花卉，地被观花、观叶植物
翼茎风毛菊	菊科	风毛菊属	*Saussurea alata*	花紫红色，叶柄下延成翅	切花，花境花卉，地被观花、观叶植物
矮火绒草	菊科	火绒草属	*Leontopodium nanum*	全株银白色，花淡黄绿色	地被观花、观叶植物，花境花卉
长叶火绒草	菊科	火绒草属	*Leontopodium longifolium*	花、叶、苞片银白色	地被观花、观叶植物，花境花卉
红花疏生香青	菊科	香青属	*Anaphalis sinica* var.*remota*	全株银白色，花序粉红色	花境花卉，地被观花、观叶植物
黄腺香青	菊科	香青属	*Anaphalis aureopunctata*	花白色，叶银白色	花境花卉，地被观花、观叶植物
乳白香青	菊科	香青属	*Anaphalis lactea*	花白色，叶银白色，宽厚绒质感	盆栽花卉，地被观花、观叶植物，花境花卉
线叶珠光香青	菊科	香青属	*Anaphalis margaritacea* var. *japonica*	花白色，叶银白色，细长，茎秆紫红	花坛花卉，花境花卉，地被观花、观叶植物
柳叶亚菊	菊科	亚菊属	*Ajania salicifolia*	花黄色，聚生枝顶，叶灰绿细长，叶背银白色	花坛花卉，盆栽花卉，花境花卉
大黄橐吾	菊科	橐吾属	*Ligularia duciformis*	花序大型，黄色，叶掌状似荷叶	花境花卉，地被观花、观叶植物
掌叶橐吾	菊科	橐吾属	*Ligularia przewalskii*	花序大型，黄色，叶掌状	花境花卉，地被观花、观叶植物
羽裂蟹甲草	菊科	蟹甲草属	*Cacalia tangutica*	舌状花黄色，花量大	花境花卉，地被观花、观叶植物
砂蓝刺头	菊科	蓝刺头属	*Echinops gmelini*	头状花淡蓝色，精致可爱，叶形奇特	花境花卉，地被观花、观叶植物
一把伞南星	天南星科	天南星属	*Arisaema erubescens*	佛焰苞奇特，掌状复叶大型，翠绿奇特	花境花卉，地被观花、观叶植物
半夏	天南星科	半夏属	*Pinellia ternata*	佛焰苞奇特，掌状三小叶，翠绿奇特	花境花卉，地被观花、观叶植物
东方泽泻	泽泻科	泽泻属	*Alisma orientale*	外轮花绿色，内轮花白色	花境花卉，地被观花、观叶植物，水生花卉
茖葱	百合科	葱属	*Allium victorialis*	花白色，叶宽大翠绿	花境花卉，阴地观叶植物
七筋姑	百合科	七筋姑属	*Clintonia udensis*	总状花序较大，叶形美观	盆栽花卉，花境花卉，地被观花、观叶植物
管花鹿药	百合科	鹿药属	*Smilacina henryi*	花白色，精巧，叶翠绿	花境花卉，花坛花卉，地被观花、观叶植物
合瓣鹿药	百合科	鹿药属	*Smilacina tubifera*	花白色，精巧，叶翠绿	花境花卉，地被观花、观叶植物
大苞黄精	百合科	黄精属	*Polygonatum megaphyllum*	花淡黄绿色，叶翠绿	花境花卉，花坛花卉，地被观花、观叶植物
卷叶黄精	百合科	黄精属	*Polygonatum cirrhifolium*	花淡黄绿色，叶翠绿	花境花卉，花坛花卉，地被观花、观叶植物
热河黄精	百合科	黄精属	*Polygonatum macropodium*	花淡黄绿色，叶翠绿	花境花卉，花坛花卉，地被观花、观叶植物
铃兰	百合科	铃兰属	*Convallaria majalis*	花白色，精致小巧，果熟时红	盆栽花卉，花境花卉，花坛花卉，地被观花、观叶植物
北重楼	百合科	重楼属	*Paris verticillata*	花绿黄色，花形及叶形独特	花境花卉，地被观花、观叶植物
宽叶重楼	百合科	重楼属	*Paris polyphylla* var. *latifolia*	花绿色，花形及叶形独特	花境花卉，地被观花、观叶植物
狭叶重楼	百合科	重楼属	*Paris polyphylla* var. *stenophylla*	花绿色，花形及叶形独特	花境花卉，地被观花、观叶植物
黄花杓兰	兰科	杓兰属	*Cypripedium flavum*	花黄色，花形奇特可爱	盆栽花卉，花境花卉，地被观花、观叶植物
毛杓兰	兰科	杓兰属	*Cypripedium franchetii*	花紫红色，花朵奇特硕大，叶苍翠	花境花卉，地被观花、观叶植物
紫点杓兰	兰科	杓兰属	*Cypripedium guttatum*	花紫红色，花形奇特	盆栽花卉，花境花卉，地被观花、观叶植物

图57 川赤芍（*Paeonia vertchii*）

（4）观果、观花(姿)类

观果、观花(姿)类观赏草本植物种质资源主要是花期短或花偏小，而果实观赏性比较突出(图58)，具有观赏价值，在应用中宜与其他观花、观叶植物相配置。本卷收录19科34属49种（其中包括2变种），具体列表如下：

表3-10 宁夏重点观果、观花(姿)类草本观赏植物种质资源列表

植物名	科名	属名	拉丁名	主要观赏性状	园林用途
蒙古白头翁	毛茛科	白头翁属	*Pulsatilla ambigua*	花蓝紫色，总苞具掌状裂	花境花卉，地被观花、观果植物，岩生植物
细叶白头翁	毛茛科	白头翁属	*Pulsatilla turczaninovii*	花蓝紫色，总苞钟型	花境花卉，地被观花、观果植物，岩生植物
棉团铁线莲	毛茛科	铁线莲属	*Clematis hexapetala*	植株直立，花白色，花量较多	花境花卉，地被观花、观果植物
桃儿七	小檗科	桃儿七属	*Sinopodophyllum hexandrum*	花粉色，叶掌状，果心形，鲜红色	花境花卉，地被观花、观叶、观果植物
红毛七	小檗科	红毛七属	*Caulophyllum robustum*	花黄绿色，圆锥花序，叶似牡丹，果蓝灰色	花境花卉，地被观花、观果植物
黄海棠	藤黄科	金丝桃属	*Hypericum ascyron*	花金黄色，果实橘红色，花形奇特	花境花卉，地被观花、观果植物
突脉金丝桃	藤黄科	金丝桃属	*Hypericum przewalskii*	花金黄色，果实橘红色，花、叶奇特	花境花卉，地被观花、观果植物
乌腺金丝桃	藤黄科	金丝桃属	*Hypericum attenuatum*	花金黄色，聚伞状圆锥花序，果实橘红色	切花，花境花卉，地被观花、观果植物
野西瓜苗	锦葵科	木槿属	*Hibiscus trionum*	花白色带紫晕，果实别致可爱	花境花卉，地被观花、观果植物
紫花棒果芥	十字花科	棒果芥属	*Sterigmostemum matthioloides*	花紫色，密集，花量大，果实奇特	花境花卉，地被观花、观果植物
水杨梅	蔷薇科	路边青属	*Geum aleppicum*	花黄色，较多，果似刺猬	花境花卉，地被观花、观果植物
东方草莓	蔷薇科	草莓属	*Fragaria orientalis*	花白色，花量多，果实鲜红诱人	花境花卉，地被观花、观果植物
伞房草莓	蔷薇科	草莓属	*Fragaria corymbosa*	花白色，花量多，果实鲜红诱人	花境花卉，地被观花、观果植物
蛇莓	蔷薇科	蛇莓属	*Duchesnea indica*	花黄色，花小巧，量大，果实鲜红诱人	花境花卉，地被观花、观果植物

(续)

植物名	科名	属名	拉丁名	主要观赏性状	园林用途
苦豆子	蝶形花科	槐属	*Sophora alopecuroides*	蝶形花白色或淡黄色，植株低矮，花果量大	花境花卉，地被观花、观果植物
苦马豆	蝶形花科	苦马豆属	*Swainsonia salsula*	蝶形花红色，果膨大成囊状，亮红色	花境花卉，地被观花、观果植物
不丹黄耆	蝶形花科	黄耆属	*Astragalus bhotanensis*	花紫红色，花朵密集，花型奇特	花境花卉，地被观花、观果植物
胀萼黄耆	蝶形花科	黄耆属	*Astragalus ellipsoideus*	花粉色，果期花萼胀成卵形，较为奇特	花境花卉，地被观花、观果植物
刺叶柄棘豆	蝶形花科	棘豆属	*Oxytnopis aciphylla*	蝶形花粉紫色，植株团状，花果量大	岩生植物，花境花卉，地被观花、观果植物
六盘山棘豆	蝶形花科	棘豆属	*Oxytropis ningxiaensis*	花蓝色或蓝紫色，总状花序	花境花卉，地被观花、观果植物
圆果甘草	蝶形花科	甘草属	*Glycyrrhiza squamulosa*	花冠白色，总状花序，果形奇特	沙生植物，花境花卉，地被观花、观果植物
乳浆大戟	大戟科	大戟属	*Euphorbia esula*	花黄绿色，或带红褐晕，花果量大	花境花卉，地被观花、观果植物
沙生大戟	大戟科	大戟属	*Euphorbia kozlovii*	花黄绿色，或带红褐晕，花果量大	花境花卉，地被观花、观果植物
狭叶沙生大戟	大戟科	大戟属	*Euphorbia kozlovii* var. *angustifolia*	与原种相比，叶为细长条状	花境花卉，地被观花、观果植物
匍根骆驼蓬	蒺藜科	骆驼蓬属	*Peganum nigellastrin*	花白色或略带橘红，花较多，果橘黄色	沙生植物，花境花卉，地被观花、观果植物
草甸老鹳草	牻牛儿苗科	老鹳草属	*Geranium pratense*	花冠粉紫色，花瓣有紫条纹，果奇特	花境花卉，地被观花、观果植物
粗根老鹳草	牻牛儿苗科	老鹳草属	*Geranium dahuricum*	花冠粉紫色，花瓣有紫条纹，果奇特	花境花卉，地被观花、观果植物
毛蕊老鹳草	牻牛儿苗科	老鹳草属	*Geranium eriostemon*	花冠粉紫色，花瓣有紫条纹，果奇特	花境花卉，地被观花、观叶、观果植物
尼泊尔老鹳草	牻牛儿苗科	老鹳草属	*Geranium nepalense*	花冠白色，花瓣有紫条纹，果奇特	花境花卉，地被观花、观果植物
鼠掌老鹳草	牻牛儿苗科	老鹳草属	*Geranium sibiricum*	花冠粉紫色，花瓣有紫条纹，果奇特	花境花卉，地被观花、观叶、观果植物
窃衣	伞形科	窃衣属	*Torilis scabra*	花白或粉色，果红色奇特	花境花卉，地被观花、观果植物
鸡冠棱子芹	伞形科	棱子芹属	*Pleurospermum cristatum*	花白色，大型，果熟时紫红色	切花，花境花卉，地被观花、观果植物
地梢瓜	萝藦科	鹅绒藤属	*Cynanchum thesidides*	花白色，精巧，果纺锤形	沙生植物，地被观花、观果植物
老瓜头	萝藦科	鹅绒藤属	*Cynanchum komarovii*	花白色，叶翠绿光亮，果纺锤形	沙生植物，地被观花、观叶、观果植物
雀瓢	萝藦科	鹅绒藤属	*Cynanchum thesioides* var. *australe*	花白色，精巧可爱，果纺锤形	沙生植物，地被观花、观果植物
天仙子	茄科	天仙子属	*Hyoscyamus niger*	花淡黄色带紫斑，果似大珍珠	花境花卉，地被观花、观果植物
青杞	茄科	茄属	*Solanum septemlobum*	花淡紫色，果熟时紫黑发亮，叶翠绿	花境花卉，地被观花、观叶、观果植物
鹤虱	紫草科	鹤虱属	*Lappula myosotis*	花淡蓝紫色，花小而量多，果实晶莹奇特	花境花卉，地被观花、观果植物
劲直鹤虱	紫草科	鹤虱属	*Lappula stricta*	花蓝色，单歧聚伞花序，果实奇特	花境花卉，地被观花、观果植物
血满草	忍冬科	接骨木属	*Sambucus adnata*	花白色，聚伞花序密集，果橘红色透亮	花境花卉，地被观花、观果植物
莛子藨	忍冬科	莛子藨属	*Triosteum pinnatifidum*	花黄色漏斗状，叶羽状裂，果熟时鲜红色	花境花卉，地被观花、观叶、观果植物
牛蒡	菊科	牛蒡属	*Arctium lappa*	花紫红色，果似刺猬，花果量大	花境花卉，地被观花、观果植物
蒲公英	菊科	蒲公英属	*Taraxacum mongolicum*	花鲜黄色，果序轻盈，量大	花境花卉，地被观花、观果植物
高异燕麦	禾本科	异燕麦属	*Helictotrichon altius*	叶秀美，果形奇特	花境花卉，地被观花、观果植物
荻	禾本科	荻属	*Triarrhena sacchariflora*	花序、果序飘逸	花境花卉，地被观花、观果植物
小香蒲	香蒲科	香蒲属	*Typha minima*	圆柱状穗状花序，线条感强，叶苍翠	花境花卉，地被观花、观果植物

（续）

植物名	科名	属名	拉丁名	主要观赏性状	园林用途
舞鹤草	百合科	舞鹤草属	*Maianthemum bifolium*	花白色，精巧，叶翠绿，果橘红色，株型好	盆栽花卉，花境花卉，地被观花、观叶、观果植物
玉竹	百合科	黄精属	*Polygonatum odoratum*	花黄绿色肉质，叶翠绿，果亮黑色	花境花卉，地被观花、观叶、观果植物
戈壁天门冬	百合科	天门冬属	*Asparagus gobicus*	叶形秀美，花淡黄绿色，果红色	花境花卉，地被观花、观叶、观果植物

图58 血满草（*Sambucus adnata*）

图59 大瓣铁线莲（*Clematis macropetela*）

3.2.2.3 藤本观赏植物

宁夏重点藤本观赏植物种质资源统计有13科16属28种（其中包括2变种），尤以毛茛科铁线莲最佳(图59、图60)。藤本观赏植物单独归为一类，是垂直绿化的优良材料，可用于花架、花篱、墙体、屋顶花槽等园林应用。具体列表如下：

表3-11 宁夏重点藤本观赏植物种质资源列表

植物名	科名	属名	拉丁名	主要观赏性状	园林用途
北五味子	五味子科	五味子属	*Schisandra chinensis*	叶色秀美，果熟时鲜红	垂直绿化植物，花境花卉
松潘乌头	毛茛科	乌头属	*Aconitum sungpanense*	花紫红色，花序长，叶繁密	垂直绿化植物，花境花卉
粗齿铁线莲	毛茛科	铁线莲属	*Clematis argentilucida*	花白色，聚伞花序，密集壮观	垂直绿化植物，花境花卉
大瓣铁线莲	毛茛科	铁线莲属	*Clematis macropetela*	花大，紫红色，果奇特，叶态秀美	垂直绿化植物，花境花卉
短尾铁线莲	毛茛科	铁线莲属	*Clematis brevicaudata*	花小而密集，白色，果奇特	垂直绿化植物，花境花卉
多叶铁线莲	毛茛科	铁线莲属	*Clematis nannophylla* var. *foliosa*	花黄色，聚伞花序，密集壮观	垂直绿化植物，花境花卉
甘青铁线莲	毛茛科	铁线莲属	*Clematis tangutica*	花暗黄色略带紫红纹，花朵开张钟状，较密集	垂直绿化植物，花境花卉
粉绿铁线莲	毛茛科	铁线莲属	*Clematis glauca*	花黄色，聚伞花序花量较多，花期长	垂直绿化植物，花境花卉
毛果铁线莲	毛茛科	铁线莲属	*Clematis peterae* var. *trichocarpa*	花白色，圆锥状聚伞花序密集，瘦果红褐色	垂直绿化植物，花境花卉
芹叶铁线莲	毛茛科	铁线莲属	*Clematis aethusifolia*	花钟状乳黄色，果奇特，叶秀美	垂直绿化植物
小叶铁线莲	毛茛科	铁线莲属	*Clematis nannophylla*	花黄色，花形美观，花量多	垂直绿化植物，花境花卉
绣球藤	毛茛科	铁线莲属	*Clematis montana*	花洁白明丽，花量大	垂直绿化植物，花境花卉
啤酒花	桑科	葎草属	*Humulus lupulus*	花淡黄绿色，花量大，叶色翠绿	垂直绿化植物
山荞麦	蓼科	蓼属	*Polygonum aubertii*	花、果白色，量大密集，枝叶繁茂	垂直绿化植物
软枣猕猴桃	猕猴桃科	猕猴桃属	*Actinidia arguta*	花乳白色或淡绿色，花量大，果绿黄色或带淡紫色	垂直绿化植物，花境花卉，棚架绿化植物
四萼猕猴桃	猕猴桃科	猕猴桃属	*Actinidia tetramera*	花白色，花量大，果金黄色或褐色	垂直绿化植物，花境花卉，棚架绿化植物
多腺悬钩子	蔷薇科	悬钩子属	*Rubus phoenicolasius*	半藤本，花粉红色，伞房花序，果实红色诱人	花境花卉，地被观花、观叶、观果植物
绣球小冠花	蝶形花科	小冠花属	*Coronilla varia*	花紫红色，密集，量大	花境花卉，地被观花植物，棚架绿化植物
广布野豌豆	蝶形花科	野豌豆属	*Vicia cracca*	花量大，蓝紫色，繁密，颜色明丽	花境花卉，地被观花植物，棚架绿化植物
肋脉野豌豆	蝶形花科	野豌豆属	*Vicia costata*	花淡蓝紫色，花量大	花境花卉，地被观花植物，棚架绿化植物
南蛇藤	卫矛科	南蛇藤属	*Celastrus orbiculatus*	花黄绿色，聚伞花序，果红色	垂直绿化植物，花境花卉，棚架绿化植物
乌头叶蛇葡萄	葡萄科	蛇葡萄属	*Ampelopsis aconitifolia*	花小，果实橘红色透亮，叶繁密暗绿色	垂直绿化植物，花境花卉
杠柳	萝藦科	杠柳属	*Periploca sepium*	花形奇特，紫红色，果纺锤形，叶似柳，具光泽	垂直绿化植物
鹅绒藤	萝藦科	鹅绒藤属	*Cynanchum chinense*	花白色，花形奇特，花量大	垂直绿化植物
党参	桔梗科	党参属	*Codonopsis pilosula*	花黄白色带紫斑，具肉质感，钟状	垂直绿化植物
金银花	忍冬科	忍冬属	*Lonicera japonica*	花初为白色，后为黄色，花量大，覆盖效果好	垂直绿化植物
盘叶忍冬	忍冬科	忍冬属	*Lonicera tragophylla*	花橘红色，花密集量大，叶奇特	垂直绿化植物，花境花卉
攀援天门冬	百合科	天门冬属	*Asparagus brachyphyllus*	花淡绿色，果橘红色，叶细小翠绿	花境花卉，地被观花、观叶、观果植物，棚架绿化植物

图60 乌头叶蛇葡萄（*Ampelopsis aconitifolia*）

3.2.2.4 观赏蕨类植物

蕨类植物具有奇特或大型的绿叶，这也是其主要的观赏特点。调查到宁夏观赏蕨类植物种质资源计6科9属10种(其中包括1变种)，虽数量较少，却是园林阴湿林下、水际等环境优良的造景材料，如华北鳞毛蕨(*Dryopteris goeringiana*)、陕西峨眉蕨(*Lunathyrium giraldii*)、羽节蕨(*Gymnocarpium jessoense*)等。但有些适用于中生型岩石园布置，如石韦属(*Pyrrosia*)、瓦韦属(*Lepisorus*)的一些植物。

表3-12　宁夏重点观赏蕨类植物种质资源列表

植物名	科名	属名	拉丁名	主要观赏性状	园林用途
红枝卷柏	卷柏科	卷柏属	*Selaginella sanguinolenta*	叶翠绿奇特，茎紫红色	花境花卉，岩生花卉
中华卷柏	卷柏科	卷柏属	*Selaginella sinensis*	叶翠绿奇特，多回分枝	花境花卉，岩生花卉
蕨菜	蕨科	蕨属	*Pteridium aquilinum* var. *latiusculum*	叶翠绿，浓密	切叶，花境花卉，阴地观叶植物
陕西峨眉蕨	蹄盖蕨科	峨眉蕨属	*Lunathyrium giraldii*	叶翠绿秀美，浓密	花境花卉，阴地观叶植物
羽节蕨	蹄盖蕨科	羽节蕨属	*Gymnocarpium jessoense*	叶三回羽状或羽状深裂，深绿色	切叶，花境花卉，阴地观叶植物
中华蹄盖蕨	蹄盖蕨科	蹄盖蕨属	*Athyrium sinense*	叶翠绿秀美，浓密	花境花卉，阴地观叶植物
变异铁角蕨	铁角蕨科	铁角蕨属	*Asplenium varians*	叶深绿，具亮质感，奇特	花境花卉，阴地观叶植物
华北鳞毛蕨	鳞毛蕨科	鳞毛蕨属	*Dryopteris goeringiana*	叶亮绿色，三回羽裂，羽片披针形	花境花卉，阴地观叶植物
华北石韦	水龙骨科	石韦属	*Pyrrosia davidii*	叶暗绿色，具古朴感	花境花卉，阴地观叶植物
网眼瓦韦	水龙骨科	瓦韦属	*Lepisorus clathratus*	叶暗绿色，具古朴感	花境花卉，阴地观叶植物

SPECIES 各论

木贼科 EQUISETACEAE 木贼属 *Equisetum*

中文名 **问荆**
拉丁名 ***Equisetum arvense***
别 名 **马草、笔头草、土麻黄**

基本形态特征：多年生草本。根状茎黑褐色，具黑褐色小球茎。生殖枝春季由根状茎上生出，高5～20cm，无叶绿素，带紫褐色，有不明显的棱脊。叶鞘漏斗状，鞘齿广披针形，常2～3片连合成宽三角形。孢子囊穗长椭圆形，有柄，孢子成熟后生殖枝枯萎。不育枝在孢子茎枯萎后生出，分枝轮生；叶退化，下部连合成漏斗状的鞘，鞘齿披针形或2～3齿连合成宽三角形，黑色，边缘膜质，灰白色。

分布：宁夏全区普遍分布。我国分布于东北、华北、西北及西南各地。

生境及适应性：多生于沟渠旁、田边或低洼湿地。喜半荫，喜湿，耐寒，稍耐旱，适应性较广。

观赏及应用价值：多观叶观姿。株型独特，挺立秀雅，可用于水景绿化美化布置。

图61 问荆

蕨科 PTERIDIACEAE 蕨属 *Pteridium*

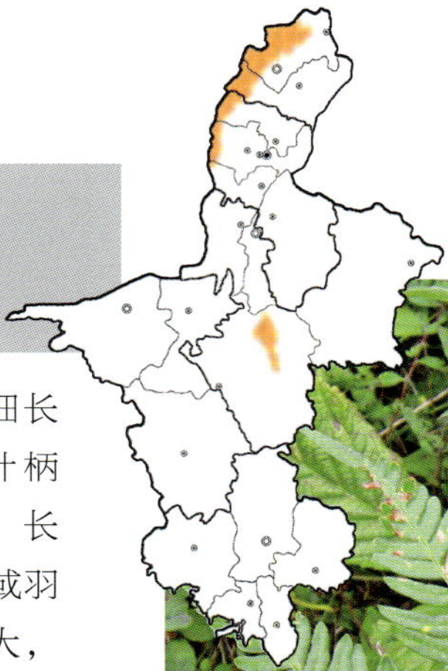

中文名 **蕨菜**
拉丁名 ***Pteridium aquilinum* var. *latiusculum***

基本形态特征：植株高25～40cm。根状茎细长横走，先端及叶柄基部被淡棕色鳞片；叶柄长15～26cm，麦秆色，叶片卵状三角形，长10～22cm，宽12～21cm，渐尖头，三回羽状或羽状深裂，下部1～3对羽片有柄，基部1对最大，三角形，渐尖头，通常显著小于叶片其他部分，其余羽片向上依次变小，卵状长圆形至披针形，尖头；叶草质，两面光滑无毛，叶轴及羽轴下部特别是二者相交处有淡黄色小腺体。孢子囊群圆形，背生于侧脉上部，无盖。

分布：宁夏产贺兰山及罗山，分布量较多。我国陕西、甘肃、青海、四川、西藏、河南、东北、华北等地也有分布。

生境及适应性：多生于林下、阴沟及高密草丛中。喜荫耐寒，要求土壤多腐殖质土。

观赏及应用价值：观叶观姿。叶翠绿，大型，可用于林下地被配置。

图62 蕨菜

铁角蕨科 ASPLENIACEAE　铁角蕨属 *Asplenium*

中文名　**变异铁角蕨**
拉丁名　***Asplenium varians***
别　名　铁杆地柏枝、斧头脑、铁蕨草、九倒生、线鸡尾、地柏枝

基本形态特征： 植株高10～20cm。根状茎短而直立，顶端密生鳞片；鳞片披针形　褐色。叶簇生，叶柄长3～5cm，下部栗色，疏生鳞片，上部绿色，近光滑；叶片披针形，二回羽状；羽片互生，长圆形至卵状三角形，羽状；小羽片倒卵形，顶端有锯齿或深裂，基部楔形下延，无柄；叶脉羽状，侧脉分叉或单一，不达齿端。孢子囊群短线形，近主脉或羽轴排列。

分布： 宁夏产贺兰山，零星状分布，分布量较少。我国河南、山西、陕西、四川、广西、云南及西藏等地也有分布。

生境及适应性： 多生于潮湿的石隙中。喜半荫，耐寒，耐土壤贫瘠。

观赏及应用价值： 观叶观姿。可作林下地被及开发作为盆栽植物。

图63 变异铁角蕨

水龙骨科 POLYPODIACEAE　瓦韦属 *Lepisorus*

中文名　**网眼瓦韦**
拉丁名　***Lepisorus clathratus***
别　名　扎贝、纲眼瓦韦、石韦藤、岩角风、帚星草

基本形态特征： 植株高5～10cm。根状茎细长，横走，密被鳞片；鳞片卵状披针形，边缘具齿，网眼粗筛孔状，黑色。叶簇生或近生，叶柄纤细，禾秆色，基部被鳞片，上部光滑；叶片狭披针形，主脉明显，侧脉成网状；上面光滑，下面疏生鳞片。孢子囊群圆形，着生于主脉与叶边缘的中间，每侧各1行。

分布： 宁夏产贺兰山和六盘山，分布量较多。我国华北、西北及河南、四川、云南等地也有分布。

生境及适应性： 多生于林下岩石上或崖下潮湿的石隙中。喜荫及稍湿环境，亦较耐旱，耐土壤贫瘠。

观赏及应用价值： 观叶。耐荫性强，成片效果奇特，可用于山石盆景布置；生长力较强，对土壤要求不高；亦可用于岩石园及垂直绿化点缀。

图64 网眼瓦韦

松科 PINACEAE 落叶松属 *Larix*

中文名 **华北落叶松**
拉丁名 ***Larix principis-rupprechtii***

基本形态特征：落叶乔木，高30m；树皮暗灰褐色，裂成小片块状脱落。叶倒披针状线形，下面中脉隆起，每边有2～4条气孔线。球果卵圆形或长卵圆形，成熟时淡褐色或淡黑褐色，有光泽；种鳞近五角状卵形，边缘具不规则齿；苞鳞暗紫色，中肋延长成尖头；种子斜倒卵状椭圆形，具翅。花期5月，球果10月成熟。

分布：宁夏产六盘山、南华山及固原市，分布集中且量较多。我国河北、山西、北京、河北等地也有分布。

生境及适应性：多分布于温带及寒带高海拔高纬度的高山地区。喜荫，耐寒，喜土层深厚土壤。

观赏及应用价值：观果观姿。树冠整齐呈圆锥形，叶轻柔而潇洒，秋色金黄，雌球果形态可人。可作为园景树孤植或列植、片植，具有较好的观赏性。

图65 华北落叶松

云杉属 *Picea*

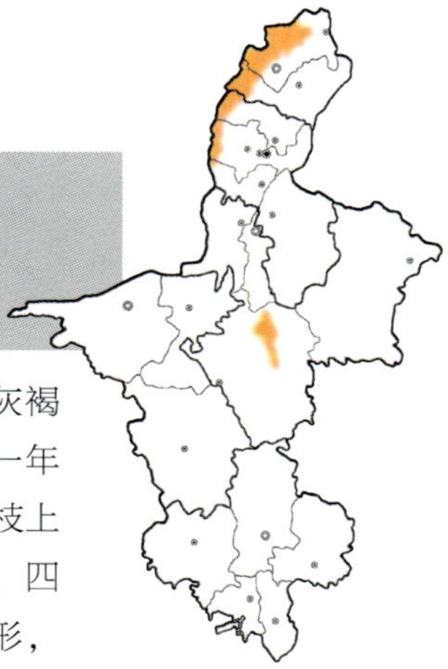

中文名 **青海云杉**
拉丁名 ***Picea crassifolia***
别　名 **祁连山云杉、扦树**

基本形态特征：常绿乔木，高达35m；树皮灰褐色，呈块状脱落；小枝具明显隆起的叶枕；一年生枝淡绿黄色，2～3年生枝常呈粉红色。叶在枝上螺旋状着生，枝下面和两侧的叶子向上伸展，四棱状条形，四面有粉白色气孔线。球果圆柱形，单生枝端，幼时紫红色，成熟前种鳞背部绿色，上部边缘仍为紫红色，成熟后褐色；种鳞倒卵形；种翅倒卵状，膜质。球花期5月，球果种子9～10月成熟。

分布：宁夏产贺兰山和罗山，高海拔区集中分布，分布量较多。我国内蒙古、甘肃及青海等地也有分布。

生境及适应性：多生于海拔2400～3000m的阴坡及半阴坡。耐寒耐半荫，喜湿润气候和土层深厚土壤。

观赏及应用价值：观果观姿。树形挺拔优美，球果亦具一定观赏性，为造林及用材树种，亦常作园林绿化美化树种。

图66 青海云杉

柏科 CUPRESSACEAE　刺柏属 *Juniperus*

中文名 **刺柏**
拉丁名 *Juniperus formosana*
别　名 台湾桧、山刺柏、矮柏木

基本形态特征： 乔木，高可达10m；树皮暗褐色，纵裂成长条状薄片剥落；大枝向上开展，小枝下垂，具3棱。叶为刺叶，3枚轮生，线状披针形，基部具关节，表面微凹，中脉微凸，绿色，两侧各1条白色气孔线，背面绿色光滑，具纵脊。雄球花圆球形或椭圆形。球果近球形或宽卵圆形，两年成熟，成熟时淡红褐色或淡红色，常被白粉，顶部间或开裂；种子通常3粒，具3～4个凌脊。

分布： 宁夏产六盘山，分布量较多。中国特有种，分布于江苏、浙江、福建、台湾、安徽、江西、湖南、湖北、陕西、甘肃、青海、四川、贵州、云南、西藏等地。

生境及适应性： 多生于海拔2200m左右的山坡纯林或与桦木、云杉幼树混生于杂木林中。中性偏阳，喜温暖湿润，但亦耐寒，耐旱亦较耐水湿。

观赏及应用价值： 观姿观果。树形优美，慢生树。可作为用材树种及园林绿化树，亦可用做盆栽，如盆景。

图67 刺柏

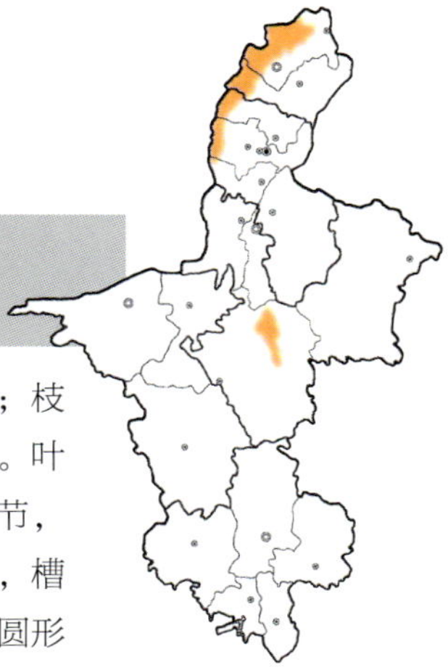

中文名 **杜松**
拉丁名 *Juniperus rigida*

基本形态特征： 常绿灌木或乔木，高可达10m；枝直展，褐灰色，纵裂；小枝下垂，幼枝三棱形。叶为刺叶，3枚轮生条形，先端锐尖，基部具关节，基部下延生长，质厚，坚硬，表面凹下成深槽，槽内有一条白粉带，背面具明显纵脊。雄球花椭圆形或近球形。球果圆球形，成熟前紫褐色，熟时淡褐色或蓝黑色，常被白粉；种子近卵形，顶端尖，有4条不明显的棱脊。

分布： 宁夏产贺兰山和罗山，呈集中分布且量较少。我国分布于东北、华北及陕西、甘肃等地。

生境及适应性： 多生于海拔2000～2200m的干旱山坡。阳性，耐寒，耐干旱贫瘠，适应性较好。

观赏及应用价值： 观姿观果。树形优美，为慢生树种，宜作园景树或园林道路绿化，可作为盆景及高刺篱材料。

图68 杜松

麻黄科 EPHEDRACEAE 麻黄属 *Ephedra*

中文名 **膜果麻黄**
拉丁名 *Ephedra przewalskii*
别 名 喀什膜果麻黄、勃氏麻黄、膜翅麻黄

基本形态特征： 灌木，高40～60cm。主根棕褐色，木质，粗壮发达。木质茎明显，茎皮黄色；上部多分枝，老枝黄绿色，小枝绿色，2～3枝生于节上，分枝基部再生多数小枝，形成假轮生状。叶常3裂，下部1/2～2/3合生，膜质，裂片三角形。球花通常无梗，多数集成团状的复穗状花序，对生或轮生于节上；雄球花淡褐色或褐黄色，近圆球形，苞片3～4轮，膜质，黄色或淡黄色；雌球花近圆球形，淡绿褐色或褐黄色，苞片3～5轮，干燥膜质；雌球花成熟时苞片增大成半透明薄膜状，淡棕色；球花在5～7月成熟。

分布： 宁夏产贺兰山及盐池、中卫、石嘴山等市(县)，分布量较多。我国内蒙古、甘肃、青海及新疆等地也有分布。

生境及适应性： 常生于干旱山坡、沙地及沙石盐碱地上。喜阳，耐寒耐旱，耐土壤贫瘠。

观赏及应用价值： 观花观姿。株型秀美低矮，雌球花似果球秀色可人，花期长，群丛效果好，成片的点缀极为美丽。可作为耐旱型地被应用于花境、道路及岩石园布置。

图69 膜果麻黄

中文名 **中麻黄**
拉丁名 *Ephedra intermedia*

基本形态特征： 灌木，高20～80cm；小枝对生或轮生，圆筒形，被白粉，呈灰绿色。叶3裂，常混生有2裂，下部2/3合生成鞘状，上部裂片钝三角形或三角形。雄球花无梗，数个密集于节上成团状，具5～7对交叉对生或5～7轮3片轮生的苞片；雌球花2～3个成簇，对生或轮生于节上，具3～5对交叉对生或3～5轮3片轮生的苞片。雌球花成熟时肉质红色。球花期5～7月。

分布： 宁夏主产贺兰山，分布量较多。我国华北、西北及辽宁、山东等地也有分布。

生境及适应性： 多生于干旱山坡、山前滩地及石坡缝中。喜阳，耐寒耐旱，耐土壤贫瘠。

观赏及应用价值： 观花观姿。株型低矮紧密，花小而鲜亮密集，群丛效果好，可作为地被用于干旱园林、花境、道路绿化带及岩石园，亦可盆景造型。

图70 中麻黄

毛茛科 RANUNCULACEAE　驴蹄草属 *Caltha*

中文名　**驴蹄草**
拉丁名　***Caltha palustris***
别　名　立金花、驴蹄菜、马蹄草（叶）

基本形态特征： 多年生草本。茎直立或斜升，高20～50cm，无毛。基生叶具长柄，叶片肾形或卵状心形，两面无毛或仅上面沿脉疏生短毛；叶柄长，基部扩展成鞘状，无毛；茎生叶与基生叶同形。单歧聚伞花序常具2朵花；萼片5，黄色，倒卵形。蓇葖果狭倒卵形，无毛。花期5～7月，果期7～9月。

分布： 宁夏分布于六盘山及固原市，分布量较多，呈片状分布。我国分布于东北、华北、西北以及西南各地。

生境及适应性： 多生于水沟边。喜半荫，喜湿润冷凉气候，喜腐殖质土壤。

观赏及应用价值： 观花观叶。小花黄色，花开茂盛且色彩明丽，叶翠绿似小荷叶，紧凑有层次，群体观赏效果好。宜作为水际植物应用于水景园林配置。

图71　驴蹄草

升麻属 *Cimicifuga*

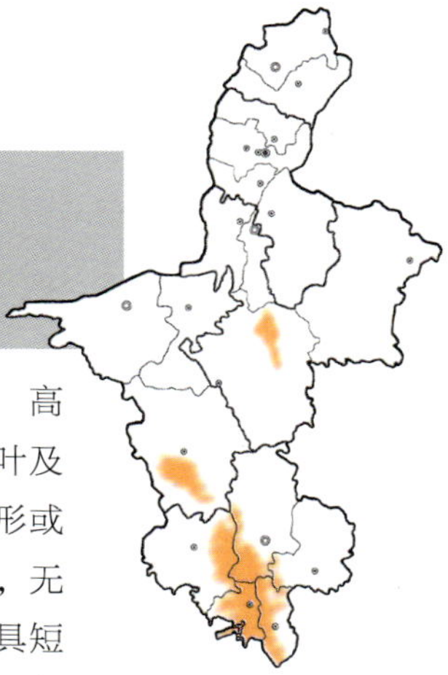

中文名　**升麻**
拉丁名　***Cimicifuga foetida***
别　名　绿升麻、空升麻

基本形态特征： 多年生草本。茎直立，高1.0～1.5m，下部无毛，上部被短柔毛。基生叶及茎下部叶二至三回三出羽状复叶，小叶片菱形或卵形，3浅裂至深裂，边缘具不规则的尖锯齿，无毛，背面沿叶脉被短柔毛；茎上部叶较小，具短柄。花序圆锥状，花序轴及总花梗密被短柔毛；花两性，萼片5，花瓣状，白色，倒卵状椭圆形；退化雄蕊椭圆形，顶端近膜质，微凹。蓇葖果3～5。花期7～9月，果期8～10月。

分布： 宁夏产六盘山、罗山及南华山，分布量较多。我国华北及陕西、甘肃、青海、河南、湖北、四川、贵州、云南等地也有分布。

生境及适应性： 多生于林缘、沟边和灌丛。喜潮湿、半荫的环境，喜腐殖质土壤。

观赏及应用价值： 观花观叶。升麻植株层次感强，复叶隽秀，秋叶变黄，圆锥状花序密集奔放，大气洒脱，可引种作为林缘地被片植，亦可在花境中作为背景，其效果类似于落新妇(*Astilbe chinensis*)。

图72　升麻

图73 驴蹄草（*Caltha palustris*）

乌头属 *Aconitum*

中文名 **伏毛铁棒锤**
拉丁名 *Aconitum flavum*
别　名 乌药、小草乌、一支蒿、断肠草、磨三转

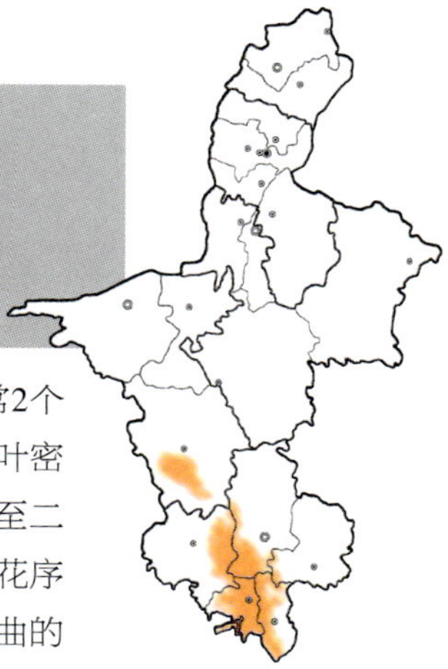

基本形态特征：多年生草本。块根纺锤形，常2个并生。茎直立，单一，不分枝，高40～80cm。叶密生茎的中上部，宽卵形，3全裂，全裂片再一至二回羽状深裂，末回裂片线形，两面无毛。总状花序顶生，具多数花，密集，花序轴及花梗密被反曲的白色短柔毛；萼片5，紫红色，上方萼片船状，侧萼片倒圆卵形，下方萼片卵状椭圆形或狭卵形，萼片背面均被短毛；蜜叶弧形，被柔毛。蓇葖果，花期8月。果期9～10月。

分布：宁夏产六盘山及南华山，分布量较少。我国甘肃、青海及四川等地也有分布。

生境及适应性：多生于阴坡及河滩草地。喜阳及湿润环境，要求光照充足，耐寒，喜腐殖质土壤。

观赏及应用价值：观花观叶。该种乌头叶细长，花序紫红色较长，花瓣带有绒质感，整个株型高大圆整较壮观，适于引种作为竖线条植物材料配置于园林花坛、花境中。

图74 伏毛铁棒锤

中文名 **松潘乌头**
拉丁名 *Aconitum sungpanense*
别　名 金牛七、草乌、火烟（焰）子、蔓乌头、羊角七

基本形态特征：多年生缠绕草本。块根近圆柱形，常2个并生，外皮黑褐色，生少数须根。茎分枝。叶互生，五角形，3全裂，中央裂片卵状菱形，渐尖，近羽状浅裂，具缺刻状牙齿，侧生裂片2深裂。总状花序腋生和顶生；花蓝紫色；小苞片钻形；萼片5，花瓣状；花瓣2，无毛或疏生短毛。蓇葖果5个。花期8～9月。果期9～10月。

分布：宁夏产六盘山，分布量较多。我国山西、陕西、甘肃、青海、四川等地也有分布。

生境及适应性：多生于中低海拔的山坡灌丛或林下湿地。喜半荫，耐寒，喜湿润冷凉气候，喜土层深厚土壤。

观赏及应用价值：观花。该种攀缘能力强，花较大，花型独特，叶形也较有观赏性，适宜用于垂直绿化装饰，如花架、墙垣攀附等点缀布置。

图75 松潘乌头

中文名 **西伯利亚乌头**
拉丁名 *Aconitum barbatum* var. *hispidum*
别　名 辫子艽、黄花乌头、镜泊乌头、牛扁（药）、马尾大艽

基本形态特征：多年生草本。具直根。茎直立，圆柱形，疏被短柔毛。基生叶1片，具长柄，无毛，叶片轮廓肾形或圆形，基部深心形，3深裂几达基部，先端具不规则的卵状锐齿，侧裂片宽于中裂片，不等2～3深裂，先端具不规则锐齿牙，上面无毛，背面疏生短柔毛。总状花序顶生，下部具分枝；萼片5，黄色，上方萼片高筒状，侧萼片倒卵形，下方萼片狭卵形，外面密被短柔毛。花期7月，果期8～9月。

分布：宁夏产六盘山，分布量较多。我国甘肃、陕西、山西、河北等地也有分布。

生境及适应性：多生于山地疏林下或林边草地。喜阳，耐半荫，耐寒，喜湿润冷凉气候，喜腐殖质土壤。

观赏及应用价值：观花。黄色花序很长，花型奇特，群体形成的景观较佳。适宜引种作为花境竖线条材料并具有开发为切花的潜力。

图76 西伯利亚乌头

翠雀属 *Delphinium*

中文名 **翠雀花**
拉丁名 ***Delphinium grandiflorum***

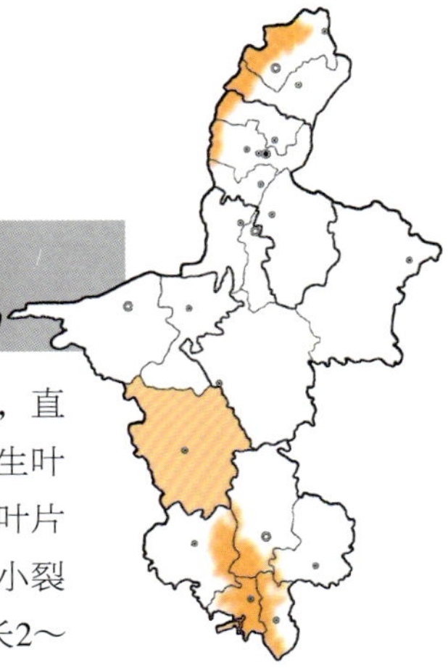

基本形态特征：多年生草本。茎单一或分枝，直立，高20～60cm，具纵条棱，被短柔毛。基生叶及茎下部叶具长柄，上部叶无柄，被短柔毛；叶片轮廓五角形，3全裂，全裂片二回羽状细裂，小裂片线形，被毛。总状花序顶生和腋生；花梗长2～6cm，与花序轴均密被短柔毛；花萼5，深蓝色，长椭圆形，长达2cm；退化雄蕊2，具爪，瓣片短圆状椭圆形，先端微2裂。聚合蓇葖果，熟时褐色。花期6～7，果期8～9月。

分布：宁夏主产贺兰山、六盘山及海原县，分布量较多。我国东北、华北及甘肃、四川、云南等地也有分布。

生境及适应性：多生于山坡草丛及山谷沟畔。喜阳，耐半荫，喜稍湿润凉爽气候，喜腐殖质土壤。

观赏及应用价值：观花。花蓝紫色美艳高贵，花型奇特似小飞雀，花朵密集，花期较长。可用于自然花境点缀、庭院美化布置，宜丛植、片植观赏。

图77 翠雀花

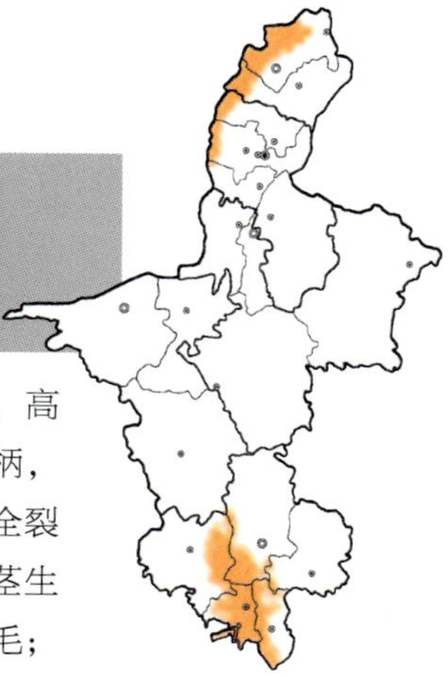

中文名 **蓝翠雀花**
拉丁名 *Delphinium caeruleum*
别 名 蓝翠雀、雀冈

基本形态特征：多年生草本。茎单一或簇生，高30～60cm，具分枝，疏被柔毛。基生叶具长柄，被柔毛。叶片轮廓肾形或近圆形，3全裂，中全裂片二回条裂，侧裂片2深裂，裂片二回条裂，茎生叶与基生叶相似，上面疏被短柔毛，下面被柔毛；小苞片线形；萼片5，蓝色，椭圆形或狭倒卵形，外面被柔毛；退化雄蕊具爪，瓣片卵圆形，先端不裂。花期7～8月。

分布：宁夏产贺兰山、六盘山，分布量较多。我国甘肃、青海、四川及西藏等地也有分布。

生境及适应性：多生于干旱山坡或灌丛中。喜阳，耐寒耐旱，适应性较强。

观赏及应用价值：观花。该种较翠雀花着花更多，株形较整齐，蓝紫色的花序充满神秘感，适于自然花境及庭院应用。

图78 蓝翠雀花

耧斗菜属 *Aquilegia*

中文名 **耧斗菜**
拉丁名 *Aquilegia viridiflora*

基本形态特征：多年生草本，高50～90cm。根粗壮，圆柱形。基生叶为三出复叶，小叶卵形或宽卵形，先端一般3浅裂，侧全裂片斜宽卵形，不等2裂，裂片先端具圆锯齿，侧生小叶不等3裂；小叶柄长1～4cm，被柔毛和腺毛，茎生叶和基生叶相似，较小，具短柄或不具柄。单歧聚伞花序，顶生和腋生，花梗长3～7cm，被短柔毛和腺毛；萼片5，黄绿色，倒三角状矩圆形，顶端平截，基部延伸成距，稍内弯，无毛；雄蕊多数，花丝细长，退化雄蕊条状披针形。蓇葖果直立，宿存花柱与果近等长；花期6月，果期7月。

分布：宁夏产贺兰山，分布量较多。我国东北、华北、西北、华东等地有分布。

生境及适应性：多生于林下或灌丛下的岩石缝隙中。喜半荫，耐寒、耐旱，对土壤要求不高。

观赏及应用价值：观花。花型漏斗状，十分独特可爱，花期较长。是花境边缘配置的好材料。

图79 耧斗菜

中文名 **无距耧斗菜**
拉丁名 *Aquilegia ecalcarata*

基本形态特征：多年生草本。茎丛生，直立或斜升，高约60cm，多分枝，具沟棱，疏被柔毛。基生叶二回三出复叶，顶端小叶片扇形或宽卵形，侧生小叶斜卵形，稍小；茎生叶与基生叶相似，较小。单歧聚伞花序，顶生和腋生，花梗被短柔毛；萼片5，深紫色，卵状披针形；花瓣5，倒卵状长矩圆形。蓇葖果线状椭圆形，被短毛。花期6～7月，果期7～8月。

分布：宁夏产六盘山，分布量较多。我国陕西、甘肃、青海、湖北、四川、贵州等地也有分布。

生境及适应性：多生于海拔2000～2500m的山坡草丛或石质河滩地。喜半荫，稍耐寒耐旱，喜湿润凉爽气候，腐殖质土壤中生长较好。

观赏及应用价值：观花。艳丽的蓝紫色花与其他耧斗菜相比，花冠无距，较为可爱圆整，叶形清秀。可丛植作为自然花境、公园绿地及宿根园的素材，也可盆栽观赏。

图80 无距耧斗菜

中文名 **紫花耧斗菜**
拉丁名 *Aquilegia viridiflora* f. *atropurpurea*

基本形态特征：多年生草本。基生叶为三出复叶，小叶卵形或近圆形；顶生小叶3全裂，中全裂片宽倒卵形，先端3浅裂或具不规则圆钝齿，侧全裂片斜宽卵形，不等2裂，裂片先端具圆钝齿；侧生小叶不等3裂，仅背面密被短柔毛；茎生叶与基生叶相似，较小。单歧聚伞花序，顶生和腋生；萼片5，黄绿色，卵形或狭卵形；花瓣5，黄绿色，倒三角状矩圆形，基部延伸成距，稍内弯，无毛。蓇葖果直立，花柱宿存。花期6月，果期7月。

分布：宁夏产贺兰山，分布量较多。我国分布于东北、华北、西北、华东等地。

生境及适应性：多生于林下或灌丛下的岩石缝隙中。喜阳，耐寒，稍耐旱，对土壤要求不高。

观赏及应用价值：观花。株型秀丽，蓝紫色花艳丽可爱，叶小巧略带紫晕。可作为自然花境、公园绿地、宿根园的地被应用，也可盆栽观赏。

图81 紫花耧斗菜

唐松草属 *Thalictrum*

中文名 **瓣蕊唐松草**
拉丁名 ***Thalictrum petaloideum***
别　名 **马尾黄连**

基本形态特征：多年生草本，茎高40～60cm，无毛，分枝。叶为三至四回三出复叶，互生；小叶倒卵形、近圆形或菱形，3浅裂至深裂，裂片卵形或倒卵形，全缘，脉平或微隆起。伞房状聚伞花序；花萼片4，白色，卵形早落；无花瓣；雄蕊多数；花丝中上部棍棒状倒披针形，白色，比花药宽，或成花瓣状。瘦果卵球形，花柱宿存。花期6～7月，果期8～9月。

分布：宁夏产六盘山、南华山及隆德等县，分布量较多。我国华北、西北及山东、河南、四川等地也有分布。

生境及适应性：多生于林缘、路边、干旱山坡及山地田埂边。喜阳，亦较耐荫，耐寒，喜湿润和腐殖质土壤。

观赏及应用价值：观花。花奇特，犹如晶莹水滴般的感觉，淡雅可爱。可应用于自然花境点缀或庭院美化。

图82　瓣蕊唐松草

中文名 **东亚唐松草**
拉丁名 ***Thalictrum minus* var. *hypoleucum***
别　名 **烟锅草、金鸡脚下黄、佛爷指甲**

基本形态特征：多年生草本，高1.0～1.5m。茎直立，具纵沟棱，无毛。叶二至三回羽状复叶，小叶倒卵形或卵形，先端3浅裂，裂片全缘或具2～3疏齿，基部圆形或楔形，边缘反卷；叶柄短，基部扩展成鞘状；小叶几无柄或具短柄，小叶柄与叶轴连接处具关节。圆锥花序顶生；萼片4，淡黄色，倒卵状长椭圆形，成撕裂状；雄蕊多数，花丝丝状。瘦果椭圆形。花期7～8月，果期8～9月。

分布：宁夏产贺兰山及六盘山，分布量较多。我国东北、华北及陕西、甘肃、青海、山东、湖北、四川、贵州等地也有分布。

生境及适应性：多生于山地林缘或山谷沟边。喜阳，耐半荫，耐寒，喜冷凉湿润气候及腐殖质土壤。

观赏及应用价值：观花。花小巧精致，盛花期黄绿色的小花自然分散在草丛中，野趣十足。可应用于自然花境点缀或庭院美化。

图83　东亚唐松草

银莲花属 *Anemone*

中文名 **大火草**
拉丁名 *Anemone tomentosa*
别　名 葡萄叶白头翁、土白头翁、绒毛秋牡丹、大头翁、野棉花

基本形态特征： 多年生草本。基生叶为三出复叶，小叶片近圆形或卵形，3浅裂至深裂，边缘具不规则的小裂片和锯齿，上面被伏毛，下面密生白色绵毛。苞叶3，三出复叶或3深裂，与基生叶相似，不等大；聚伞花序顶生；萼片5，淡粉红色，外面密生绵毛，里面无毛；雄蕊多数金黄色；子房密被绒毛。聚合果球形；瘦果小，被长绵毛。花期7～8月，果期9～10月。

分布： 宁夏产六盘山、香山及固原等市(县)，分布量较多。我国河北、山西、河南、陕西、甘肃、青海、四川、云南等地也有分布。

生境及适应性： 多生于山地草坡和灌丛附近及山谷路边。喜阳，亦耐半荫，耐寒，喜湿润却也十分耐干旱贫瘠。

观赏及应用价值： 观花观姿。大火草为典型的多年生野生宿根草本观花花卉，既观花又观叶，早春可观其大型复叶，夏季则观其硕大、鲜艳、量大的聚伞花序，且花期持久，几乎为夏、秋两季开花。故为园林绿化引种的首选材料。

图84 大火草

中文名 **卵裂银莲花**
拉丁名 *Anemone narcissiflora* var. *sibirica*

基本形态特征： 多年生草本。根茎直立。基生叶4～10，叶片近圆形，3全裂，中全裂片菱状倒卵形，不裂或3深裂，上部具圆钝齿，侧裂片不等2～3裂，两面疏被长柔毛。花茎1～2，被长柔毛；苞片3深裂，裂片通常全缘，倒披针形，两面被伏长柔毛；花1～3；萼片5～6，白色，倒卵形。瘦果扁平状，椭圆形，无毛，宿存花柱直立。花期6月，果期7月。

分布： 宁夏产六盘山，广泛分布。我国新疆、内蒙古等地也有分布。

生境及适应性： 多生于阳坡草地或灌木丛中。喜阳，耐半荫，耐寒，稍耐旱，喜腐殖质土壤。

观赏及应用价值： 观花。花朵小巧可爱，群体效果好，可用于自然花境点缀及庭院美化，宜片植、丛植。

图85 卵裂银莲花

中文名 **疏齿银莲花**
拉丁名 *Anemone obtusiloba* subsp. *ovalifolia*

基本形态特征： 多年生草本，植株通常较低矮，高3.5～15cm，间或高达25或30cm。叶片长0.8～2.2(－3.2)cm，3全裂，两面通常多少密被短柔毛，脉平。花序有1花；苞片倒卵形，3浅裂，或卵状长圆形，不分裂，全缘或有1～8齿；萼片5，白色、蓝色或黄色；子房密被白色柔毛，稀无毛。花期5～7月，果期7～8月。

分布： 宁夏主产六盘山，分布量较多。我国西藏、云南西北部、四川西部、青海、新疆南部、甘肃、陕西、山西、河北西部等地也有分布。

生境及适应性： 多生于高山草地或灌丛边。喜阳，喜湿润冷凉气候，喜腐殖质土壤。

观赏及应用价值： 观花。植株低矮，花朵秀气可爱，花色变化丰富，群体效果好，是很好的地被植物。可用于自然花境及庭院美化，宜片植、丛植。

图86 疏齿银莲花

中文名 **小花草玉梅**
拉丁名 *Anemone rivularis* var. *flore-minore*
别　名 河岸银莲花、头角莲、虎掌草、破牛漆、土秦艽

基本形态特征： 多年生草本。根状茎粗壮，直立或斜升。基生叶，叶片肾状五角形，3全裂，裂片近无柄，中全裂片菱状卵形或近圆形，3深裂，中裂片再3浅裂，上部具不规则粗锯齿，侧全裂片宽斜倒卵形，不等2深裂。花单一，有时为聚伞花序；苞片三深裂几达基部，裂片披针形；萼片5，白色，倒卵状长椭圆形或长椭圆形。瘦果狭卵球形，稍扁。花期6月，果期7～8月。

分布： 宁夏产罗山、六盘山及南华山，分布量较多。我国东北、华北、西北及河南、四川等地也有分布。

生境及适应性： 多生于潮湿的山坡、山沟、草地。喜阳，耐半荫，耐旱，喜湿润凉爽气候，喜腐殖质土壤。

观赏及应用价值： 观花。小花草玉梅的花朵较小，主观其聚伞花序的远观效果，星星点点，别具一格，其基生叶也较有观赏性。可作为花境材料种植。

图87 小花草玉梅

铁线莲属 *Clematis*

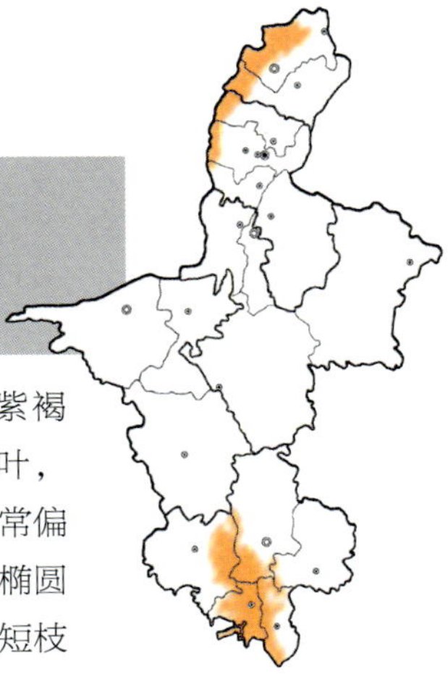

中文名 **大瓣铁线莲**
拉丁名 ***Clematis macropetela***
别　名 **长瓣铁线莲**

基本形态特征： 木质藤本，长约2m；枝暗紫褐色，具棱角，仅幼枝微被柔毛。二回三出复叶，小叶片卵状披针形，先端渐尖，基部近圆形，常偏斜，边缘中部具不整齐锯齿或重锯齿；托叶长椭圆形，带紫红色，密被长柔毛。花单生于当年生短枝顶端，花梗长8～12cm，具纵棱，微被柔毛；花萼钟形，直径3～8cm，萼片4个，蓝色或淡蓝紫色，狭卵形或卵状披针形，两面被短柔毛；退化雄蕊花瓣状，披针形或线状披针形，外面密被绒毛，内面几无毛。瘦果无毛，宿存花柱被黄白色长柔毛。花期5～6月，果期6～7月。

分布： 宁夏产贺兰山和六盘山，分布量较多。我国华北及陕西、甘肃等地也有分布。

生境及适应性： 多生于山坡灌丛及林缘。喜阳，耐半荫，耐寒，喜土层深厚土壤。

观赏及应用价值： 主观花。该种花较大，花量中等，但花的颜色、花型都较佳，且紫色的花瓣在阳光下带有一些绒质感，高贵典雅，果期其毛茸茸的宿存花柱亦具有观赏性。可用于墙垣、花棚、花架等处的装饰、点缀。

图88 大瓣铁线莲

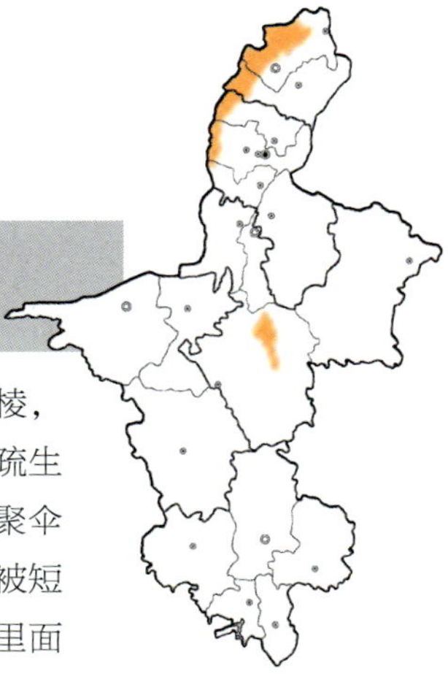

中文名 **短尾铁线莲**
拉丁名 ***Clematis brevicaudata***

基本形态特征： 草质藤本。茎褐紫色，具纵沟棱，疏生短柔毛或无毛。二回羽状复叶，小叶边缘疏生裂片状粗锯齿，有时3裂，两面无毛。圆锥状聚伞花序腋生或顶生，具多数花，总花梗与花梗均被短柔毛；萼片4，狭倒卵形，外面密被短柔毛，里面无毛，白色或黄白色。瘦果狭卵形，具短梗，密生短柔毛。花期7～8月，果期8～9月。

分布： 宁夏主产贺兰山、罗山等，分布量较多。我国东北、华北及陕西、甘肃、青海、江苏、江西、浙江、湖南、湖北、四川和贵州等地也有分布。

生境及适应性： 多生于海拔2100m左右的山坡灌丛或林缘。喜阳，耐寒耐旱，对土壤要求不高。

观赏及应用价值： 观花。花白色明丽，花量大，攀缘效果好，可用于垂直绿化美化。

图89 短尾铁线莲

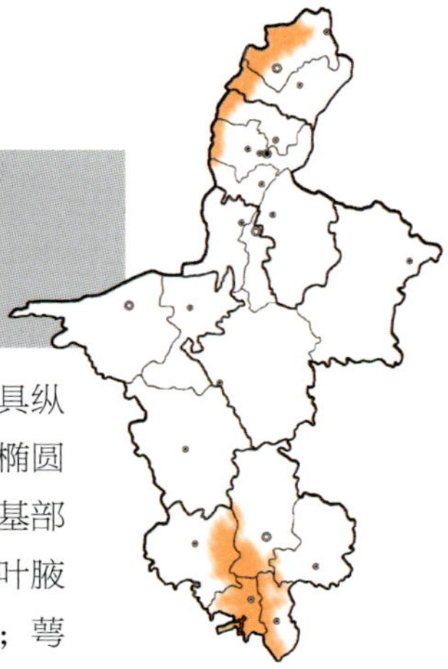

中文名 **粉绿铁线莲**
拉丁名 *Clematis glauca*
别　名 灰绿铁线莲

基本形态特征：草质藤本。茎细长，多分枝，具纵棱，几无毛。一至二回羽状复叶，末回小叶片椭圆形或长圆形，先端钝，基部圆楔形，全缘或近基部具少数齿芽或浅裂，无毛，具短柄。聚伞花序叶腋生，常具3朵花，小花除中间者均有1对叶状苞；萼片4，黄色或外面基部带紫红色，外面边缘被短绒毛；花丝扁，披针形。瘦果稍扁，卵匾形，被柔毛，宿存花柱长，羽毛状。花期7～8月，果期8～9月。

分布：宁夏产贺兰山和六盘山，分布量较多。我国华北及陕西、甘肃等地也有分布。

生境及适应性：多生于海拔2200m左右的山坡灌丛或向阳草坡。喜阳，多为攀附灌木或小乔木生长，较耐寒，喜湿润冷凉环境，对土壤要求不高，但不耐移植。

观赏及应用价值：观花。花形奇特，花色鲜艳可爱，花量较多，持续期长，果期亦有一定观赏性。可作为垂直绿化材料栽培于公园或庭院的墙垣、花架等地。

图90 粉绿铁线莲

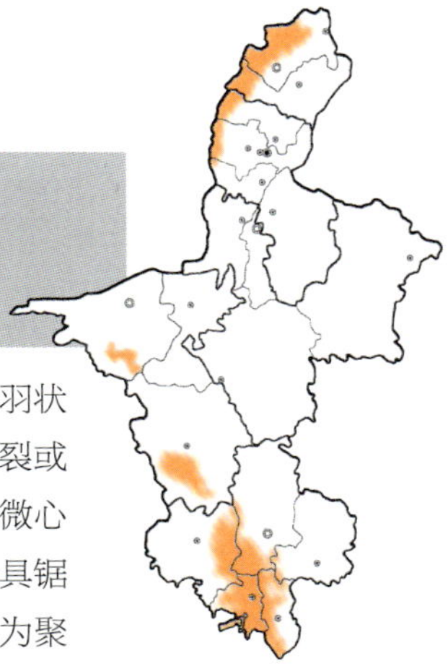

中文名 **甘青铁线莲**
拉丁名 *Clematis tangutica*
别　名 唐古特铁线莲、陇塞铁线莲

基本形态特征：木质藤本。茎干被柔毛。一回羽状复叶，具5～7小叶，小叶基部常2～3浅裂、深裂或全裂，中裂片狭卵形或披针形，基部宽楔形或微心形，边缘具不规则尖锯齿，侧生裂片小，边缘具锯齿，背面疏被柔毛，叶脉明显。花单生叶腋或为聚伞花序，具3朵花；花梗粗壮，微被柔毛，萼片4，椭圆状长椭圆形，黄色，先端长渐尖，背面被柔毛，里面无毛。瘦果狭卵形，花柱宿存，密被长柔毛。花期6～9月，果期9～10月。

分布：宁夏产六盘山、贺兰山、香山及南华山，分布量较多。我国西北及四川、西藏等地也有分布。

生境及适应性：多生于山坡、灌丛、河滩或攀缘于林缘朽木。喜阳，耐寒，喜稍湿润环境，对土壤要求不高。

观赏及应用价值：观花。花量繁多，花色明丽奔放，远观犹如群鸟嬉戏。可作为垂直绿化材料，栽植于墙垣、篱笆、栅栏等处，或直接搭设三角架栽培作为花境的立体材料。

图91 甘青铁线莲

中文名 **棉团铁线莲**
拉丁名 *Clematis hexapetala*
别　名 棉花子花、野棉花

基本形态特征：多年生直立草本，高50～100cm。茎直立，基部常木质化，具纵棱，疏被柔毛。叶近革质，一至二回羽状深裂至全裂，裂片披针形至线状披针形，全缘。聚伞花序顶生或腋生，通常具3朵花；总苞片狭披针形，花梗基部有小苞片1对，花梗被柔毛；萼片6，稀4或8，白色，长倒卵形，先端圆钝，背面密被灰色短绒毛，开展后常反折；雄蕊无毛，花丝线形。瘦果倒卵形，稍扁，密生柔毛，宿存花柱长约2cm，羽毛状。花期7～8月，果期8～9月。

分布：宁夏产六盘山，分布量较多。中国的东北、华北及陕西、甘肃等地也有分布。

生境及适应性：多生于海拔1500～1800m的阳坡草地、草甸边缘、林缘或灌丛中。喜阳，耐寒亦稍耐旱，对土壤要求不高。

观赏及应用价值：观花。株型紧凑，花色雪白夺目，花量繁多，群丛效果好。宜作为自然花境或庭院美化的材料，宜丛植；亦可与其他颜色的花卉混合盆栽于容器中观赏。

图92 棉团铁线莲

中文名 **芹叶铁线莲**
拉丁名 *Clematis aethusifolia*
别　名 白拉拉秧、断肠草、
　　　芹菜铁线莲

基本形态特征： 藤本或直立草本。叶二至三回羽状复叶，连叶柄长7～10cm，末回裂片线形或椭圆形，表面无毛，背面疏被柔毛。聚伞花序腋生，具1～3朵花；花萼钟形，下垂，萼片4个，淡黄色，矩圆状长椭圆形，背面被绒毛，具三条突起的中脉，里面无毛。瘦果椭圆形，红棕色，被柔毛，花柱宿存，呈“S”形弯曲，被白色长柔毛。花期6～9月，果期8～10月。

分布：宁夏产贺兰山、罗山、南华山及盐池、中卫、固原市原州区、海原、西吉等市(县)，分布量较多。我国东北、华北及陕西、甘肃、青海等地也有分布。

生境及适应性：多生于山坡、山谷及山沟内。稍喜阳，耐寒，稍耐旱，对土壤要求不高。

观赏及应用价值：观花。该种最大的观赏特点是花繁茂，黄色的花朵非常显眼，花形钟状下垂，娇巧可人。可以作为垂直绿化的点缀素材应用于藤架、墙垣等处。

图93 芹叶铁线莲

中文名 **绣球藤**
拉丁名 *Clematis montana*
别　名 百花木通、四季牡丹

基本形态特征： 木质藤本。三出复叶，对生或数叶簇生，叶柄长2～4cm，无毛或微被柔毛，侧生小叶几无柄，小叶片椭圆形或卵形，边缘上部2/3或1/2具缺刻状粗齿，仅沿脉偶疏生短柔毛。花1～6朵与叶簇生，花梗长5～7cm；萼片4，白色，倒卵状长圆形，外面疏生柔毛，近边缘密生绒毛，里面无毛。瘦果三角状宽卵形或卵形，暗褐色，宿存花柱密被黄白色长柔毛。花期5～7月，果期6～8月。

分布： 宁夏产六盘山，分布量较多。我国陕西、甘肃、河南、湖北、湖南、广西、江西、安徽、福建、台湾、四川、西藏等地也有分布。

生境及适应性： 多生于海拔1900～2700m的山坡灌丛或向阳草坡。喜阳，亦耐半荫，喜湿润凉爽气候，喜土层深厚土壤。

观赏及应用价值： 观花观果。藤蔓缭绕，叶开展秀美，秋季变黄。花期满树雪白，花朵轻盈似蝶，微带芳香，果熟时密被长柔毛，阳光下有独特的光质感，较具观赏性。可作为垂直绿化材料应用于藤架、墙垣、假山、亭前等处。

图94 绣球藤

小檗科 BERBERIDACEAE　小檗属 *Berberis*

中文名 **匙叶小檗**
拉丁名 *Berberis vernae*
别　名 黄檗、西北小檗

基本形态特征： 灌木，高0.5～1.5m，枝条细长，具条棱，老枝灰褐色，散生黑色皮孔；刺单一或3分叉。叶3～8枚簇生，匙状倒披针形或匙状倒卵形，常全缘，稀具细锯齿，无毛。总状花序，苞片披针形，萼片倒卵形；花瓣黄色，椭圆状倒卵形。浆果卵状球形，红色。花期5～6月，果期8～9月。

分布： 宁夏产贺兰山及石嘴山、中卫等市，分布量较多。我国内蒙古、甘肃、青海等地也有分布。

生境及适应性： 多生于石质向阳山坡。喜阳，耐寒耐旱，对土壤要求不高。

观赏及应用价值： 观花观果。花黄绿色，密集量大，叶型亦美丽，果熟时鲜红色，可用于道路绿篱美化及岩石园布置。

图95 匙叶小檗

中文名 **刺叶小檗**
拉丁名 *Berberis sibirica*
别　名 西伯利亚小檗

基本形态特征：落叶灌木，高30～70cm；幼枝红褐色，具纵条棱，散生黑色疣点；老枝灰黄色，树皮常片状剥落；刺常5分叉，黄绿色，背面具沟槽。叶形多变化，椭圆形、长椭圆形或卵形，边缘疏生细刺状粗锯齿，每边锯齿不超过10，背面网脉明显，边缘稍反卷，无毛；叶柄与叶片相连处具关节。花黄色，单生、簇生或为下垂的总状花序。浆果倒卵状球形，红色。花期6月，果期9月。

分布：宁夏产贺兰山及盐池等县，分布量较多。我国东北及内蒙古等地也有分布。

生境及适应性：多生于干旱石质山坡或石质坡地。喜荫，极耐旱，耐寒，耐瘠薄土地。

观赏及应用价值：观花观果。花黄绿色美丽可人，果色鲜红光亮，可用于耐旱型园林道路绿化及岩石园布置。

图96 刺叶小檗

中文名 **短柄小檗**
拉丁名 *Berberis brachypoda*
别　名 黄柏

基本形态特征：落叶灌木，高1～2m；枝灰黄色，具纵条棱；刺3分叉，粗壮，长1.0～2.5cm，黄绿色，背面具沟槽。叶质厚，长椭圆形或椭圆状披针形，先端急尖或钝，基部下延成短柄，边缘具密的刺状锯齿，明显反卷，被柔毛，叶脉凹下呈明显折皱。总状花序长5～7cm，弯曲或下垂，具花20～40朵，密集；总花梗、花梗及苞片均被短柔毛；萼片黄绿色；花瓣椭圆形，基部具短爪；花淡黄色。浆果长圆形，鲜红色，顶端具明显宿存花柱。花期6～7月，果期8～9月。

分布：宁夏产六盘山，分布量较多。我国湖北、山西、陕西、甘肃、青海、西藏等地也有分布。

生境及适应性：多生于海拔2000m左右的山坡灌木林中。喜荫，耐半荫、半湿，稍耐寒。

观赏及应用价值：观花观果。花序美丽硕大，整体感觉极为壮观；果期硕果累累，熟时似橘红色小坛子，甚为美丽。可用于园林绿地布置，可丛植、列植等。

图97 短柄小檗

中文名 **甘肃小檗**
拉丁名 *Berberis kansuensis*

基本形态特征：落叶灌木，高2m；幼枝紫红色，老枝暗褐色；刺单一或3分叉，较粗壮，棕褐色，背面具沟槽。叶椭圆形或卵状椭圆形，先端圆或急尖，基部渐狭成柄，网脉明显，两面无毛；叶柄长。总状花序长，具20～30朵花；花淡黄色；苞片三角状卵形，锐尖；外轮萼片椭圆形，内轮萼片宽椭圆形；花瓣倒卵形。浆果椭圆形，成熟时红色。花期6月，果期7～8月。

分布：宁夏产六盘山，分布量较多。我国陕西、甘肃、青海等地也有分布。

生境及适应性：生于海拔2000～2500m的沟底林缘或山坡灌丛中。稍喜荫，耐半荫，稍耐寒。

观赏及应用价值：观花观果。株型整齐，可用于园林地被灌木，丛植或列植，作为花果（刺）篱使用。

图98 甘肃小檗

中文名 **黄芦木**
拉丁名 *Berberis amurensis*
别 名 **阿穆尔小檗、大叶小檗**

基本形态特征：落叶灌木，高1.5～3.0m；枝灰褐色，具纵条棱；刺单一或3分叉。叶倒卵形或椭圆形，边缘具细密锯齿，背面网脉明显，两面无毛。总状花序下垂，长达7cm，具花40～50朵；苞片披针形，锐尖；花淡黄色；花瓣卵形，先端钝2裂。浆果椭圆形，红色。花期5月，果期7～8月。

分布：宁夏产六盘山，分布量较多。我国分布于东北、华北及山东、陕西、甘肃等地。

生境及适应性：多生于海拔2100m左右的山坡灌丛中。喜荫，耐半荫，稍耐水湿，耐寒。

观赏及应用价值：观花观果。花期花量繁多，满树垂挂，极为壮观；果期硕果累累，红色可人；秋叶亦黄色或橙红色，较为漂亮。可作为道路绿化灌木、园景点缀灌木应用，可孤植、丛植、列植。

图99 黄芦木

中文名 **秦岭小檗**
拉丁名 ***Berberis circumserrata***
别　名 **老鼠刺、刺黄檗、小叶黄瓣**

基本形态特征： 落叶直立灌木，高达2m；枝繁密，小枝有条棱，黄色；刺3叉，粗壮，黄色，背面具沟槽。叶倒卵形，柄边缘具纤毛状细锯齿，无毛。花2～5朵簇生，黄色，无毛；外轮萼片卵状长椭圆形，内轮萼片宽椭圆形；花瓣倒卵状长椭圆形，稍短于内轮萼片，先端2裂，基部具短爪。浆果椭圆球形，红色，柱头宿存。花期7月，果期8～9月。

分布： 宁夏产六盘山及贺兰山，分布量较多。我国陕西、河南、甘肃、青海等地也有分布。

生境及适应性： 多生于海拔2500～2800m的高山山脊的灌木丛中。喜荫，喜湿；耐寒，对土壤要求不高。

观赏及应用价值： 观花观果。花朵大而美丽，果鲜红而光亮，秋叶金黄，可作为道路绿化丛植或列植，作为花果刺篱，亦可用于混合花境点缀。

图100 秦岭小檗

中文名 **陕西小檗**
拉丁名 ***Berberis shensiana***

基本形态特征： 落叶直立灌木；高1.5～2.0m；幼枝黄色，老枝灰褐色，具纵棱；刺3叉，细弱。叶卵形或椭圆形，边缘密具纤毛状细锯齿，无毛。花序伞房状总状；小苞片锥形；外轮萼片长圆状卵形；花瓣短于内轮萼片，先端微凹缺，黄色。浆果长圆柱形，柱头宿存。花期5月，果期7月。

分布： 宁夏产六盘山，分布量较多。我国陕西、甘肃等地也有分布。

生境及适应性： 多生于海拔2000m左右的林缘及路边灌丛中。喜半荫，喜湿，稍耐寒，喜土层深厚土壤。

观赏及应用价值： 观花观果。秋叶金黄，红果累累，可用作道路绿化、绿篱及庭院美化。

图101 陕西小檗

中文名 **细脉小檗**
拉丁名 *Berberis dictyoneura*
别　名 **拟小檗、松潘小檗**

基本形态特征：落叶直立灌木，高可达2m；二年生枝灰黄色，具纵棱，刺单一或3叉。叶长椭圆形或卵状长圆形，先端圆，基部下延成短柄，边缘具纤毛状细锯齿，表面绿色，背面灰绿色，网脉稍明显，两面无毛；叶柄长0.5～1.0cm。花序伞房状总状，下垂，具4～7朵花；总花梗及花梗长约1cm，无毛；外轮萼片卵圆形，内轮萼片倒卵状椭圆形；花瓣倒卵形，先端锐2裂；子房无花柱，柱头头状。花期5月，果期7～9月。

分布：宁夏主产六盘山，分布量较多。我国陕西、四川等地也有分布。

生境及适应性：多生于林缘及河滩地。喜冷凉湿润气候，稍耐旱、耐寒，喜腐殖质土壤。

观赏及应用价值：观花观果。花亮黄色，花量大而精巧；果实鲜红发亮，秋叶黄或橘红色。可作为花刺篱应用于道路绿化及庭院美化中，也可用于花境边缘装饰及绿地林缘防护。

图102 细脉小檗

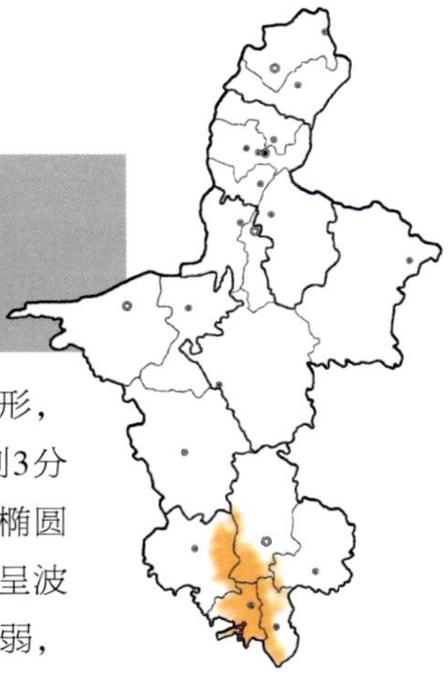

中文名 **显脉小檗**
拉丁名 *Berberis phanera*
别　名 **亮绿小檗、显小檗**

基本形态特征：常绿灌木，高1～3m；枝圆柱形，棕灰色或棕黄色，无毛，具黑色疣点；茎刺3分叉，与枝同色，腹面具槽。叶革质，长圆状椭圆形，两面侧脉和网脉显著，不被白粉，叶缘呈波状，微向背面反卷；具短柄。花簇生，花梗细弱，花期绿色，果期红色；萼片3轮；花瓣长圆状倒卵形，基部缢缩呈爪，黄色。浆果椭圆形，被蓝粉。花期6～9月，果期10～12月。

分布：宁夏主产六盘山，分布量较多。我国云南、四川也有分布。

生境及适应性：多生于林缘、沟谷及混生灌丛。喜阳，耐半荫，喜湿润冷凉气候，喜土层深厚土壤。

观赏及应用价值：观花观果。花序下垂，盛花期一串串黄花随风摇摆，较为漂亮；秋季硕果累累，甚是可爱。可用于公园、庭院及道路绿化美化。

图103 显脉小檗

中文名 **延安小檗**
拉丁名 ***Berberis purdomii***
别　名 **柏氏小檗**

基本形态特征：落叶灌木，高约1m；老枝暗灰色或紫红色，幼枝常紫褐色，光滑无毛；茎刺单一，淡黄色。叶纸质，狭倒卵形至倒披针形，先端急尖，基部渐狭，两面无毛，侧脉和网脉显著；叶缘平展，每边具2～15刺齿或全缘。穗状总状花序具15～25朵花；花瓣倒卵状长圆形，先端缺裂，黄色。浆果长圆形，黑色，微被白粉。花期6月，果期7～8月。

分布：宁夏主产六盘山，分布量较多。我国陕西、甘肃、山西、青海也有分布。

生境及适应性：多生于林缘、半阳坡灌丛。喜阳，耐半荫，喜湿润冷凉气候，喜土层深厚土壤。

观赏及应用价值：观花观果。花量大且密集，金黄色一片较为漂亮；果期满枝红果，老叶渐红，较具观赏性。可用于公园、庭院及道路绿化美化。

图104　延安小檗

中文名 **直穗小檗**
拉丁名 ***Berberis dasystachya***
别　名 **密穗小檗、山黄檗、珊瑚刺**

基本形态特征：落叶灌木，高4m；幼枝暗棕色，老枝黑褐色，刺单一。叶宽卵形至近圆形，边缘疏具锯齿，两面无毛；叶柄长1～2cm。总状花序直立或斜升，长4～8cm，具花20～50朵；外轮萼片狭卵形，内轮萼片卵形；花瓣倒卵形，先端不裂，亮黄色。果卵状椭圆形，成熟时橘黄色。花期6月，果期7～8月。

分布：宁夏产六盘山，分布量较多。我国湖北、河南、陕西、甘肃、青海等地也有分布。

生境及适应性：多生于海拔2200m左右的灌木丛中。喜湿润凉爽气候，喜半荫；稍耐寒，喜土层深厚。

观赏及应用价值：观花观果。花序穗状，量大且繁茂，花果期极为壮观，可用于园景树应用或花境布置。

图105　直穗小檗

中文名 **置疑小檗**
拉丁名 *Berberis dubia*
别　名 交拉模豆、拟小柏

基本形态特征： 灌木，高达1.5m；幼枝紫红色，具纵条棱；刺单一或3分叉。叶狭倒卵形或倒卵状披针形，具小刺尖，基部渐狭，全缘或具少数刺状细锯齿，两面网脉明显，无毛。总状花序长2～3cm，具花15～25朵，密集；苞片披针形；外轮萼片倒卵形，内轮萼片宽倒卵形；花瓣卵状椭圆形，黄色，先端微2裂。浆果圆形或椭圆形，红色。花期6月，果期7～8月。

分布： 宁夏产贺兰山，分布量较少。我国内蒙古、甘肃、青海等地也有分布。

生境及适应性： 多生于海拔2000～2200m的山坡、林缘及山谷河滩地。喜半荫，耐旱耐寒，耐土壤贫瘠。

观赏及应用价值： 观花观果。株形秀丽，花量繁茂，果色鲜艳，可用于道路、园路布置及岩石园配置。

图106 置疑小檗

桃儿七属 *Sinopodophyllum*

中文名 **桃儿七**
拉丁名 *Sinopodophyllum hexandrum*
别　名 桃耳七、小叶莲、鬼臼

基本形态特征： 多年生草本，高40～80cm。根状茎粗壮，横走；不定根多数，红褐色或淡褐色。茎直立，基部具抱茎的鳞片。叶具长柄；叶片轮廓心脏形，边缘具尖锯齿，下面被柔毛。花两性，6基数，单生茎端，先叶开放；萼片早落；花瓣粉红色，倒卵状长圆形，外轮大，内轮较小。浆果卵圆形，熟时红色；种子多数。花期5～6月，果期7～8月。

分布： 宁夏产六盘山，呈零星分布，为稀有种。野生的桃儿七残存于东亚。我国陕西、甘肃、青海、西藏、四川、云南等地有分布。

生境及适应性： 多生于海拔2300m左右的平坦山谷及郁闭度较低的林下、林缘或草灌丛中，喜湿润冷凉的环境。

观赏及应用价值： 观花观叶。桃儿七叶型宽大犹如佛掌，粉红色的花顶生似莲花，果实则为心形，鲜红可人，观赏价值极高；可开发用于园林花境配置，孤植或丛植的效果都很好。

图107 桃儿七

图108 桃儿七 [*Sinopodophyllum hexandrum*，摄影：邢震（左上图）]

山荷叶属 *Diphylleia*

中文名 **南方山荷叶**
拉丁名 *Diphylleia sinensis*
别 名 江边一碗水、窝儿七

基本形态特征： 多年生草本。根状茎粗壮，横行具节。茎直立，单一，高40～50cm，淡黄色，具纵条纹，无毛，基部具白色或淡褐色叶鞘，长2～4cm。基生叶具长柄，柄长约40cm；茎生叶2片，互生，具柄，疏被细柔毛；叶片宽肾形，先端深2裂，基部心形，边缘具不等大小的齿牙。圆锥状聚伞花序顶生，总花梗和花梗均被短柔毛；花白色；花瓣宽倒卵形。浆果近球形，成熟后深蓝色。花期5月，果期6月。

分布： 宁夏产六盘山，分布量较少，集中成片分布。我国湖北、陕西、甘肃、四川、云南等地也有分布。

生境及适应性： 多生于林下、杂木林外层。喜荫，喜湿，稍耐寒，喜腐殖质土壤。

观赏及应用价值： 观花观叶观果。其叶型奇特似肾形，大而美丽；花序亭亭簇立于叶群之中，玲珑可爱；果实深蓝色亦具有一定观赏性。可用于林缘林下或水边的花境配置，亦可作为盆栽观赏。

图109 南方山荷叶

淫羊藿属 *Epimedium*

中文名 **短角淫羊藿**
拉丁名 *Epimedium brevicornu*
别 名 三枝九叶草、淫羊藿

基本形态特征： 多年生草本。根状茎粗壮，木质化。茎直立，高30～70cm，淡黄绿色，无毛，具条棱。叶基生或茎生，为二回三出复叶，基生叶1～3个，具长柄，开花时枯萎，茎生叶2个，对生；小叶片卵形或阔卵形，先端急尖，基部深心形，侧生小叶基部偏斜，偏斜的一边常呈耳状，边缘具刺毛状锯齿，两面网脉明显。圆锥花序顶生，较狭，长10～35cm，花序轴及花梗被腺毛，具多数花；花白色；外轮萼片较小，卵状三角形，带暗绿色，内轮萼片花瓣状，白色或淡黄色。蒴果圆柱形，先端具长喙。花期6月，果期6～7月。

分布： 宁夏产六盘山，呈块状分布，分布量较多。我国山西、河南、湖北、陕西、甘肃、青海等地也有分布。

生境及适应性： 多生于阴坡灌木林下、林缘、山谷或河岸阴湿处。喜半荫和凉爽气候，稍耐寒，对土壤要求不高。

观赏及应用价值： 观花观叶。花型奇特可爱，叶似小荷叶秀丽开展，整体株型较好，可作园林地被、花境点缀或盆栽观赏。

图110 短角淫羊藿

红毛七属 *Caulophyllum*

中文名 **红毛七**
拉丁名 ***Caulophyllum robustum***
别　名 **类叶牡丹、海椒七、葳严仙、鸡骨升麻**

基本形态特征：多年生草本，全体无毛。根状茎粗短，密生多数红褐色须根。茎直立，高50～70cm。叶互生，二至三回羽状复叶，末回复叶的顶生小叶具柄，侧生小叶无柄，小叶片卵形、狭卵形或椭圆状披针形，顶生小叶片较大，侧向小叶片较小，先端渐尖，基部宽楔形或圆形，偏斜，全缘或2～3浅裂，表面绿色，背面苍白色。圆锥花序顶生；花黄色，苞片3个；萼片倒卵形，花瓣状，先端钝圆；花瓣小，蜜腺状，具爪；子房1室，含2颗胚珠，花后开裂，露出种子。种子浆果状，成熟后蓝黑色，圆球形，被白粉。花期6～7月，果期7～8月。

分布：宁夏产六盘山，分布量较少。我国东北及河北、河南、陕西、甘肃、安徽、四川、浙江等地也有分布。

生境及适应性：多生于林下或山谷阴湿处。喜半荫，喜湿润冷凉环境，较耐寒，不耐旱，喜腐殖质土壤。

观赏及应用价值：观花观果观姿。株型秀美，远看似芍药。小黄花玲珑精致，果实粉绿色至蓝黑色，较为雅致，可观性强。可作为地被用于花境点缀或庭院布置，宜孤植或丛植，如与浅水或山石搭配，效果更佳。

图111 红毛七

罂粟科 PAPAVERACEAE　罂粟属 *Papaver*

中文名 **野罂粟**
拉丁名 ***Papaver nudicaule***

基本形态特征：多年生草本。叶全部基生，卵形或狭卵形，二回羽状深裂，最终裂片椭圆形或披针形，先端圆钝，两面疏被长刚毛；叶柄长，被刚毛。花葶1～6条自叶丛中抽出，具纵条棱，被刚毛；花单生花葶顶端；花瓣4个，橘黄色，两轮排列，外轮2片较大，倒卵形，边缘微波状。蒴果倒卵状椭圆形或倒卵形，具纵棱，疏被白色刚毛，柱头宿存。花期7月，果期7～8月。

分布：宁夏产六盘山，分布量较多。我国东北及内蒙古、甘肃、陕西等地也有分布。

生境及适应性：多生于山谷河滩地，开阔浅草地。喜阳，喜冷凉湿润环境，对土壤要求不高。

观赏及应用价值：主观花。花色鲜艳明丽，质似绢感，随风飘曳，群体景观极其壮美，可用于花境或花坛布置，可丛植、片植等，或组合盆栽观赏。

图112 野罂粟

角茴香属 *Hypecoum*

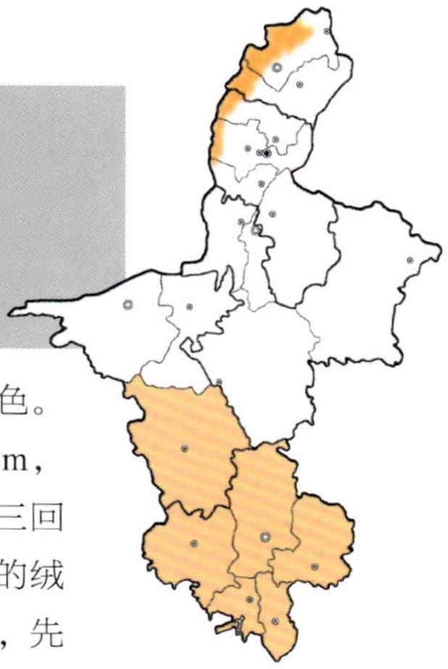

中文名　**角茴香**
拉丁名　***Hypecoum erectum***
别　名　**黄花地丁、细叶角茴香、直立角茴香**

基本形态特征：一年生草本。根圆柱形，棕黄色。茎多数由基部抽出，直立或斜升，高10～30cm，圆柱形，上部分枝。基生叶呈莲座状，二至三回羽状全裂，最终裂片细线形，两面疏被极短的绒毛；茎生叶小，无柄。花淡黄色；萼片长卵形，先端锐尖；外面2片花瓣宽倒卵形，先端稍3裂，内侧2片较窄，狭倒卵形，先端3裂。蒴果线形，熟时2瓣裂。花果期5～7月。

分布：宁夏产贺兰山低海拔地区同心县以南地区，广泛分布。我国东北、华北及河南、湖北、陕西、甘肃等地也有分布。

生境及适应性：多生于山坡、路旁及沙质地上。喜荫，耐旱耐寒，耐土壤贫瘠，自播繁衍能力强。

观赏及应用价值：主观花。花型奇特似心戟，花色淡黄文雅，花量多，花期持续长，可作为花境、庭院及道路绿化带的地被材料应用，宜丛植、片植。

图113　角茴香

白屈菜属 *Chelidonium*

中文名　**白屈菜**
拉丁名　***Chelidonium majus***
别　名　**土黄连（莲）、水黄连、水黄草、断肠草、雄黄草、观音草**

基本形态特征：多年生草本，高30～60cm。茎聚伞状多分枝，分枝常被短柔毛，节上较密，后变无毛。基生叶少，早凋落，叶片倒卵状长圆形或宽倒卵形，羽状全裂，表面绿色，无毛，背面具白粉，疏被短柔毛；茎生叶叶片长，除大小外其他同基生叶。伞形花序多花；花梗纤细；萼片卵圆形，舟状，早落；花瓣倒卵形，全缘，黄色；雄蕊绿色，花柱柱头2裂。蒴果狭圆柱形。花果期4～9月。

分布：宁夏产贺兰山及南华山，分布量较多。我国大部分地区均有分布，朝鲜、日本、俄罗斯及欧洲也有分布。

生境及适应性：多生于沟谷林缘或草地。喜阳，耐半荫，对土壤要求不高。

观赏及应用价值：观花。花鲜黄，花量大，花期长。可用于花境边缘及庭院绿化美化观赏，宜丛植、片植。

图114　白屈菜

紫堇科 FUMARIACEAE　紫堇属 *Corydalis*

中文名　**糙果紫堇**
拉丁名　***Corydalis trachycarpa***

基本形态特征：多年生草本。茎直立，较柔软，高20～40cm，无毛，不分枝。基生叶多数，具长柄，二回羽状全裂，一回裂片具柄，二回裂片几无柄，小叶片卵形，基部楔形，边缘具羽状中裂，裂片椭圆形，先端急尖；茎生叶渐小，柄渐缩短，上部茎生叶无柄。总状花序顶生，花紫红色；苞片倒卵形，具不规则深裂，裂片线形；上面的花瓣菱状倒卵形，背部先端具向前伸的膜质翅，内侧花瓣椭圆形，背部具翅，基部具爪。花期5月，果期6～7月。

分布：宁夏产六盘山，分布量较多。我国青海、甘肃等地也有分布。

生境及适应性：多生于林缘、沟底路旁。喜半荫及冷凉气候，稍耐寒。

观赏及应用价值：主观花。花色艳丽，花型奇特，花量密集，可用于自然花境或花坛美化，宜片植或丛植。

图115　糙果紫堇

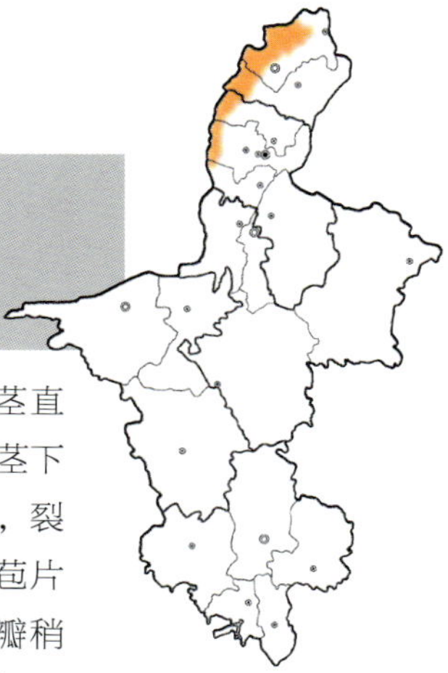

中文名　**灰绿黄堇**
拉丁名　***Corydalis adunca***
别　名　**旱生黄堇、旱生紫堇**

基本形态特征：多年生草本，全株被白粉。茎直立，具明显的纵条棱，基部多分枝。基生叶与茎下部的叶具长柄，茎上部叶渐小，二回羽状全裂，裂片倒卵状披针形或椭圆形。总状花序顶生；苞片披针形；花黄色，上面花瓣倒卵形，下面花瓣稍狭，先端具小尖头，内侧2花瓣狭倒卵形，基部具爪。蒴果直伸或斜向上伸，宽线形。花期6～7月，果期8～9月。

分布：宁夏主产贺兰山，分布量较多。我国内蒙古、陕西、甘肃、青海、四川、西藏等地也有分布。

生境及适应性：多生于干旱山坡，石质山沟。喜阳，亦耐荫，耐旱耐寒，对土壤要求不高。

观赏及应用价值：主观花。花期长，花量大，黄色鲜亮夺目，可作为花境点缀，道路美化及岩石园布置。

图116　灰绿黄堇

图117 灰绿黄堇（*Corydalis adunca*）

中文名 **曲花紫堇**
拉丁名 *Corydalis curviflora*
别　名 弯花紫堇

基本形态特征： 多年生草本。茎直立，常丛生，高15～30cm，淡绿色，具纵条棱，无毛，不分枝。茎生叶几无柄，掌状全裂，线形或狭披针形。总状花序顶生，或花序下部具分枝；花蓝色；苞片披针形；距长约为花冠的一半，末端圆，稍向上伸，上面的花瓣椭圆形，边缘具不明显的齿牙，背面前部具膜质翅，下面的花瓣宽倒卵形，先端具尖头，基部狭细，内侧2个花瓣倒卵状椭圆形，先端稍连合。花期7月，果期8月。

分布： 宁夏产六盘山，零散丛生分布，分布量较少。我国云南、四川、甘肃、青海等地也有分布。

生境及适应性： 多生于海拔2700m左右的山坡草地上或岩石旁。喜阳，喜湿润冷凉气候，喜肥沃土壤。

观赏及应用价值： 主观花。其花型独特，花色为极其冷艳的蓝色，花序花朵密集，观赏效果极佳，可用于花境及花坛布置及盆栽观赏。

图118 曲花紫堇

中文名 **蛇果紫堇**
拉丁名 *Corydalis ophiocarpa*
别　名 弯果黄堇、蛇果闷头花、小前胡

基本形态特征： 多年生草本。茎直立，高30～50cm，稍肉质，具纵条棱，淡黄色，无毛，上部分枝。叶具柄，柄长2～5cm，两侧具翅，叶二回羽状全裂，一回裂片具短柄，二回裂片无柄，二回裂片深裂或浅裂，裂片狭卵形或长椭圆形，先端圆，具小尖头，基部渐狭，边缘具缺刻。总状花序生枝顶，长可达15cm，具多数花；苞片披针形，长约2mm；花梗长约5mm，萼片小，膜质；花冠黄色，长1.0～1.2cm，距长为花冠的1/4，末端圆形，直伸或稍向上伸。蒴果线形，波状扭曲呈蛇状。花期6月，果期7～8月。

分布： 宁夏产六盘山，分布量多。我国四川、湖北、安徽、江西、台湾、陕西、甘肃等地也有分布。

生境及适应性： 多生于石质山沟。喜阳，耐寒，稍耐旱，对土壤要求不高。

观赏及应用价值： 观花。花朵颜色亮丽，花型奇特，花序密集，可用于缀花草坪或花境布置。

图119 蛇果紫堇

中文名 **条裂黄堇**
拉丁名 *Corydalis linarioides*
别　名 条裂紫堇、铜棒锤、铜锤紫堇

基本形态特征：多年生草本。茎直立，细弱，高20～45cm，淡绿色，无毛。叶互生，羽状全裂，裂片线形。总状花序顶生；苞片披针形，全缘或疏生小裂片；萼片极小，膜质，边缘具裂，早落；花瓣黄色，上面花瓣背面具膜质翅，内侧2片花瓣顶端稍连合，背部具三角状突起。蒴果狭长圆形，成熟时下垂。花期6月，果期7～8月。

分布：宁夏主要产六盘山，分布量较多。我国陕西、四川、青海、甘肃等地也有分布。

生境及适应性：多生于灌木林中。喜半荫，耐寒，喜湿润冷凉气候，喜腐殖质土壤。

观赏及应用价值：观花。其花色淡雅清新，花型秀丽奇特，植株小巧可爱，可用于自然花境点缀及迷你盆栽观赏。

图120 条裂黄堇

榆科 ULMACEAE　榆属 *Ulmus*

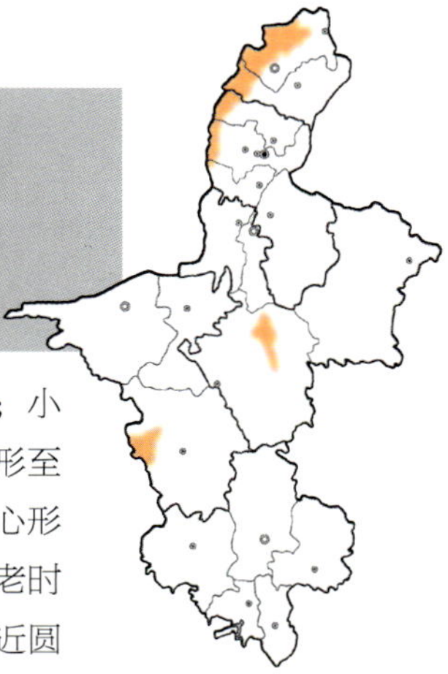

中文名 **灰榆**
拉丁名 *Ulmus glaucescens*
别　名 旱榆、黄青榆、粉榆、山榆、野榆

基本形态特征：小乔木或灌木状，高可达5m；小枝淡灰褐色，被毛，老枝灰白色，无毛。叶卵形至狭卵形，先端渐尖或具长尾尖，基部偏斜，近心形或圆形，边缘具单锯齿，幼时上面被短伏毛，老时两面无毛；叶柄被短毛。翅果较大，倒卵形或近圆形，先端微凹，基部圆形或稍下延，无毛，种子位于翅果中央；果柄被短毛。花期5月，果期6月。

分布：宁夏产贺兰山、罗山及西华山，分布量较多，且集中呈带状分布。我国华北及河南、山东、陕西、甘肃等地也有分布。

生境及适应性：多生于海拔1500～2400m的向阳干旱山坡、沟底或石崖上。贺兰山地区多在山谷的两侧密集分布，长在向阳干旱山坡、沟底或石崖上；山谷中较荫处或水边亦生长良好，适应性较广。此外，近年灰榆群落的更新良好，一年生及二年生小苗较多，生长正常，人工恢复灰榆群落效果也较为显著。喜荫或半荫，极耐旱，耐干旱贫瘠。

观赏及应用价值：观姿。灰榆树型优美，冠型好，可用于大面积风景区造景或作为园景树观赏，既具有防风固沙的功能，观赏性状又较为突出，是很有开发潜力的树种。

图121 灰榆

图122 灰榆（*Ulmus glaucescens*）

壳斗科 FAGACEAE　栎属 *Quercus*

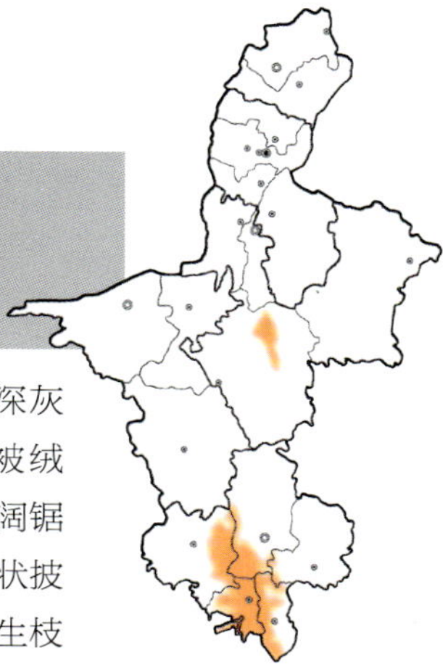

中文名 **辽东栎**
拉丁名 ***Quercus liaotungensis***
别　名 **柴树、青冈柳、小叶青冈**

基本形态特征： 落叶乔木，高达20m；树皮深灰色，纵裂；枝深绿褐色至灰褐色，幼时密被绒毛，后渐无毛。叶倒卵状长圆形，边缘具波状阔锯齿，仅背面脉上及脉腋具黄色绒毛；托叶倒卵状披针形，早落；无叶柄。雄花序长，着生于当年生枝叶腋；雌花常3朵簇生或单生于当年生枝叶腋。壳斗碗状，坚果卵圆形或椭圆形，2/3露出壳斗。花期6月，果期10月。

分布： 宁夏产六盘山及罗山，分布量较多。我国东北、华北及陕西、甘肃、青海、四川等地也有分布。

生境及适应性： 多生于向阳山坡高海拔地区，常与油松、白桦、山杨混生。喜阳，耐半荫，耐寒，对土壤要求不高。

观赏及应用价值： 观果观姿。树型优美，叶开展秀美，秋叶变黄，坚果小巧可爱，亦具观赏性，木材坚硬，耐腐力强，可作为行道树、公园绿化树种应用。

图123 辽东栎

桦木科 BETULACEAE　桦木属 *Betula*

中文名 **红桦**
拉丁名 ***Betula albo-sinensis***
别　名 **纸皮桦**

基本形态特征： 落叶乔木，高达30m；树皮光亮暗红色或紫红色，薄纸状层状剥落；小枝红褐色，具白色腺点。叶卵形或卵状椭圆形，先端渐尖，基部圆形或宽楔形，稀近心形，边缘具不规则的重锯齿，表面深绿色，无毛，背面浅绿色，脉腋处生浅色簇毛；叶柄无毛。花序单生于短枝顶端，圆柱形；果苞边缘具毛，线状倒披针形。小坚果倒卵圆形。花期6月，果期9～10月。

分布： 宁夏产六盘山，分布量较多。我国湖北、河北、河南、陕西、甘肃、青海、四川、云南等地也有分布。

生境及适应性： 多生于海拔2200～2400m的山坡上，与其他阔叶树混生。为耐寒喜阳树种。

观赏及应用价值： 观干观姿。树皮亮红色，树型狭卵状开展，秀美饱满，宜用作园景树，亦可作行道树栽培。

图124 红桦

石竹科 CARYOPHYLLACEAE 卷耳属 *Cerastium*

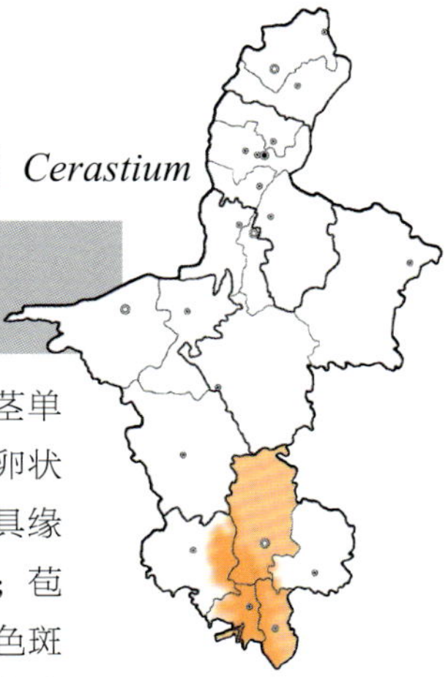

中文名 **缘毛卷耳**
拉丁名 ***Cerastium furcatum***

基本形态特征：多年生草本，高20～35cm。茎单生或簇生，直立。基生叶近匙形，中上部叶卵状披针形，上面疏被毛，下面密被毛，全缘，具缘毛，中脉明显。聚伞花序顶生，具花5～10朵；苞片叶状具毛；萼片5，卵状披针形，先端具紫色斑纹，背面密生腺毛；花瓣5，倒卵形，白色，先端2裂，基部具缘毛。蒴果圆柱形。花期6月，果期7～8月。

分布：宁夏产六盘山及泾源、固原等市(县)，分布量较多。我国东北、华北及河南、陕西、四川、云南等地也有分布。

生境及适应性：多生于海拔2100m左右的林缘、路旁、砾石河滩地。喜半荫，耐寒，喜微湿润环境，对土壤要求不高。

观赏及应用价值：观花观姿。整个株型丰满奔放，花开时同繁缕相似，但其花朵更大，花型更突出。可作为地被应用于花境、混合花坛及迷你盆栽观赏。

图125 缘毛卷耳

繁缕属 *Stellaria*

中文名 **叉歧繁缕**
拉丁名 ***Stellaria dichotoma***
别　名 **叉繁缕、歧枝繁缕、双歧繁缕**

基本形态特征：多年生草本，高15～30cm。茎丛生，由基部开始多次二歧式分枝，被腺毛或短柔毛，节膨大。叶卵形或卵状披针形，先端锐尖或短渐尖，基部圆形或近心形，稍抱茎，全缘。二歧聚伞花序顶生；苞片小，叶状；花梗纤细；花瓣白色，近椭圆形，2裂达中部。蒴果宽椭圆形，包于宿存花萼内。花期6～7月，果期8月。

分布：宁夏产贺兰山，分布量较多。我国分布于东北、华北、西北各地。

生境及适应性：多生于向阳山坡或沟谷阳面。喜阳亦耐半荫，耐寒，稍耐水湿，对土壤要求不高。

观赏及应用价值：观花观姿。整个株型饱满紧凑，花开时犹如球状的满天星，较为迷人。可作为地被应用于花境、混合花坛及迷你盆栽观赏。

图126 叉歧繁缕

中文名 **繁缕**
拉丁名 ***Stellaria media***
别 名 鹅肠菜、鹅耳伸筋、鸡儿肠

基本形态特征：一年生或二年生草本，高10～30cm。茎俯仰或上升，基部多少分枝，常带淡紫红色，被毛。叶片宽卵形或卵形，顶端渐尖或急尖，基部渐狭或近心形，全缘；基生叶具长柄，上部叶常无柄或具短柄。疏聚伞花序顶生；花梗细弱，花后伸长，下垂；萼片5，卵状披针形，顶端稍钝或近圆形，边缘宽膜质，外面被短腺毛；花瓣白色，长椭圆形，比萼片短，深2裂达基部，裂片近线形；雄蕊短于花瓣。蒴果卵形，稍长于宿存萼，顶端6裂，具多数种子。花期6～7月，果期7～8月。

分布：宁夏主产六盘山，分布量较多。全国广布(仅新疆、黑龙江未见记录)。亦为世界广布种。

生境及适应性：多生于山坡草地或路边。喜阳，喜冷凉环境，耐旱性亦强，稍耐贫瘠。

观赏及应用价值：观花。花朵清新小巧，花丛饱满淡雅，可用于岩石园、屋顶绿化及花境点缀。

图127 繁缕

蝇子草属 *Silene*

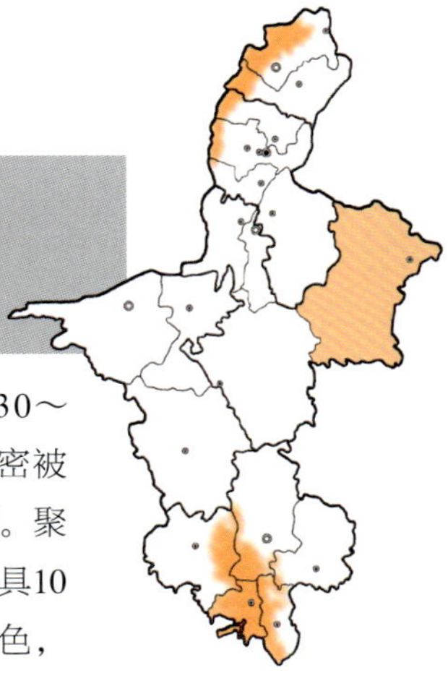

中文名 **女娄菜**
拉丁名 ***Silene aprica***
别 名 王不留行

基本形态特征：一年生或二年生草本，高30～60cm。叶线状披针形或披针形，全缘，两面密被短毛，主脉在背面隆起；无柄或基生叶具短柄。聚伞花序顶生和腋生；苞片披针形；花萼筒形，具10条脉纹，被短柔毛，先端5齿裂，边缘常呈紫色，具缘毛；花瓣白色或淡红色，倒披针形，顶端2浅裂。蒴果卵状椭圆形。花期6～7月，果期7～8月。

分布：宁夏产贺兰山、六盘山及盐池、隆德等县，分布量较多。我国南北各地均有分布。

生境及适应性：多生于山坡草地、田边等处。喜阳，耐半荫，耐寒耐旱，对土壤要求不高，适应性广。

观赏及应用价值：主观花。花型独特，果期及干枯期植株依然具较好观赏性。可用于花境、混合花坛、庭院地被等布置。

图128 女娄菜

中文名 **石生蝇子草**
拉丁名 *Silene tatarinowii*
别　名 石生麦瓶草、蝇子草、山女娄菜、太子参、连参

基本形态特征：多年生草本，全株被短柔毛。茎上升或俯仰，分枝稀疏。叶片披针形或卵状披针形，具1或3条基出脉。二歧聚伞花序疏松，大型；苞片披针形；花萼筒状棒形，纵脉绿色，萼齿三角形；花瓣白色，爪不露或微露出花萼，瓣片倒卵形，浅2裂达瓣片的1/4；副花冠片椭圆状，全缘。蒴果卵形或狭卵形。花期7～8月，果期8～10月。

分布：宁夏产六盘山，分布量较多。我国分布于华北、东北南部、西北、西南等地。

生境及适应性：多生于海拔800～2900m灌丛中、疏林下多石质的山坡或岩石缝中。喜半荫，耐寒，稍耐旱，稍耐土壤贫瘠。

观赏及应用价值：观花。花朵奇特，特别是灯笼纹状萼筒，较具观赏价值。可用于花境点缀及岩石园配置。

图129 石生蝇子草

石竹属 *Dianthus*

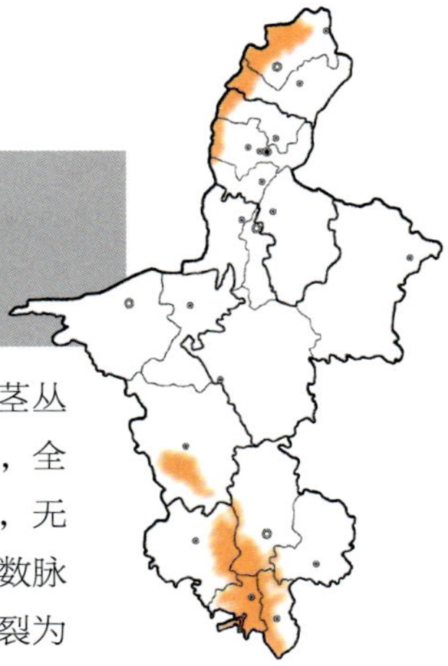

中文名 **瞿麦**
拉丁名 *Dianthus superbus*
别　名 野麦

基本形态特征：多年生草本，高20～50cm。茎丛生，直立，无毛。叶线形，基部成短鞘状抱茎，全缘，无毛。疏散的聚伞花序顶生或单生叶腋，无毛；花萼长圆筒形，粉绿色或淡紫红色，具多数脉纹，无毛，顶端5裂；花瓣淡紫红色，先端细裂为流苏状，基部具细长爪，喉部具须毛。蒴果狭圆筒形，种子边缘具翅。花期7～8月，果期8～9月。

分布：宁夏产六盘山、南华山及贺兰山，广泛分布。我国分布于东北、华北、华东、西北及河南、四川等地。

生境及适应性：多生于山坡草地、林缘、路边、山谷沟边。喜阳，耐半荫，耐寒，适应性较广。

观赏及应用价值：观花。花朵艳丽奔放却不失柔美，花期持续长，群丛效果好，是良好的观赏地被材料。可用于花境、道路美化、花坛布置等。

图130 瞿麦

中文名 **石竹**

拉丁名 *Dianthus chinensis*

基本形态特征：多年生草本，高20～40cm，全株粉绿色。叶线形或线状披针形，基部渐狭成短鞘且合生抱茎，全缘，背面中脉隆起，两面无毛。花单生茎顶或2～3朵集成疏散的聚伞花序；花萼圆筒形，具多数脉纹；花瓣绛紫色，倒狭三角形，先端具不规则的齿裂，基部具长爪。蒴果矩圆状圆筒形，先端4齿裂。花期6～8月，果期7～9月。

分布：宁夏产六盘山、南华山、月亮山，分布量较多。我国分布于北部及长江流域各地。

生境及适应性：多生于向阳山坡草地或灌丛中。喜阳，耐寒，稍耐旱，对湿润气候亦较适应，喜土层稍深厚土壤。

观赏及应用价值：观花。花色鲜红艳丽，成花多而持续长，群丛景观效果好。宜作为地被丛植或片植于花境、花坛及道路绿化带中。

图131 石竹

石头花属 *Gypsophila*

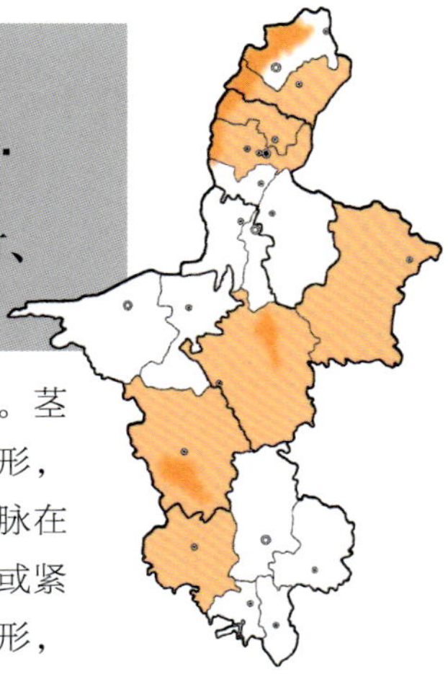

中文名 **狭叶草原石头花**

拉丁名 *Gypsophila davurica* var. *augustifolia*

别 名 狭叶草原霞草、狭叶北丝石竹、狭叶（草原）丝石竹

基本形态特征：多年生草木，高20～50cm。茎多数丛生，直立或斜升，无毛。叶对生，线形，先端锐尖，基部合生成鞘状抱茎，全缘，主脉在背面隆起，两面粗糙，无毛。聚伞花序疏散或紧密，顶生或腋生，具多数花；苞片卵状披针形，基部合生抱茎，膜质；花萼钟形；花瓣5，矩圆状倒披针形，粉红色；蒴果卵形，顶端4齿裂。花期7月，果期8月。

分布：宁夏产贺兰山、罗山、南华山及银川、贺兰、平罗、同心、盐池、海原、西吉等市(县)，分布量较多。我国东北及内蒙古等地也有分布。

生境及适应性：多生于林缘、沟边、滩涂等地。喜阳，耐寒耐旱，耐土壤贫瘠。

观赏及应用价值：观花。株型饱满，花繁密细腻，粉红色娇小可爱，宜作为园林地被用于花境、庭院及岩石园布置。

图132 狭叶草原石头花

蓼科 POLYGONACEAE 蓼属 *Polygonum*

中文名 **山荞麦**
拉丁名 ***Polygonum aubertii***
别 名 **木藤蓼、康藏何首乌、奥氏蓼**

基本形态特征：多年生草本或半灌木，长达3m。茎缠绕，褐色无毛，具分枝，下部木质。单叶簇生或互生，卵形至卵状长椭圆形，顶端锐尖，基部戟形，边缘常波状；两面无毛；托叶鞘筒状，褐色。花小，白色或绿白色，呈细长侧生圆锥花序，花序轴稍有鳞状柔毛；花梗细，下部具关节；花被片白色。瘦果卵状三棱形，黑褐色，包于花被内。花期7月，果期8～9月。

分布：宁夏产贺兰山，分布量较多。我国内蒙古、山西、河南、陕西、甘肃、四川、云南、西藏等地也有分布。

生境及适应性：多生于山坡路旁、沟旁等。喜阳，耐寒耐旱，亦稍耐水湿，对土壤要求不高。

观赏及应用价值：观花观叶观果。叶翠绿繁茂，花果期雪白一片，层次分明，极为壮观，宜作垂直绿化及地面覆盖材料。

图133 山荞麦

木蓼属 *Atraphaxis*

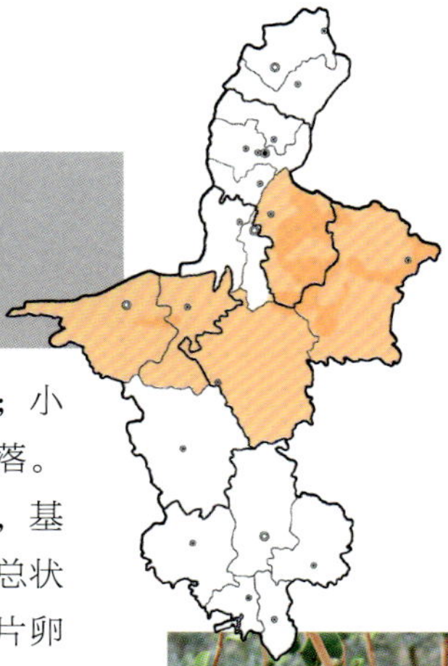

中文名 **宽叶沙木蓼**
拉丁名 ***Atraphaxis bracteata***
别 名 **沙漠蓼**

基本形态特征：中小灌木，高度在1.0～1.5m；小枝淡褐色或灰黄色，老枝灰褐色，皮条状剥落。叶互生，圆形或倒卵形，两面无毛；叶柄短，基部具关节；托叶鞘膜质，斜形，顶端常2裂。总状花序着生于当年生枝条的顶端和叶腋中；苞片卵形，每一苞腋内生1朵花；花被片5，淡红色，2轮排列，外轮较小。小坚果卵状三棱形。花期5月，果期6～7月。

分布：宁夏产盐池、同心、中卫、中宁及灵武等县市的中北部及引黄灌区以外的荒滩区，分布量较多。我国新疆北部阿勒泰、乌鲁木齐、塔城也有分布。

生境及适应性：多生长于戈壁、荒滩、沙漠及边缘地带。为深根性植物，喜阳，耐寒耐旱，固沙和抗风能力较好，且更新也良好，翅果随风飘散繁殖。

观赏及应用价值：观姿观花。这是沙漠地区难得的宽叶灌木，冠形开展，着叶繁密，叶光亮近革质，远看绿色效果很好。花期也较有观赏价值，花被片粉红色的一串串，尤为可爱。可适当开发引种，而大株的原生境植株应得到保护，防止滥挖。

图134 宽叶沙木蓼

大黄属 *Rheum*

中文名 **波叶大黄**
拉丁名 ***Rheum franzenbachii***
别　名 **华北大黄、祁大黄、庄黄**

基本形态特征：多年生草本。茎直立，高30～60cm，具细纵沟纹，无毛，不分枝。基生叶大，叶片心状卵形或三角状长卵形，基部心形，边缘具皱折，上面无毛，下面脉上具短绒毛，叶脉5条由基部射出，并于下面隆起；叶柄长5～12cm，半圆柱形，粗壮，被短绒毛；茎生叶较小；托叶鞘膜质，下部抱茎，不脱落。花小，白色，密集成顶生圆锥花序。小坚果三棱形，有翅，具宿存花被。花期6～7月，果期8～9月。

分布：宁夏主产六盘山，分布量较多。我国华北及河南等地也有分布。

生境及适应性：多生于向阳山坡、路边及田地附近。喜阳，耐寒耐旱，不择土壤。

观赏及应用价值：观花观叶观果。花序硕大，花开繁密如堆雪，叶宽大秀丽，果期果翅变为红或橙红色，较为美丽，可作为公园道路及花境点缀的地被材料。

图135　波叶大黄

中文名 **六盘山鸡爪大黄**
拉丁名 ***Rheum tanguticum* var. *liupanshanense***

基本形态特征：多年生草本，高约1m。根肥大，圆锥形。茎直立，中空，淡紫红褐色，密被短柔毛。基生叶大，圆形或宽卵形，掌状深裂，裂片3～7个，裂片羽状深裂，小裂片再羽状浅裂，上面无毛，下面被稀疏短毛；叶柄长达50cm，半圆筒形，具纵条纹，密被短柔毛；茎生叶较小，具短柄。圆锥花序顶生或腋生；总苞片紫红色；花小，黄绿色。小坚果椭圆形，具3棱，花被宿存。花期6月，果期7～8月。

分布：宁夏产六盘山，分布量较多。我国甘肃东部也有分布。

生境及适应性：多生于石质河滩地。喜阳，耐寒稍耐旱，稍喜湿凉气候，对土壤要求不高。

观赏及应用价值：观赏效果及应用同波叶大黄，尤其掌状叶独特美丽，无论绿色还是秋季变黄，都较具观赏价值。

图136　六盘山鸡爪大黄

白花丹科 PLUMBAGINACEAE
补血草属 *Limonium*

中文名 **二色补血草**
拉丁名 ***Limonium bicolor***
别　名 二色矶松

基本形态特征：多年生草本，高20～50cm。叶基生，匙形至矩圆状匙形，具短尖头，基部渐狭成柄，两面无毛。花序轴1至数个，自下部开始多回分叉，穗状花序着生于小枝顶端，较密集，组成顶生圆锥花序；苞片矩圆状宽卵形，边缘宽膜质，背部无毛，紫红色；花萼漏斗状，沿脉密被细硬毛，边缘5裂，裂片宽三角形，白色；花冠黄色，基部合生；子房倒卵圆形。花期5～7月，果期6～8月。

分布：宁夏全区有分布。我国华北及陕西、甘肃等地也有分布。

生境及适应性：多生于沙质地、砾石滩地或轻度盐碱地。喜阳，耐寒耐旱，抗风沙，耐土壤贫瘠。

观赏及应用价值：观花。植株开展，枝繁叶少，花密集，花色艳丽，花期长且干后颜色不变，极具观赏效果。可作为耐旱园林道路绿化及园林造景，亦用于岩石园及切花、干花制作。

图137 二色补血草

中文名 **黄花补血草**
拉丁名 ***Limonium aureum***
别　名 黄花矶松、金色补血草、金匙叶草

基本形态特征：多年生草本，高约25cm。叶基生，矩圆状匙形至倒披针形，顶端圆钝，具小尖头，基部渐狭成扁平的叶柄，两面无毛。花序轴2至数条，自基部呈多回2叉状分枝，常“之”字形弯曲，穗状花序生于分枝顶端，组成伞房状圆锥花序；苞片宽卵形，边缘具狭膜质边；花萼漏斗状，萼裂片5，三角形，金黄色；花瓣橙黄色，基部合生。蒴果倒卵状矩圆形，具5棱。花期6～8月，果期7～9月。

分布：宁夏全区有分布，主产中北部半干旱地区，分布量较多。我国华北、西北及四川等地也有分布。

生境及适应性：多生于沟渠边及低洼盐碱地、沙质地、砾石滩地上。喜阳，耐寒耐旱，抗风沙，耐土壤贫瘠。

观赏及应用价值：观花。花色艳丽，宿存膜质萼片，金黄一片，持久不衰，群丛效果好，可作为耐旱型地被栽培，亦可应用于岩石园布置及切花、干花制作。

图138 黄花补血草

中文名 **细枝补血草**
拉丁名 *Limonium tenellum*
别　名 纤叶匙叶草、纤叶矶松

基本形态特征：多年生草本，高10～20cm。叶基生，质厚，矩圆状匙形或线状倒披针形，两面无毛。花序轴自基部多回分枝，呈“之”字形弯曲，穗状花序着生于分枝顶端，组成伞房状圆锥花序；苞片宽卵形，边缘膜质，背部被细硬毛；花萼漏斗状，沿脉被细硬毛，淡紫色后变白色，边缘5裂；花冠淡紫红色。花期6～8月，果期7～9月。

分布：宁夏产贺兰山及东侧山前洪积扇，分布量较多。我国内蒙古也有分布。

生境及适应性：多生于沟渠边及低洼盐碱地、沙质地、砾石滩地上。喜阳，耐寒耐旱，抗风沙，耐土壤贫瘠。

观赏及应用价值：观花。花量大且密集，花朵小而细腻，花色鲜艳且持久，可用于耐旱型地被栽培，亦可应用于岩石园布置及干花制作。

图139 细枝补血草

芍药科 PAEONIACEAE　芍药属 *Paeonia*

中文名 **草芍药**
拉丁名 *Paeonia obovata*
别　名 山芍药、野芍药、土芍药

基本形态特征：多年生草本，高40～60cm。茎直立，无毛，基部生数枚鞘状鳞片。叶二回三出复叶，小叶倒卵形或椭圆形，先端急尖，基部楔形，全缘，仅叶背面被长柔毛。花单生茎顶；萼片3～5，卵形；花瓣6，乳白色、红色、紫红色，倒卵形；雄蕊多数，金黄色；花丝深红色。蓇葖果卵形，成熟时果瓣反卷。花期6月。果期7月。

分布：宁夏产六盘山，分布量较多。我国山西、陕西、甘肃、四川、湖北等地也有分布。

生境及适应性：多生于山坡林下、高山草甸灌丛周围。喜半荫，耐寒，稍耐旱，喜湿润气候，喜腐殖质土壤。

观赏及应用价值：观花。其花紫红色，花型丰满盛大，艳丽夺目，观赏性强。可作为地被应用于宿根园、道路美化及花境布置。

图140 草芍药

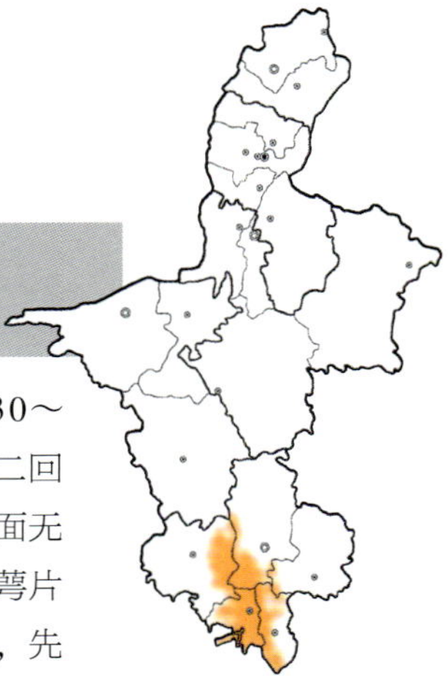

中文名 **川赤芍**
拉丁名 *Paeonia vertchii*

基本形态特征：多年生草本。茎直立，高30～50cm，无毛。叶二回三出复叶，小叶片通常二回深裂，小裂片宽披针形，表面沿脉被短毛，背面无毛。花常单生或2～3朵生茎顶及其下的叶腋；萼片5，绿色，卵形；花瓣7～9，紫红色，倒卵形，先端凹或不整齐；雄蕊多数，花药金黄色；柱头紫红色。聚合蓇葖果通常3个，红褐色至灰褐色，密被绒毛。花期5～6月。果期7～8月。

分布：宁夏产六盘山，分布量较多。我国山西、甘肃、青海、四川等地也有分布。

生境及适应性：多生于海拔2000～2500m的灌木林下或阴坡草地。喜半荫，耐寒，喜稍湿润冷凉气候，喜土层深厚土壤。

观赏及应用价值：观花。花大型，花色艳丽，花瓣轻盈柔美，花心黄色显眼，群丛景观较为壮观。可作为宿根地被应用于花境、庭院及道路绿化带等地，宜丛植、列植。

图141 川赤芍

藤黄科 GUTTIFERAE 金丝桃属 *Hypericum*

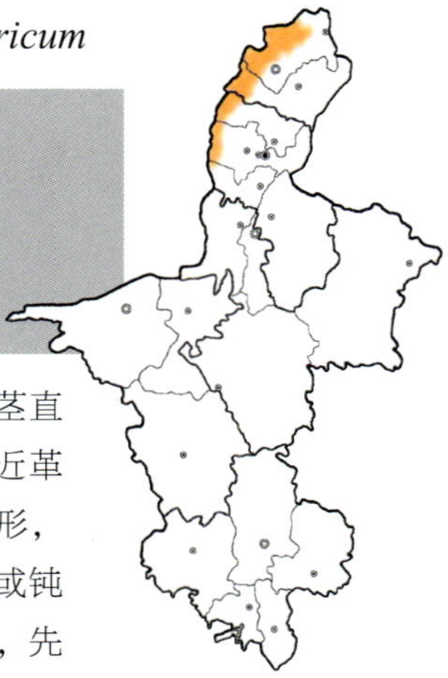

中文名 **短柱金丝桃**
拉丁名 *Hypericum gebleri*
别 名 **多蕊金丝桃、华西金丝桃、过路黄、苦连翘**

基本形态特征：多年生草本，高40～90cm。茎直立，具4棱，单一或数茎丛生。单叶对生，近革质；叶长圆状卵形、长圆状披针形或线状披针形，基部楔形或心形，抱茎，无叶柄，先端渐尖或钝圆，叶全缘，两面无毛。萼片通常卵状披针形，先端尖；花黄色，单花或聚伞花序顶生及腋生；雄蕊极多数，橘黄色。蒴果圆锥形。花期6～7月，果期8月。

分布：宁夏主产贺兰山，分布量较多。我国云南西部、西藏东南部也有分布。

生境及适应性：多生于山坡灌丛中或林缘处，海拔2500～3400m。喜阳，喜湿润冷凉气候，喜腐殖质土壤。

观赏及应用价值：主观花。花朵金黄色，明丽奔放，花量大，花期较长，可用于园林地被、自然花境点缀。

图142 短柱金丝桃

中文名 **黄海棠**
拉丁名 *Hypericum ascyron*
别　名 红旱莲

基本形态特征： 多年生草本，高80～100cm。茎直立，单一或2～3个丛生，有4棱，常从叶腋轴抽出小枝，无毛。叶对生，叶披针形或长圆状披针形，抱茎，全缘，两面无毛，具透明腺点。聚伞花序顶生或单生于上部叶腋着生小枝的顶端；花梗无毛；萼片卵形；花瓣黄色，倒卵状披针形，先端圆钝。蒴果圆锥形。花期7月，果期8～9月。

分布： 宁夏主要产六盘山，分布量多。我国东北、华北、华东、华中及陕西、甘肃、四川、贵州、云南等地也有分布。

生境及适应性： 多生于山坡林缘、草地、山谷溪边或路旁。喜阳，耐寒，喜湿润冷凉气候，对土壤要求不高。

观赏及应用价值： 观花。花鲜黄色明丽夺目，花型奇特，果实亦具有观赏效果。宜用于自然花境点缀、水际园林造景及庭院美化等。

图143 黄海棠

锦葵科 MALVACEAE　木槿属 *Hibiscus*

中文名 **野西瓜苗**
拉丁名 *Hibiscus trionum*
别　名 香铃草

基本形态特征： 一年生草本，高30～60cm。茎柔软。叶近圆形或宽卵形，掌状3～5深裂，裂片菱状椭圆形或卵状长椭圆形，具不规则的羽状浅裂至深裂，上面无毛，仅沿叶脉疏被毛，下面被硬毛。花单生上部叶腋；花萼宽钟形，具紫色纵条纹，5齿裂，裂片宽三角形；花瓣倒卵形，淡黄色，基部紫红色。蒴果近球形，5瓣裂，被长硬毛。花期7～8月，果期9～10月。

分布： 宁夏普遍分布。全国各地普遍分布。

生境及适应性： 多生于农田、荒地、路边或山坡。适应性较广。

观赏及应用价值： 主要观花、观果。花色鲜艳可爱，花量大，持续时间长，果似小灯笼带条纹，有一定观赏性。可用作园林道路地被、缀花草坪、自然花境等。

图144 野西瓜苗

堇菜科 VIOLACEAE　堇菜属 *Viola*

中文名 **鸡腿堇菜**
拉丁名 ***Viola acuminata***

基本形态特征：多年生草本，高10～40cm。茎直立，丛生，具纵棱，微被柔毛。叶互生，心形或三角状卵形，先端短渐尖，基部心形或深心形，稍下延，边缘具钝锯齿，两面被柔毛；托叶大，披针形或椭圆形，边缘具撕裂状长齿，表面及边缘具柔毛。花单生叶腋；萼片线形，被柔毛，基部具附属物；花瓣淡紫红色，侧瓣里面具须毛，距囊状。花果期5～9月。

分布：宁夏产六盘山，分布量较多。我国东北、华北及山东、浙江、江苏、安徽、湖北、陕西、甘肃、四川等地也有分布。

生境及适应性：多生于林缘、路边。适应性较广，喜半荫，稍耐寒，喜湿润气候。

观赏及应用价值：观花。花娇小可爱，群体覆盖效果好。宜作缀花草坪及自然花境材料。

图145 鸡腿堇菜

柽柳科 TAMARICACEAE　柽柳属 *Tamarix*

中文名 **柽柳**
拉丁名 ***Tamarix chinensis***
别　名 **红柳**

基本形态特征：灌木或小乔木，高2～5m；老枝深紫色或紫红色，嫩枝浅绿色，纤细而下垂。叶小，卵状披针形至钻形，先端锐尖，基部鞘状抱茎。总状花序粉红色，生于浅绿色幼枝上，组成顶生圆锥花序；苞片狭披针形或钻形；萼片5，卵状三角形；花瓣5，矩圆形或倒卵状矩圆形。蒴果圆锥形，3裂。花果期5～10月。

分布：宁夏产六盘山及银川、中卫、青铜峡、盐池等市(县)，分布量较多。除新疆、青海外，我国各地均有分布或栽培。

生境及适应性：多生于干旱草原、河滩、河床等地。耐干旱亦耐水湿，喜光耐半荫，适应性强。

观赏及应用价值：观花观姿。柽柳在南北园林中应用广泛，该种花量繁多，株型饱满，作为乡土树种可用于园林绿化及大树盆景造型。

图146 柽柳

中文名 **细穗柽柳**
拉丁名 ***Tamarix leptostachys***
别　名 **红柳、西河柳**

基本形态特征：灌木，高1～5m；老枝树皮淡棕色、青灰色或火红色；当年生木质化生长枝灰紫色或火红色，小枝略紧靠。叶狭卵形或卵状披针形。总状花序生于当年生幼枝顶端；苞片钻形；花梗与花萼等长或略长；花5数，小；花萼卵形，边缘窄膜质；花瓣倒卵形；花盘5裂；雄蕊5，花丝细长，伸出花冠之外，子房细圆锥形。蒴果。花期6月上中旬至7月上中旬。

分布：宁夏主要产于北部地区，分布量较少。我国新疆、青海、甘肃、内蒙古也有分布。中亚和蒙古也有分布。

生境及适应性：多生长在荒漠地区的潮湿盐土上、丘间低地、湖泊沿岸及河床。喜阳，耐寒耐旱，耐土壤贫瘠。

观赏及应用价值：观花观姿。该种花色艳丽，花序秀美雅致，花开繁茂，整体观赏效果极好。可作为园景树应用于公园、庭院等，宜3～5株群植。若栽培前期修剪适当，直干性好的可列植应用于行道树绿化美化。

图147 细穗柽柳

水柏枝属 *Myricaria*

中文名 **三春水柏枝**
拉丁名 ***Myricaria paniculata***
别　名 **砂柳、水枝柏**

基本形态特征：落叶灌木，株高1～3m；老枝暗紫红色或淡黄棕色，幼枝淡黄绿色。叶密生于当年生枝上，披针形至卵状披针形。通常一年开两次花，春季总状花序侧生于去年生枝上，花序苞片圆锥形；夏秋季总状花序集成圆锥花序生于当年生枝顶端，花序苞片卵形；花瓣矩圆状披针形或倒卵状椭圆形，紫红色，花后宿存。蒴果狭圆锥形。花期5～7月，果期7～8月。

分布：宁夏主产于六盘山，分布量较少。我国河南、陕西、山西、甘肃、青海、四川、云南、西藏等地也有分布。

生境及适应性：多生于河边或砾石河滩地。喜阳，耐水湿，耐寒，喜土层深厚土壤。

观赏及应用价值：主观花。花粉紫色，鲜艳夺目，花量大，群丛效果极佳，是优良的水际造景植物材料，宜片植、丛植。

图148 三春水柏枝

杨柳科 SALICACEAE　柳属 *Salix*

图149 拟五蕊柳

中文名 **拟五蕊柳**
拉丁名 *Salix paraplesia*
别　名 **康定柳、鬼柳、团柳**

基本形态特征：灌木，高1.5～2.0m；小枝淡褐色，无毛；芽卵形，淡褐色，无毛。叶椭圆形或倒披针形，边缘具细腺锯齿，无毛。雄花序着生于具叶的侧生小枝端，与花序轴均被柔毛，苞片卵圆形，淡黄褐色；雌花序长2～3cm，花序轴被柔毛，苞片卵状披针形，被柔毛。果序长3～6cm，蒴果长卵形，无毛。花期5～6月，果期6～7月。

分布：宁夏产六盘山，集中分布，分布量较少。我国吉林、山东、河南、陕西、甘肃、青海、湖北、四川、浙江等地也有分布。

生境及适应性：多生于海拔2000～2300m的灌木林中或沟底水边。喜半荫，耐寒，喜湿润凉爽气候，要求土层深厚。

观赏及应用价值：观花观姿。其叶光亮翠绿，树型优美，花序清新淡雅，较为美丽。可作为公园点缀大灌木或道路绿化。

图150 沙柳

中文名 **沙柳**
拉丁名 *Salix psammophila*
别　名 **北沙柳、西北沙柳**

基本形态特征：灌木，高2.0～2.5m；枝灰褐色，幼枝黄绿色，无毛；芽卵形，先端钝，无毛。叶线状披针形，先端渐尖，基部渐狭，全缘，主脉明显，两面无毛或幼时背面密被长柔毛，叶柄极短或几无。雌花序长1.5～2.0cm，着生于很短的具叶侧枝顶端，花序轴密生绒毛，苞片椭圆形，先端圆，黑色，两面被长柔毛。果序长2～3cm，蒴果被绒毛，2瓣开裂。花果期4～5月。

分布：宁夏产中卫、灵武等市，分布量较多。我国内蒙古、河北、陕西、山西、甘肃、青海、四川、西藏也有分布。

生境及适应性：多生于半固定沙丘和丘间低地。极耐旱耐寒，抗风沙，耐沙埋，喜光照。

观赏及应用价值：观姿观干。冠形优美，成片效果极佳；枝条黄色至橘红色变化，绚彩亮丽，观赏性高，而其环境适应性好，既可作为固沙树种，又可作为城市道路绿化用材及花境观干素材。

中文名 **丝毛柳**
拉丁名 *Salix luctuosa*
别　名 光果柳、清溪柳

基本形态特征： 灌木，高2～3m；枝条黄绿色；芽长椭圆形，先端钝，被柔毛。叶椭圆形或长椭圆形，全缘；叶柄被长柔毛。雄花序长1～3cm，苞片卵形，外面被柔毛或近无毛；雌花序长2.5～3.0cm，花序轴被柔毛，苞片卵形，被柔毛。果序长约3cm，蒴果无毛。花期5月，果期6～7月。

分布： 宁夏产六盘山，分布量较少。我国陕西、四川、云南等地也有分布。

生境及适应性： 多生于海拔2500～2700m的山顶灌木林中。喜半荫，耐寒，喜冷凉湿润气候。

观赏及应用价值： 主观树姿。冠型优美，花期亦有一定的观赏性，叶型秀丽，可作为园林点缀或片植。

图151 丝毛柳

中文名 **小叶柳**
拉丁名 *Salix hypoleuca*
别　名 山杨柳、红梅蜡、翻白柳、黑柳

基本形态特征： 小乔木或灌木，高4～6m；小枝棕褐色，无毛或幼时有短绒毛。叶椭圆形或卵状披针形，全缘，两面无毛；叶柄被绒毛。花序轴无毛，苞片倒卵形，褐色，无毛；苞片宽卵形，无毛，褐色。蒴果卵状圆锥形。花期4月，果期5月。

分布： 宁夏产六盘山，分布量较多。我国山西、陕西、甘肃、湖北、四川等地也有分布。

生境及适应性： 多生于海拔2000m左右的山沟水旁或山坡林缘。喜阳，耐半荫，喜湿润凉爽气候，喜土层深厚土壤。

观赏及应用价值： 主观树姿。冠型优美，花果期亦有一定的观赏性，叶型秀丽，可作为园林点缀或片植。

图152 小叶柳

十字花科 BRASSICACEAE　庭荠属 *Alysssum*

中文名 **灰毛庭荠**
拉丁名 ***Alysssum canescens***
别　名 **燥原荠**

基本形态特征：半灌木状小草本。主根圆柱形。茎直立，多自基部分枝，基部木质化，密被灰色星状毛。叶稠密，无柄，线形或线状倒披针形，先端钝，基部渐狭，全缘，两面被灰色星状毛。总状花序顶生，花后伸长；花瓣倒卵形，白色，先端圆，基部具爪。短角果椭圆状卵形，密被星状毛。花果期6～9月。

分布：宁夏产贺兰山，分布量较多。我国东北及河北、内蒙古、西藏等地也有分布。

生境及适应性：多生于干旱山坡。喜阳，耐寒耐旱，耐土壤贫瘠。

观赏及应用价值：观花。植株极低矮小巧，花色多变化，盛开时星星点点，观赏性较好。可用于花境点缀、岩石园或丛植盆栽观赏。

图153 灰毛庭荠

南芥属 *Arabis*

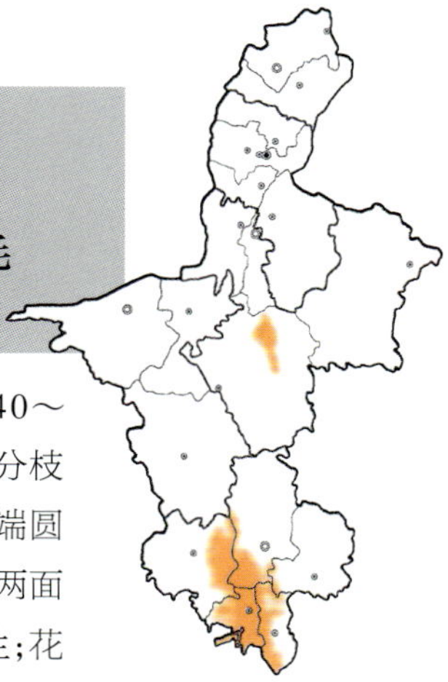

中文名 **硬毛南芥**
拉丁名 ***Arabis hirsuta***
别　名 **毛南芥、筷子南芥、卵叶硬毛南芥、野南芥菜**

基本形态特征：一年生草本。茎直立，高40～70cm，单一，圆柱形，基部常紫红色，密被分枝毛及单硬毛。叶长椭圆形或卵状披针形，先端圆钝，基部截形，抱茎，全缘或疏具波状齿牙，两面密生分枝毛及少数单硬毛。总状花序顶生和腋生；花瓣倒卵状披针形，先端圆，白色。长角果线形，无毛。花期5～6月，果期6～7月。

分布：宁夏产六盘山及罗山，分布量较多。我国东北、华北、西北及四川等地也有分布。

生境及适应性：多生于山坡、荒地或林缘。喜阳，耐半荫，稍耐旱，喜微湿润环境，对土壤要求不高。

观赏及应用价值：观花。花娇小可爱，可作园林地被、自然花境素材应用。

图154 硬毛南芥

棒果芥属 *Sterigmostemum*

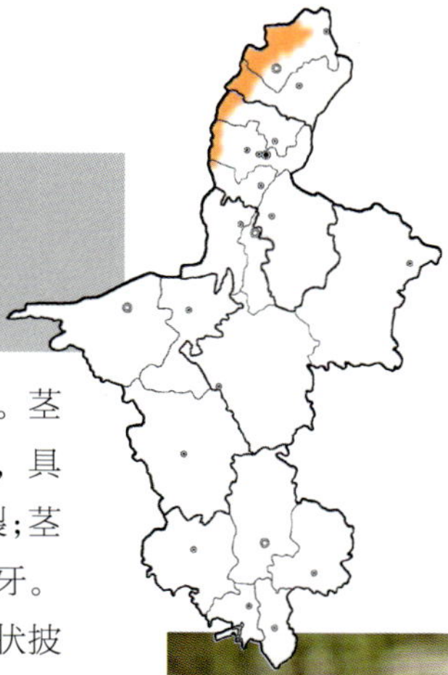

中文名 **紫花棒果芥**
拉丁名 ***Sterigmostemum matthioloides***

基本形态特征：多年生草本，全株密被星状毛。茎直立，高20～40cm，多分枝。基生叶莲座状，具柄，披针形或椭圆状披针形，不规则羽状分裂；茎生叶向上渐小，边缘不规则羽状浅裂或具疏齿牙。总状花序顶生，花后伸长；花瓣紫红色，倒卵状披针形，先端圆，基部具长爪。长角果圆柱状，密被毛。花期5～6月，果期6～7月。

分布：宁夏产贺兰山，分布量较多。我国内蒙古等地也有分布。

生境及适应性：多生于向阳干旱山坡。喜阳，耐寒耐旱，耐土壤贫瘠。

观赏及应用价值：主观花。其植株秀气低矮，花朵淡紫色明丽可爱，群丛景观效果好，角果亦有一定观赏性。可应用于公园及道路绿地、自然花境点缀及岩石园布置。

图155 紫花棒果芥

念珠芥属 *Neotorularia*

中文名 **蚓果芥**
拉丁名 ***Neotorularia humilis***
别　名 **串珠芥、念珠芥**

基本形态特征：多年生草本。茎自基部多分枝，具纵棱，密被叉状毛，下部常紫色。基生叶倒披针形，具短柄，全缘或具疏齿，两面被分叉毛，花时枯萎；茎生叶倒披针形至线形，具疏齿或全缘，两面被分叉毛。总状花序顶生，花后伸长；花瓣倒卵形，白色或淡紫色，先端截形或微凹，基部渐狭成爪。长角果线形，密被分叉状毛，呈念珠状。花果期5～8月。

分布：宁夏产贺兰山、罗山、南华山以及盐池、固原市原州区、西吉等市(县)，分布量较多。我国华北和西北也有分布。

生境及适应性：多生于向阳山坡。喜光，耐寒耐旱，对土壤要求不高。

观赏及应用价值：观花。植株矮小，花开时星星点点，充满野趣；角果似小蚯蚓，甚为可爱。可用于花境点缀或岩石园造景。

图156 蚓果芥

报春花科 PRIMULACEAE　珍珠菜属 *Lysimachia*

中文名 **狼尾花**
拉丁名 ***Lysimachia barystachys***
别　名 **狼尾菜**

基本形态特征： 多年生草本，高30～70cm。根状茎平卧或斜伸。茎直立，具纵棱，密生长柔毛。叶互生或近对生，矩圆形或矩圆状披针形，边缘全缘，稍反卷。总状花序顶生，常向一侧弯曲，花密集；苞片线形；花萼钟形，萼裂片5；花冠白色，裂片5，矩圆形。蒴果近球形。花期7～8月，果期8～9月。

分布： 宁夏产六盘山，分布量较多。我国分布于东北、华北、西北、华中、华东及西南。

生境及适应性： 多生于山坡草地、林缘或路边。喜半荫及凉爽气候，不耐旱，对土壤要求不高。

观赏及应用价值： 观花。花序似尾巴状下垂弯曲，奇特可爱，观赏性好，可用于园林地被栽培，片植或丛植。

图157 狼尾花 ［摄影：姜良宝（下图）］

假报春属 *Cortusa*

中文名 **假报春**
拉丁名 ***Cortusa matthioli***

基本形态特征： 多年生草本。根状茎粗短，具多数细长须根。叶心状圆形或肾形，叶裂片先端圆钝，边缘具钝或不规则锯齿，上面疏被透明毛，下面无毛；两侧具狭翅。花莛1～2条，具纵棱；伞形花序具3～10朵花；花萼钟形，蓝紫色，5深裂；花冠漏斗状钟形，玫红色，5深裂，裂片椭圆形，先端圆钝或2裂。花期6月，果期7～8月。

分布： 宁夏产贺兰山，分布量较多，成片集中分布。我国分布于东北及华北等地。

生境及适应性： 多生于山谷水沟边或疏林下。喜湿不耐干旱，喜半荫及肥沃土壤。

观赏及应用价值： 观花。花色艳丽，株型饱满，小丛及成片景观壮美，可引种作为地被，宜栽培于公园、道路绿地及自然花境中，片植，列植，亦可作为盆栽观赏。

图158 假报春

点地梅属 *Androsace*

中文名 **阿拉善点地梅**
拉丁名 ***Androsace alashanica***

基本形态特征：多年生垫状植物，呈矮小半灌木状，高3～5cm。地上茎多回叉状分枝。老叶柄宿存，暗褐色，重叠分布于分枝上；当年生新叶丛生于分枝顶端，灰绿色，线状披针形或线状倒披针形，两面无毛，无柄，边缘全缘，疏被腺毛。每一分枝顶端生1花，偶2花；花冠白或粉色，椭圆状圆柱形，5裂，花眼常为粉色或黄色。蒴果倒三角状圆锥形。花期6～7月，果期7～8月。

分布：宁夏产贺兰山，呈片丛状分布，分布量较多。我国内蒙古、甘肃、青海等地也有分布。

生境及适应性：多生于干旱山坡、岩石缝隙。喜阳，耐寒，耐干旱贫瘠。

观赏及应用价值：观花。植株低矮平伏，花量密集，花朵鲜艳夺目，观赏价值较高，可用于迷你盆栽或岩石园布置。

图159 阿拉善点地梅

中文名 **陕西点地梅**
拉丁名 ***Androsace engleri***
别　名 **喉咙草、佛顶珠、地胡椒**

基本形态特征：二年生矮小草本，全株被糙伏毛。主根细长，淡褐色。莲座状叶丛单生，叶片披针形或长圆状披针形。花莛通常多数，被短柔毛。伞形花序多花，苞片阔卵形或长圆状卵形；花萼钟状，分裂达中部或中部以下，裂片三角形；花冠白色或淡红色。蒴果球形，光滑，5裂瓣；种子小，黑褐色，种皮具蜂窝状凹眼。花期3～4月，果期5～6月。

分布：宁夏产贺兰山，分布量较多。我国陕西、山西、新疆、甘肃、内蒙古等地也有分布。

生境及适应性：多生于山坡草地或路边。喜阳，喜冷凉环境，稍耐瘠薄。

观赏及应用价值：观花。花朵小巧精致，色彩淡雅，植株低矮，适宜岩石园栽植及作花境地被材料。

图160 陕西点地梅

图161 阿拉善点地梅（*Androsace alashanica*）

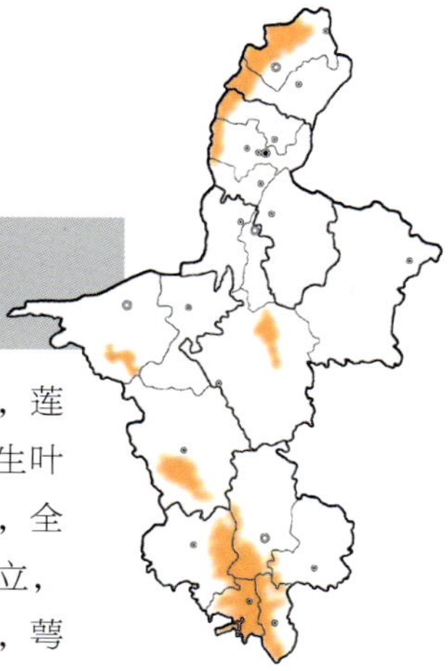

中文名 **西藏点地梅**
拉丁名 *Androsace mariae*

基本形态特征：多年生草本。匍匐茎纵横蔓延，莲座状丛生，分枝下部具褐色残存老叶，当年生叶丛生分枝顶端。叶片倒卵状披针形或倒披针形，全缘，边缘软骨质，两面无毛。花莛1～2个，直立，疏被长柔毛，伞形花序；苞片披针形；花萼钟形，萼裂片卵形或三角状卵形；花冠淡紫红色或黄白色，花冠筒倒卵状圆柱形，喉部具一圈黄色凸起的附属物。蒴果倒卵形。花期6～7月，果期8～9月。

分布：宁夏产贺兰山、香山、罗山、南华山及六盘山，集中片丛状分布于中高海拔地区，分布量较多。我国山西、内蒙古、甘肃、青海、四川、西藏等地也有分布。

生境及适应性：多生于山坡草地、林缘或沟谷边。喜荫及冷凉，耐半荫，稍湿润环境生长较好。

观赏及应用价值：主观花。植株低矮，花量大而密集，色彩丰富，群丛效果热情奔放。可用于盆栽或于花境中片植。

图162 西藏点地梅

中文名 **雪山点地梅**
拉丁名 *Androsace septentrionalis*
别　名 **北方点地梅、雪花点地梅**

基本形态特征：一年生草本，高30～40cm。叶基生，呈莲座状，倒披针形或椭圆状披针形，基部渐狭或下延成翅状柄，全缘或中部以上具疏锯齿，两面无毛或上面疏被短毛。花莛数个至多数，直立，下部常呈紫红色，无毛；伞形花序具多数花；花冠白色，坛状，花冠筒短于花萼，花冠裂片倒卵状椭圆形，先端近全缘。蒴果倒卵状球形。花期6～7月，果期7～8月。

分布：宁夏产贺兰山，集中片丛分布，分布量较多。我国山西、内蒙古、陕西、甘肃、新疆等地也有分布。

生境及适应性：多生于海拔1500～2000m山坡草地或向阳路边。喜阳，耐半荫，稍耐旱。

观赏及应用价值：观花。花白色迷人，花莛梗紫红色光亮，观赏效果较好，适宜作园林花境点缀或丛植。

图163 雪山点地梅

报春花属 *Primula*

中文名 翠南报春
拉丁名 *Primula sieboldii*
别　名 樱草

基本形态特征： 多年生草本，全株被毛。叶基生，叶片卵形或卵状椭圆形，基部心形，边缘具圆钝缺刻及不规则的圆钝齿；叶柄细长，两侧具狭翅。花莛直立，高25～35cm，具纵条棱；伞形花序1轮，花2～8朵；苞片与花同数，狭三角状披针形；花萼筒状钟形，裂齿三角状；花冠高脚碟状，上部稍膨大，花冠裂片倒心形，紫红色，顶端2深裂。蒴果。花期6～7月，果期7～8月。

分布： 宁夏产贺兰山，分布量较多。我国黑龙江、内蒙古、甘肃、青海、新疆、四川等地也有分布。

生境及适应性： 多生于林缘草丛中或沟谷阳面潮湿处。喜荫喜湿，不喜强光，稍耐寒，喜土层深厚土壤。

观赏及应用价值： 观花观叶。叶色碧翠，花序丰满，艳丽奔放，整体观赏效果好，适宜作花境布置，可片植、丛植及列植，亦可成丛盆栽观赏。

图164 翠南报春

中文名 甘青报春
拉丁名 *Primula tangutica*
别　名 唐古特报春

基本形态特征： 多年生草本，全株无粉。叶丛基部无鳞片；叶椭圆形至倒披针形，先端钝圆或稍锐尖，基部渐狭窄，边缘具小牙齿，稀近全缘，两面均有褐色小腺点。花莛稍粗壮，通常高20～60cm；伞形花序1～3轮，每轮5～9花；苞片线状披针形；花梗长1～4cm，开花时稍下弯；花萼筒状，分裂达全长的1/3或1/2，裂片三角形或披针形；花冠朱红色，裂片线形。蒴果筒状。花期6～7月，果期8月。

分布： 宁夏产六盘山(新发现分布)，分布量较多。我国甘肃南部、青海东部和四川西北部也有分布。

生境： 多分布于海拔2000～2800m的溪边、林缘、草甸等处，喜湿润冷凉气候，喜阳，耐半荫，喜腐殖质土壤。

观赏及应用价值： 观花观叶。叶色翠绿，花量大，花色鲜艳，缤纷明丽，群体效果好。可用于自然花境点缀及开发作为盆花观赏。

图165 甘青报春

中文名 **黄甘青报春**

拉丁名 *Primula tangutica* var. *flavescens*

别　名 黄唐古特报春

基本形态特征：与原变种区别：花冠黄绿色或淡红色，宁夏调查到的花色有黄色、橘黄色及淡红色，但花冠筒及萼筒都是紫红色或淡红色。

分布：宁夏产六盘山（新发现分布），分布量较少。我国分布于四川及西藏等地。

生境及适应性：多分布于海拔2000～2800m的溪边、林缘、草甸等处，喜湿润冷凉气候，喜阳，耐半荫，喜腐殖质土壤。

观赏及应用价值：观花观叶。叶色翠绿，花量大，花色鲜艳，缤纷明丽，群体效果好。可用于自然花境点缀及开发作为盆花观赏。

图166　黄甘青报春

中文名 **胭脂花**

拉丁名 *Primula maximowiczii*

别　名 段报春

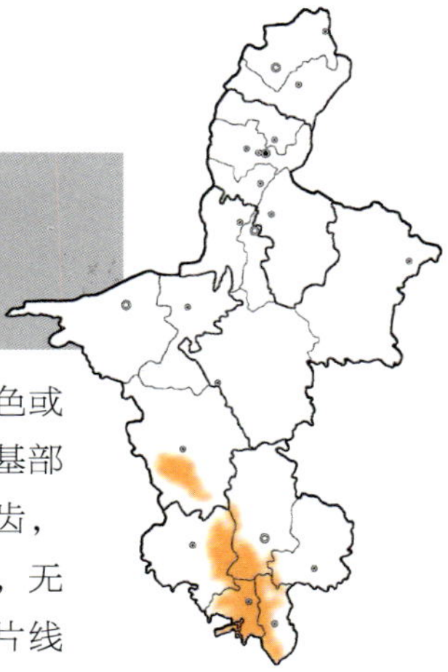

基本形态特征：多年生草本。根状茎短，红褐色或褐色。叶基生，多数，叶片倒卵状披针形，基部渐狭下延成宽翅状柄或近无，边缘具不规则齿，两面无毛。花莛单一，粗壮直立，具纵条棱，无毛；伞形花序1～3轮，每轮具4～15朵花；苞片线状披针形；花萼筒状钟形，萼裂片狭卵形；花冠高脚碟状，花冠筒紫红色，花冠裂片线状矩圆形，橘红色，全缘。蒴果椭圆状圆柱形。花期5～6月，果期7月。

分布：宁夏产六盘山及南华山，分布量较多。我国华北及吉林、陕西、甘肃、青海等地也有分布。

生境及适应性：多生于林缘、灌丛边或半阴坡草地水边。喜冷凉湿润气候，较耐寒不耐热，要求土壤深厚肥沃。

观赏及应用价值：观花。胭脂花花莛粗壮，花色艳丽，单株花量繁多，群体效果十分壮观，可作为地被花境或盆栽应用。

图167　胭脂花

图168 黄甘青报春（*Primula tangutica* var. *flavescens*）

绣球花科 HYDRANGEACEAE
山梅花属 *Philadelphus*

中文名 **太平花**
拉丁名 ***Philadelphus pekinensis***
别　名 **北京山梅花、丰瑞花、太平瑞圣花、白花结、土常山、常山**

基本形态特征： 灌木，高达1～2m；幼枝棕色无毛，老枝灰色，皮片状剥落。叶对生，叶片卵形或卵状披针形，边缘疏具细锯齿，上面无毛，背面脉上疏具柔毛，基部脉腋有簇毛，边缘疏具毛；叶柄疏被长柔毛。总状花序顶生，花序轴及花梗均无毛；萼裂片4，三角状卵形；花瓣4，白色，倒卵形，有清香。蒴果。花期6月；果期7～8月。

分布： 宁夏产六盘山，分布量较多。我国辽宁、河北、河南、山西、陕西、甘肃、江苏、浙江、四川等地也有分布。

生境及适应性： 多生于海拔1700～2200m的山地灌丛或林下。

观赏及应用价值： 观花。枝叶茂密，花白色或乳黄，微香，花量多，颇为美丽。宜丛植于、林缘、园路拐角、假山和建筑物前，亦可作自然式花篱或花坛栽植材料。

图169　太平花

绣球属 *Hydrangea*

中文名 **黄脉八仙花**
拉丁名 ***Hydrangea xanthoneura***
别　名 **挂苦绣球、挂苦树、光叶黄枝挂苦树、黄脉绣球、排毛绣球、黄枝挂苦树**

基本形态特征： 灌木或小乔木，高约1.5～2.0m；幼枝粗壮略被疏毛，老枝褐色无毛。叶倒卵状长圆形，边缘具锐锯齿，表面近无毛，背面沿脉有毛。大型伞房状聚伞花序顶生；不育花白色，萼片4，宽椭圆形，具棕色脉纹；两性花萼片钝三角形；花瓣4～5，白色。蒴果近卵形，长约3mm。花期5～6月，果期7～8月。

分布： 宁夏产六盘山，分布量较多。我国河南、湖北、陕西、甘肃、四川、云南等地也有分布。

生境及适应性： 多生于海拔2000～2300m的山坡杂木林中、林缘或山谷灌丛中。喜半荫，耐寒，喜腐殖质土。

观赏及应用价值： 主观花。大型花序色彩明丽，花量大且花期持续时间长，可用于园林绿化配置及庭院美化。

图170　黄脉八仙花

茶藨子科 RIBESIACEAE 茶藨子属 *Ribes*

中文名 **穆坪茶藨子**
拉丁名 ***Ribes moupinense***
别 名 **宝兴茶藨子、穆坪醋栗、穆坪茶藨**

基本形态特征：落叶灌木；小枝暗紫褐色，嫩枝棕褐色；芽卵圆形或长圆形，先端稍钝，具数枚棕褐色鳞片，外面无毛。叶卵圆形或宽三角状卵圆形；叶柄长5～10cm，沿槽微具柔毛。花两性；总状花序，下垂，具10～20朵疏松排列的花；花序轴具短柔毛；花梗极短；苞片宽卵圆形或近圆形，全缘或稍具小齿，位于花序下部的苞片较狭长，长卵圆形；花萼绿色而有红晕，外面无毛；萼筒钟形；花瓣倒三角状扇形；雄蕊几与花瓣等长。果实球形，几无梗，黑色无毛。花期5～6月，果期7～8月。

分布：宁夏产六盘山，分布量多。我国陕西、甘肃、安徽(岳西)、湖北、四川、贵州、云南、西藏等地也有分布。

生境及适应性：多生于山坡路边杂木林下、岩石坡地及山谷林下，海拔1400～3100m。喜半荫，喜湿润冷凉气候，对土壤要求不高。

观赏及应用价值：观花观果。花型奇特，果黑亮诱人，且叶秀美可赏，果熟时可食，具有一定的园林观赏价值，可作为园林地被、绿篱及庭院美化灌木。

图171 穆坪茶藨子

中文名 **糖茶藨子**
拉丁名 ***Ribes himalense***
别 名 **滇藏醋栗**

基本形态特征：灌木，高达2m；幼枝紫褐色，无毛，老枝灰黑色。叶肾形，通常5裂，边缘具不规则的重锯齿，表面伏生短腺毛，背面无毛或仅脉腋有柔毛，边缘具缘毛；叶柄被腺毛。总状花序；苞片长圆形，边缘具腺毛；萼片5，倒卵状矩圆形，红色，顶端圆钝，具缘毛；花瓣小。浆果球形，无毛。花期5～6月，果期6～7月。

分布：宁夏产贺兰山及六盘山，分布量较多。我国内蒙古、陕西、青海、四川、湖北、云南及西藏等地也有分布。

生境及适应性：多生于山坡或山谷沟边。生于海拔2100m左右的山地灌丛中。喜阳或半荫，较耐寒，喜土层深厚，喜湿润冷凉。

观赏及应用价值：观花观果。花型独特，花量大，果鲜红色或橘红色，秀色可人，可用于园林及庭院绿化美化。

图172 糖茶藨子

中文名 **细枝茶藨子**
拉丁名 ***Ribes tenue***
别　名 光醋栗、锦葡萄、细枝醋栗、狭萼茶藨子、轮花茶藨、细（枝）茶藨

基本形态特征：灌木，高2m；小枝红褐色，无毛，皮条状剥裂。叶宽卵形，边缘有不规则的深重锯齿，表面疏被粗毛及柔毛，背面沿脉及边缘具稀疏粗毛；叶柄被稀疏腺毛。花单性，雌雄异株；花序轴被腺毛；苞片椭圆状披针形，边缘疏被腺毛；萼片狭卵形；花瓣小，鳞片状。浆果球形。花期5月，果期6～7月。

分布：宁夏产六盘山，分布量较多。我国陕西、甘肃、四川、湖北及云南等地也有分布。

生境及适应性：多生于山坡或山谷沟边，海拔2100m左右的山地灌丛中。喜阳或半荫，较耐寒，喜土层深厚，喜湿润冷凉。

观赏及应用价值：观花观果。花型独特，花量大，果鲜红色，晶莹透亮，亦可观姿，株型秀美，枝条纤细舒展。观赏性好，可作为园林花果灌木及庭院绿化美化材料。

图173 细枝茶藨子

中文名 **狭果茶藨子**
拉丁名 ***Ribes stenocarpum***
别　名 长果茶藨子、长果醋栗、酸瓢

基本形态特征：落叶灌木；皮呈条状或片状剥落。叶近圆形或宽卵圆形，不育枝上的叶较大，掌状3～5深裂。花两性，2～3朵组成短总状花序或单生于叶腋；花序轴无毛或具疏腺毛；花梗无毛；苞片成对生于花梗节上，宽卵圆形；花萼浅绿色或绿褐色，外面无毛；萼筒钟形，萼片舌形或长圆形，先端圆钝，花期开展或反折，果期常直立；花瓣长圆形或舌形，白色。浆果长椭圆形，浅绿色，有红晕或红色，无毛。花期5～6月，果期7～8月。

分布：宁夏产六盘山，分布量多。我国陕西、甘肃、青海、四川等地也有分布。

生境及适应性：多生于山坡灌丛、云杉林和杂木林下或山沟溪旁，海拔2300～3300m。喜阳或半荫，较耐寒，喜湿润冷凉，对土壤要求不高。

观赏及应用价值：观花观果。花型独特，果晶莹透亮，株型秀美，观赏性好，可用于公园及庭院绿化美化，宜丛植。

图174 狭果茶藨子

中文名 **小叶茶藨子**
拉丁名 ***Ribes pulchellum***

基本形态特征：小灌木，高1～2m；小枝褐色，被短柔毛；老枝灰褐色，稍剥裂，节上有1对刺。叶卵状近圆形，3深裂，边缘具锯齿；叶柄被腺毛。花单性，雌雄异株，总状花序生短枝上，总花梗、花梗及苞片有短柔毛和腺毛；萼片5，宽卵形，淡红色；花瓣5，鳞片状。浆果近圆形，无毛。花期6月，果期8月。

分布：宁夏产贺兰山，分布量较多。我国青海、内蒙古、甘肃、山西、河北等地也有分布。

生境及适应性：多生于山坡或山谷沟边，海拔2100m左右的山地灌丛中。喜阳或半荫，较耐寒，喜土层深厚，喜湿润冷凉。

观赏及应用价值：观花观果。花型独特，花量大，果鲜红色，硕果累累，观赏性好，可用于公园及庭院绿化美化，宜丛植。

图175 小叶茶藨子

景天科 CRASSULACEAE 瓦松属 *Orostachys*

中文名 **瓦松**
拉丁名 ***Orostachys fimbriatus***
别　名 **流苏瓦松、瓦花、瓦塔、狗指甲**

基本形态特征：二年生草本，高15～30cm，全株无毛。茎直立，单生。基生叶莲座状，匙状线形；茎生叶散生，无柄，线形。总状花序紧密，有时下部分枝，呈塔形；萼片5，卵状长圆形；花瓣5，披针形，淡红色，具红色斑点。种子多数，卵形，细小。花期7～8月，果期9月。

分布：宁夏产贺兰山及固原市原州区，分布量较多。我国华北、华东、华中及西北各地也有分布。

生境及适应性：多生于墙头、屋顶及山坡岩石上。喜荫，耐寒耐旱，稍耐水湿，耐土壤贫瘠。

观赏及应用价值：主要观花、观叶。株型独特似塔，叶肉质可爱，花开繁茂精巧，可作为耐旱地被，用于岩石园、屋顶花园及自然花境；亦可作为迷你盆栽使用。

图176 瓦松

虎耳草科 SAXIFRAGACEAE　鬼灯檠属 *Rodgersia*

中文名 **鬼灯檠**
拉丁名 ***Rodgersia aesculifolia***
别　名 **老蛇盘**

基本形态特征： 多年生直立草本，根状茎粗壮。基生叶1个，掌状复叶大型，小叶片5～7个，狭倒卵形或倒卵状披针形，表面绿色，无毛，背面灰绿色，节带红色，沿脉具疏柔毛，边缘为不规则的重锯齿；叶柄长可达40cm；茎生叶2～3个，较小，上部叶常具3小叶。蝎尾状聚伞花序再集成大型圆锥花序，顶生，密被淡褐色柔毛；花密集，花梗短，绿黄或绿白色，密被毛。花期7～8月，果期9～10月。

分布： 宁夏产六盘山，分布量较多且密集。我国河南、陕西、甘肃、湖北、四川、云南、西藏等地也有分布。

生境及适应性： 多生于林下或水边。喜半荫，耐水湿，稍耐寒耐旱。

观赏及应用价值： 观叶观姿。其株型挺拔健壮，掌状叶大而隽美，可用于宿根园及水生园植物配置。

图177　鬼灯檠

落新妇属 *Astilbe*

中文名 **落新妇**
拉丁名 ***Astilbe chinensis***

基本形态特征： 多年生草本。根状茎肥厚，须根多。茎直立，单一不分枝，高约40～90cm，无毛。基生叶具长柄，叶为二回羽状三出复叶，小叶椭圆形或卵状长圆形，边缘具不规则的重锯齿，上面无毛，背面疏被短毛；茎生叶1～3个。圆锥花序狭长，直立，顶生和腋生，总花梗密被棕色柔毛；小苞片长卵形；萼片5，椭圆形；花瓣5，线形，粉红至紫红色；雄蕊10。蓇葖果2。花期7月，果期9月。

分布： 宁夏产六盘山，分布量较多且集中。我国东北、华北及陕西、甘肃、湖北、江西、四川等地也有分布。

生境及适应性： 多生于林缘草地或阴湿山谷溪旁。喜半荫，耐水湿，稍耐寒，喜土壤肥沃。

观赏及应用价值： 观花。花序大而花朵密集，花色明丽，群体景观迷人浪漫，宜作为花境竖线条材料，丛植或片植效果甚好。

图178　落新妇

金腰属 *Chrysosplenium*

中文名 **毛金腰**
拉丁名 ***Chrysosplenium pilosum***
别　名 毛金腰子

基本形态特征： 多年生草本。根状茎短，具多数须根。不育枝由花茎下部叶腋或基生叶腋生出，通常1对；莲座状叶近圆形。花茎直立，通常无毛。茎生叶对生，近圆形或扇形。聚伞花序生于花茎分枝顶端，花梗近相等；苞片椭圆状三角形或椭圆形；花萼钟状，半合生，裂片直立。果期绿色，半圆形。雄蕊8，花盘淡黄绿色；子房半下位，有2个直立叉开的柱头。蒴果，2裂瓣不等长，斜开展。种子黑褐色，椭圆形。花期4～5月。果期7月。

分布： 宁夏产六盘山，分布量多。我国东北各地，以及朝鲜、俄罗斯也有分布。

生境及适应性： 多生于林下阴湿处，如郁闭度较低的林下、林缘和山谷石隙中，喜冷凉湿润环境。

观赏及应用价值： 观花观叶。可用做林下湿地的地被植物。

图179 毛金腰

蔷薇科 ROSACEAE　绣线菊属 *Spiraea*

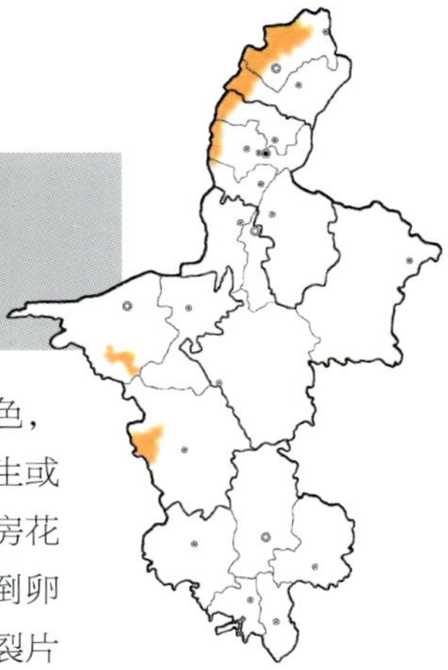

中文名 **高山绣线菊**
拉丁名 ***Spiraea alpina***
别　名 小叶石棒子

基本形态特征： 灌木，高50～100cm；幼枝红褐色，具条棱，被短柔毛，老枝灰褐色，无毛。叶互生或簇生短枝，叶片倒卵状长圆形，两面无毛。伞房花序生侧枝顶端，具花5～15朵，无毛；花瓣宽倒卵形，白色；雄蕊20个。蓇葖果开裂无毛，直立萼裂片宿存。花期5～6月，果期7～9月。

分布： 宁夏产贺兰山、香山及西华山，分布量较多。我国甘肃、陕西、青海、四川及西藏等地也有分布。

生境及适应性： 多生于海拔1700～2000m干旱山坡的灌木丛中。喜阳，耐寒耐旱，对土壤要求不高。

观赏及应用价值： 观花。其小花密集，白色，盛开时雪白一片并极具层次感；红褐色小枝常弯曲，较有特色；适应性极强，适宜引种作为园林地被应用于庭院、公园及道路绿化带，亦可作为盆景造型。

图180 高山绣线菊

中文名 **迴折绣线菊**
拉丁名 *Spiraea tomentulosa*
别　名 宁夏绣线菊

基本形态特征：灌木，高2.0～2.5m；幼枝黄褐色，疏被短柔毛或无毛；小枝暗红褐色，呈明显的“之”字形弯曲，疏被短柔毛；冬芽小，卵形，具数个鳞片，密被短柔毛。叶片宽卵形至倒卵状椭圆形，两面无毛。伞形总状花序生侧枝顶端，具花8～15朵；萼筒钟形；花瓣肾形，先端微凹，白色。蓇葖果，萼片宿存直立。花期5～6月，果期6～7月。

分布：宁夏产贺兰山，分布量较多。我国内蒙古等地也有分布。

生境及适应性：多生于海拔1700～2000m的山坡灌丛中。喜阳，耐寒耐旱，耐土壤贫瘠。

观赏及应用价值：观花观姿。其小花密集，白色，花初开时略带粉晕，较为美丽；小枝红褐色呈“之”字形弯曲，适应性极强。适宜引种园林作为灌木地被，亦可作为盆景造型。

图181 迴折绣线菊

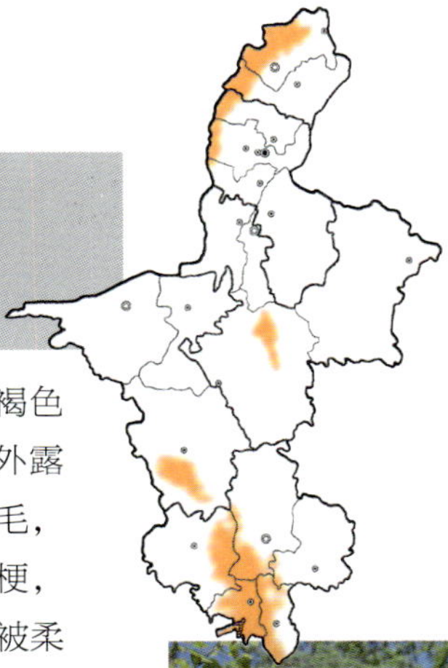

中文名 **蒙古绣线菊**
拉丁名 *Spiraea mongolica*
别　名 麻息、兔儿条、小叶石棒子

基本形态特征：灌木，高2.5m；枝有棱角，红褐色或暗褐色，无毛；冬芽长卵形，无毛，具2枚外露鳞片。叶片长椭圆形或卵状长椭圆形，两面无毛，全缘。伞形总状花序生于侧枝顶端，花序具总梗，无毛；花萼筒钟形；花瓣近圆形，白色。蓇葖果被柔毛。花期5～7月，果期7～9月。

分布：宁夏产贺兰山、罗山、南华山及六盘山，分布广泛且量较多。我国华北及河南、陕西、甘肃、青海、四川、西藏等地也有分布。

生境及适应性：多生于向阳山坡灌丛中。为喜光树种，亦耐半荫，耐寒耐旱，适应性较强。

观赏及应用价值：主观花。小花白色素雅、密集，花期长，娇美艳丽，秋叶黄色漂亮，是良好的园林观赏植物和蜜源植物，可应用于干旱园林中作为地被植物栽培，宜孤植、丛植或列植于草坪、林缘或道路绿化带。

图182 蒙古绣线菊

中文名 **南川绣线菊**
拉丁名 *Spiraea rosthornii*
别　名 罗氏绣线菊、石棒子

基本形态特征： 灌木，高2m；小枝开展，黄褐色，稍具棱角，疏被短柔毛，老枝灰褐色；冬芽长卵形，无毛，具2枚外露鳞片。叶片长椭圆形，先端渐尖，基部楔形，边缘具缺刻状重锯齿和单锯齿，上面疏被平贴柔毛，背面被柔毛；叶柄疏被柔毛。复伞房花序生于侧枝顶端，密被短柔毛；花梗被短柔毛；花萼筒钟形；花瓣卵圆形至近圆形。花期5～7月，果期7～8月。

分布： 宁夏产六盘山，分布量较少。我国河南、陕西、甘肃、青海、四川及云南等地也有分布。

生境及适应性： 多生于沟底林缘及杂木林中。喜阳，耐半荫，耐寒，喜稍湿润冷凉气候，对土壤要求不高。

观赏及应用价值： 主要观花。夏花满树，白色花序盛大，十分壮观；秋叶金黄色，亦具有一定观赏性。可孤植、列植、丛植于草坪、公园及道路绿化带中。

图183 南川绣线菊

中文名 **乌拉绣线菊**
拉丁名 *Spiraea uratensis*
别　名 蒙古绣线菊

基本形态特征： 灌木，高1.5m；小枝圆柱形或稍有棱形，灰黄绿色或带紫红，幼时被短柔毛；冬芽长卵形，无毛，具2枚外露鳞片。叶长椭圆形或倒卵状长椭圆形，先端圆钝，基部楔形，全缘，两面无毛。复伞房花序着生于侧生小枝顶端，无毛；花瓣宽倒卵形或近圆形，先端微凹，白色。蓇葖果直立开张。花期6月。

分布： 宁夏产贺兰山，分布量较少。我国内蒙古、陕西、甘肃等地也有分布。

生境及适应性： 多生于向阳山坡灌丛中。喜光，亦耐半荫，耐寒耐旱，对土壤适应性较强。

观赏及应用价值： 主观花。小花白色，美丽密集，花开持续期长，秋叶黄色，亦较有观赏性，可应用于干旱园林中作为地被植物栽培，宜孤植、丛植或列植于草坪、林缘或道路绿化带。

图184 乌拉绣线菊

中文名 **小叶绣球绣线菊**
拉丁名 *Spiraea blumei* var. *microphylla*

基本形态特征： 灌木，高2～3m；枝细，幼时棕褐色，老时灰黑褐色，无毛。叶片小，倒卵状矩圆形；叶柄无毛。伞形花序生于侧枝顶端，具总花梗，具花20～50朵；花梗细，无毛；花萼裂片三角形；花瓣倒卵形，白色，先端微凹；雄蕊约20个，较花瓣短或近等长。蓇葖果无毛。花期5～6月，果期7～8月。

分布： 宁夏产六盘山，分布量较多。我国甘肃也有分布。

生境及适应性： 多生于海拔1800～2200m的山坡灌丛或林缘。喜阳，耐半荫，喜稍湿润冷凉气候，喜腐殖质土壤。

观赏及应用价值： 观花观姿。花序秀美，花朵繁盛，花期较长，盛开时层层叠叠，较具观赏价值，可用于庭院或花境布置，宜丛植或孤植。

图185 小叶绣球绣线菊

珍珠梅属 *Sorbaria*

中文名 **珍珠梅**
拉丁名 *Sorbaria kirilowii*
别　名 **华北珍珠梅、西洋珍珠梅、吉氏珍珠梅、珍珠树**

基本形态特征： 灌木，高达3m；枝条淡绿色开展，老枝淡褐色，无毛；冬芽卵形。奇数羽状复叶，具小叶13～21；小叶片披针形至椭圆状披针形，边缘具尖锐重锯齿，通常仅背面脉腋具簇毛；托叶线状披针形，全缘，边缘稍有毛。大型圆锥花序顶生，花序轴密生短绒毛和混生腺毛，微被白粉；萼筒杯状；花瓣近圆形，白色；雄蕊20～25，不等长。蓇葖果长圆柱形，无毛，萼片宿存反折。花期7月，果期8～9月。

分布： 宁夏产六盘山和贺兰山，分布量较多。我国河北、河南、山东、山西、内蒙古、陕西、甘肃等地也有分布。

生境及适应性： 多生于海拔1500～2200m的山坡灌丛、山谷林中。喜半荫，耐寒，稍耐旱和贫瘠。

观赏及应用价值： 观花观姿。花繁叶茂，花洁白如雪，未开时犹如粒粒珍珠，开放时明丽雅致，其叶形似凤尾，质地轻柔，整体观赏效果好，可孤植、列植或丛植于园林景观中。

图186 珍珠梅

栒子属 *Cotoneaster*

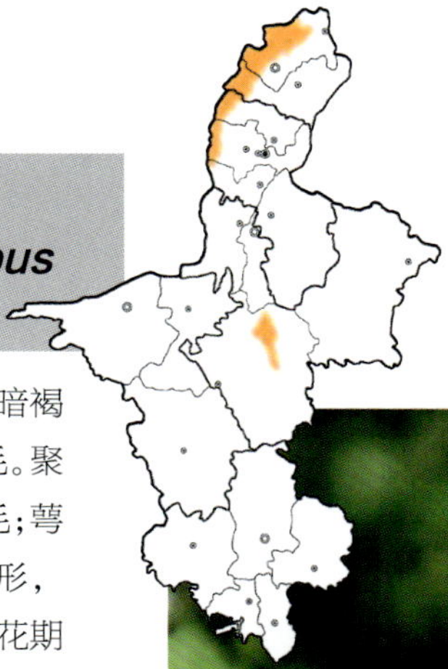

中文名 **黑果栒子**
拉丁名 ***Cotoneaster melanocarpus***
别　名 黑果灰栒子、黑果栒子木

基本形态特征：落叶灌木，高1～2m；枝褐色至暗褐色，无毛。叶片卵状椭圆形至宽卵形，密被白毛。聚伞花序具花3～15朵，总花梗及花梗均疏被柔毛；萼筒钟状，萼裂片三角形；花瓣近圆形，先端圆形，粉红色，直伸。果实近球形或宽倒卵形，黑色。花期6～7月，果期7～9月。

分布：宁夏主产贺兰山及罗山，分布量较少，较集中分布。我国内蒙古、黑龙江、吉林、河北、甘肃及新疆等地也有分布。

生境及适应性：多生于海拔2200～3000m的灌木丛中。喜阳，耐半荫，耐寒耐旱，稍耐土壤贫瘠。

观赏及应用价值：观花观果。观赏价值同其他栒子，但其果色为黑色区别于其他红色系，可丰富园林色彩，宜作为园林地被灌木应用。

图187 黑果栒子

中文名 **红花栒子**
拉丁名 ***Cotoneaster rubens***
别　名 红花栒子木

基本形态特征：直立或匍匐落叶至半常绿灌木，高0.5～2.0m；小枝粗壮，圆柱形，灰黑色，幼嫩时具糙伏毛，老时无毛。叶近圆形或椭圆形，先端圆钝而常具小突尖，基部圆形，全缘，被柔毛；托叶早落。花多单生，具短梗；花瓣直立，圆形至宽倒卵形，先端钝，深红色。果实倒卵形，红色，具小核2或3。花期6～7月，果期9～10月。

分布：宁夏产贺兰山，分布量较多。我国云南北部和西藏东南部也有分布。

生境及适应性：多生于林缘草地、灌丛及半阳坡。喜半荫，稍耐寒耐旱，喜土层深厚土壤。

观赏及应用价值：观花观果。花期一片深红色极其好看，果期红果累累甚为壮观，是良好的春花秋实观赏植物。植株低矮，可应用于混合花境布置、园林道路绿化等，丰富园林景观。

图188 红花栒子

中文名 **华中栒子**
拉丁名 *Cotoneaster silvestrii*
别　名 湖北栒子、鄂栒子

基本形态特征：落叶灌木，高1～2m；小枝细瘦，紫褐色，幼时被短柔毛，渐脱落。叶片椭圆形或卵形，下面密被灰色柔毛。聚伞花序具3～7朵花；花萼钟形，萼片三角形，外面被柔毛；花瓣近圆形，平展，先端微凹，基部具短爪，白色；雄蕊20个，稍短于花瓣。果实近球形，红色，通常2小核连生为1个。花期6月，果期8～9月。

分布：宁夏产贺兰山，分布量较多。我国河南、安徽、湖北、江西、江苏、四川、甘肃等地也有分布。

生境及适应性：多生于海拔2000～2500m的山坡灌丛中。喜半荫，稍耐寒，喜湿润气候和深厚土壤。

观赏及应用价值：观花观果。株型丰满圆整，花量大，果色鲜红，是春花秋实的好材料。可作为道路美化、庭院布置、混合花境点缀材料等。

图189 华中栒子

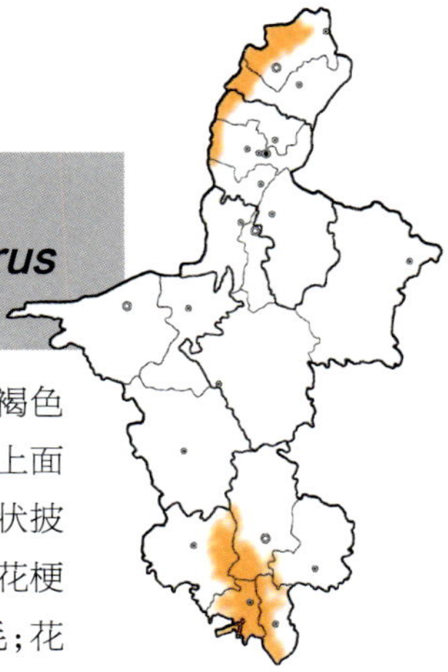

中文名 **毛叶水栒子**
拉丁名 *Cotoneaster submultiflorus*
别　名 毛叶栒子

基本形态特征：落叶灌木，高1.5～5.0m；枝紫褐色至暗灰褐色，渐无毛。叶片菱状卵形或卵形，上面无毛或被极稀的柔毛，下面被短柔毛；托叶线状披针形，紫红色，早落。聚伞花序具3～8朵花，花梗及总花梗具长柔毛；萼筒钟形，外面疏被柔毛；花瓣开展，近圆形，基部具短爪，白色，里面基部具柔毛。果实红色，球形。花期6月，果期6～7月。

分布：宁夏产六盘山及贺兰山，分布量较多。我国内蒙古、山西及西北各地也有分布。

生境及适应性：多生于海拔200～2200m的林缘、河边、沟底及山坡灌丛中。喜半荫，耐寒，稍耐旱和土壤贫瘠。

观赏及应用价值：观花观果。花果量大，春花秋实。可应用于道路绿地美化、混合花境布置等。

图190 毛叶水栒子

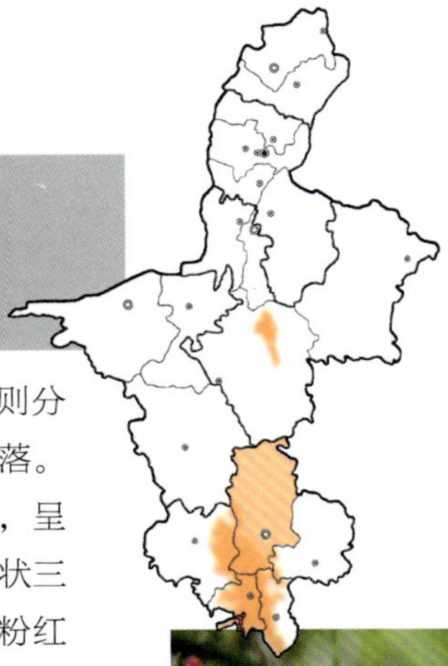

中文名 **匍匐栒子**
拉丁名 *Cotoneaster adpressus*
别　名 匍伏栒子、匍匐灰栒子

基本形态特征：匍匐灌木，茎平铺，具不规则分枝，枝细瘦，红褐色，幼时被糙伏毛，后渐脱落。叶片宽卵形或倒卵形，基部楔形，边缘全缘，呈波状。花1～2朵，几无梗；萼筒钟形，萼裂片卵状三角形，先端急尖；花瓣开花时直立，倒卵形，粉红色。果实近球形，鲜红色，无毛。花期5～6月，果期8～9月。

分布：宁夏产六盘山、罗山及固原市原州区，分布量较多。我国西南及湖北、陕西、甘肃、青海等地也有分布。

生境及适应性：多生于山坡灌丛、林缘及石质山坡。喜荫，耐半荫，耐寒，稍耐旱，对环境要求不高。

观赏及应用价值：观花观果。地被匍匐效果极好，可用于庭院点缀、园林美化等。

图191 匍匐栒子

中文名 **全缘栒子**
拉丁名 *Cotoneaster integerrimus*
别　名 全缘栒子木

基本形态特征：落叶灌木，高达2m；小枝圆柱形，棕褐色，幼时密被灰白色绒毛，老时无毛。叶片宽椭圆形或卵形，上面无毛或微被柔毛，叶脉稍下凹，下面密被白色柔毛。聚伞花序具2～8朵花，总花梗与花梗微具柔毛；萼筒钟形，外面无毛或基部具稀疏柔毛；花瓣近圆形，先端圆钝，基部具短爪，粉红色，直伸。果实红色，无毛。花期6月，果期7～8月。

分布：宁夏产贺兰山及罗山，分布量较多。我国华东、华北及新疆等地也有分布。

生境及适应性：多生于海拔2200～2500m的向阳山坡、石砾坡地、林缘灌丛中。喜阳，耐寒耐旱，耐土壤贫瘠。

观赏及应用价值：观花观果。株型紧凑低矮，花果俱丰，可以用做岩石园种植和园林地被。

图192 全缘栒子

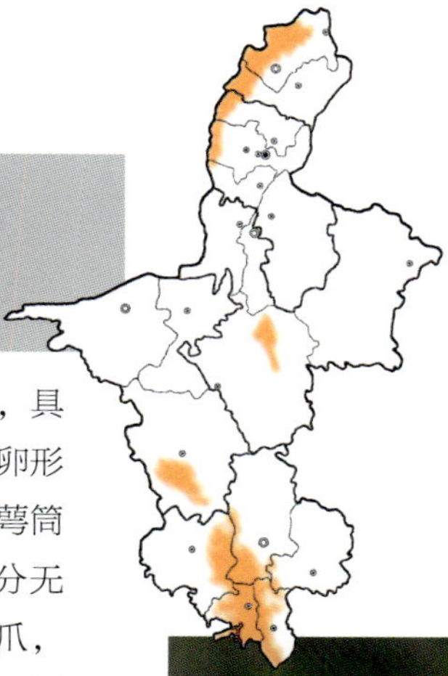

中文名 **水栒子**
拉丁名 *Cotoneaster multiflorus*
别　名 **栒子木、多花栒子、红栒子**

基本形态特征： 落叶灌木，高3m；幼枝红褐色，具短柔毛，老枝暗灰褐色，无毛。叶片卵形、宽卵形至卵状椭圆形。聚伞花序，花梗及总花梗无毛；萼筒钟形，萼片三角形，仅先端具柔毛，其余部分无毛；花瓣开展，近圆形，先端圆钝，基部具短爪，里面基部具长柔毛，白色。果实红色，近球形或倒卵形，内含1个小核。花期6月，果期7～8月。

分布： 宁夏产罗山、六盘山、贺兰山、南华山，分布量较多。我国东北、华北、西北及西南各地也有分布。

生境及适应性： 多生于林缘及灌木丛中。喜阳，耐半荫，耐寒，稍耐旱和土壤贫瘠。

观赏及应用价值： 观花观果。花期长而花量大，果实丰硕而漂亮，观赏价值高，已在华北园林广泛应用，作为园林景观中春花秋实的常用素材。

图193　水栒子

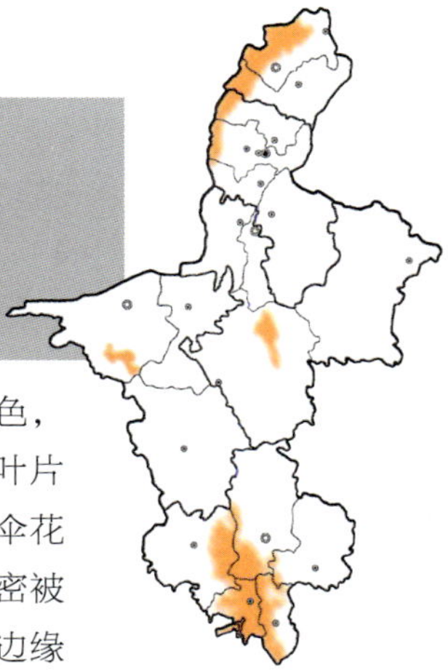

中文名 **西北栒子**
拉丁名 *Cotoneaster zabelii*
别　名 **札氏栒子、杂氏灰栒子、大木瓜子、担棍子**

基本形态特征： 落叶灌木，高达2m；小枝红褐色，有时密被黄白色柔毛，老枝黑褐色，无毛。叶片椭圆形，下面密被白色柔毛；叶柄被绒毛。聚伞花序，总花梗及花梗均被柔毛；萼筒钟形，外面密被绒毛，萼裂片三角形，外面被柔毛，里面沿边缘具绒毛；花瓣近圆形，先端圆钝，淡红色，直伸。果实鲜红色，含2小核。花期6月，果期7～8月。

分布： 宁夏产贺兰山、罗山、香山及六盘山，分布量较多。我国河北、山西、山东、河南、陕西、甘肃、青海、湖南、湖北等地也有分布。

生境及适应性： 多生于石灰岩山地、山坡阴沟、沟谷边、灌木丛中。喜阳或半荫，耐寒，耐干旱贫瘠。

观赏及应用价值： 观花观果。春花秋实，西北栒子也是红色系花，与红花栒子不同的是作为直立灌木，后者具有匍匐性，二者可结合应用丰富园林空间景观。

图194　西北栒子

中文名 **细枝栒子**
拉丁名 *Cotoneaster tenuipes*
别　名 细梗栒子

基本形态特征：落叶灌木，高1～2m；小枝细瘦，暗褐色，密被长柔毛。叶片狭卵状椭圆形或卵形；叶柄被柔毛。聚伞花序，总花梗及花梗均密被平铺柔毛；萼筒钟形，外面被平铺柔毛，里面无毛，萼裂片卵状三角形，外面无毛或疏被长柔毛，里面边缘密生绒毛；花瓣近圆形，基部具短爪。果实黑色，具1～2个小核。花期6月，果期7～9月。

分布：宁夏产贺兰山，分布量较少。我国甘肃、青海、四川、云南等地也有分布。

生境及适应性：多生于海拔2200m左右的向阳山坡或灌木丛中。喜阳，耐寒耐旱，耐土壤贫瘠。

观赏及应用价值：观花观果。春花秋实，且株型秀丽，可用于园林地被、庭院美化和岩石园布置。

图195 细枝栒子

中文名 **准噶尔栒子**
拉丁名 *Cotoneaster soongoricus*
别　名 准噶尔总花栒子

基本形态特征：落叶灌木，高1～2m；小枝暗褐色，幼时密被柔毛，后逐渐脱落。叶片卵形至椭圆形，先端圆钝具小突尖，上面偶具稀疏柔毛，叶脉稍下陷，背面密被白色绒毛。聚伞花序具花3～5朵，花梗及总花梗均被绒毛；萼筒钟形，萼片三角形；花瓣近圆形或宽卵形，先端圆钝或微凹，基部具短爪，白色。果实卵形至椭圆形，红色，被稀疏柔毛。花期6月，果期7月。

分布：宁夏产贺兰山、罗山，分布量较多。我国内蒙古、甘肃、新疆、四川、西藏等地也有分布。

生境及适应性：多生于海拔2000～2300m的干旱山坡及山谷林缘。喜阳，耐寒耐旱，耐土壤贫瘠。

观赏及应用价值：观花观果。春花秋实，株型饱满，果型也较为娇小可爱，可用于耐旱型园林地被、庭院美化和岩石园布置。

图196 准噶尔栒子

山楂属 *Crataegus*

中文名 **甘肃山楂**
拉丁名 ***Crataegus kansuensis***
别　名 **面梨子、面丹子、面旦子、野山楂**

基本形态特征： 灌木，高2.0～2.5m；小枝红褐色，幼时疏被柔毛和白粉，老枝灰白色，具锥形刺。叶片宽卵形，边缘具尖锐重锯齿和5～7个不规则的羽状浅裂，裂片三角状卵形，两面脉上有柔毛；叶柄无毛；托叶镰状。伞房花序生侧枝顶端，具花8～20朵，花梗与总花梗均无毛；苞片膜质，倒披针形，边缘具腺齿；花瓣近圆形，白色。果实球形，红色。花期5～6月，果期8～10月。

分布： 宁夏产六盘山、罗山及南华山，分布量较少。我国陕西、山西、甘肃、四川、贵州等地也有分布。

生境及适应性： 多生于海拔2200m左右的山坡灌丛中或林缘。喜阳，喜稍湿润凉爽气候，耐寒，喜土层深厚土壤。

观赏及应用价值： 观花观果观叶。株型圆整开展，枝繁叶茂，初夏白花满树，秋季红果满枝，秀色可人，黄叶纷纷，非常迷人。观赏期长，可孤植也可列植，可植于风景区、公园、庭园观赏。

图197　甘肃山楂

花楸属 *Sorbus*

中文名 **湖北花楸**
拉丁名 ***Sorbus hupehensis***
别　名 **臭枸子、马家木、雪压花**

基本形态特征： 乔木，高4～10m；小枝圆柱形，暗褐色，无毛。奇数羽状复叶，无毛，具小叶5～6对，小叶片长椭圆形，1/3具尖锐锯齿，上面深绿色，无毛，背面灰白绿色，仅中脉被白色柔毛。复伞房花序着生于侧生短枝的顶端，具多花；萼筒钟形，两面无毛，萼裂片三角形；花瓣卵形，先端圆，白色；雄蕊20个。果实近球形，白色。花期5～6月，果期7～9月。

分布： 宁夏产六盘山，分布量较多。我国河南、陕西、甘肃、青海、山东、江西、安徽、湖北、四川、贵州等地也有分布。

生境及适应性： 多生于海拔2000～2200m的阴坡杂木林中。喜半荫，耐寒，喜湿润凉爽气候，喜土层深厚土壤。

观赏及应用价值： 观花观果。树形优美，花朵繁密，硕果累累。可作为园景树、绿化树应用于公园、道路及庭院美化绿化中。

图198　湖北花楸

中文名 **陕甘花楸**
拉丁名 *Sorbus koehneana*
别　名 白皂角、马木、小叶臭枸子、臭山槐

基本形态特征：灌木或小乔木，高2～4m；小枝红褐色或黑褐色，无毛；冬芽长卵形，外具数个红褐色鳞片，被短柔毛。奇数羽状复叶，叶轴具狭翅，小叶长椭圆形，边缘具细锐锯齿，基部全缘，小叶无柄。复伞房花序着生于侧生短枝的顶端，具多数花，总花梗及花梗具白色柔毛；萼筒宽钟形；花瓣卵形，先端圆形，基部具短爪，里面下部疏具白色长柔毛。果实球形，白色。花期6～7月，果期8～9月。

分布：宁夏主产六盘山，分布量较多。我国山西、河南、陕西、甘肃、青海、湖北及四川等地也有分布。

生境及适应性：多生于海拔2000～2700m的林中。喜阳；稍耐寒，喜偏湿润环境及深厚土壤。

观赏及应用价值：观花观果。叶形秀美，花量繁多壮观，秋季白果累累，黄叶纷纷，观赏价值高，可用于庭院绿化，宜列植、孤植观赏。

图199 陕甘花楸

苹果属 *Malus*

中文名 **甘肃海棠**
拉丁名 *Malus kansuensis*
别　名 陇东海棠、白石枣、花叶杜梨、楸子树

基本形态特征：灌木或小乔木，高3～6m；小枝褐色，被短柔毛，老枝暗褐色，无毛。叶对生，叶片卵形或宽卵形，通常3浅裂，先端渐尖，基部圆形或微心形，边缘具细锐重锯齿，表面微有毛，背面被短柔毛。伞形总状花序具花4～10朵；花瓣白色，倒卵形；花梗与总花梗均疏被柔毛。果实椭圆球形，黄红色，萼裂片脱落。花期5～6月，果期7～8月。

分布：宁夏产六盘山，分布量较少。我国陕西、甘肃、四川等地也有分布。

生境及适应性：多生于海拔2100～2300m的山坡林下、林缘或路边。喜阳，稍耐荫，耐寒，稍耐旱，喜微湿润凉爽气候。

观赏及应用价值：观花观果。春花秋实，花开繁密满枝，果实光滑，粉红略带紫色，娇美诱人，是良好的花果树种，极具开发价值，可种植庭园观赏，丰富园林景观。

图200 甘肃海棠

中文名 **山荆子**
拉丁名 *Malus baccta*
别　名 山丁子、山定子、林荆子、糖李子

基本形态特征： 乔木，高3～5m；枝紫褐色，无毛；芽卵形，具鳞片。叶片椭圆形或卵状披针形，边缘具细锐锯齿；托叶披针形，膜质，具腺齿或全缘。花序近伞形，花梗无毛；萼筒外面光滑，萼裂片狭披针形，外面无毛，里面密被白色绒毛；花瓣长圆形或卵形，基部具短爪，白色或淡红色。果实近球形，红色或黄色，萼片脱落。花期5月，果期6～9月。

分布： 宁夏产六盘山，分布量较多。我国东北、华北及河南、陕西、甘肃等地也有分布。

生境及适应性： 多生于海拔2200m左右的山地灌丛或杂木林中。喜半荫，耐寒，较耐旱，喜土层深厚土壤。易种子繁殖。

观赏及应用价值： 观花观果。春花秋实，花多而繁密，花时满树变白，果熟时黄色或略带白晕，较可爱，可用于公园、庭院及街道绿地美化树种栽植，宜孤植及列植；为嫁接苹果、花红等的主要砧木；也是较好的蜜源植物。

图201 山荆子

悬钩子属 *Rubus*

中文名 **秀丽莓**
拉丁名 *Rubus amabilis*
别　名 美丽悬钩子、可喜莓

基本形态特征： 小灌木，高1～2m；茎粗壮，铺散，无毛，基部散生稍宽的细尖皮刺。奇数羽状复叶，小叶7～9，稀11，卵形或卵状披针形，中脉上具小钩刺，边缘具缺刻状重锯齿，顶生小叶较大，有时3浅裂。花单生短枝顶端，下垂；花梗被疏毛和细刺；萼裂片宽卵形，外面被毛；花瓣近圆形，比萼片稍短，白色。聚合果短圆柱形，红色，无毛。花期5月，果期8月。

分布： 宁夏产六盘山，分布量多。我国陕西、甘肃、四川、湖北、江西等地也有分布。

生境及适应性： 多生于山坡林下、林缘。喜半荫，喜湿润凉爽气候，稍耐寒，喜腐殖质土壤。

观赏及应用价值： 观花观果藤本。花量繁多，明丽夺目，果成熟时晶莹红亮，观赏效果极好，亦可生食。可用作花架立体花材应用，亦可任其横向攀附生长应用于自然花境中。

图202 秀丽莓

中文名 **针刺悬钩子**
拉丁名 *Rubus pungens*
别　名 刺悬钩子、白花悬钩子、刺萼莓、刺蘼

基本形态特征：落叶蔓性小灌木，小枝紫褐色。奇数羽状复叶，小叶常5～7，卵形或矩圆状卵形，边缘具尖锐重锯齿或缺刻状重锯齿，上面疏生柔毛，下面沿叶脉被疏毛或细刺，顶生小叶较大，边缘具浅裂。花单生或2～3朵着生于短枝顶端；花萼外面具柔毛和腺毛，密被直立针刺；萼片披针形或三角状披针形；花瓣倒卵状匙形，基部具短爪，绿白色。聚合果球形，红色。花期5月，果期7月。

分布：宁夏产六盘山，分布量较多。我国山西、陕西、甘肃、四川、湖北、云南及西藏等地也有分布。

生境及适应性：多生于海拔200～2500m的山地林下。喜荫或半荫，喜冷凉湿润气候，对土壤要求不高。

观赏及应用价值：观花观果。花量大，花色明丽，果实亮红色，晶莹诱人。可用于自然花境穿插布置及庭院的矮绿篱、棚架栽培观赏。

图203 针刺悬钩子

路边青属 *Geum*

中文名 **水杨梅**
拉丁名 *Geum aleppicum*
别　名 路边青

基本形态特征：多年生草本，高30～60cm。茎直立，带紫色，具纵条棱，稍被极稀疏的开展长毛。基生叶为不规则的基数羽状复叶，具7～13片小叶，顶端3片小叶大，下部小叶小；茎生叶小或为三出复叶，小叶倒卵状披针形。花单生叶腋；副萼片线状长圆形，萼裂片长三角形；花瓣黄色，近圆形，先端微凹，基部具短爪。瘦果狭椭圆形。花期7月，果期8月。

分布：宁夏产六盘山，分布量较多。我国分布于东北、华北至西南各地。

生境及适应性：多生于山谷草地或沟边。喜阳，耐半荫，耐寒，喜湿润及腐殖质土壤。

观赏及应用价值：观花观果。花朵繁多花期长，色彩明丽，果实似小刺猬，较为可爱。可应用于自然花境点缀、水景布置等，宜丛植于林缘或水际。

图204 水杨梅

委陵菜属 *Potentilla*

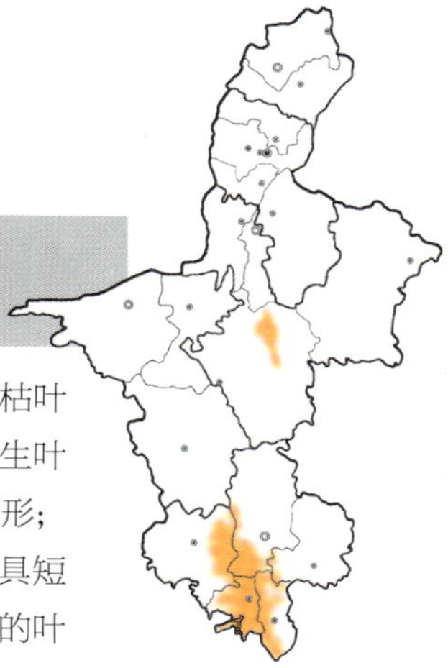

中文名 **鹅绒委陵菜**
拉丁名 ***Potentilla anserina***

基本形态特征：多年生草本，根茎粗壮，被残留枯叶柄。匍匐茎细长，节上生根。基数羽状复叶，基生叶具小叶9～19片，小叶几无柄或具短柄，卵状矩圆形；叶柄长10～15cm，被白色柔毛；匍匐茎上的叶具短柄，小叶片数较少。花单生于基生叶丛或匍匐茎的叶腋；花梗长4～12cm，被长柔毛；花瓣黄色，宽倒卵形，全缘。瘦果卵圆形。花期5～7月。

分布：宁夏产六盘山及罗山，分布量较多。我国陕西、甘肃、四川等地也有分布。

生境及适应性：多生于沟渠旁、田边及低山草地。喜阳，耐寒，喜湿润及腐殖质土壤。

观赏及应用价值：观花观叶。植株低矮伏地，地被效果好，叶背面银灰色较有观赏性，花开时一丛丛鲜艳漂亮。可作为园林地被应用于自然花境、庭院美化中。

图205 鹅绒委陵菜

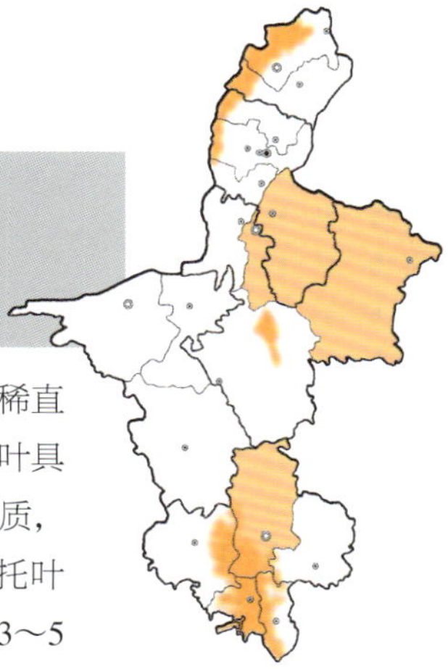

中文名 **二裂委陵菜**
拉丁名 ***Potentilla bifurca***
别　名 **叉叶委陵菜、痔疮草**

基本形态特征：多年生草本，矮小。茎多平铺，稀直立，自基部多分枝，被长柔毛。羽状复叶，基生叶具小叶9～13片，小叶无柄，对生，椭圆形；托叶膜质，与叶柄连生成鞘状；茎生叶通常具小叶3～7；托叶草质，卵状披针形，全缘。聚伞花序顶生，具花3～5朵；花黄色；花瓣宽倒卵形，基部具短爪。瘦果小，光滑无毛。花期5～6月，果期7～8月。

分布：宁夏产贺兰山、罗山、六盘山及盐池、灵武、吴忠、固原等市(县)，分布量多。我国分布于东北、华北、西北及四川等地。

生境及适应性：多生于山坡、草地、田野、路旁。喜阳，耐寒耐旱，适应性广。

观赏及应用价值：主观花。株丛低矮，地被效果好，花开亮丽奔放，较具观赏性，适应性好。可作为干旱园林地被应用于自然花境、庭院美化中，亦可用于岩石园布置。

图206 二裂委陵菜

中文名 **金露梅**
拉丁名 *Potentilla fruticosa*
别　名 金老梅、金蜡（腊）梅、扁麻、木本委陵菜、棍儿茶

基本形态特征：小灌木，高可达1.5m，多分枝；树皮灰褐色，纵向剥落。奇数羽状复叶，通常具5片小叶，小叶无柄，小叶片倒卵形或椭圆形，全缘，反卷，表面疏被长伏毛，背面沿叶脉疏被长毛。花单生叶腋或成伞房花序；花瓣宽倒卵形至近圆形，花黄色。瘦果卵圆形，密被长柔毛。花期6～8月，果期8～10月。

分布：宁夏主要分布于贺兰山及南华山，分布量较多。我国东北、华北、西北及西南各地有分布。

生境及适应性：多生于向阳山坡、灌丛、路旁及石崖上。喜阳，耐寒耐旱，耐土壤贫瘠。

观赏及应用价值：观花观姿。植株低矮，花黄色艳丽，花期长，可用于岩石园、屋顶绿化及公园、道路地被，也可作矮花篱。

图207 金露梅

中文名 **匍枝委陵菜**
拉丁名 *Potentilla flagellaris*
别　名 蔓生委陵菜、鸡儿头

基本形态特征：多年生草本。茎匍匐，被伏柔毛。掌状复叶，小叶5，菱状倒卵形；基生叶具长柄；茎生叶与基生叶同形，小叶片较小，叶柄较短。花单生叶腋，花梗被柔毛；花黄色；副萼片长椭圆形，萼片狭卵形，与副萼片等长或稍长；花瓣倒卵形，先端凹，基部具短爪。瘦果椭圆形，棕褐色。花期6～7月，果期7～8月。

分布：宁夏产南华山、贺兰山等地，分布量较多。我国分布于东北、华北、西北各地。

生境及适应性：多生于林缘、路旁或草地。喜阳，耐半荫，耐寒，喜湿润及腐殖质土壤。

观赏及应用价值：观花观叶。植株低矮伏地，地被效果好，枝叶开展秀丽，花开时丛丛黄色显眼，较为漂亮。可作为园林地被应用于自然花境、庭院美化中。

图208 匍枝委陵菜

中文名 西山委陵菜
拉丁名 *Potentilla sischanensis*

基本形态特征：多年生草本，高8～15cm。茎多数丛生，倾斜升展，被灰白色绒毛。奇数羽状复叶，基生叶具长柄，小叶无柄，长椭圆形或宽卵形，具羽状深裂片；茎生叶具小叶片，叶柄短或无；托叶小，椭圆形。聚伞花序，花排列稀疏；副萼片长椭圆形，萼片宽卵形，稍长于副萼片；花瓣黄色，宽倒卵形。瘦果红褐色，无毛。花期5～6月。

分布：宁夏产贺兰山及固原市，分布量较多。我国分布于华北及西北各地。

生境及适应性：多生于向阳山坡。喜阳，耐寒耐旱，耐土壤贫瘠。

观赏及应用价值：主观花。株丛低矮，地被效果好，花开亮丽显眼，较为漂亮，适应性好。可作为干旱园林地被应用于自然花境、庭院美化中，亦可用于岩石园布置。

图209 西山委陵菜

中文名 小叶金露梅
拉丁名 *Potentilla parvifolia*
别　名 小叶金老梅

基本形态特征：小灌木，高50～80cm，多分枝。小枝黑褐色。奇数羽状复叶，叶柄基部具关节，疏被毛；小叶无柄，先端3小叶基部下延，下面两对小叶密集呈轮生状，小叶片倒卵形，全缘，上面疏被长伏毛，下面沿中脉疏被长毛或近无毛。花单生或成伞房花序；黄色。花期6～7月，果期8～10月。

分布：宁夏产贺兰山及南华山，分布量较多。我国分布于东北、华北及西北各地。

生境及适应性：多生于干旱山坡。喜阳，耐寒耐旱，耐土壤贫瘠。

观赏及应用价值：观花观姿。植株低矮，是岩石园的种植材料，也可用于屋顶绿化；花黄色艳丽，花期长，是园林中的优良地被植物，也可作矮花篱。

图210 小叶金露梅

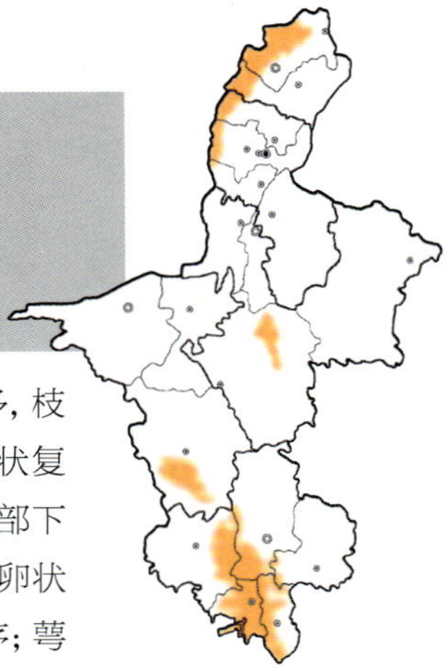

中文名 **银露梅**
拉丁名 ***Potentilla glabra***
别　名 **白花棍儿茶、光叶银露梅、银老梅**

基本形态特征： 小灌木，高80～100cm；分枝多，枝棕褐色，纵向条状剥落，幼枝被柔毛。奇数羽状复叶，小叶5，椭圆形，具小突尖，先端3片小叶基部下延，全缘，疏被长柔毛；托叶膜质，淡黄棕色，卵状披针形，疏被长柔毛。花单生叶腋或成伞房花序；萼片长卵形或三角状长卵形，背面疏被长柔毛，黄绿色；花瓣宽倒卵形，白色，先端圆，基部具短爪。花期5～7月，果期7～9月。

分布： 宁夏产贺兰山、六盘山、罗山及南华山，分布量较多。我国华北及陕西、甘肃、湖北、四川等地也有分布。

生境及适应性： 多生于山地灌丛、路边及沟谷两侧。喜阳，耐半荫，耐寒，喜微湿润冷凉气候，亦稍耐旱，对土壤要求不高。

观赏及应用价值： 观花观姿。植株低矮，小花白色，繁密整齐，花期长，可用于岩石园、庭院及混合花境点缀。

图211　银露梅

中文名 **白毛银露梅**
拉丁名 ***Potentilla glabra* var. *mandshurica***
别　名 **华西银蜡（腊）梅、华西银露梅、观音茶**

基本形态特征： 本变种与原种的主要区别是小叶片上面疏被绢状柔毛，下面密生绢状毛或绒毛。

分布： 宁夏产固原市及南华山，常与金露梅一起，但分布量较金露梅少。我国华北及陕西、青海、湖北、四川、云南等地也有分布。

生境及适应性： 多生于山坡草地、灌丛、林缘。喜阳，耐半荫，耐寒，喜微湿润冷凉气候，亦稍耐旱，对土壤要求不高。

观赏及应用价值： 观花观资。植株低矮，小花白色，花期长，可用于岩石园、屋顶花园及混合花境点缀。

图212　白毛银露梅

草莓属 *Fragaria*

中文名 **东方草莓**
拉丁名 ***Fragaria orientalis***

基本形态特征：多年生草本，高10～20cm，具匍匐茎。基生叶掌状三出复叶，叶柄长4～10cm，密被黄棕色长柔毛，小叶近无柄；小叶片卵形或菱状卵形，先端圆钝，基部楔形，侧生小叶基部偏斜，边缘具粗锯齿；托叶膜质，披针形，棕褐色，被疏柔毛。伞房花序顶生，具花3～5朵，被疏柔毛。副萼片线状披针形，外面被柔毛；花瓣白色，近圆形。聚合果近球形，红色。花期5～6月，果期6～7月。

分布：宁夏产六盘山，集中在固原市原州区以南地区，分布量较多。我国河北、山西、陕西、甘肃等地也有分布。

生境及适应性：多生于草地、林缘、路边、田边。喜半荫，耐寒，喜稍湿润凉爽环境，土层深厚些生长较好。

观赏及应用价值：观花观果。小白花星星点点，伏地绽放，较为可人；果期红果累累，粒粒点缀于翠绿的匍匐茎叶之间，尤为美丽。可用于疏林地被、缀花草坪及自然花境的布置。

图213 东方草莓

中文名 **伞房草莓**
拉丁名 ***Fragaria corymbosa***
别　名 瓢儿

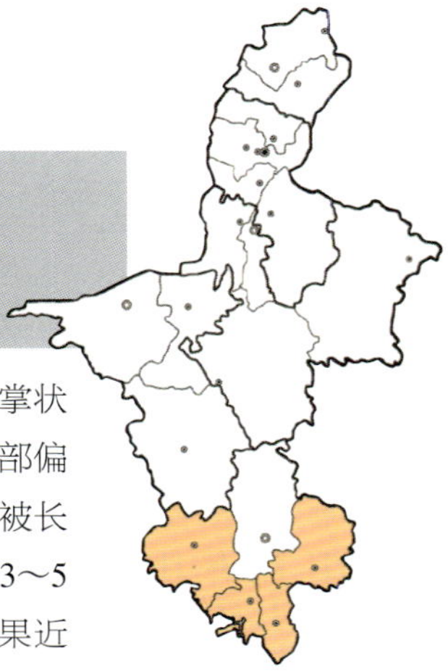

基本形态特征：多年生草本，具匍匐茎。基生叶掌状三出复叶，小叶片卵形或菱状卵形，侧生小叶基部偏斜，边缘具粗锯齿，上面脉间疏被柔毛，下面密被长绢毛；托叶膜质，披针形。伞房花序顶生，具花3～5朵；萼片卵状披针形；花瓣近圆形，白色。聚合果近球形，红色。花期5～6月，果期6～7月。

分布：宁夏固原以南地区普遍分布。我国河北、山西、陕西、甘肃等地也有分布。

生境及适应性：多生于草地、林缘、路旁、田边。喜半荫，喜冷凉湿润气候，喜土层深厚土壤。

观赏及应用价值： 观花观果。花美丽可爱，花型似白梅，果鲜红诱人，群丛效果好，可作为地被用于园林景观、自然花坛等。

图214 伞房草莓

蛇莓属 *Duchesnea*

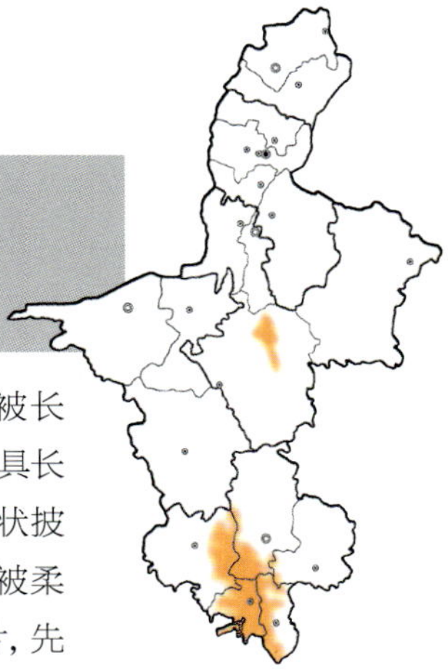

中文名 **蛇莓**
拉丁名 ***Duchesnea indica***
别　名 **蛇泡草、龙吐珠、三爪风**

基本形态特征： 多年生草本。茎纤细，匍匐，被长柔毛，节上常生不定根。掌状三出复叶，基生叶具长柄，茎生叶具短柄；小叶菱状或倒卵形；托叶卵状披针形，有时3裂，被柔毛。花单生叶腋；花梗细，被柔毛；副萼片倒卵形，萼片狭卵形，稍短于副萼片，先端急尖，全缘；花瓣黄色，倒卵形。瘦果小，果时花托膨大成球形。花期5月，果期6～7月。

分布： 宁夏产六盘山及罗山，分布量较多。我国除黑龙江、吉林、内蒙古等地外，各地均有分布。

生境及适应性： 多生于海拔2000m左右的潮湿山坡草地或山谷溪水旁。喜阳，耐半荫，耐寒，喜湿润及腐殖质土壤。

观赏及应用价值： 观花观果。植株匍匐性强，黄色花朵开花多，花期不断，小果子似小草莓，鲜红可爱。可应用于缀花草坪、自然花境点缀等，宜栽于林下、林缘或水边。

图215 蛇莓

蔷薇属 *Rosa*

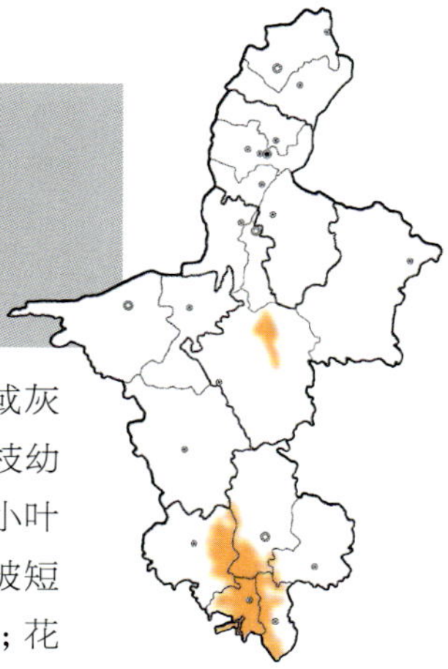

中文名 **扁刺蔷薇**
拉丁名 ***Rosa sweginzowii***
别　名 **刺梨子、裂萼蔷薇、野刺玫、大油瓶子、油瓶子**

基本形态特征： 灌木，高4～5m；小枝棕红色或灰绿色，无毛，具皮刺；皮刺基部侧扁，稍弯，嫩枝幼时密被刺毛。奇数羽状复叶，具小叶7～11片；小叶片椭圆形，边缘具重锯齿，表面无毛，背面疏被短柔毛。花单生或2～3朵簇生，苞片卵状披针形；花梗长1.5～3.0cm，密被腺刺；花瓣玫瑰红色，宽倒卵形，先端微凹。蔷薇果红色，具腺刺。花期6月，果期7～8月。

分布： 宁夏产六盘山及罗山，分布量较多。我国陕西、甘肃、四川等地也有分布。

生境及适应性： 多生于海拔2200～2600m的山坡灌丛中。喜半荫及稍湿润冷凉气候，喜土层深厚土壤。

观赏及应用价值： 观花观果。株型圆整，花色艳丽，花朵繁密，蔷薇果红色可人，较具观赏性。可应用于公园绿地、庭院美化及道路灌丛，宜列植、丛植，也可作为现代月季育种的野生种质资源之一。

图216 扁刺蔷薇

中文名 **刺玫蔷薇**
拉丁名 *Rosa davurica*
别　名 山刺玫

基本形态特征： 灌木，高约2m；小枝绿色或带褐色，具刺毛；皮刺扁。奇数羽状复叶，叶轴腹面具沟槽，被短毛及稀疏细刺，通常具小叶7片；小叶椭圆形，边缘具尖锐单锯齿或不规则的重锯齿，仅背面被毛；托叶披针形，下部与叶轴合生。伞形花序顶生，具4～8朵花，苞片卵状披针形；花梗密被腺刺；花瓣宽倒卵形，外面被稀疏短毛，里面无毛，淡红色。蔷薇果红色，长卵形。花期7月，果期8～9月。

分布： 宁夏产六盘山及罗山，分布量较少。我国陕西、甘肃、湖北、四川等地也有分布。

生境及适应性： 多生于山坡杂木林缘或灌丛中。喜半荫，喜稍湿润冷凉气候，耐寒，喜土层深厚土壤。

观赏及应用价值： 主要观花、观果，亦可观叶、观皮刺。花果艳丽，秋叶变黄。可孤植、列植或丛植观赏，亦可作为刺篱材料。

图217 刺玫蔷薇

中文名 **单瓣黄刺玫**
拉丁名 *Rosa xanthina* f. *normalis*
别　名 野生黄刺玫、马茹子

基本形态特征： 灌木，高3m；小枝细长，紫褐色，具皮刺，刺直伸，不扁或基部稍扁。奇数羽状复叶，长3～5cm；叶轴腹面具沟槽，沟槽被柔毛；小叶7～11片，小叶片椭圆形或卵形，边缘具细钝锯齿，仅背面疏被长柔毛；托叶披针形，全缘或具腺体。花单生，无苞片；萼裂片披针形，先端渐尖，外面无毛，里面被柔毛；花瓣5，鲜黄色，宽倒卵形；雄蕊多数，花柱稍伸出花托口外，离生。蔷薇果球形，红色。花期6～7月，果期8～9月。

分布： 宁夏产六盘山及罗山，分布量较多。我国华北及山东、陕西、甘肃、青海等地也有分布。

生境及适应性： 多生于山坡灌丛中，野生分布量大。喜阳，耐半荫，耐寒耐旱，耐土壤贫瘠。

观赏及应用价值： 观花观果。早春花灌木，花黄色，明丽显眼，花量大，株丛大，开花时金黄一片十分壮观，果熟时红色发亮，亦较为漂亮。可广泛用于道路、街道两旁绿化和庭院、园林美化。可孤植、列植或丛植。

图218 单瓣黄刺玫

图219 单瓣黄刺玫（*Rosa xanthina* f. *normalis*）

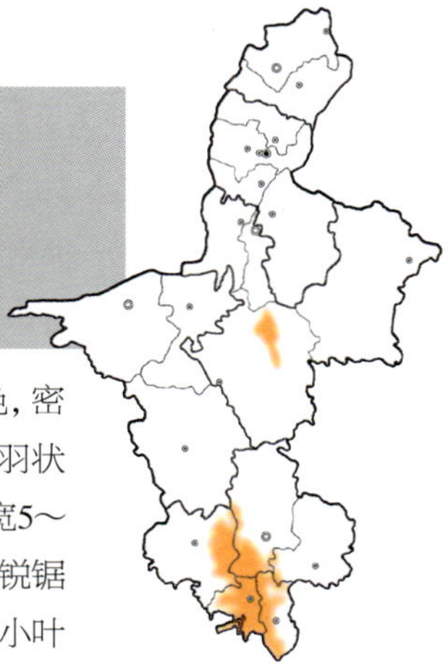

中文名 **峨眉蔷薇**
拉丁名 *Rosa omeiensis*
别　名 刺石榴、山石榴、小油瓶子、山玫瑰

基本形态特征：灌木，高1.5～3.0m；幼枝紫红色，密被刺毛，老枝灰褐色，刺扁化，基部扩展。奇数羽状复叶，具小叶11～15，小叶椭圆形，长8～25mm，宽5～10mm，先端圆钝，基部楔形至近圆形，边缘具细锐锯齿，两面无毛；顶生小叶具小柄，长2～5mm，侧生小叶无柄；托叶长卵状披针形。花单生短枝顶部；无苞片；花梗长1～2cm，无毛；花托倒卵形或椭圆形，无毛；萼片4，三角状披针形，先端长渐尖，两面密被短柔毛；花瓣4，白色，倒心状卵形，直径1.8～2.0cm；雄蕊多数，长短不等；花柱稍伸出花托口，密被白色柔毛。蔷薇果鲜红色，果梗膨大。花期5～6月，果期7～8月。

分布：宁夏产六盘山及罗山，集中分布于高湿海拔区域，分布量较多。我国山西、河南、陕西、甘肃、青海、湖北、四川、贵州、云南等地也有分布。

生境及适应性：多生于山坡杂木林中或林缘、灌丛中。喜半荫及稍湿润冷凉气候，耐寒，喜土层深厚土壤。

观赏及应用价值：主要观花观果。花白色繁多且明丽，果及果柄都膨大，光亮发红，奇特可爱，秋叶一片黄色，其新发扁刺亦发红，具有一定观赏性。可孤植、丛植或列植于草坪、公园拐角及庭院中。

图220 峨眉蔷薇

中文名 **扁刺峨眉蔷薇**
拉丁名 *Rosa omeiensis* f. *pteracantha*
别　名 翅刺峨眉蔷薇、红果

基本形态特征：灌木，高1.5～3.0m；幼枝紫红色，密被刺毛，老枝灰褐色，刺极宽，几相连成翅状，幼时呈透明的深红色。奇数羽状复叶，具小叶11～15，小叶椭圆形或卵状矩圆形，边缘具细锐锯齿，两面无毛；顶生小叶具小柄，侧生小叶无柄；托叶长卵状披针形。花单生短枝顶部；无苞片；萼片4，三角状披针形；花瓣4，白色，倒心状卵形。蔷薇果鲜红色，果梗膨大。花期5～6月，果期7～8月。

分布：宁夏产六盘山及罗山，分布量较多。我国山西、河南、陕西、甘肃、青海、湖北、四川、贵州、云南等地也有分布。

生境及适应性：多生于山坡杂木林中或林缘、灌丛中。喜半荫及稍湿润冷凉气候，耐寒，喜土层深厚土壤。

观赏及应用价值：主观花观果，亦观枝刺。花白色繁多且明丽，果形奇特可爱，熟时红亮；枝刺特别，新时发红，秋叶一片黄色。可孤植、列植或丛植于草坪、公园拐角及庭院中。

图221 扁刺峨眉蔷薇

中文名 **黄蔷薇**
拉丁名 *Rosa hugonis*
别　名 大马茹、鸡蛋黄花、红眼刺

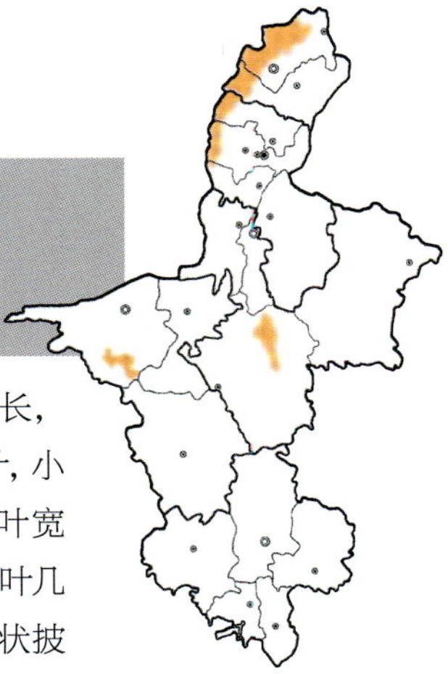

基本形态特征：灌木，高约2m；多分枝，小枝细长，暗紫红色或紫褐色，具皮刺，刺直立。羽状复叶，小叶5～9片，无毛或被极疏的柔毛和短皮刺；小叶宽倒卵形或长圆形；顶生小叶具叶柄，长，侧生小叶几无柄。花单生短枝顶端；无苞片；萼裂片狭三角状披针形；花瓣5，倒圆卵形，先端微凹，鲜黄色。蔷薇果球形，深红色。花期6月，果期7～8月。

分布：宁夏产贺兰山、罗山及香山，分布量较多。我国陕西、甘肃、四川等地也有分布。

生境及适应性：多生于向阳山坡林缘或灌丛中。喜阳，耐半荫，耐寒耐旱，耐土壤贫瘠。

观赏及应用价值：观花观果。春花秋实树种，花开繁密艳丽，金黄色一片，果红色圆球形，果梗亦红色，与红褐色的小枝相呼应；枝无毛，皮刺细长与之同色；远观有层次感，生动有趣，可丰富园林景观，均具有较高的观赏价值，适合庭园观赏，丛植，花篱等。

图222 黄蔷薇

中文名 **美蔷薇**
拉丁名 *Rosa bella*
别　名 油瓶子、山刺玫、美丽蔷薇、野玫瑰

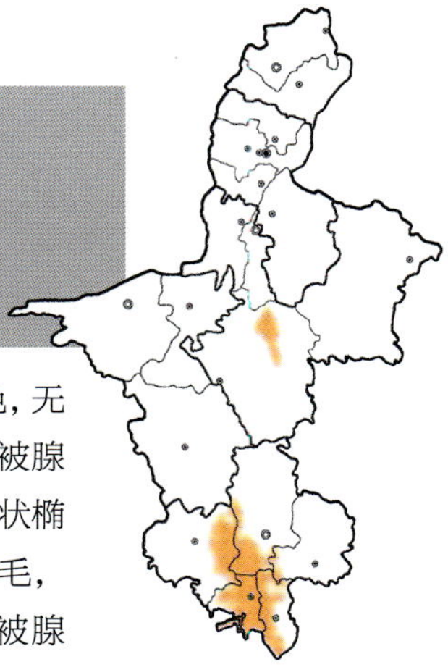

基本形态特征：灌木，高1.5～2.0m；小枝紫红色，无毛，具刺毛；皮刺宽扁，稍弯曲。奇数羽状复叶，被腺毛及稀疏短刺，具小叶7～9片；小叶椭圆形或卵状椭圆形，边缘具尖锐单锯齿，近基部全缘，常具腺毛，仅背面被疏毛。花单生或2～3朵簇生；花梗密被腺刺；苞片卵形，花托卵状圆形，密被腺刺，萼裂片披针形；花瓣宽倒卵形，粉红色。蔷薇果深红色，密被腺刺毛。花期6月，果期7～8月。

分布：宁夏产六盘山及罗山，分布量多。我国华北及山东、陕西、甘肃等地也有分布。

生境及适应性：多生于海拔2200～2400m的山谷林缘或山顶灌丛中。喜半荫，耐寒，喜稍湿润冷凉气候，喜土层深厚土壤。

观赏及应用价值：主要观花观果，亦可观秋叶。花瓣粉红色楚楚动人，倒卵形果深红色，较大，似小油瓶挂在枝头，非常可爱。秋季远观红果满树，黄叶纷纷，景观效果好，具有较高的观赏价值和开发前景。适合庭院、公园栽培观赏，可丛植、孤植或列植于草坪、林缘或路转角。

图223 美蔷薇

中文名 **秦岭蔷薇**
拉丁名 ***Rosa tsinglingensis***

基本形态特征：灌木，高2～3m；小枝暗紫红色。奇数羽状复叶，叶轴腹面具沟槽，无毛，具刺和腺刺，具9～13片小叶，小叶椭圆形，上面深绿色，背面粉绿色，沿中脉疏具短刺；托叶倒披针形。花单生短枝顶部；无苞片；花梗无毛；花托倒卵形；花瓣5，白色，宽倒卵形。蔷薇果倒卵形。花期7月，果期8～9月。

分布：宁夏产六盘山，分布量较多。我国陕西等地也有分布。

生境及适应性：多生于海拔2200～2400m的山坡林缘或山谷灌丛中。喜半荫，喜湿润冷凉气候，喜腐殖质土壤。

观赏及应用价值：主要观花观果，羽状复叶也较为修长秀丽。花单生短枝顶，白色可爱；暗紫红色的小枝及橙黄色的蔷薇果也较具观赏价值。景观效果好，适合庭院、公园栽培观赏，可丛植、孤植或列植于草坪、林缘或路转角。

图224 秦岭蔷薇

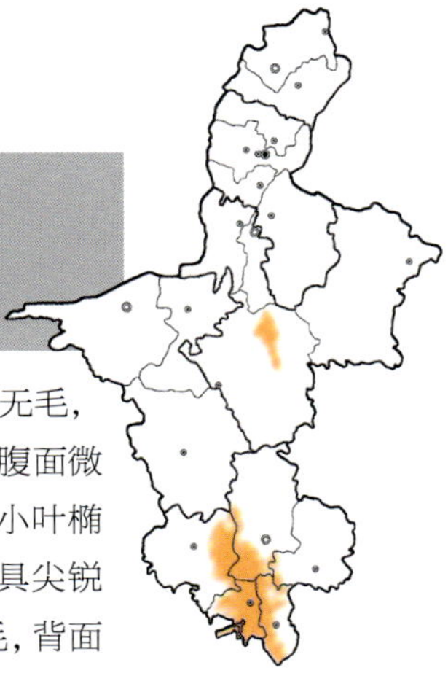

中文名 **山刺玫**
拉丁名 ***Rosa davidii***
别　名 **西北蔷薇、大卫蔷薇、万朵刺**

基本形态特征：灌木，高1.5～2.0m；小枝紫红色，无毛，具刺毛；皮刺宽扁，稍弯曲。奇数羽状复叶，叶轴腹面微具浅沟槽，被腺毛及稀疏短刺，具小叶7～9片；小叶椭圆形或卵状椭圆形，先端急尖，基部圆形，边缘具尖锐单锯齿，近基部全缘，常具腺毛，上面绿色，无毛，背面灰绿色，疏被柔毛。花单生或多朵簇生；花梗长约1cm，密被腺刺；苞片卵形，花托卵状圆形，密被腺刺，萼裂片披针形，花瓣宽倒卵形，长2.0～2.5cm，宽1.7～2.0cm，粉红色；雄蕊多数。蔷薇果深红色，密被刺毛。花期6月，果期7～8月。

分布：宁夏产六盘山及罗山，分布量较多。我国分布于华北及山东、陕西、甘肃等地。

生境及适应性：多生于海拔2200～2400m的山谷林缘或山顶灌丛中。喜半荫，耐寒，喜稍湿润冷凉气候，喜土层深厚土壤。

观赏及应用价值：主要观花观果，亦可观秋叶。花瓣粉红色楚楚动人，倒卵形果深红色，较大，似小油瓶挂在枝头，非常可爱。秋季远观红果满树，黄叶纷纷，景观效果好，具有较高的观赏价值和开发前景。适合庭院、公园栽培观赏，可丛植、孤植或列植于草坪、林缘或路转角。

图225 山刺玫

龙芽草属 *Agrimonia*

中文名 **龙芽草**
拉丁名 ***Agrimonia pilosa***
别　名 **散寒珠**

基本形态特征： 多年生草本，高50～100cm。茎直立，单一或上部分枝，略四棱形，被开展的黄色长毛。叶互生，叶为不规则间断奇数羽状复叶，被黄色长毛，具小叶5～11片，对生或近对生，菱状倒卵形或倒卵状椭圆形，边缘具6～9个粗锯齿；托叶卵形，边缘具粗锯齿。总状花序顶生，花序轴被开展的黄色长毛；花瓣长圆形，黄色。果实倒圆锥形。花期7月，果期8～9月。

分布： 宁夏产六盘山、南华山，分布量较多。我国各地均有分布。

生境及适应性： 多生于山谷湿地或山坡路边，喜半荫，喜湿润冷凉气候，腐殖质土壤生长较好。

观赏及应用价值： 观花。花黄色可爱，叶形秀美，地被效果好。可应用于园林地被配置，特别是阴湿环境造景。

图226 龙芽草

地榆属 *Sanguisorba*

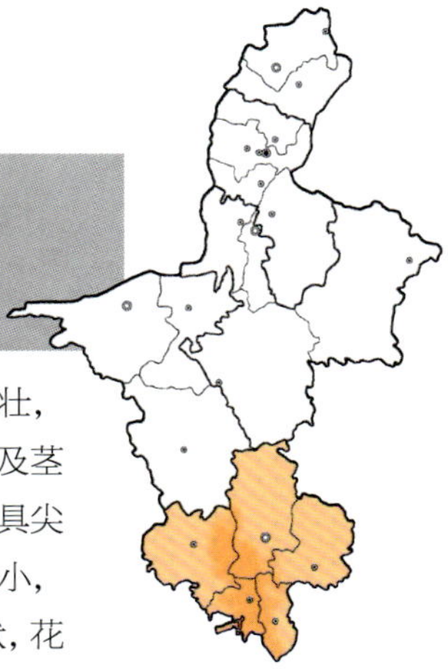

中文名 **地榆**
拉丁名 ***Sanguisorba officinalis***
别　名 **黄瓜香**

基本形态特征： 多年生草本，全株近无毛。根粗壮，暗褐色。茎直立，少分枝。奇数羽状复叶，基生叶及茎下部叶具小叶7～13片，小叶片矩圆状卵形，边缘具尖圆牙齿，上面无毛，下面被稀疏柔毛；茎上部叶较小，小叶片数较少。穗状花序顶生，头状或矩圆柱状，花由花序顶端向下渐次开放；每花具2苞片；萼片椭圆形，暗紫红色；花药暗紫红色；花柱紫色。瘦果倒卵状长圆形，被短柔毛。花期7～8月，果期8～9月。

分布： 宁夏产六盘山及固原市，分布量较多。我国分布于东北、华北、西北及西南各地。

生境及适应性： 多生于山坡草地或林缘草丛。喜阳，喜湿润凉爽气候，稍耐旱，喜土层深厚土壤。

观赏及应用价值： 观花观果。穗状花序顶生，萼片暗紫红色，在风中轻轻摇曳，楚楚动人，叶片被揉搓后散发出一种似黄瓜的清香。独特、野趣，极具开发前景。可用来布置花境，丰富地被植物种类。

图227 地榆

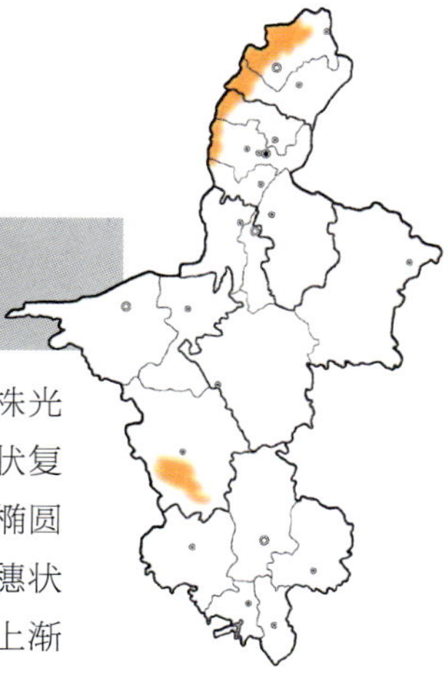

中文名 **高山地榆**
拉丁名 *Sanguisorba alpina*

基本形态特征：多年生草本，高30～80cm，全株光滑无毛。茎直立，分枝少，基部紫红色。奇数羽状复叶，基生叶和茎下部叶具小叶7～15片，小叶片椭圆形，边缘具粗锯齿，两面均无毛；茎生叶较小。穗状花序顶生，花多，紧密，长圆柱形，花由基部向上渐次开放，先端圆钝，具小尖头，白色带红晕；雄蕊花丝丝形，花药线形。花期7～8月，果期9月。

分布：宁夏主产贺兰山及南华山，分布量较多。我国新疆、甘肃等地也有分布。

生境及适应性：多生于海拔2000～2200m的山谷阴湿处。耐寒，喜阳耐半荫，喜湿润冷凉环境，喜腐殖质土壤。

观赏及应用价值：观花。花序纤美轻盈，片状观赏效果好，可作为地被植物用于花境及庭院中布置。

图228 高山地榆

李属 *Prunus*

中文名 **长柄扁桃**
拉丁名 *Prunus pedunculata*
别　名 长梗扁桃

基本形态特征：灌木，高1～2m。枝开展，小枝浅褐色至暗灰褐色；芽在短枝上3个并生，两侧为花芽，中间为叶芽。叶在短枝上簇生，长枝上互生；叶片椭圆形或倒卵形，两面疏生短柔毛，边缘具不整齐的粗锯齿。花单生，先叶开放；萼筒宽钟形，萼裂片三角状卵形；花瓣粉红色，近圆形。果实近球形或卵球形，先端具小尖头，密被短柔毛。花期4～5月，果期8～9月。

分布：宁夏产西华山、南华山及固原市，分布量较少。我国内蒙古也有分布。

生境及适应性：多生于向阳石质山坡或沟谷边。喜阳，耐寒耐旱，耐土壤贫瘠。

观赏及应用价值：观花观果。株型优美，叶秀丽，花开满树，美丽绚烂，果期红果累累，鲜艳可人。本种作为美丽的花果树，可作为公园、庭院及道路绿化、美化应用。

图229 长柄扁桃

中文名　**稠李**
拉丁名　*Prunus padus*
别　名　臭李

基本形态特征： 乔木，高5～10m；小枝棕褐色，无毛。叶倒卵形或倒卵状椭圆形，边缘具细锐锯齿或重锯齿，仅脉腋偶有簇毛；叶柄被短柔毛，顶端具2腺体。总状花序无毛，基部具叶3～5片，具花10～20朵，排列疏松；花瓣白色，椭圆形或倒卵状椭圆形，先端部分啮蚀状，基部楔形，有短爪；雄蕊多数，长为花瓣的一半。果实近球形，无毛。花期6月，果期7～8月。

分布： 宁夏产六盘山和贺兰山，分布量较多。我国分布于东北、华北、西北各地。

生境及适应性： 多生于海拔2000～2400m的山坡杂木林中。喜阳，耐半荫，喜微湿润冷凉气候，亦稍耐旱，对土壤要求不高。

观赏及应用价值： 观花观果。花序长硕，花朵大而密集，盛花期尤为壮观；果实黑色光亮，犹如串串黑珍珠。可作为园林美化、绿化树种应用于公园街道绿地等；同时本种亦为较好的蜜源植物。

图230　稠李

中文名　**刺毛樱桃**
拉丁名　*Prunus setulosa*
别　名　刺毛山樱桃、刺毛山樱花

基本形态特征： 灌木或小乔木，树皮灰棕色；小枝灰白色或棕褐色，无毛；冬芽尖卵形，无毛。叶片卵形或卵状椭圆形，先端尾状渐尖或骤尖，基部圆形；托叶卵状长圆形或倒卵状披针形，边有腺齿。花序伞形，有花2～3朵，花叶同开；总苞褐色，匙形，边有腺体，早落；总梗长5～7cm，无毛；苞片绿色，呈叶状，卵圆形，边有锯齿，齿端有腺体，两面疏被糙毛；花梗被疏柔毛或无毛；萼片开展，三角状长卵形，两面均被稀疏柔毛，先端急尖，边有疏齿；花瓣倒卵形或近圆形，粉红色；雄蕊与萼片近等长；花柱比雄蕊略长或与雄蕊近等长。核果红色，卵状椭球形；核表面略有棱纹。花期4～6月，果期6～8月。

分布： 宁夏产六盘山及南华山，分布量多。我国陕西、甘肃、四川、贵州等地也有分布。模式标本采自甘肃卓尼。

生境及适应性： 多生于山坡、河谷林缘或灌木丛中，海拔2000～2200m。喜阳，耐半荫，喜湿润冷凉环境，对土壤要求不高。

观赏及应用价值： 观花观果。株型圆整开展，花淡粉红色雅致可爱，花量密集，果期红果累累，晶莹光亮，甚是可爱。可用于庭院、公园、道路、林缘等绿化美化，宜丛植、列植。

图231　刺毛樱桃

图232 稠李（*Prunus padus*）

中文名 **毛樱桃**
拉丁名 *Prunus tomentosa*
别　名 **山樱桃、梅桃**

图233 毛樱桃

基本形态特征：灌木，高3～5m；幼枝灰棕色，微具纵棱，密被短柔毛，老枝无毛。叶倒卵形至倒卵状椭圆形，边缘具不规则的单锯齿或重锯齿，上面深绿色，被平伏的短柔毛，背面灰绿色，密被柔毛；叶柄密被短柔毛；托叶线形，边缘具腺体。花瓣狭倒卵形，白色或带淡红色。果实椭圆形，红色，被柔毛。花期5月，果期6～8月。

分布：宁夏产贺兰山及六盘山，分布量较多且集中。我国东北、华北及山东、陕西、甘肃、青海、四川、云南、西藏等地也有分布。

生境及适应性：多生于海拔2200m的山谷灌丛中。喜阳，耐半荫，耐寒耐旱，亦喜稍湿润气候，对土壤要求不高。

观赏及应用价值：观花观果。株型圆整开展，花淡粉红色雅致可爱，花量密集，果期红果累累，晶莹光亮，甚是可爱。可用于庭院、公园、道路、林缘等绿化美化，宜丛植、列植。

中文名 **蒙古扁桃**
拉丁名 *Prunus mongolica*
别　名 **野山桃**

图234 蒙古扁桃

基本形态特征：灌木，高1.0～1.5m；多分枝，树皮灰褐色，小枝暗红紫色，顶端成刺。叶近圆形或椭圆形，边缘具细圆钝锯齿，两面无毛；托叶线形，红色，早落；叶柄无毛和腺体。花单生于短枝上；花萼宽钟形，无毛，萼裂片椭圆形；花瓣淡红色，倒卵形或椭圆形，先端圆，基部具短爪。果实扁卵形，先端尖，密被粗柔毛。花期5月，果期6～7月。

分布：宁夏产贺兰山、南华山、西华山，零星分布或呈片层状分布，由于自然退化及人畜破坏片层状分布越来越少，为国家濒危保护物种(二级)。我国甘肃、内蒙古等地也有分布。

生境及适应性：多生于干旱石质山坡、干河床。喜阳、耐寒、耐干旱瘠薄。

观赏及应用价值：观花观果。植株低矮紧凑，开花早，花多且美丽，果小巧可爱，可栽植庭院供观赏，或在干旱地区道路隔离带种植。

图235 蒙古扁桃（*Prunus mongolica*）

蝶形花科 PAPILIONACEAE 槐属 *Sophora*

中文名 **苦豆子**
拉丁名 *Sophora alopecuroides*
别 名 西豆根、苦甘草

基本形态特征：半灌木。茎直立，高20～50cm，具棱，密被灰黄色短毛。奇数羽状复叶；小叶11～25，卵状椭圆形或矩圆状长椭圆形，两面密生灰黄色毛。总状花序顶生；苞片锥形；花萼斜钟形；花冠黄白色，旗瓣狭倒卵形，基部渐狭成长爪，翼瓣稍短于旗瓣，基部具耳和爪，瓣片下部具折皱，龙骨瓣与旗瓣等长。荚果串珠状，密被短毛。花期5～7月，果期6～8月。

分布：宁夏全区普遍分布。我国华北、西北及河南、西藏等地也有分布。

生境及适应性：多生于半固定沙丘、沟渠旁、沙质地及农田附近。适应性强，干旱贫瘠土地亦生长良好。

观赏及应用价值：观花观果。花朵密集量大，花期长，果似串串念珠，可用于园林地被绿化，亦可作固沙植物。

图236 苦豆子

胡枝子属 *Lespedeza*

中文名 **多花胡枝子**
拉丁名 *Lespedeza floribunda*

基本形态特征：小灌木，高30～60cm。羽状三出复叶，叶轴长3～15mm，被白色短伏毛；顶生小叶较大，倒卵状披针形或倒卵形，被毛，先端圆形或微凹，具小尖头；托叶刺芒状，被毛。总状花序腋生，总花梗较叶长，被白色毛；萼钟形，被白色毛，花冠紫红色，旗瓣椭圆形，先端圆形，翼瓣与旗瓣等长或稍短，先端圆钝，基部有耳和爪，龙骨瓣较旗瓣长，耳短，有爪。荚果卵形。花期8～9月，果期9～10月。

分布：宁夏产须弥山、贺兰山及中宁、海原等县，分布量较多。我国东北南部、华北、华东北部及甘肃、四川等地也有分布。

生境及适应性：多生于石质山坡及旱草地。喜荫，耐寒耐旱，适应性强。

观赏及应用价值：主观花。花量大，持续开花时间长，可作园林绿化小灌木，耐修剪，亦可作水土保持植物。

图237 多花胡枝子（摄影：姜良宝）

苦马豆属 *Swainsonia*

中文名 **苦马豆**
拉丁名 ***Swainsonia salsula***
别　名 红花苦豆子、雅食花、羊吹泡

基本形态特征： 多年生草本或半灌木。茎直立，高30～50cm，多分枝，具棱，被白色短毛。奇数羽状复叶；小叶11～19，倒卵状椭圆形，全缘，上面无毛，下面被灰白色短伏毛。总状花序腋生；花3～8朵，着生于花序轴的上部；苞片披针形，被灰白色短毛，小苞片狭卵形，长约1mm，被毛；花冠紫红色，旗瓣宽卵形，基部具短爪，翼瓣基部具耳和爪，龙骨瓣较翼瓣长。荚果椭圆形，膨胀呈膀胱状，疏被短伏毛。花期5～7月，果期7～8月。

分布： 宁夏产引黄灌区及贺兰山前低海拔之滩涂，广泛分布。我国东北、华北、西北等地有分布。

生境及适应性： 多生于渠沟旁、荒地、田埂边。对环境适应性强，生命力旺盛，耐寒耐旱。

观赏及应用价值： 观花观果。花期紫红一片尤为壮观，果期一个个紫红色的囊泡奇特可爱，观赏价值高。可作为园林地被应用及花境丛植等。 全草、果实及根药用。

图238 苦马豆

锦鸡儿属 *Caragana*

中文名 **矮脚锦鸡儿**
拉丁名 ***Caragana brachypoda***
别　名 短脚（角）锦鸡儿

基本形态特征： 灌木，老枝黄褐色，有光泽，幼枝褐色或黄褐色，密被短柔毛。长枝上的托叶硬化成针刺，短枝上的托叶脱落；长枝上的叶轴硬化成针刺，短枝上者常脱落；小叶4，假掌状着生，狭倒卵形，先端急尖或圆钝，具小刺尖，基部楔形，两面被柔毛。花单生；花梗短，被柔毛；花萼管状钟形，基部偏斜，呈浅囊状，带紫红色，无毛；花冠黄色，旗瓣宽倒卵形，翼瓣与旗瓣等长，先端圆钝，爪稍短于瓣片，龙骨瓣与翼瓣等长，子房被柔毛。荚果披针形，扁，先端渐尖。花期4～5月，果期6月。

分布： 宁夏产贺兰山及盐池、灵武、中宁、中卫等市（县），分布量多。我国内蒙古、甘肃等地也有分布。

生境及适应性： 多生于向阳山坡及山麓路边。喜阳，耐寒，耐旱，不择土壤。

观赏及应用价值： 观花。枝繁叶茂，开花时似满树黄金，宜布置于林缘、路边或建筑物旁，亦可供盆栽观赏。

图239 矮脚锦鸡儿

中文名　鬼箭锦鸡儿
拉丁名　*Caragana jubata*
别　名　鬼见（箭）愁、箭叶锦鸡儿

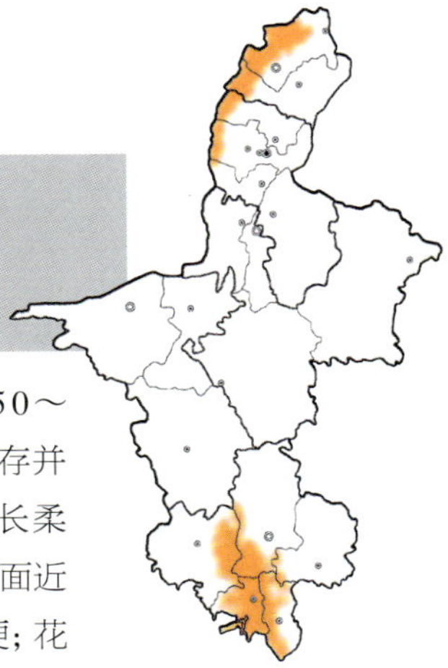

基本形态特征：灌木，直立或呈垫状，高50～100cm，多分枝。树皮灰黑色。叶密生，叶轴宿存并硬化成针刺，灰白色；托叶刺状锥形，被白色长柔毛；羽状复叶；小叶4～6对，无柄，长椭圆形，上面近无毛，边缘及背面密被白柔毛。花单生，近无梗；花冠淡红色或白色，旗瓣宽卵形，基部具爪，翼瓣长椭圆形，爪几与瓣片等长或稍短，耳长，稍短于爪，龙骨瓣与翼瓣近等长，爪与瓣片等长，耳三角形。荚果长椭圆形，密生长柔毛。花期5～6月，果期6～7月。

分布：宁夏产贺兰山和六盘山，分布集中且量多。我国华北、西北及四川等地有分布。

生境及适应性：多生于山坡灌丛或高山林缘。喜阳耐寒，喜湿润气候，对土壤要求不高。

观赏及应用价值：观花。花粉色至粉白色，盛开时繁花满枝，可用于灌木地被，花境点缀及花刺篱。

图240 鬼箭锦鸡儿

中文名　荒漠锦鸡儿
拉丁名　*Caragana roborovskyi*
别　名　洛氏锦鸡儿、猫耳刺、母猪刺

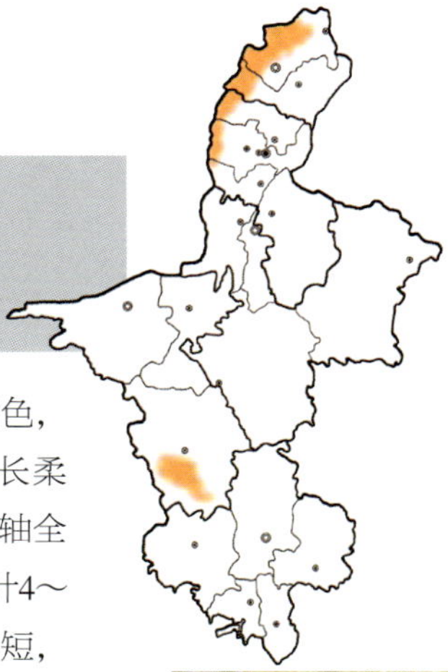

基本形态特征：低矮灌木，高30～50cm。树皮黄色，幼时灰褐色，多呈条状剥落，仅小枝密被白色长柔毛。托叶狭三角形至披针形，先端具硬刺尖；叶轴全部宿存并硬化成针刺，长约2cm，密被柔毛；小叶4～6对，宽倒卵形，两面密被长柔毛。花单生，花梗短，花萼筒形，萼齿三角状披针形，先端具小尖头；花冠黄色，旗瓣倒卵形；翼瓣长椭圆形，耳线形；龙骨瓣爪与瓣片近等长，耳圆形，较短。荚果圆筒形，被毛。花期4～5月，果期6～7月。

分布：宁夏产贺兰山和南华山，分布量较多。我国新疆、青海、甘肃及内蒙古等地也有分布。

生境及适应性：多生于干旱山坡、戈壁滩地、干河床等。喜阳，耐寒耐旱，耐土地贫瘠。

观赏及应用价值：主观花。花鲜黄色，花朵繁密，花期较长。可作为花篱或刺篱应用于庭园中，亦可作为耐旱型护坡植物材料，或应用于岩石园。

图241 荒漠锦鸡儿

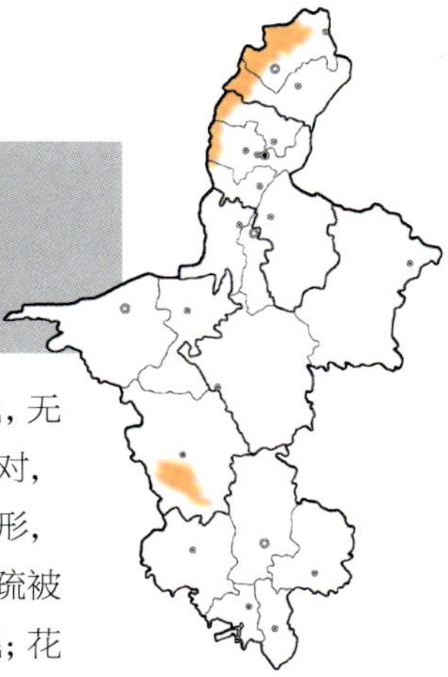

中文名 **柠条锦鸡儿**
拉丁名 *Caragana korshinskii*
别　名 **白柠条、老虎刺、牛筋条**

基本形态特征：灌木，高可达1.5m；枝条淡黄色，无毛。长枝上的托叶宿存硬化成针刺；小叶5～10对，羽状排列，无小叶柄，倒卵状长椭圆形或长椭圆形，基部近圆形或宽楔形，两面被短伏毛。花单生，疏被短柔毛，中部以上具关节；花萼钟形，被短柔毛；花冠黄色，旗瓣卵形，基部具短爪，翼瓣的爪长为瓣片的一半，耳短圆齿状，龙骨瓣的爪与瓣片近等长，耳不明显。荚果扁，红褐色，无毛。花期5～6月，果期6～7月。

分布：宁夏产贺兰山及南华山，分布量较多。我国内蒙古及甘肃等地也有分布。

生境及适应性：多生于干旱山坡或山前沙质地上。适应性强，耐寒耐旱，耐土壤贫瘠。

观赏及应用价值：观花观果。花朵繁密，果实丰硕。可作为园林绿化灌木应用，亦可作为护坡植物材料。

图242 柠条锦鸡儿

中文名 **细叶锦鸡儿**
拉丁名 *Caragana stenophylla*
别　名 **红柠条、羊柠角、皮溜刺**

基本形态特征：小灌木；老枝灰绿色或灰黄色，幼枝淡灰褐色，被短柔毛，后渐无。长枝上的托叶及叶轴宿存并硬化成针刺，短枝上的叶无叶轴；小叶假掌状着生，线状倒披针形，两面几无毛。花单生；花萼钟形，基部偏斜，无毛；花冠黄色，旗瓣倒卵形，基部具短爪，翼瓣先端圆钝，爪长为瓣片的1/2以下。荚果线形，无毛，成熟时红褐色。花期6～7月，果期7～8月。

分布：宁夏产贺兰山及同心、海原等县，分布量较多。我国东北、华北及甘肃等地有分布。

生境及适应性：多生于向阳干旱山坡。耐寒耐旱耐盐碱，适应性强。

观赏及应用价值：观花观果。花朵飘逸繁多，果期红亮的荚果挂满枝条，观赏性状较好，可用于园林绿化、岩石园等。

图243 细叶锦鸡儿

黄耆属 *Astragalus*

中文名 **边向花黄耆**
拉丁名 *Astragalus moellendorffii*
别　名 边向花黄蓍、边向花黄芪

基本形态特征：多年生草本，高40～60cm。茎直立或斜升，具纵棱，无毛。奇数羽状复叶，具小叶3～5，通常5，狭卵形至卵状披针形，上面无毛，下面被平伏白色长柔毛。总状花序顶生或腋生，具花8～15朵，较疏松，常偏向一侧；花冠蓝紫色，旗瓣椭圆状匙形，翼瓣先端圆，爪与瓣片几等长，耳齿状，龙骨瓣先端圆，爪与瓣片等长，无耳。荚果披针形或狭卵形，密被毛。花期6～7月，果期7月。

分布：宁夏产六盘山，分布量较多。我国华北及甘肃等地也有分布。

生境及适应性：多生于海拔2600～2800m的山顶向阳草坡。喜阳及微湿环境，耐半荫，稍耐寒。

观赏及应用价值：观花观果。花型美丽，花量大，观赏效果较好，可用于花境点缀及引种作为盆栽。

图244 边向花黄耆

中文名 **草木犀状黄耆**
拉丁名 *Astragalus melilotoldes*
别　名 草木犀状黄蓍、草木犀状黄芪

基本形态特征：多年生草本，高50～80cm。根粗壮，深可达1m。茎粗壮，直立，上部多分枝，具纵棱，被白色短柔毛。奇数羽状复叶，具小叶5～7，小叶长矩圆形或矩圆状倒披针形。总状花序腋生，具花5～30朵，疏散；苞片三角形；花萼钟形；花冠白色或粉红色，旗瓣近圆形至宽椭圆形，翼瓣长圆形；荚果宽倒卵状球形，无毛。花期7月，果期8月。

分布：宁夏产贺兰山及中卫、银川、贺兰、平罗、盐池等市(县)，分布量多。我国东北、华北及陕西、甘肃、青海、河南、山东等地也有分布。

生境及适应性：多生于山坡、沟旁、田边等地，分布区域广泛。适应性强，耐寒，耐土地贫瘠。

观赏及应用价值：观花。花朵玲珑可爱，花序密集，花量大，整体观赏效果好。宜作为混合花境、庭院美化的地被材料。

图245 草木犀状黄耆

棘豆属 *Oxytropis*

中文名 **刺叶柄棘豆**
拉丁名 ***Oxytropis aciphylla***
别　名 猫头刺

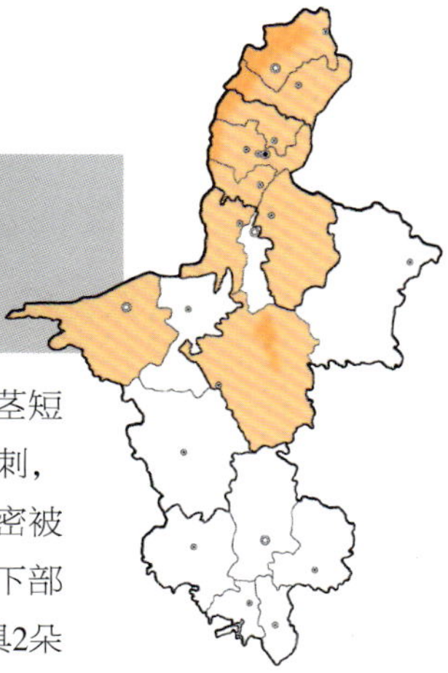

基本形态特征：矮小半灌木，高约15cm。地上茎短而多分枝成垫状。偶数羽状复叶，叶轴先端成刺，具小叶2～3对；小叶线形，先端成硬刺尖，两面密被白色柔毛，叶轴宿存且硬化成针刺；托叶膜质，下部与叶柄合生，上部常撕裂状，密被白色柔毛。常具2朵花；花冠蓝紫色，旗瓣倒卵形，基部渐狭成爪，翼瓣短于旗瓣，具爪和耳，龙骨瓣较翼瓣短，先端具喙；荚果矩圆形，密生白色柔毛。花期5～6月，果期6～7月。

分布：宁夏产贺兰山、罗山及中卫、青铜峡、永宁、灵武、同心和银川市以北各市(县)，分布量较多。我国河北、内蒙古、陕西、甘肃、青海、新疆等地也有分布。

生境及适应性：多生于干旱石质山坡、石质滩地及沙地。环境适应性强，喜光照，极耐寒耐旱，耐盐碱，不耐水湿。

观赏及应用价值：观花。灌丛在花期犹如紫色花球，紧凑整齐极其美丽，可应用于花境点缀、岩石园及盆栽。

图246 刺叶柄棘豆

中文名 **多叶棘豆**
拉丁名 ***Oxytropis myriophylla***
别　名 **狐尾藻棘豆、猫爪子花、长肉芽草、鸡翎草**

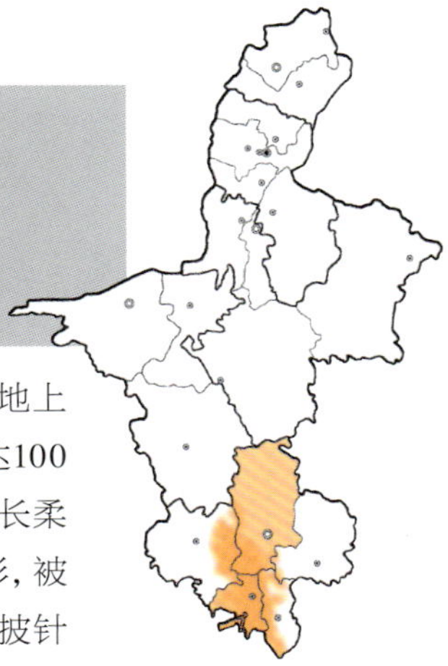

基本形态特征：多年生草本，高20～40cm。无地上茎。叶丛生，叶轴密被白色长柔毛。小叶可多达100枚，常4～6枚轮生，小叶片线形，两面密被白色长柔毛；总状花数多，密集生于花序轴顶；花萼筒形，被白柔毛，常呈暗紫色；花冠紫色，旗瓣倒卵状披针形，基部渐狭成爪，翼瓣较旗瓣短，先端尖，爪与瓣片几等长，龙骨瓣较翼瓣短，先端具喙，爪长于瓣片，耳圆形；荚果长椭圆形，膨胀，密被长柔毛。花期6月，果期7～8月。

分布：宁夏产六盘山及固原、隆德等市(县)，分布量较多。我国东北、华北及陕西等地有分布。

生境及适应性：多生于林缘草地及荒地。喜阳，耐半荫，稍耐旱，对土壤要求不高。

观赏及应用价值：观花观果。花朵繁密秀雅，叶形美丽。适宜作花境点缀及岩石园布置。

图247 多叶棘豆

中文名 **黄花棘豆**
拉丁名 *Oxytropis ochrocephala*
别　名 马绊肠

基本形态特征：多年生草本，高20～40cm。根粗壮；茎直立，密被黄色长柔毛，多由基部分枝。奇数羽状复叶，密被黄色柔毛，具卵状小叶17～29枚。总状花序腋生，具纵沟棱，密被黄色柔毛，小花10～50朵，密生于花序轴顶部；苞片卵状披针形；花萼筒形；花冠黄色，旗瓣扇形，具爪和耳，龙骨瓣先端有喙，长，耳圆形。荚果矩圆形，膨胀，密被黄色短毛。花期6～7月，果期7～9月。

分布：宁夏产南华山及西吉、海原等县，分布量较多。我国甘肃、青海、四川等地也有分布。

生境及适应性：多生于草坡、草地。喜阳，耐半荫，稍耐旱，喜腐殖质土壤。

观赏及应用价值：观花。主要观其亮黄色花序，花多而美丽，可用于花境点缀、宿根园，或适当驯化作为盆栽观赏。

图248 黄花棘豆

中文名 **密花棘豆**
拉丁名 *Oxytropis imbricata*

基本形态特征：多年生草本，高10～15cm。根粗壮，圆柱形，直生，暗褐色。茎短缩。奇数羽状复叶，丛生，叶轴密被白色柔毛，具小叶9～23枚，长椭圆形或卵状长椭圆形，先端尖，基部圆形，常向上卷，两面密被平伏的白毛；托叶披针形，被白色长柔毛。花序腋生，较叶长，总花梗细弱，密被白色平伏毛，具花3～15朵，集生于花序轴顶部成总状或近头状；苞片较花梗长，被白色柔毛；花萼钟形，被白色柔毛，且混生有黑色毛；萼齿与萼筒近等长；花冠淡黄色，旗瓣椭圆形，先端圆，基部渐狭，翼瓣与旗瓣等长，先端钝，爪长为瓣片的一半，耳圆形，龙骨瓣与翼瓣等长，先端具长约2mm的喙，爪稍短于瓣片，耳圆形；子房具柄，被毛。花期6～7月。

分布：宁夏产南华山，分布量较少。我国甘肃、青海等地也有分布。

生境及适应性：多生于海拔约2500m的向阳干旱山坡。喜阳耐寒耐旱，喜沙质透气性好的土壤。

观赏及应用价值：观花。花色鲜亮，叶形优美，可与草坪混植或栽于路边，是一种体现原始自然美的很好的植物。此外，因有固氮功效，可以用于改良土壤。

图249 密花棘豆

中文名 **砂珍棘豆**
拉丁名 *Oxytropis gracilima*
别　名 砂棘豆

基本形态特征： 多年生草本，高5～10cm。叶丛生，叶轴细弱，密被白色柔毛，常4～6片轮生，小叶线形，两面密被柔毛。头状花序具花10～15朵，密集生于花序轴的顶端，苞片膜质披针形；花萼钟形；花冠紫色，旗瓣倒卵形，基部渐狭成短爪，翼瓣稍短于旗瓣，爪长为瓣片的1/2，具耳，龙骨瓣与翼瓣近等长或稍短，爪稍短于瓣片。荚果卵形，被短柔毛。花期7～8月，果期8～9月。

分布： 宁夏产盐池县及贺兰山，分布量较少。我国华北及陕西、甘肃等地也有分布。

生境及适应性： 多生于干旱山坡或沙地。喜阳，耐寒耐旱，适应性较强。

观赏及应用价值： 主观花。花色绚丽，叶修长秀雅。可用于花境点缀及岩石园布置。

图250 砂珍棘豆

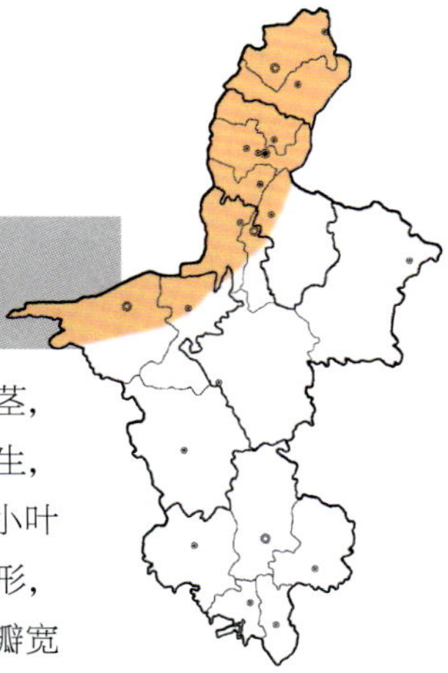

中文名 **小花棘豆**
拉丁名 *Oxytropis glabra*

基本形态特征： 多年生草本，高30～50cm。匍匐茎，多分枝，圆柱形，被白色短毛。奇数羽状复叶，互生，密被灰色柔毛，小叶长椭圆形或卵状披针形；小叶柄短。总状花序腋生，疏被白色短毛；苞片披针形，草质；花萼钟形，被白色柔毛；花冠蓝紫色，旗瓣宽倒卵形，具细尖，基部具爪，翼瓣基部具爪和耳，龙骨瓣耳短。荚果披针状椭圆形，先端尖，密被白色短毛。花期6～7月，果期7～8月。

分布： 宁夏引黄灌区普遍分布。我国西北及山西、内蒙古等地也有分布。

生境及适应性： 多生于渠沟旁、荒地、田边及低洼盐碱地。喜阳耐寒，耐旱耐盐碱，环境适应性强。

观赏及应用价值： 主要观花，亦观叶观果。适用于园林绿化地被及岩石园布置。

图251 小花棘豆

中文名 **小叶小花棘豆**
拉丁名 *Oxytropis glabra* var. *tannis*
别　名 细叶棘豆

基本形态特征：多年生草本，高约45cm，全株被柔毛。匍匐茎或斜升，多分枝，圆柱形。奇数羽状复叶，互生，小叶长椭圆形或卵状椭圆形，具小尖刺；小叶柄短；托叶卵形，草质，与叶轴分离。总状花序腋生，开花时稀疏；苞片披针形，草质；花萼钟形；花冠蓝紫色，旗瓣宽倒卵形，基部具爪，翼瓣较旗瓣短，基部具爪和耳，龙骨瓣顶端具短喙，耳短。荚果下垂。花期7～8月，果期8～9月。

分布：宁夏引黄灌区普遍分布。我国西北及山西、内蒙古等地也有分布。

生境及适应性：多生于沟渠旁、荒地、田边及低洼盐碱地。喜阳，耐寒耐旱，耐盐碱，适应性广泛。

观赏及应用价值：观花观叶。花量大，叶细长秀丽，适于作西北干旱园林地被及岩石园布置。

图252 小叶小花棘豆

甘草属 *Glycyrrhiza*

中文名 **甘草**
拉丁名 *Glycyrrhiza uralensis*
别　名 甜草

基本形态特征：多年生草本。根茎粗壮，横断面黄色或淡黄色。茎直立，高40～80cm，密被褐色鳞片状腺体和毛刺。奇数羽状复叶，互生，具小叶7～13枚，被褐色鳞毛及腺刺，小叶片卵形，全缘，两面密生褐色鳞片状腺体，背面沿脉生白色短毛。总状花序腋生，花密集，具花20～40朵；花萼钟形，花冠淡紫色或紫红色，旗瓣长椭圆形，先端圆钝，基部具短爪，翼瓣矩圆形，先端凹，无耳，龙骨瓣较翼瓣稍短，无耳，具爪；雄蕊长短不等。荚果线状矩圆形，弯曲成镰状或环状，密被刺状腺体。花期6～8月，果期7～9月。

分布：宁夏全区分布。我国东北、华北及西北各地也有分布。

生境及适应性：多生于田边、河岸、沙地、荒滩及草原。耐寒耐旱耐热，能固风沙，适应性极强。

观赏及应用价值：观花观果。花量密集，果形奇特发红，可用于园林地被特别是西北园林绿化，亦是西北良好的固沙及经济作物。

图253 甘草

岩黄耆属 *Hedysarum*

中文名 **红花岩黄耆**
拉丁名 ***Hedysarum multijugum***
别　名 豆花牛脖筋、红花岩黄蓍、红花岩黄芪

基本形态特征： 亚灌木，高约35cm。茎直立，多分枝，被平伏白色短毛。奇数羽状复叶，具小叶23～37枚，小叶矩圆形，基部近圆形，上面无毛，背面被平伏短毛；托叶膜质三角形，浅褐色，被毛。总状花序具花5～20朵，腋生，花序轴疏散；花冠紫红色，旗瓣倒卵圆形，翼瓣先端稍狭长，耳及爪较短，近等长。荚果2～3节，具网纹，被毛和小刺。花期6～7月，果期7～8月。

分布： 宁夏产罗山、南华山、六盘山及固原、隆德等市(县)，分布量较多。我国西北及山西、河南、湖北、西藏等地也有分布。

生境及适应性： 多生于干旱向阳山坡。喜阳，耐寒耐旱，稍耐贫瘠。

观赏及应用价值： 观花。花冠美丽，花量多，株丛饱满，可用于花境点缀及岩石园布置。

图254 红花岩黄耆

中文名 **宽叶多序岩黄耆**
拉丁名 ***Hedysarum polybotrys* var. *alaschanicum***
别　名 宽叶多序岩黄蓍、宽叶多序岩黄芪

基本形态特征： 多年生草本，高25～60cm。茎直立，具纵条棱。奇数羽状复叶，具小叶9～15枚，小叶椭圆形，上面无毛，下面被短柔毛；托叶膜质。褐色，无毛。总状花序腋生，被平伏短柔毛，具20～30朵花；花萼斜钟形；花冠淡黄色，旗瓣倒卵状矩圆形，翼瓣长椭圆形，爪与耳近等长，龙骨瓣稍长于旗瓣。荚果被毛。花期6～8月，果期9月。

分布： 宁夏产罗山、南华山及贺兰山，分布量较多。我国甘肃等地也有分布。

生境及适应性： 多生于海拔2500m左右的山沟及向阳山坡。喜阳，耐寒耐旱，耐土壤贫瘠。

观赏及应用价值： 观花。花朵淡黄色，鲜艳且量多，可作园林美化的地被材料或岩石园布置。

图255 宽叶多序岩黄耆

中文名 蒙古岩黄耆

拉丁名 *Hedysarum mongolicum*

别　名 杨柴、蒙古岩黄芪、蒙古岩黄蓍

基本形态特征：半灌木，高50～150cm；树皮灰褐色，常呈纤维状剥落；小枝淡绿色，幼时密被平伏短毛，后渐脱落。奇数羽状复叶，具9～17枚小叶，枝下部的小叶椭圆形，枝上部的小叶线状椭圆形，上面密具褐色腺点，两面被毛。总状花序腋生，具花4～10朵，稍疏散，花序轴密被白色短伏毛；苞片小，披针形，褐色；花萼钟状筒形；花冠紫红色，旗瓣宽倒卵形，翼瓣短，先端尖，龙骨瓣与旗瓣等长或稍短，圆形。荚果2～3节，两面稍凸起，被毛。花期7～9月，果期9～10月。

分布：宁夏主产中卫市沙坡头，分布量较少，受人为影响较大。我国东北及河北、内蒙古等地也有分布。

生境及适应性：多生于流动沙丘上。喜阳，耐寒耐旱，抗风蚀。

观赏及应用价值：观花。花色艳丽，花朵繁多，持续期长，可作为耐旱型园林美化树种使用。

图256　蒙古岩黄耆

中文名 细枝岩黄耆

拉丁名 *Hedysarum scoparium*

别　名 花棒、细枝岩黄蓍、细枝岩黄芪、桦柴、花帽子

基本形态特征：灌木，高可达2m。多分枝；树皮黄色，呈纤维状剥落；小枝浅绿，疏被平伏柔毛。奇数羽状复叶，植株下部的叶具小叶7～11枚，上部叶具少数小叶或小叶全部退化剩叶轴，小叶披针形，上面密布褐色腺点和短柔毛，下面密被长柔毛，全缘。总状花序腋生，花序轴被短毛，花少数，疏散；花冠紫红色，旗瓣宽倒卵形，翼瓣先端尖，爪与瓣片近等长，耳外弯，龙骨瓣短于旗瓣，耳短。荚果2～4节，密被白毛。花期6～8月，果期7～9月。

分布：宁夏产中卫市沙坡头及贺兰山部分旱坡，分布量较多。我国内蒙古、甘肃、青海、新疆等地也有分布。

生境及适应性：多生于流动沙丘或半固定沙丘上。喜阳，极耐寒，耐旱耐贫瘠。

观赏及应用价值：观花观姿。花似蝴蝶繁茂美丽，株型圆整饱满，既可作为优良的固沙植物，又可作为园林美化灌木应用。

图257　细枝岩黄耆

百脉根属 *Lotus*

中文名 **细叶百脉根**
拉丁名 ***Lotus tenuis***

基本形态特征：一年生草本。茎多从基部分枝成丛生状，高15～50cm，无毛。羽状复叶，小叶线状长椭圆形，全缘，两面无毛。花单生或2朵成伞形，生叶腋；苞片1，叶状；花萼钟形，萼齿线状披针形；花冠橙黄色，旗瓣倒卵状匙形，翼瓣倒卵状矩圆形，无耳，具爪，龙骨瓣先端斜伸微尖，耳短，具爪。荚果线状圆柱形，无毛。花期6～7月，果期7～8月。

分布：宁夏产引黄灌区，普遍分布。我国山西、陕西、甘肃、新疆及贵州等地也有分布。

生境及适应性：多生于沟渠边、低洼湿地及山坡草地。喜光照，既耐旱亦耐水湿，适应性广。

观赏及应用价值：观花。花鲜黄色，花量大而密集，覆盖地面犹如花毯，极其壮观。宜作园林绿化地被及花境大面积布置。

图258 细叶百脉根

野豌豆属 *Vicia*

中文名 **广布野豌豆**
拉丁名 ***Vicia cracca***
别　名 **草藤、细叶落豆秧、肥田草**

基本形态特征：多年生草本。茎攀缘，有棱，疏被短柔毛。偶数羽状复叶，叶轴末端成分枝的卷须；小叶14～24枚，矩圆状长椭圆形至线状披针形，被柔毛；托叶披针形，被毛。总状花序腋生，花序轴疏被短柔毛，小花15～30朵生于花序轴上部；花萼钟形，疏被柔毛；花冠蓝紫色或紫色，旗瓣卵状矩圆形，中部缢缩，翼瓣与旗瓣等长或稍短，顶端圆钝。荚果矩圆形，无毛。花期6～8月，果期7～10月。

分布：宁夏产六盘山，分布量较多。全国各地有分布。

生境及适应性：多生于林缘、灌丛、草地。喜阳及稍湿润凉爽环境。

观赏及应用价值：观花。蓝紫色花朵星星点点甚为美观，花量大且持续期长，攀缘性好，可作为园林垂直绿化材料应用。

图259 广布野豌豆

中文名 **肋脉野豌豆**
拉丁名 *Vicia costata*
别　名 新疆野豌豆

基本形态特征：多年生草本。茎直立，高40～80cm，多从基部分枝，疏被柔毛。偶数羽状复叶，具小叶10～16枚，多互生，叶轴末端成分枝的卷须；小叶长椭圆形至椭圆形，叶脉明显，上面无毛，下面疏被柔毛；总状花序腋生，具花4～8朵，白色至淡黄色，下垂；花萼斜钟形，淡紫红色带绿晕，疏被柔毛；旗瓣狭倒卵形，翼瓣先端圆钝，耳三角形。荚果矩圆状长椭圆形，无毛。花期5～6月，果期6～7月。

分布：宁夏产贺兰山，分布量较多。我国内蒙古及新疆也有分布。

生境及适应性：多生于林缘、灌丛、草地。喜阳及稍湿润凉爽环境。

观赏及应用价值：观花。白色至淡黄色，花形奇特，花量较多，可用于花境点缀、花坛布置等。

图260 肋脉野豌豆

中文名 **歪头菜**
拉丁名 *Vicia unijuga*
别　名 草豆、两叶豆苗

基本形态特征：多年生草本。茎直立，高30～60cm，多从基部分枝或呈丛生状，四棱形，疏被短柔毛。偶数羽状复叶，具小叶2，小叶椭圆形或近菱形，仅下面疏被短柔毛；叶轴末端成刺状，托叶半箭头形，具数齿。总状花序顶生和腋生；苞片线形；萼钟形；花冠紫红色，旗瓣倒卵形，翼瓣先端圆钝，龙骨瓣先端钝，都有爪和耳。荚果狭长圆形，先端具短喙，无毛。花期6～8月，果期8～9月。

分布：宁夏产六盘山及西吉县的火石寨周边，分布量较多。我国东北、华北、西北、西南、华东、中南等地也有分布。

生境及适应性：多生于海拔1700～2600m的高山林缘、灌丛、沟边。喜阳及稍耐荫，稍耐旱，对土壤要求不高。

观赏及应用价值：观花观果。花及叶形可爱，花量较多。可用于自然花境布置或用于庭院墙垣栽培。

图261 歪头菜

山黧豆属 *Lathyrus*

中文名 **牧地山黧豆**
拉丁名 ***Lathyrus pratensis***
别　名 **牧地香豌豆、黄花山黧豆、野豌豆**

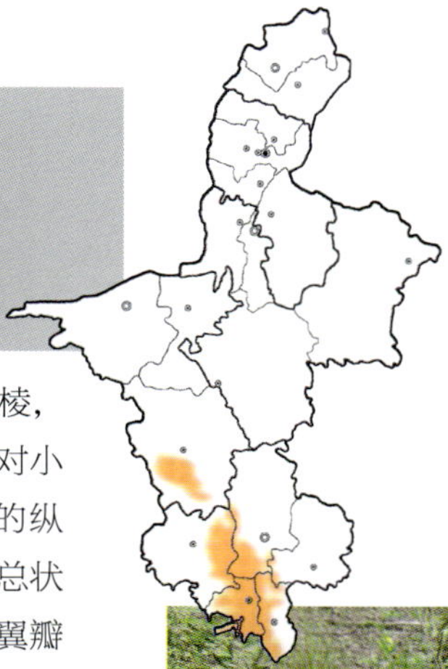

基本形态特征：多年生草本，高30～60cm。茎四棱，直立或攀缘，具纵条纹，被柔毛，多分枝。具1对小叶，小叶披针形或长圆状披针形，具3条明显的纵脉，上面无毛，背面沿脉被长柔毛；卷须分枝。总状花序腋生，具5～10朵花；花黄色，旗瓣倒卵形，翼瓣具耳及爪，龙骨瓣比翼瓣稍短。荚果线形，黑色。花期6～7月，果期8～9月。

分布：宁夏产于六盘山及南华山，分布量较多。我国东北、西北及云南、四川等地也有分布。

生境及适应性：多生于海拔1700～2200m的山坡灌丛、林缘或草地。喜阳，亦耐半荫，较耐寒，不耐旱，喜腐殖质土壤。

观赏及应用价值：观花观叶。花黄色，淡雅清新，花量大，叶色翠绿，攀缘效果好。可用于园林篱、垣、棚架等处的植物造景配置。

图262 牧地山黧豆

草木犀属 *Melilotus*

中文名 **白香草木犀**
拉丁名 ***Melilotus albus***

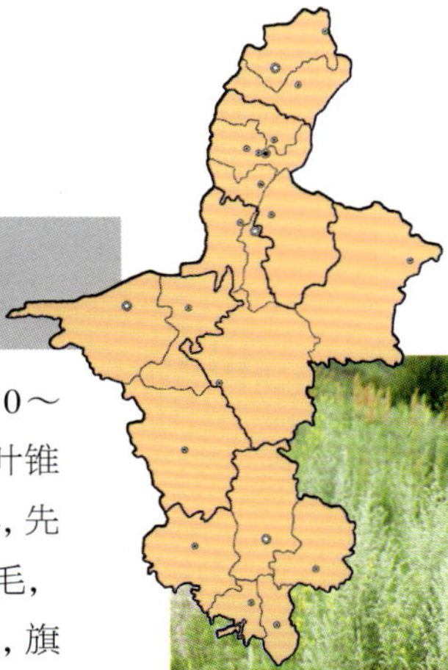

基本形态特征：二年生草本。茎直立，高50～150cm，多分枝，具棱，无毛。羽状三出复叶；托叶锥形，基部与叶柄合生；小叶长椭圆形或倒披针形，先端具小尖头，基部楔形，边缘具细锯齿，上面无毛，背面偶被疏毛。总状花序细长，腋生；花冠白色，旗瓣卵状矩圆形，翼瓣与旗瓣近等长或稍短，基部具爪和耳，龙骨瓣较翼瓣短，无耳，具爪。荚果卵球形，无毛。花期6～8月，果期8～9月。

分布：宁夏全区分布。原产亚洲西部。我国东北、华北、西北及四川、江苏、福建等地也有分布。

生境及适应性：多生于较潮湿海滨、低山坡、旷地及路旁。喜半荫，耐寒，喜湿润冷凉气候，耐土壤贫瘠。

观赏及应用价值：观花。花白色，花量大且株型饱满，可用于园林绿化地被及花境点缀，亦可作水土保持植物。

图263 白香草木犀

中文名 **黄香草木犀**
拉丁名 *Melilotus officinalis*

基本形态特征：一年生或二年生草本。茎直立，高40～60cm，多从基部分枝，具棱，无毛或疏被短柔毛。羽状三出复叶，无毛或疏被短柔毛，小叶片倒卵状椭圆形或倒卵形。总状花序腋生；苞片锥形；花萼钟形，萼齿三角形；花冠黄色，旗瓣卵形，翼瓣与旗瓣近等长，先端圆，基部具爪和耳，龙骨瓣较翼瓣稍短，耳短，具爪。荚果卵圆形。花期5～6月，果期6～7月。

分布：宁夏全区普遍栽培。我国长江以南及华北部分地区有分布。

生境及适应性：多生于海拔2600～3000m的山地岩石缝隙中。喜阳，耐寒耐旱，耐土壤贫瘠。

观赏及应用价值：观花。花朵鲜艳可爱，花量多，持续期长，可作为水土保持植物及蜜源植物，在西北园林中可用于花境点缀、道路绿化带地被。

图264 黄香草木犀

苜蓿属 *Medicago*

中文名 **野苜蓿**
拉丁名 *Medicago falcata*
别　名 黄花苜蓿、连花生、野猪草、豆豆苗

基本形态特征：多年生草本。根粗壮。茎直立或斜升，高30～50cm，多从基部分枝，呈丛生状，被短柔毛。羽状三出复叶，密被柔毛；托叶披针形，边缘具浅齿，疏被毛；小叶狭倒卵形，具小尖头，上部边缘具细锯齿，上面几无毛，下面被短柔毛。总状花序腋生，具总花梗，疏被短柔毛；花10～30朵，苞片锥形；花冠黄色，旗瓣椭圆形，翼瓣先端圆，具耳和爪，龙骨瓣较翼瓣短，具爪和耳。荚果扁，疏被长柔毛。花期6～8月，果期8～9月。

分布：宁夏产贺兰山，分布量较多。我国东北、华北等地也有分布。

生境及适应性：多生于山谷及河滩地。喜半荫，较耐寒耐旱，对土壤要求不高。

观赏及应用价值：观花。作为观花低矮草本，可用于园林绿化地被，花境片植。

图265 野苜蓿

中文名 **紫花苜蓿**
拉丁名 *Medicago sativa*
别　名 蓿草、紫苜蓿

基本形态特征：多年生草本。羽状三出复叶，小叶倒卵状矩圆形至倒卵形，边缘具锯齿，疏被短柔毛；托叶披针形，疏被长柔毛。总状花序腋生，花8～25朵；苞片锥形；花萼钟形；花冠紫红色，旗瓣倒卵状长椭圆形，翼瓣较旗瓣短，先端圆，基部具长耳和爪，龙骨瓣较翼瓣短，先端圆，具耳和爪，爪约与瓣片等长。荚果螺旋形，疏被柔毛。花期5～7月，果期6～8月。

分布：宁夏全区普遍栽培，呈近野化状态。全国各地都有栽培或呈半野生状态。

生境及适应性：多生于草地、石砾地、田边等。适应性强，普遍生长。

观赏及应用价值：观花。花繁叶茂，覆盖效果好，可作为观花草本地被应用于园林绿化。

图266 紫花苜蓿

沙冬青属 *Ammopiptanthus*

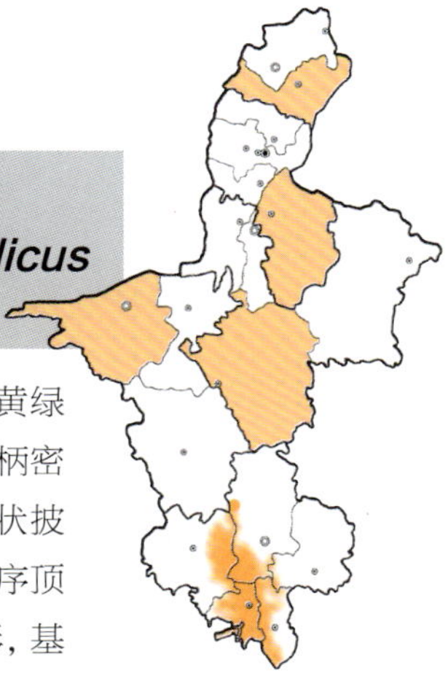

中文名 **沙冬青**
拉丁名 *Ammopiptanthus mongolicus*
别　名 蒙古黄花木

基本形态特征：常绿灌木；常高1.5～2.0m。枝黄绿色。叶为掌状三出复叶，上部有时具单叶；总叶柄密被灰白色短伏毛；小叶无柄，长椭圆形或椭圆状披针形，全缘，两面密生银白色的短柔毛。总状花序顶生，几无毛；萼钟形；花冠黄色，旗瓣宽倒卵形，基部渐狭成短爪，翼瓣较旗瓣短，基部具爪和耳，耳短，圆形，龙骨瓣较翼瓣短，分离，基部具爪和耳。荚果长椭圆形，扁平，先端具喙。花期4～5月，果期5～6月。

分布：宁夏产六盘山、须弥山及中卫、同心、灵武、石嘴山等市(县)，野生种群的面积和数量正在不断减少。我国内蒙古及甘肃等地也有分布。

生境及适应性：多生于干旱山坡、固定沙丘及沙石地。喜阳不喜荫，不耐水湿，耐寒耐旱。

观赏及应用价值：观花观叶。花黄色鲜亮，叶常年保持灰绿色，观赏效果好，可用于园林绿化及岩石园造景。亦可作固沙植物。

图267 沙冬青(上、下2幅花期图片由贾桂霞提供)

黄华属 *Thermopsis*

中文名 **披针叶黄华**
拉丁名 ***Thermopsis lanceolala***
别　名 野决明、黄豆子

基本形态特征：多年生草本。茎直立，高15～40cm，单一或分枝，具棱，被棕色长伏毛。掌状三出复叶，背面被棕色长毛；托叶大型，椭圆形或卵状披针形，被毛；小叶倒披针形，背面被棕色长伏毛。总状花序顶生，花轮生，每轮2～3朵花；苞片狭卵形；花萼钟形；花冠黄色，旗瓣近圆形，基部具爪，翼瓣与旗瓣近等长或稍长，耳宽大，具爪，龙骨瓣与翼瓣等长。荚果长椭圆形。花期5～7月，果期7～9月。

分布：宁夏全区普遍分布。我国东北、华北及陕西、甘肃、青海、四川等地也有分布。

生境及适应性：多生于山坡、草地、沟渠旁、荒地、田边。环境适应性强，普遍生长。

观赏及应用价值：观花。花密集，亮黄色，叶色光亮，观赏性强；可用于园林绿化地被，花境片植及盆栽。

图268 披针叶黄华

胡颓子科 ELAEAGNACEAE　胡颓子属 *Elaeagnus*

中文名 **牛奶子**
拉丁名 ***Elaeagnus umbellata***
别　名 伞花胡颓子

基本形态特征：落叶灌木，高2～4m。枝黄褐色，常具枝刺，幼枝密被棕褐色鳞片。叶互生，椭圆形或倒卵状椭圆形，全缘，幼时上面被银白色鳞片，后渐脱落，呈绿色，下面密被银白色鳞片。花1～5朵生当年生枝基部叶腋；花梗及花萼密被银白色鳞片，萼筒黄白色，裂片4，三角状卵形。果实球形或卵圆形，初被银白色鳞片，后渐脱落，红色。花期6月，果期9～10月。

分布：宁夏产六盘山，分布量较多。我国南北各地均有分布。

生境及适应性：多生于海拔2000～2300m的山坡林缘、河边或山谷灌丛中。喜阳，耐半荫，稍耐寒耐旱，适应性较强。

观赏及应用价值：观花观果。花黄色美丽，花朵繁多，果熟时红色诱人，可作为道路美化灌木及庭院美化。

图269 牛奶子

中文名 **沙枣**
拉丁名 *Elaeagnus angustifolia*
别　名 桂香柳

基本形态特征： 落叶乔木，高达15m；树皮褐色，具纵条裂；枝紫褐色，具粗壮枝刺，幼枝密被银白色鳞片。单叶互生，椭圆形至披针形，两面被银白色鳞片；叶柄密被银白色鳞片。花1～3朵生当年生枝上，密被银白色鳞片；花萼钟形，外面密被银白色鳞片，裂片4，外面密被银白色鳞片，里面黄色。果实椭圆形或近球形，橙黄色。花期5月，果期9～10月。

分布： 宁夏普遍栽培。我国分布于西北各地。

生境及适应性： 多生于山坡林缘等地，耐干旱、寒冷，抗风沙，耐盐碱，耐水湿。

观赏及应用价值： 观花观果。花开繁密，略具香甜味，果量大且秀色可人，可作为干旱园林地被灌木，特别是作为盐碱地、沙地造林树种，也是很好的蜜源植物。现西北园林中已普遍应用(如右图)。

图270 沙枣

沙棘属 *Hippophae*

中文名 **沙棘**
拉丁名 *Hippophae rhamnoides*
别　名 黑刺、酷柳

基本形态特征： 落叶灌木或小乔木，高2～5m；枝灰褐色，具粗壮棘刺，幼枝密被褐色鳞片。叶互生，线形，两端钝尖，全缘，上面幼时被银白色鳞斑，后脱落，呈暗绿色，下面密被银白色鳞斑，呈银灰色，中脉明显。短总状花序生于去年生枝上，花小，淡黄色，先叶开放；雄花序轴常脱落，雌花具短梗，花萼筒囊状，萼裂片2。果实球形，橙黄色或橘红色。花期5月，果期9～10月。

分布： 宁夏产六盘山、南华山及固原市，生于向阳山坡、林缘或河滩地，广泛分布。我国分布于华北、西北及西南各地。

生境及适应性： 多生于向阳山坡、林缘或河滩地。喜阳，对土壤要求不严，耐干旱、瘠薄。

观赏及应用价值： 观花观果。花亮黄色且数量大，花期长，果色鲜亮诱人，观赏性极佳，可作为花果篱或孤植应用于园林中，为水土保持及黄土高原营造薪炭林的优良树种。

图271 沙棘

瑞香科 THYMELAEACEAE　瑞香属 *Daphne*

中文名 **黄瑞香**
拉丁名 ***Daphne giraldii***
别　名 **祖师(司)麻、打结花、麻药子**

基本形态特征：落叶灌木，高达1m；幼枝紫褐色或浅绿色，无毛，老枝灰褐色或黄灰色。叶互生，倒披针形或线状倒披针形，长2.5～6.0cm，宽4～10mm，先端急尖，具小尖头，基部渐狭，全缘，边缘常反卷，主脉在下面明显隆起，两面无毛；叶柄短，长2～8mm，无毛。头状花序生小枝顶端，具3～5朵花，总花梗和花梗极短，无毛；花萼筒形，长10～13mm，无毛，裂片4，卵形或狭卵形，长4～5mm，黄色；无花瓣；雄蕊8，2轮，着生于萼筒喉部及近中部；雌蕊倒卵圆形，长约3mm，花柱短，柱头头状。核果卵形，红色。花期7月，果期8月。

分布：宁夏产六盘山及南华山，分布量较少。我国陕西、甘肃、青海、四川等地也有分布。

生境及适应性：多生于海拔2000～2800m向阳山坡或灌丛中。喜阳，耐半荫，耐寒，喜稍湿润和土层深厚环境。

观赏及应用价值：观花观果。其花奶黄色簇生，极其美丽，持续时间较长，其果橘红色亦具有观赏价值；另其枝条柔软，便于造型。可用于园林地被灌木、混合花境布置及盆景造型。

图272 黄瑞香

狼毒属 *Stellera*

中文名 **狼毒**
拉丁名 ***Stellera chamaejasme***
别　名 **瑞香狼毒**

基本形态特征：多年生草本，高15～35cm。茎丛生，直立，不分枝，无毛。叶互生，较密，椭圆状披针形，全缘，边缘稍反卷，两面无毛，叶脉在背面明显隆起；叶柄极短，基部具关节。头状花序顶生，具多数花；花萼筒长，紫红色，具明显纵脉纹；萼裂片5，卵圆形，粉红色，具紫红色脉纹；无花瓣。小坚果卵形，包藏于宿存萼筒中。花期6～7月，果期7～8月。

分布：宁夏产固原市一带六盘山脉，分布量较多。我国东北、华北、西南及陕西、河南、甘肃、青海等地也有分布。

生境及适应性：多生于向阳黄土山坡或路旁。喜阳，喜湿润冷凉气候，耐寒，稍耐瘠薄土地。

观赏及应用价值：观花。狼毒花艳丽奔放，群体效果极为壮观，具有较高的观赏价值，可应用于园林绿化中作为地被，但是其全草具毒，应用时要严加注意。

图273 狼毒

柳叶菜科 ONAGRACEAE 柳兰属 *Epilobium*

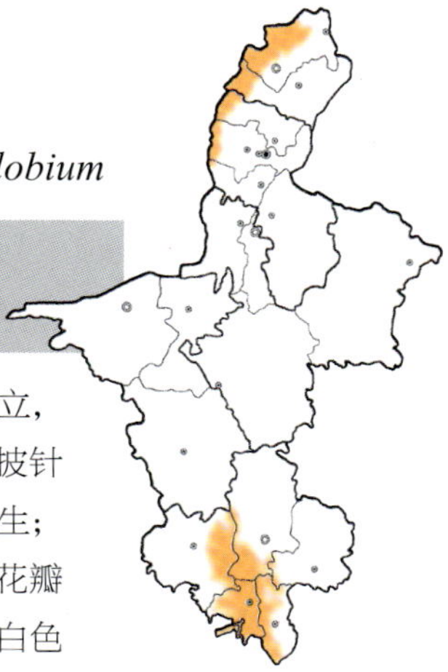

中文名 **柳兰**
拉丁名 ***Epilobium angustifolium***

基本形态特征：多年生草本，高0.5～1.0m。茎直立，单生，不分枝，具纵棱。叶互生，披针形或线状披针形，边缘全缘或疏具齿，两面被毛。总状花序顶生；萼裂片线状披针形，暗紫红色，背面被短柔毛；花瓣紫红色，倒卵形；花柱粗壮，上部紫红色，疏被白色短柔毛。蒴果紫红色，稍被短柔毛。花期6～7月，果期8～9月。

分布：宁夏产贺兰山和六盘山，呈线状分布，分布量较多。我国东北、华北、西北至西南有分布。

生境及适应性：多生于山坡草地或林缘。喜阳，喜湿润冷凉气候，耐寒，喜腐殖质土壤。

观赏及应用价值：观花。花色艳丽，花型似小彩蝶般飘逸轻盈，花量大而繁多，紫红色一片极为壮观。可用于自然花境布置、道路绿化美化、花坛造景等，宜丛植、片植。

图274 柳兰

山茱萸科 CORNACEAE 山茱萸属 *Cornus*

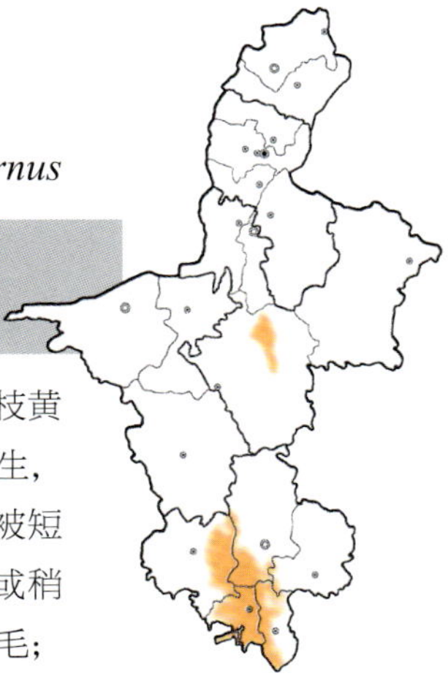

中文名 **沙梾**
拉丁名 ***Cornus bretschneideri***

基本形态特征：灌木，高达3m；树皮红紫色，小枝黄绿色或微带淡红色，幼时被丁字毛和柔毛。叶对生，卵形至椭圆形，两面被柔毛，侧脉5～6对；叶柄被短柔毛。伞房状聚伞花序，花梗及总花梗被平伏或稍开展的短柔毛；花白色，花萼密被平伏灰白色短毛；花瓣披针形，外面疏被平伏短毛。核果近球形，蓝黑色。花期6～7月，果期7～8月。

分布：宁夏产六盘山及罗山，广泛分布。我国华北及陕西、甘肃等地也有分布。

生境及适应性：多生于山坡灌丛中。喜阳，耐半荫，耐寒，稍耐旱，对土壤要求不高。

观赏及应用价值：观花观姿。大灌木树形优美，花期整体极具层次感，观赏性强。可用于园林道路及庭院美化、混合花境背景布置等。

图275 沙梾

卫矛科 CELASTRACEAE　卫矛属 *Euonymus*

中文名 石枣子
拉丁名 *Euonymus sanguineus*

基本形态特征：灌木，高1～2m；小枝灰绿色，具纵条棱，老枝灰黑色，圆柱形。叶对生，椭圆形，边缘具细密尖锯齿，两面无毛。聚伞花序腋生；总花梗无毛；花绿白色；萼片近圆形，无毛；花瓣长卵形；雄蕊着生于花盘上，花丝极短，花药黄色。蒴果扁球形，具4翅，翅三角状圆形。种子狭卵形，黑褐色，外被橙红色假种皮。花期5～6月，果期7～8月。

分布：宁夏产六盘山，分布量较多。我国湖北、河南、陕西、甘肃、四川等地也有分布。

生境及适应性：多生于向阳山坡林缘或灌木丛中。喜荫，喜半湿润气候，耐寒，耐半荫。

观赏及应用价值：观花观叶观果。花期满树垂挂绿色小花，尤为可爱；果较大，下垂，果期假种皮橙红色，极具观赏价值；老叶、秋叶由橘黄色至弱红色，观赏性极高；可用做园林绿化灌木，风景区灌丛片植等。

图276 石枣子

中文名 栓翅卫矛
拉丁名 *Euonymus phellomanus*

基本形态特征：灌木，高1.5～2.0m；当年生枝绿色，具4条棕色棱，老枝灰绿色，具4列较宽的灰褐色木栓质翅。叶对生，长椭圆形，边缘具浅细锯齿，两面无毛；叶柄腹面具沟槽，两侧具狭翅。聚伞花序腋生，1～2回分枝较短而呈伞形状；总花梗光滑无毛；花小，淡绿色；萼片近圆形；花瓣狭倒卵形。蒴果粉红色，近倒心形，具4棱。花期6～7月，果期8～9月。

分布：宁夏产六盘山，分布量较多。我国陕西、甘肃、河南、湖北、四川等地也有分布。

生境及适应性：多生于海拔2100m左右的山坡林缘或灌木丛中。喜阳，耐半荫，稍耐寒，对土壤要求不高。

观赏及应用价值：观叶观果观姿。株型圆整，老叶及秋叶红；果实假种皮粉红色，极为漂亮，木栓翅发达，较奇特，亦具一定观赏性。可用于混合花境布置、道路绿化及盆景造型。

图277 栓翅卫矛

大戟科 EUPHORBIACEAE　大戟属 *Euphorbia*

中文名　**大戟**
拉丁名　***Euphorbia pekinensis***
别　名　**京大戟**

基本形态特征：多年生草本，高80～90cm。叶互生，椭圆形，稀披针形或披针状椭圆形，先端尖或渐尖，基部楔形、近圆形或近平截，全缘，两面无毛或有时下面具柔毛；总苞叶4～7，长椭圆形；伞幅4～7，长2～5cm；苞叶2，近圆形。花序单生二歧分枝顶端，无梗；总苞杯状，边缘4裂，裂片半圆形，腺体4，半圆形或肾状圆形，淡褐色；雄蕊多数，伸出总苞；雌花1。蒴果球形，疏被瘤状突起；种子卵圆形，暗褐色，腹面具浅色条纹。花期5～8月，果期6～9月。

分布：宁夏广泛分布。我国黑龙江、吉林、辽宁、内蒙古、山西、甘肃等地也有分布。朝鲜及日本有分布。

生境及适应性：多生于山区灌丛中、荒林和疏林内。喜阳，耐寒耐旱，耐土壤贫瘠。

观赏及应用价值：观花。苞片似猫眼，十分可爱，可用于自然花境或路旁、混合式草坪。

图278　大戟

中文名　**甘遂**
拉丁名　***Euphorbia kansui***
别　名　**化骨丹、猫儿眼、肿手花、甘泽**

基本形态特征：多年生草本，高40cm。茎单生或2～3个丛生，直立，基部常带紫色，具纵棱，无毛。叶互生，线形或线状倒披针形，全缘，光滑；无柄。总花序顶生，轮生苞叶7～8，黄绿色，椭圆形，先端急尖且具小尖头，其上生7～9个小伞梗，茎上部叶腋生单梗，每伞梗顶端常生2个小伞梗；苞片及小苞片三角状宽卵形，先端钝，具小尖头；杯状总苞倒圆锥形，顶端4裂，裂片边缘具白色短毛。蒴果近球形，光滑无毛。花期6月，果期7～8月。

分布：宁夏主产贺兰山，分布量较多。我国陕西、甘肃、河南等地也有分布。

生境及适应性：多生于山坡草地。喜全光照，较耐旱耐寒，适应性强。

观赏及应用价值：观花观果。其花序大，亮葱绿色，且茎呈蓝紫色，挺直，果光亮，整体观赏效果较好。可作为花境竖线条花材及干旱地区地被植物。

图279　甘遂

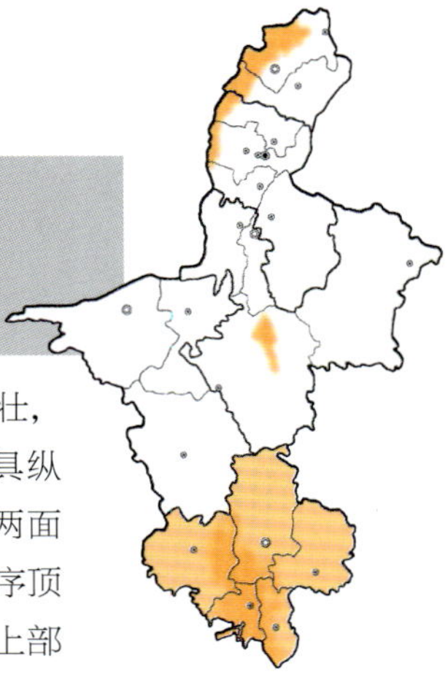

中文名 **乳浆大戟**
拉丁名 *Euphorbia esula*
别　名 烂疤眼、猫眼草

基本形态特征： 多年生草本，高25～40cm。根粗壮，棕褐色。茎丛生，直立，单一或上部具分枝，具纵棱，无毛。叶互生，线形或线状披针形，全缘，两面无毛；营养枝上的叶较密集而狭小；无柄。总花序顶生，苞叶线状椭圆形，其上生6～10个伞梗，茎上部叶腋生单梗，每伞梗顶端再生1～4个小伞梗；苞片宽菱形；杯状总苞倒圆锥形，先端4裂。蒴果扁球形，光滑无毛。花期5～6月，果期6～7月。

分布： 宁夏产六盘山、罗山、贺兰山及固原市等地，广泛分布。我国东北、华北、华中、西北及西南等地也有分布。

生境及适应性： 多生于干旱山坡、草地或路边。喜阳，耐寒耐旱，耐土壤贫瘠。

观赏及应用价值： 观花观叶观姿。植株开张整齐，苞叶美丽似开展贝壳，花期星星点点，茎秆呈红色，光亮，较为美丽。可作为地被应用于干旱园林中，亦可用于岩石园，宜丛植观赏。

图280 乳浆大戟

鼠李科 RHAMNACEAE　鼠李属 *Rhamnus*

中文名 **黑桦树**
拉丁名 *Rhamnus maimovicziana*
别　名 钝叶鼠李

基本形态特征： 灌木，高2.0～2.5m；树皮暗灰褐色，具光泽，多分枝，小枝对生，枝端及分叉处具刺。叶在长枝上对生或近对生，在短枝上丛生；叶椭圆形或卵状椭圆形，基部楔形，边缘全缘或疏具浅钝齿，上面绿色，下面淡绿色，两面无毛，侧脉2～3对；叶柄长，无毛。花单性，小型，黄绿色，数朵至十余朵丛生于短枝上；萼钟形，萼裂片4，直立，卵状披针形；无花瓣；雌花无花瓣。果实扁球形，具2粒种子。花期5～6月，果期7～9月。

分布： 宁夏产贺兰山，分布量较多。我国华北及陕西、甘肃、四川等地也有分布。

生境及适应性： 多生于海拔1500～2000m的干山沟或干旱山坡。喜阳，耐半荫，耐寒耐旱，对土壤要求不严。

观赏及应用价值： 观果观姿。株型饱满，枝叶繁茂，果实娇小可爱，晶亮诱人。可用于园林及庭院绿化美化栽培。

图281 黑桦树

中文名 **柳叶鼠李**
拉丁名 ***Rhamnus erythroxylon***
别　名 **茶叶树、黑疙瘩、红木鼠李、窄叶鼠李**

基本形态特征：灌木，稀乔木，高达2m；幼枝红褐色或红紫色，平滑无毛，小枝互生，顶端具针刺。叶纸质，互生或在短枝上簇生，条形或条状披针形，边缘有疏细锯齿，两面无毛，侧脉每边4～6条，不明显，中脉下面明显凸起；托叶钻状，早落。花单性，雌雄异株，黄绿色，有花瓣。核果球形，成熟时黑色，宿存基部的萼筒中。花期5月，果期6～7月。

分布：宁夏主产贺兰山，分布集中（《宁夏植物志》未记载）。我国内蒙古、河北、山西、陕西、甘肃和青海等地也有分布。

生境及适应性：多生于干旱沙丘、荒坡、乱石中或山坡灌丛中，海拔1000～2000m。喜半荫，耐寒耐旱，对土壤要求不高。

观赏及应用价值：观叶观姿。株型开展饱满，叶秀丽细长，翠绿优雅。可用于公园、庭院及道路绿化带的配置。

图282　柳叶鼠李

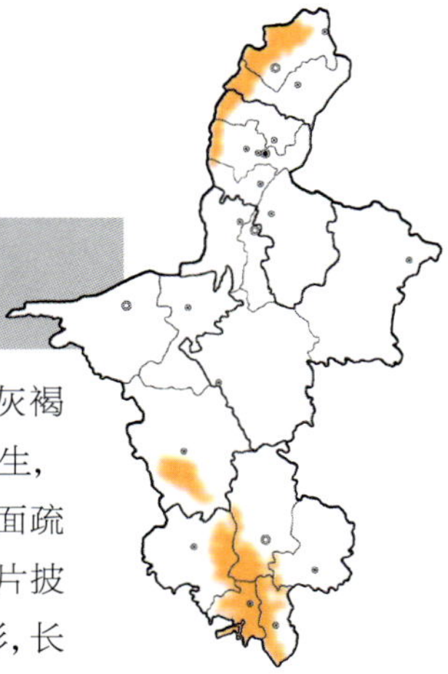

中文名 **小叶鼠李**
拉丁名 ***Rhamnus parvifolia***

基本形态特征：灌木，高达2m；小枝灰色或灰褐色，对生，有时互生，先端成针刺。叶在短枝上簇生，菱状倒卵形或倒卵形，边缘具圆钝细锯齿，上面疏被短毛。聚伞花序腋生；花单性；花萼4裂，裂片披针形，较萼筒长，外面疏被短毛；花瓣4，倒卵形，长为萼裂片的1/3。核果球形，具2核。花期5～7月，果期8～9月。

分布：宁夏产六盘山、南华山及贺兰山，分布量较多。我国华北及辽宁、山东、甘肃等地也有分布。

生境及适应性：多生于干旱的向阳山坡。喜阳，耐半荫，耐寒耐旱，亦稍耐水湿，耐贫瘠土壤。

观赏及应用价值：观果观姿。株型多低矮匍匐状，果实小巧发亮。可用于园林绿化美化栽培、岩石园布置及盆景造型。

图283　小叶鼠李

枣属 *Zizyphus*

中文名　酸枣
拉丁名　*Zizyphus jujuba* var. *spinosa*
别　名　小山枣、角针

基本形态特征： 灌木或小乔木，高1～3m；小枝常呈“之”字形弯曲，灰褐色，具刺。单叶互生，长椭圆状卵形至卵形，边缘有钝锯齿，齿间具腺点，基部3出脉，沿脉有柔毛；叶柄短，被柔毛。聚伞花序腋生，具2～4朵花；萼裂片5；花瓣5，膜质，勺形，黄绿色。核果近球形。花期5～6月，果期9～10月。

分布： 宁夏主产贺兰山山麓及宁北市县，分布量较多。我国陕西、甘肃、新疆、四川、东北、华北、山东、浙江、江苏、安徽、湖北、河南、贵州等地也有分布。

生境及适应性： 多生于干旱石质滩地或山谷。喜荫，耐半荫，较耐旱，对土壤要求不高，多沙质土层。

观赏及应用价值： 观果。核果近球形，秋季成熟时深红色，具一定的观赏价值；因果色鲜艳，枝形奇特，可应用于盆景及仿古园林。

图284　酸枣

葡萄科 VITACEAE　蛇葡萄属 *Ampelopsis*

中文名　乌头叶蛇葡萄
拉丁名　*Ampelopsis aconitifolia*

基本形态特征： 木质藤本；小枝微具纵条棱，无毛。掌状复叶，具3～5小叶，小叶片菱形或宽卵形，羽状深裂几达中脉，裂片全缘或具不规则的粗长齿，无毛；叶柄较叶片短，无毛。二歧聚伞花序与叶对生；总花轴细长，具纵棱，无毛；花萼盘状，边缘全缘或具5个不明显的圆钝裂片。花瓣5，狭卵形，黄绿色。浆果近球形，橙黄色。花期6月，果期7月。

分布： 宁夏产贺兰山及平罗、石嘴山等市(县)，分布量较少。我国华北及山东、河南、陕西、甘肃等地也有分布。

生境及适应性： 多生于干旱山沟或山前石质滩地。喜阳，耐半荫，耐寒耐旱，耐土壤贫瘠。

观赏及应用价值： 观果观姿。枝繁叶茂，叶形独特且秀雅，果实晶莹红亮，秀色可人，可作为立体绿化材料应用于庭院、混合花境、墙垣、藤篱等地方。

图285　乌头叶蛇葡萄

亚麻科 LINACEAE　亚麻属 *Linum*

中文名 **宿根亚麻**
拉丁名 ***Linum perenne***
别　名 **黑水亚麻、野胡麻、豆麻**

基本形态特征： 多年生草本，高20～50cm。根圆柱形，木质化。茎直立，自基部分枝。叶互生，生殖枝上的叶线形或线状披针形，下部叶较小；不育枝上的叶稍密，线形。聚伞花序具多数花；花梗细长无毛；花瓣宽倒卵形，蓝紫色，先端圆，微波状，基部渐狭呈楔形。蒴果近球形，黄色，光滑开裂。花期6～7月，果期7月。

分布： 宁夏产贺兰山及固原市，分布量较多。我国东北、华北及西北有分布。

生境及适应性： 多生于干旱山坡、路边。喜荫，耐寒，耐旱，耐贫瘠。

观赏及应用价值： 主观花。花蓝紫色，花量繁多，整体景观效果飘逸生动，适宜作为自然花境造景或路边花坛应用；种子可作“亚麻仁”入药，亦可榨油。

图286　宿根亚麻

远志科 POLYGALACEAE　远志属 *Polygala*

中文名 **西伯利亚远志**
拉丁名 ***Polygala sibirica***

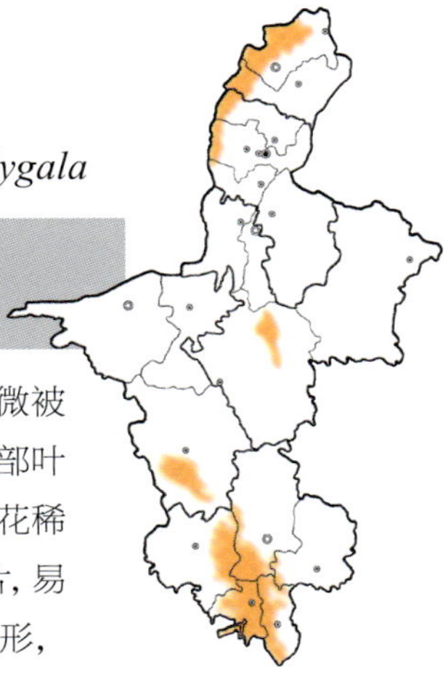

基本形态特征： 多年生草本，高8～25cm，全株微被短绒毛。茎丛生，被弯曲的短毛。叶近无柄，下部叶较小，椭圆形或卵圆形。总状花序顶生或腋生，花稀疏，生于一侧；花梗长，基部具3个紫褐色小苞片，易脱落；萼片5，宿存；花瓣3，2枚侧生花瓣长倒卵形，中间龙骨状花瓣较侧生花瓣长，背部顶端具长流苏状缨。蒴果扁，倒心形，周围具翅。花期6～7月，果期8～9月。

分布： 宁夏产贺兰山、六盘山、罗山和南华山，分布量较多。我国东北、华北、西北、华中、华南及西南有分布。

生境及适应性： 多生于向阳山坡草地、林缘、灌丛中。喜阳，耐半荫，耐寒，稍耐旱和土壤贫瘠。

观赏及应用价值： 主观花。花型奇特，色彩淡雅，可用于园林地被及缀花草坪中，宜片植。

图287　西伯利亚远志

槭树科 ACERACEAE 槭属 *Acer*

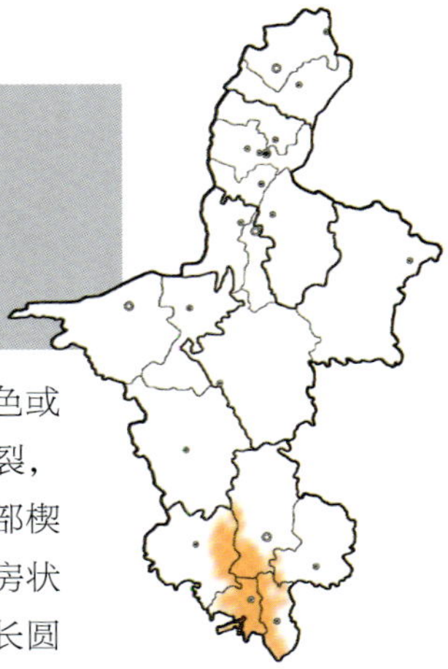

中文名 **桦叶四蕊槭**
拉丁名 *Acer tetramerum* var. *betulifolium*
别 名 菱叶红色木

基本形态特征：落叶乔木，高5～15m；树皮灰色或灰褐色，粗糙，常纵裂。叶卵圆形，通常掌状5裂，有时3裂，裂片三角形卵状，先端尾状渐尖，基部楔形，裂片全缘；叶柄细，无毛。花杂性，圆锥伞房状花序，生于具叶小枝顶端；萼片5，黄绿色，狭长圆形；花瓣5，淡白色；花柱短，柱头2裂，翻卷。翅果夏季变红，张开成钝角；小坚果压扁状，卵状椭圆形，具不明显的细脉纹。花期5～6月，果期6～10月。

分布：宁夏产六盘山，于西峡、二龙河、秋千架等林区集中分布。我国浙江、湖北、陕西、四川、云南等地也有分布。

生境及适应性：多生于海拔1900～2400m的阴坡、半阴坡杂木林中或山谷林缘。较耐荫，喜肥沃湿润的土壤，深根性，萌蘖性强，耐烟尘。

观赏及应用价值：主要观树姿、观叶，亦观果。树体高大雄伟，冠大荫浓，夏季翅果变红，叶形秀丽，叶柄为紫红色，秋叶变为橙黄色。宜用作庭荫树、园景树或行道树。

图288 桦叶四蕊槭

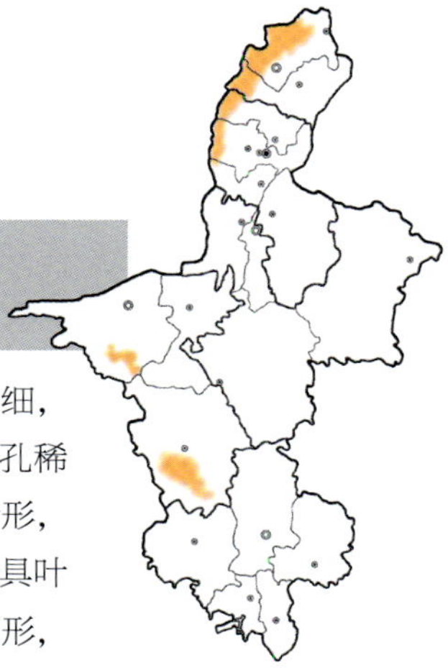

中文名 **细裂槭**
拉丁名 *Acer stenolobum*

基本形态特征：落叶小乔木，高3～5m；小枝纤细，当年生枝淡紫绿色，无毛，多年生枝浅褐色，皮孔稀少。叶纸质，基部平截，深3裂，裂片长圆状披针形，除脉腋有丛毛外，其余部分无毛。伞房花序生于具叶短枝的顶端。翅果张开成钝角；小坚果卵状椭圆形，凸起，被短茸毛。果期8～9月。

分布：宁夏产贺兰山、香山及南华山，分布量较多。我国山西、内蒙古、陕西、甘肃等地也有分布。

生境及适应性：多生于向阳山坡的疏林中。喜阳，耐半荫，耐寒耐旱，耐土壤贫瘠。

观赏及应用价值：观叶观果。叶型十分奇特，叶的3裂片与叶柄一起组成十字形，且入秋转红，翅果颜色亦十分鲜艳，为良好的绿化美化和荒山造林树种，可用于庭院、公园、道路等地，宜孤植、列植。

图289 细裂槭

图290 桦叶四蕊槭（*Acer tetramerum* var. *betulifolium*）

无患子科 SAPINDACEAE　文冠果属 *Xanthoceras*

中文名　**文冠果**
拉丁名　***Xanthoceras sorbifolia***
别　名　文官果

基本形态特征：落叶灌木或小乔木，高达5m；树皮灰褐色；小枝粗壮，紫褐色，具纵棱，被短绒毛。奇数羽状复叶，互生，具9～19个小叶，叶下部的小叶互生，上部的小叶对生；小叶长椭圆形至披针形，上面绿色，下面淡绿色，两面无毛。总状花序顶生，每花梗基部具3个草质苞片，苞片全缘，苞片、花梗与花序轴均被绒毛；萼裂片5，椭圆形；花瓣5，倒卵状披针形，白色，基部紫红色。蒴果灰绿色，3瓣裂；种子近球形，暗褐色。花期4～5月，果期7～8月。

分布：宁夏产贺兰山及同心、盐池等县，分布量较少。我国特有种，分布于东北、华北及河南、陕西、甘肃。

生境及适应性：多生于丘陵山坡等处。喜光，也耐半荫；耐严寒和干旱，不耐涝；对土壤要求不严，在沙荒、石砾地、黏土及轻盐碱土上均能生长，但以肥沃、深厚、疏松、湿润而排水良好的土壤生长好。深根性。

观赏及应用价值：观花。花序大而花朵密，花期长，花色富于变化，可作为园景树应用于公园及道路绿化中，宜列植、孤植。

图291　文冠果

芸香科 RUTACEAE　拟芸香属 *Haplophyllum*

中文名　**针枝芸香**
拉丁名　***Haplophyllum tragacanthoides***
别　名　针枝拟芸香、样样菜花

基本形态特征：矮小半灌木，高8～15cm。根粗壮。茎由基部丛生，基部丛生多数呈针刺状的宿存老枝，老枝灰褐色；当年生枝灰绿色，密被短柔毛。叶矩圆状倒披针形或狭椭圆形，边缘具疏锯齿，两面无毛，具黑色腺点。花单生茎顶，花瓣黄色，宽卵形或卵状矩圆形，边缘膜质，白色，沿中脉两侧绿色，具腺点；雄蕊及花丝被柔毛。蒴果顶端开裂；种子肾形，表面具皱纹。花期6月，果期7～8月。

分布：宁夏产贺兰山及沿山脉东侧各市(县)，分布量较多。我国内蒙古及甘肃等地也有分布。

生境及适应性：多生于石质干旱山坡。喜阳，耐半荫，耐旱耐寒，耐土壤贫瘠。

观赏及应用价值：观花观果。花亮黄色，花量繁多，整株形态圆整，花枝呈辐射状开放，极其美观，果期亦具有一定的观赏性。可用于花境点缀、道路美化及岩石园布置。

图292　针枝芸香

蒺藜科 ZYGOPHYLLACEAE　白刺属 *Nitraria*

中文名　**白刺**
拉丁名　***Nitraria tangutorum***
别　名　甘青白刺

基本形态特征：灌木，高50～150cm。茎直立或斜卧，灰白色；枝稍"之"字形弯曲，具纵棱，疏被短伏毛，先端常成刺状。叶肉质，在嫩枝上常2～3片簇生，倒卵状披针形，基部渐狭呈楔形，两面密被伏毛。花小，排列为多分枝的顶生蝎尾状聚伞花序。花瓣黄白色，椭圆形。核果，卵形或椭圆形，深红色。花期5～6月，果期7～8月。

分布：宁夏产石嘴山、平罗、银川、青铜峡及中卫等市(县)，分布量较多。我国西北及内蒙古等地也有分布。

生境及适应性：多生于固定或半固定沙丘上、低洼盐碱地上。适应性极强，耐旱、喜盐碱、抗寒、抗风、耐高温、耐瘠薄，为荒漠地区及荒漠平原典型植物。

观赏及应用价值：观果观姿。主要观果，果实红得可爱，而其抗逆性强，在恶劣环境中能呈现绿色一片的景观。可用于西北园林道路、坡面的地被绿化美化。

图293　白刺

骆驼蓬属 *Peganum*

中文名　**骆根骆驼蓬**
拉丁名　***Peganum nigellastrin***
别　名　骆驼蒿

基本形态特征：多年生草本，高10～20cm，全株被短硬毛。具根状茎，茎丛生，灰黄色，直立或斜升，具纵棱，被短硬毛。叶稍肉质，二至三回羽状全裂，裂片针状线形，先端渐尖，背面及边缘被短硬毛；托叶线形。花单生、顶生或腋生，密被短硬毛；萼片稍长于花瓣，5～7全裂；花瓣白色或淡黄色，椭圆形或矩圆形。蒴果近球形，黄褐色，3瓣裂。花期5～7月，果期6～8月。

分布：宁夏全区普遍分布。我国西北及内蒙古等地也有分布。

生境及适应性：多生于沙地、黄土丘陵、路边及村庄附近。戈壁及荒漠丘陵地带生长较多。

观赏及应用价值：观叶观花观果。其叶茂深绿，花大且花量也较多，在花期成片开放，绿意中白星点点，甚为壮观，果实为淡橘黄色，也颇有观赏性，是很好的防风固沙地被草本。

图294　骆根骆驼蓬

霸王属 *Sarcozygium*

中文名 **霸王**
拉丁名 ***Sarcozygium xanthoxylon***

基本形态特征：落叶灌木，高50～150cm；干皮灰色，无毛，枝端具刺。老枝叶簇生，嫩枝叶对生；复叶具2片小叶，小叶薄肉质，线形或匙形，先端圆，基部渐狭。花单生叶腋，黄白色，萼片4，倒卵形，绿色，边缘膜质；花瓣4，倒卵形，先端圆，基部渐狭成爪。蒴果通常具3宽翅，宽椭圆形或近圆形。花期4～5月，果期5～9月。

分布：宁夏产中卫及石嘴山等市(县)及贺兰山沟谷开阔地带，分布量较多。我国分布于西北及北部地区。

生境及适应性：多生于干旱石质山坡或半固定沙丘上，喜阳，耐寒耐旱，耐土壤贫瘠。

观赏及应用价值：观叶观果。叶奇特，浑厚可爱，果期累累硕果如灯笼般轻盈地挂满枝头。

图295 霸王

牻牛儿苗科 GERANIACEAE 老鹳草属 *Geranium*

中文名 **草甸老鹳草**
拉丁名 ***Geranium pratense***
别　名 **红根草、草原老鹳草**

基本形态特征：多年生草本，高20～30cm。茎直立或斜升，具纵棱，被毛。叶对生，肾状圆形，通常7深裂几达基部，裂片菱状卵形，再羽状深裂，小裂片线状椭圆形，上面被疏毛，下面仅沿脉被毛；顶端叶片3～5深裂；基生叶具长柄，长达15cm，密被腺毛。聚伞花序顶生或腋生；萼片长椭圆形，先端具芒尖，具3脉；花瓣宽倒卵形，蓝紫色，具短爪，两侧具2小耳，被长毛。蒴果被毛。花期6～7月，果期7～9月。

分布：宁夏产六盘山，分布量较多。我国分布于东北、华北及四川等地。

生境及适应性：多生于山坡林缘草地。喜半荫和冷凉气候，耐寒，喜腐殖质土壤。

观赏及应用价值：观花观果。花型美丽，似轻盈的斑蝶，美丽充满野趣，果熟时略发红，似尖角般挺立，秋叶及老叶亦发红，较为美丽。可应用于自然花境点缀及庭院美化。

图296 草甸老鹳草

中文名 **粗根老鹳草**
拉丁名 *Geranium dahuricum*
别　名 块根老鹳草

基本形态特征：多年生草本，高15～70cm。茎直立，具纵棱，2叉分枝，被倒生伏毛。叶对生，基生叶花期通常枯萎，叶片肾状圆形，掌状7深裂几达基部，裂片菱状卵形，中部以上再不规则羽裂，两面被长伏毛；茎生叶具长柄，长可达15cm，向上渐短至无，密被伏毛。花序腋生，具2花；苞片披针形，带紫色；花瓣倒卵形，紫红色，基部渐狭且具白色密毛。蒴果被毛。花期7月，果期8～9月。

分布：宁夏产六盘山及南华山，分布量较多。我国分布于东北、华北、西北各地。

生境及适应性：多生于海拔2500m左右的山坡草丛中。喜半荫和冷凉气候，耐寒，喜腐殖质土壤。

观赏及应用价值：观花观果。花型美丽，薄质花瓣带上美丽的条纹，轻盈秀雅，充满野趣，果熟时略发红亦较为可爱，秋叶及老叶亦发红。可应用于自然花境点缀及庭院美化。

图297 粗根老鹳草

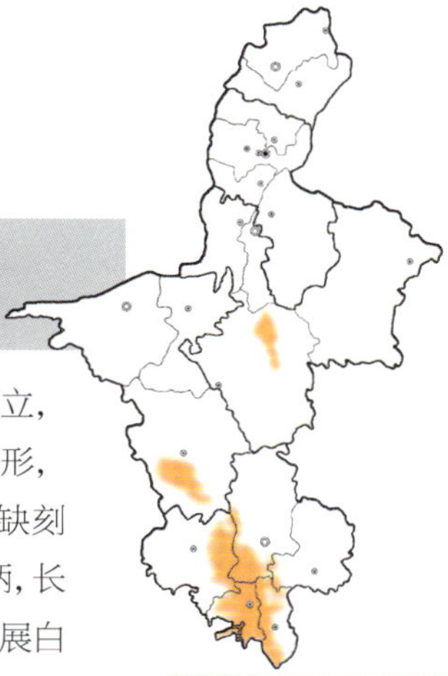

中文名 **毛蕊老鹳草**
拉丁名 *Geranium eriostemon*

基本形态特征：多年生草本，高25～60cm。茎直立，具纵棱，被开展的白色长柔毛。叶互生，肾状五角形，掌状5中裂或稍深；裂片菱状卵形，边缘具浅的缺刻或圆的粗齿，两面被毛，沿脉较密；基生叶有长柄，长10～20cm，茎生叶具短柄，顶生叶几无柄，被开展白毛。聚伞花序顶生或腋生，2～3个总花梗出自1对叶状苞腋内，各具花2～4朵，稀具5花；萼片长椭圆形，具3脉，背部被毛；花瓣宽倒卵形，蓝紫色，基部具毛。蒴果，具喙，被毛。花期6～7月，果期7～9月。

分布：宁夏产六盘山、罗山、南华山，分布量较多。我国东北、华北及陕西、甘肃、青海、四川等地也有分布。

生境及适应性：多生于山坡林缘或灌丛中。喜半荫，喜湿润冷凉气候，喜土层深厚土壤。

观赏及应用价值：观花观叶观果。花型美丽，充满野趣，果熟时略发红，秋叶及老叶亦变红，观赏效果好。可应用于自然花境点缀及庭院美化。

图298 毛蕊老鹳草

中文名 尼泊尔老鹳草
拉丁名 *Geranium nepalense*

基本形态特征：多年生草本，高30～50cm。茎细弱，具纵棱，基部带紫红色，斜升。叶对生，肾状五角形，3～5深裂，裂深几达基部，裂片菱状狭卵形，边缘具齿状缺刻或浅裂，两面疏被伏毛；下部茎生叶的叶柄较长，长可达8cm，上部茎生叶的叶柄短，被倒生柔毛。花序腋生，具2花或单生，花梗长2～5cm；萼片卵状长椭圆形，边缘膜质，背面具3脉；花瓣倒卵状椭圆形，紫红色，先端圆，基部具短爪。蒴果被短毛。花期6～7月，果期7～8月。

分布：宁夏产六盘山及贺兰山，分布广且量较多。我国分布于华东、华中、华北和西南等地。

生境及适应性：多生于林缘草地、山坡荒地或圃地周围。喜半荫，耐寒稍耐旱，适应性广。

观赏及应用价值：观花观叶观果。花色明丽，花轻盈充满野趣，果及秋叶、老叶会变红，较具有观赏性。可应用于自然花境点缀及庭院美化。

图299 尼泊尔老鹳草

中文名 鼠掌老鹳草
拉丁名 *Geranium sibiricum*
别　名 风露草

基本形态特征：多年生草本，高20～70cm。茎细弱，有棱，具节，被倒生短毛。叶对生，基生叶与下部茎生叶具长柄，茎上部叶具短柄；基生叶早枯萎，与下部茎生叶同形；上部叶3深裂；托叶披针形，浅棕色。花单生、腋生或顶生，近中部具2披针形苞片，果期花梗常弯曲；萼片长卵形；花瓣倒卵形，白色或淡紫红色，基部渐狭成爪。蒴果具喙，被柔毛。花期6～7月，果期7～9月。

分布：宁夏全区均有分布。我国分布于东北、华北、华中、西北及四川、西藏等地。

生境及适应性：多生于山坡草地、林缘、荒地、田边、路旁。喜半荫，耐寒稍耐旱，适应性广。

观赏及应用价值：观花观叶观果。花白色或淡紫红，色彩淡雅，花型美丽且充满野趣，果及秋叶、老叶红色亦具有观赏效果。可应用于自然花境点缀及庭院美化。

图300 鼠掌老鹳草［摄影：姜良宝（下图）］

凤仙花科 BALSAMINACEAE
凤仙花属 *Impatiens*

中文名 **水金凤**
拉丁名 ***Impatiens noli-tangere***

基本形态特征：一年生草本，高约40～60cm，全株光滑无毛。茎直立，上部分枝，具棱。单叶互生，卵形或卵状披针形。总花梗腋生，花梗中部具绿色披针形小苞片；花2型；大花黄色或淡黄色，有时具紫色斑点；萼片3，侧生2片为卵形，中央萼片花瓣状，具细长距；旗瓣近圆形，背面中肋具龙骨状突起，翼瓣下部裂片矩圆形，上部裂片宽斧形；小花为闭锁花，黄绿色。蒴果圆柱形，无毛。花期7～8月，果期8～9月。

分布：宁夏产六盘山，大量成片分布。我国东北、华北、西北、华中等地有分布。

生境及适应性：多生于沟底林缘或崖下草丛中。喜荫及弱光，喜湿润凉爽气候。

观赏及应用价值：观花观叶。花朵小巧可爱，叶色翠绿，叶型秀雅，整体观赏效果较好；可作为阴地型地被用于林缘、水边的造景。

图301 水金凤

五加科 ARALIACEAE　五加属 *Acanthopanax*

中文名 **红毛五加**
拉丁名 ***Acanthopanax giraldii***

基本形态特征：落叶灌木，高2～3m；枝灰白色，疏或密生细刺。小叶5，稀3，叶片倒卵状椭圆形或倒披针形，边缘具不整齐的重锯齿，两面无毛；叶柄长5～12cm，具纵棱，无毛，无刺或顶端具数个细刺。伞形花序单个顶生，无毛；花萼杯状，无毛；花瓣5，三角状宽卵形，先端反折。果实近球形，无毛。花期6月，果期7～8月。

分布：宁夏产六盘山，分布量较多。我国陕西、甘肃、青海、四川、湖北等地也有分布。

生境及适应性：多生于海拔2100m左右的山坡灌木丛中。喜半荫半湿，稍耐寒，不耐旱，不抗风，土壤深一些较好。

观赏及应用价值：观姿观果。株型秀美，叶洒脱奔放，花序美丽，果色乌黑光亮；可用于混合花境，园林道路绿化等。

图302 红毛五加

伞形科 UMBELLIFERAE
棱子芹属 *Pleurospermum*

中文名 **鸡冠棱子芹**
拉丁名 ***Pleurospermum cristatum***
别　名 **水芹菜**

基本形态特征：二年生草本，高70～120cm。茎直立，中空，具纵条棱，无毛。基生叶及茎下部叶三角状宽卵形或心状卵形，二回羽状分裂；茎上部叶小而简化，具短柄或无柄。复伞形花序顶生和侧生，顶生者较大；总苞片3～7，狭倒卵形，全缘，伞幅8～15cm，具纵棱，棱上微被短毛；小伞形花序具花15～25朵，白色。果实卵状椭圆形或近圆形，果棱突起，呈明显的鸡冠状。花期6～7月，果期7～8月。

分布：宁夏产六盘山，分布量较多。我国山西、陕西、甘肃、青海、河南、湖北、四川等地也有分布。

生境及适应性：多生于林下或林缘草地。喜半荫，耐寒，较喜湿润气候，略耐旱，喜腐殖质土壤。

观赏及应用价值：观花观姿。其花序和羽状复叶都大而新奇，花期极为壮观，具有较好的观赏性，冬季干枯的植株亦可观赏。可作为花境、庭院、园林绿地的地被材料，宜丛植。

图303 鸡冠棱子芹

柴胡属 *Bupleurum*

中文名 **北柴胡**
拉丁名 ***Bupleurum chinense***
别　名 **竹叶柴胡、硬苗柴胡**

基本形态特征：多年生草本，高30～80cm。茎直立，单生，上部具分枝，具纵棱，无毛，基部常带紫红色。基生叶倒披针形，基部收缩成柄；茎中部叶长椭圆状宽披针形，具短柄；上部叶狭披针形或线形，无柄。复伞形花序生枝顶；总苞片1～2或缺，椭圆状披针形，黄绿色；小伞形花序具花约10朵，黄绿色。果实椭圆形。花期8月，果期9～10月。

分布：宁夏产六盘山，分布量较多。我国东北、华北、西北、华东及河南、湖北、四川等地有分布。

生境及适应性：多生于山坡草地或山地路旁。喜阳耐半荫，耐寒，适应性强。

观赏及应用价值：观花观姿。总花苞花型奔放，观赏性强，株型秀美，群丛效果好。可用于园林花境点缀、园林地被或用于干花制作。

图304 北柴胡

中文名 **黄花鸭跖柴胡**

拉丁名 *Bupleurum commelynoideum* var. *flaviflorum*

基本形态特征： 一至二年生草本。根细长，绿色，但有时带紫色。基生叶线形，下部变狭成叶柄，5～7脉；茎生叶狭披针形，无叶柄，7～9脉；茎上部叶披针形或卵形，茎顶部的叶渐短而成卵形。伞形花序数个，直径2～11cm；总苞片2～5，顶生花序的总苞片最大而显著，黄色，5～15脉；顶生花序的伞辐长而软，弧形弯曲；花瓣外面带紫色。果广卵形，顶端有紫色花柱基残余，棱细线状。花期7～8月，果期8～9月。

分布： 宁夏产六盘山，分布量较多。我国吉林省长白山区也有分布。

生境及适应性： 多生于山坡阳坡、开阔浅草滩、林缘等地。喜阳，耐半荫，耐寒，喜湿润冷凉气候，喜腐殖质土壤。

观赏及应用价值： 观花。其顶生的伞形花序花色鲜亮，总苞大而美丽，可栽植于野趣园、花境、宿根园中观赏。

图305 黄花鸭跖柴胡

中文名 **紫花大叶柴胡**

拉丁名 *Bupleurum longiradiatum* var. *porphyranthum*

别　名 大叶柴胡、红柴胡、大铁（箍）散

基本形态特征： 多年生草本，高60～100cm。根状茎粗壮，质坚，棕褐色，节间较短，节上生多数须根。茎直立，常单生，上部具分枝，具纵棱纹，无毛。基生叶卵形、长椭圆形或宽披针形，先端极尖或渐尖，基部收缩成具翅的长叶柄，叶柄基部耳状抱茎；茎中部以上叶椭圆形、三角状广披针形或三角状卵形，无柄，基部心形，抱茎，上面绿色，背面蓝绿色，两面无毛。复伞形花序顶生或腋生，总苞片2～5，不等大，披针形或椭圆形；小总苞片5～6片，椭圆形或卵形；小伞形花序具花5～15朵；花瓣紫红色。果实长圆形。花期7月，果期8～9月。

分布： 宁夏产六盘山，分布量较多。我国陕西、甘肃、河南、湖北、四川等地也有分布。

生境及适应性： 多生于山谷林缘或林下潮湿处。喜阳，耐半荫，耐寒，喜湿润冷凉气候，对土壤要求不高。

观赏及应用价值： 观花。伞形花序奇特，美丽奔放，可用于道路边缘点缀和缀花草坪。

图306 紫花大叶柴胡

葛缕子属 *Carum*

中文名 **田葛缕子**
拉丁名 ***Carum buriaticum***
别　名 田贳蒿

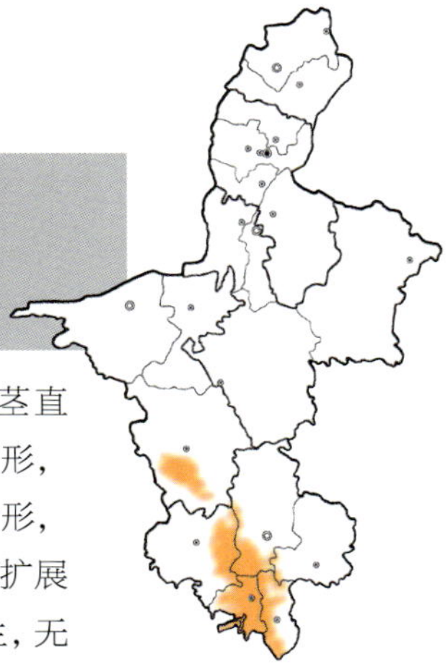

基本形态特征：二年生草本，高40～60cm。茎直立，有分枝，具纵棱，无毛。基生叶卵状长椭圆形，二至三回羽状全裂，一回裂片卵形或卵状披针形，无柄，最终裂片狭线形，两面无毛；叶柄基部扩展成叶鞘；茎生叶简化。复伞形花序顶生或侧生，无毛；总苞片3～5，狭丝形；小伞形花序具花15～25朵；花瓣白色，宽倒卵形。果实椭圆形，分果棱凸起。花期7月，果期8～9月。

分布：宁夏产六盘山及南华山，分布量较多。我国东北、华北、西北及河南、四川等地也有分布。

生境及适应性：多生于山坡草地、田边、路旁。喜阳耐寒，适应性广。

观赏及应用价值：观花。花朵小巧可爱，群丛效果好。可作园林地被栽培或自然花境点缀。

图307 田葛缕子

西风芹属 *Seseli*

中文名 **内蒙西风芹**
拉丁名 ***Seseli intramongolicum***
别　名 内蒙古邪蒿

基本形态特征：多年生草本，高30～70cm。茎直立，多二歧式分枝，灰蓝绿色，具细纵条棱，无毛。基生叶多数，叶三角状卵形或近三角形，三回羽状全裂，最终裂片线形；基生叶具长柄，柄长5～15cm，叶柄基部具短的鞘；茎生叶简化，具短柄，顶生叶极简化，呈线形或3裂，叶柄短，全部成叶鞘。复伞形花序多数，顶生或与叶对生；小伞形花序具花10～15朵，花瓣白色，倒卵形。果实椭圆形，果棱细。花期7月，果期8～9月。

分布：宁夏产贺兰山，零星分散分布且量较少，并在逐渐减少。我国内蒙古等地也有分布。

生境及适应性：多生于海拔2200～2400m的向阳干旱山坡上。喜光，耐寒耐旱，耐土壤贫瘠。

观赏及应用价值：观花。大型白色伞形花序，充满野趣，可于岩石园栽植观赏或用于花境、野趣园。

图308 内蒙西风芹

独活属 *Heracleum*

中文名 **多裂独活**
拉丁名 ***Heracleum dissectifolium***
别　名 永宁独活

基本形态特征： 多年生草本，高60～100cm。茎直立，不分枝或上部稍分枝，中空，具纵条棱。基生叶与茎下部叶卵形；一回裂片3～4对，远离，具短柄；最终裂片卵状披针形，先端渐尖，基部下延，边缘具粗锯齿，皆被毛；茎上部叶二回羽状深裂，叶柄全部扩展成鞘。复伞形花序顶生和侧生；无总苞片，长1～10cm，具纵条棱，内侧被短柔毛；小伞形花序具花30～40朵；花瓣白色，倒卵形。果实椭圆形，分果侧棱具狭翅。花期7月，果期8～9月。

分布： 宁夏产六盘山，分布量较多。我国甘肃、四川、云南等地也有分布。

生境及适应性： 多生于林缘草地或沟谷开阔处。喜阳，耐半荫，耐寒，稍耐旱，喜腐殖质土壤。

观赏及应用价值： 观花观姿。其总花序壮硕，花期盛大美丽，羽状叶型也具有一定观赏性，冬季干枯的植株有一种金属质感美。可栽植于野趣园、花境、岩石园中观赏。

图309 多裂独活

龙胆科 GENTIANACEAE　龙胆属 *Gentiana*

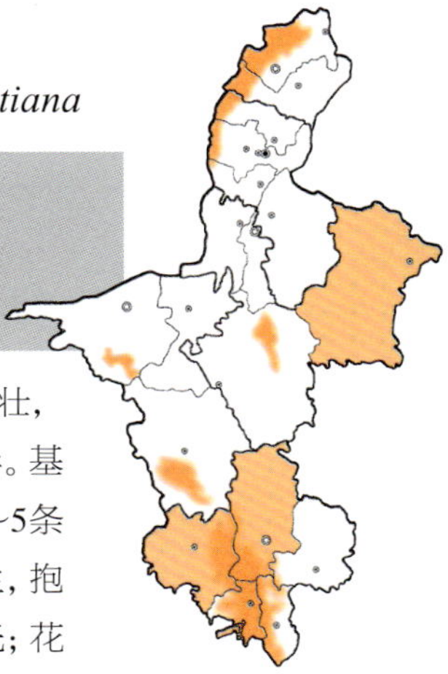

中文名 **达乌里龙胆**
拉丁名 ***Gentiana dahurica***
别　名 达乌里秦艽、小（叶）秦艽

基本形态特征： 多年生草本，高10～25cm。根粗壮，长圆锥形，浅黄棕色。茎斜升或直立，微四棱形。基生叶披针形，先端渐尖，全缘，两面无毛，具3～5条脉；茎生叶较小，线状披针形或线形，基部合生，抱茎。聚伞花序顶生或腋生，1～3朵花，花梗几无；花萼钟形，顶端5裂线形；花冠筒状钟形，蓝色，5裂，裂片卵形，先端尖，褶三角形。蒴果倒卵状长椭圆形，无柄。花期7月，果期8～9月。

分布： 宁夏产六盘山、南华山、香山、罗山、贺兰山以及盐池、固原市原州区、西吉等市(县)，集中分布于中高海拔地区且量较多。我国东北、华北及甘肃、青海、四川等地也有分布。

生境及适应性： 多生于山坡草地。喜半荫，喜湿润冷凉环境，喜土层深厚土壤。

观赏及应用价值： 观花。花大且颜色极为美丽，蓝紫色花冠似风铃般点缀于大地上。群丛效果更为惊艳。可用于花境布置及盆栽观赏。

图310 达乌里龙胆

中文名 **假水生龙胆**
拉丁名 *Gentiana pseudo-aquatica*

基本形态特征：一年生矮小草本，高3～8cm。茎细弱，分枝，近无毛。基生叶较大，卵圆形或卵状椭圆形，先端急尖，具芒尖，边缘软骨质；茎生叶较小，狭倒卵形，基部合生，抱茎；无柄。花单生茎顶；花萼钟形，5裂；花冠钟形，蓝色，顶端5裂，裂片卵形。蒴果倒卵状椭圆形，具长柄。花期5～7月，果期7～8月。

分布：宁夏产六盘山，分布量较少，多为高海拔区集中分布。我国分布于东北、华北、西北及河南等地。

生境及适应性：多生于山坡草地、沟谷灌丛下。喜阳及弱光，喜湿润冷凉环境，喜腐殖质土壤。

观赏及应用价值：观花。植株娇小，花开时迷你可爱，可应用于花境布置，宜植于林下、水边等阴湿处。

图311 假水生龙胆

中文名 **鳞叶龙胆**
拉丁名 *Gentiana squarrosa*
别　名 小龙胆、石龙胆

基本形态特征：一年生矮小草本，高3～8cm。茎细弱多分枝，被短腺毛。基生叶较大，卵圆形或倒卵状椭圆形，先端具芒尖，反卷，边缘软骨质；茎生叶较小，倒卵形至倒披针形，抱茎。花单生茎顶；花萼钟形，5裂，裂片卵形；花冠钟形，蓝色，5裂，裂片卵形，先端锐尖，褶三角形，顶端不裂或2裂。蒴果倒卵形，花萼宿存。花期5～7月，果期7～9月。

分布：宁夏产六盘山，分布量较多。我国东北、华北及陕西、甘肃、江苏、浙江、四川、西藏等地也有分布。

生境及适应性：多生于山坡草地、沟谷灌丛下。喜阳及弱光，喜湿润冷凉环境，喜腐殖质土壤。

观赏及应用价值：观花。植株小巧丰富，花开时迷你可爱，星星点点，可应用于花境布置，宜植于林下、水边等阴湿处。

图312 鳞叶龙胆

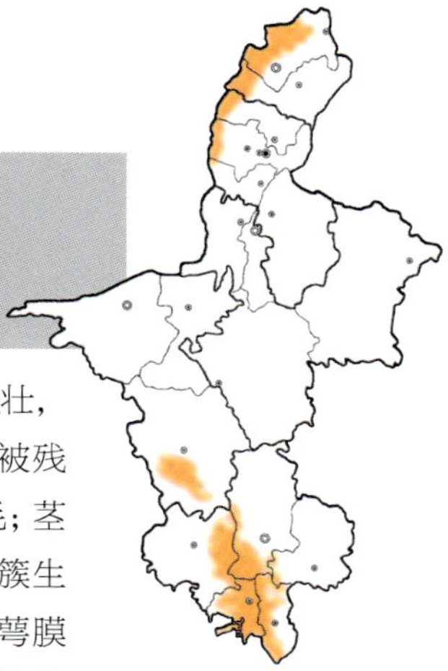

中文名 **秦艽**
拉丁名 *Gentiana macrophylla*
别　名 秦胶、大叶龙胆

基本形态特征：多年生草本，高20～50cm。根粗壮，长圆锥形。茎直立或斜升，圆柱形，无毛，基部被残叶包围。基生叶较大，披针形，全缘，两面无毛；茎生叶较小，披针形，基部合生，抱茎。聚伞花序簇生于茎顶或上部叶腋，呈头状或轮状，无梗；花萼膜质，一侧开裂，顶端具不规则浅裂齿；花冠筒状钟形，蓝紫色，裂片5，直立，卵形。蒴果长椭圆形。花期7～8月，果期8～9月。

分布：宁夏产六盘山、贺兰山及南华山，集中片状分布，分布量较多。我国东北、华北、西北及四川等地也有分布。

生境及适应性：多生于山坡草地及林缘。喜半荫及湿润冷凉气候，喜腐殖质土壤。

观赏及应用价值：观花。花大且花序较密，蓝紫色花美丽奇艳，观赏价值高。叶翠绿开展，也较美丽，可作为园林地被用于庭院、花境中栽培，亦可作为盆花栽培。

图313 秦艽

中文名 **条纹龙胆**
拉丁名 *Gentiana striata*

基本形态特征：一年生草本，高10～30cm。茎直立或斜升，具纵棱，多基部分枝。茎生叶无柄，长三角状披针形。花单生茎顶，花萼钟形，具狭翅，萼裂片披针形，被短硬毛；花冠淡黄色，具黑色条纹，裂片卵形。蒴果矩圆形，扁平，二瓣裂。花果期7～9月。

分布：宁夏产固原市原州区及六盘山隆德地区，分布量较少。我国甘肃、青海、四川等地也有分布。

生境及适应性：多生于海拔2200～3900m的山坡草地或灌丛。喜半荫，耐寒，喜湿润凉爽气候，喜腐殖质土壤。

观赏及应用价值：观花。该种颜色为淡黄色，与其他龙胆的紫粉类颜色有区别，植株低矮，花冠直立较长且带有线状条纹，花大且具有蜡质感，可应用于自然花境点缀及盆栽观赏，宜丛植。

图314 条纹龙胆

花锚属 *Halenia*

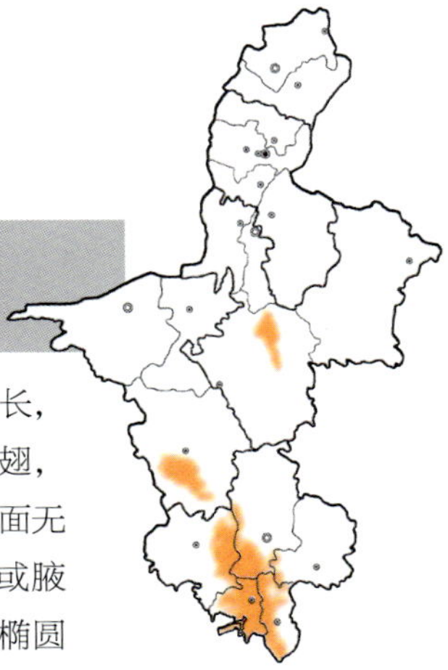

中文名 **椭圆叶花锚**
拉丁名 ***Halenia elliptica***

基本形态特征：一年生草本，高30～70cm。根细长，圆柱形，淡黄棕色。茎直立，四棱形，沿棱具狭翅，分枝，无毛。叶对生，狭卵状长椭圆形，全缘，两面无毛；下部叶匙形，具柄，早枯萎。聚伞花序顶生或腋生，花梗纤细；花萼4深裂，裂片狭卵形或卵状椭圆形；花冠蓝紫色，基部具1向外延伸的距。蒴果卵形。花期7～8月，果期9～10月。

分布：宁夏产六盘山、南华山及罗山，分布量较多。我国西北、西南及内蒙古、山西、湖北、湖南等地也有分布。

生境及适应性：多生于潮湿的山坡草地或山谷水沟边。喜阴湿环境，忌强光，耐寒，喜土层深厚土壤。

观赏及应用价值：观花。花朵娇小可爱，花型似水锚较独特，且淡蓝紫色亦具有迷人色彩。宜用做自然花境、庭院的点缀材料。

图315 椭圆叶花锚

扁蕾属 *Gentianopsis*

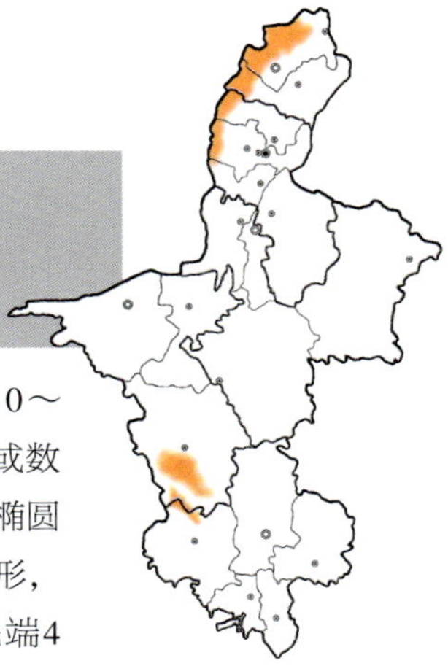

中文名 **湿生扁蕾**
拉丁名 ***Gentianopsis paludosa***
别　名 **扁蕾、卵叶扁蕾**

基本形态特征：一年生或二年生草本，高30～50cm。根细，浅黄棕色，具分枝。茎直立。单生或数个丛生，四棱形，无毛。基生叶匙形或倒卵状长椭圆形，先端钝，全缘，早枯萎；茎生叶卵状长椭圆形，无柄。花单生枝顶；花萼管状钟形，具4棱，先端4裂；花冠筒状钟形，淡蓝色或白色；雄蕊4，着生于花冠筒中部；子房长圆柱状，柱头2裂。蒴果圆柱形，具长柄。花期6～8月，果期8～9月。

分布：宁夏产贺兰山、南华山和月亮山，分布量较多。我国陕西、甘肃、青海、四川、云南、西藏等地也有分布。

生境及适应性：多生于山坡、林缘草地或荒地。喜半荫，喜冷凉湿润气候，喜腐殖质土壤。

观赏及应用价值：观花。花型优雅秀丽，花色充满紫韵。可用于自然花境点缀、庭院美化等。

图316 湿生扁蕾

夹竹桃科 APOCYNACEAE　罗布麻属 *Apocynum*

中文名 **白麻**
拉丁名 ***Apocynum pictum***
别　名 **大花罗布麻、紫斑罗布麻**

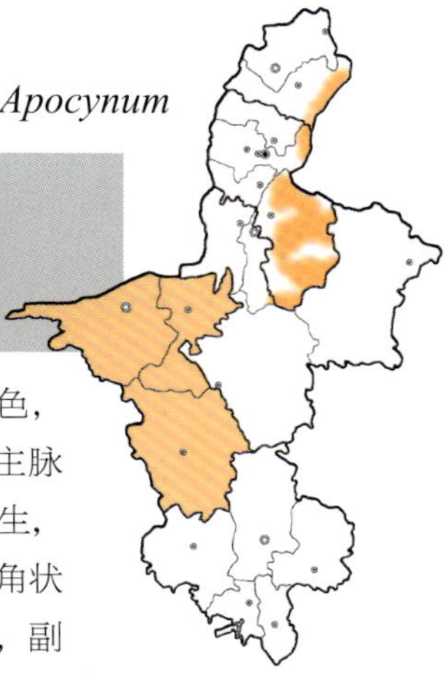

基本形态特征： 半灌木，高0.5～2.0m。枝黄绿色，无毛。叶互生，线形至线状披针形，两面被毛，主脉在背面明显隆起；叶柄腋内具腺体。聚伞花序顶生，小苞片披针形，被短绒毛；花萼5深裂，裂片三角状卵形；花冠宽钟形，粉红色，5裂，裂片近圆形，副花冠着生在花冠筒基部，5裂，基部合生，上部分离。蓇葖果2，离生，圆柱形。花期7月，果期8～9月。

分布： 宁夏产中卫市及北部荒滩，分布量较多。我国甘肃、青海、新疆等地也有分布。

生境及适应性： 多生于低洼盐碱荒地或池沼边。喜阳，耐寒耐旱耐盐碱。耐土壤贫瘠。

观赏及应用价值： 主观花。花朵大而繁多，粉白色，花型似风铃，轻盈雅致。花期持续长，宜作为自然花境素材，可丛植、片植。

图317 白麻

中文名 **罗布麻**
拉丁名 ***Apocynum venetum***
别　名 **茶叶花、野麻、红麻**

基本形态特征： 直立半灌木，高80～150cm，具乳汁。枝条圆形，光滑无毛，紫红色或淡红色。叶对生，分枝处叶常互生，卵状长椭圆形，边缘具骨质细齿，两面无毛，主脉在背面明显隆起。聚伞花序通常顶生；花萼5深裂，裂片椭圆状披针形；花冠筒状钟形，紫红色，外面被短绒毛。蓇葖果，圆柱形，叉生，紫红色。花期6～7月，果期8～9月。

分布： 宁夏引黄灌区普遍分布。我国华北、西北及辽宁、山东、河南、江苏等地也有分布。

生境及适应性： 多生于盐碱荒地及沟渠旁。喜阳，耐寒耐旱耐盐碱。

观赏及应用价值： 观花。花多而花期长，并具有发达蜜腺，是良好的蜜源植物，宜作为自然花境材料或于庭院栽培，十分富有野趣。

图318 罗布麻

萝藦科 ASCLEPIADACEAE　杠柳属 *Periploca*

中文名 杠柳
拉丁名 ***Periploca sepium***
别　名 香加皮、羊奶条

基本形态特征： 蔓性灌木，高可达3m，具乳汁。小枝通常对生，灰褐色，有时带紫色，无毛。叶卵状披针形至披针形，全缘，表面深绿色，背面淡绿色，两面无毛。聚伞花序腋生；花萼裂片卵圆形，里面基部具10个小腺体；花冠紫红色，花冠筒短，裂片长圆状披针形，里面被长柔毛；副花冠环状，10裂，其中5裂延伸成丝状。果实纺锤状。花期5～6月；果期7～8月。

分布： 宁夏产银川、平罗、盐池、中卫等市(县)，分布量较多。我国吉林、辽宁、内蒙古、河北、山西、河南、江苏、江西、贵州、四川、陕西、甘肃等地也有分布。

生境及适应性： 多生于沙质地或河边。喜阳，耐寒耐旱，耐土壤贫瘠。

观赏及应用价值： 观花观叶。紫色花花型独特，花量多而持续期长，叶似柳叶秀丽细长，光亮具有质感。可作为立体绿化材料用于藤架、墙垣等处。

图319 杠柳

鹅绒藤属 *Cynanchum*

中文名 鹅绒藤
拉丁名 ***Cynanchum chinense***

基本形态特征： 多年生缠绕草本。茎多分枝，灰绿色，被短柔毛。叶对生，宽三角状心形，先端渐尖，基部心形，全缘，两面均被短柔毛；聚伞花序腋生；花梗长；花萼5深裂，背面被短柔毛；花冠白色，5深裂；副花冠杯状，顶端裂成10个丝状体；柱头近五角形，稍突起，顶端2裂。蓇葖果圆柱形。花期6～8月，果期8～9月。

分布： 宁夏全区普遍分布。我国辽宁、河北、河南、山东、山西、内蒙古、陕西、甘肃、江苏、浙江等地也有分布。

生境及适应性： 多生于沙滩地、荒地及田边等。喜阳亦耐荫，耐寒，耐干旱贫瘠。

观赏及应用价值： 观花观叶。花开时繁密活泼，花型似扭曲五角星，较为奇特，叶灰绿色层次分明，覆盖性好。宜作为立体绿化材料应用于藤架、墙垣等处。

图320 鹅绒藤

中文名 **地梢瓜**
拉丁名 *Cynanchum thesioides*
别　名 地梢花、女青

基本形态特征： 多年生草本，高10～30cm。地上茎多从基部分枝，密被白色短硬毛。叶对生或近对生，线形，先端尖，基部楔形，全缘，向背面反卷，两面被短硬毛；近无柄。伞状聚伞花序腋生，总花梗长2～3mm，均密被短硬毛；花萼5深裂，裂片披针形，先端尖，背面被白色短硬毛；花冠白色，5深裂，外面疏被短硬毛。蓇葖果单生，卵状纺锤形，被短硬毛。花期6～8月，果期7～9月。

分布： 宁夏产同心县及以北地区，分布量较多。我国东北、华北、西北及江苏等地也有分布。

生境及适应性： 多生于沙地、荒地及田埂。喜阳，耐寒耐旱，抗风沙，耐土壤贫瘠。

观赏及应用价值： 观果观姿。株型低矮，小白花星星点点，果大而似纺锤，极可爱，可应用于干旱型园林作为地被材料，亦可用于岩石园。

图321 地梢瓜

中文名 **老瓜头**
拉丁名 *Cynanchum komarovii*
别　名 黑老鸦脖子、黑心朴子、芦芯草、牛心朴

基本形态特征： 多年生直立草本，高30～60cm。茎丛生，无毛；叶对生，革质，椭圆状披针形，全缘，两面无毛；聚伞花序伞房状，腋生；总花梗及花梗暗紫红色，均无毛；花萼5深裂，裂片狭卵形；花冠暗紫红色，5深裂；副花冠黑紫色，5深裂，裂片肉质，倒卵状椭圆形；蓇葖果单生，狭披针状圆柱形，绿色，无毛。花期6～7月，果期7～8月。

分布： 宁夏产同心县以北地区，分布量较多。我国山西、内蒙古、甘肃、陕西、青海等地也有分布。

生境及适应性： 多生于沙地及干河床。在戈壁滩上生长良好，对沙质干旱高温的土质适应性较强，亦耐寒耐贫瘠。

观赏及应用价值： 观花观叶观果。花为深紫红色，小却显眼明丽，果实纺锤状，较特别。最难得的是在高温下其叶仍能保持鲜亮浓绿的状态，极具绿意。可作为西北园林中增加绿量的重点选择种，地被效果较好。

图322 老瓜头

中文名 **竹灵消**
拉丁名 *Cynanchum inamoenum*
别　名 老君须、婆婆针线包

基本形态特征： 多年生直立草本，高30～60cm。茎从基部分枝或单生，被短柔毛，中空。叶对生，卵形至长椭圆形，全缘，上面深绿色，仅沿叶脉被短柔毛，背面淡绿色，沿叶脉被短柔毛，边缘具短缘毛；聚伞花序腋生；花萼5深裂，裂片线状披针形；花冠黄色或黄绿色，5裂，裂片卵状椭圆形。蓇葖果双生或仅一个发育，狭披针状圆柱形。花期6～7月，果期7～8月。

分布： 宁夏产六盘山，分布量较少。我国辽宁、河北、山西、陕西、甘肃、四川、安徽、湖北、浙江、贵州、西藏等地也有分布。

生境及适应性： 多生于林间草地、灌丛、林缘。喜半荫，耐寒，喜稍湿凉气候，喜土层深厚土壤。

观赏及应用价值： 观花观叶。植株端直，叶清秀淡雅，花小巧而明丽。整体效果清爽宁静，可用于自然花境点缀及庭院美化。

图323 竹灵消

茄科 SOLANACEAE　枸杞属 *Lycium*

中文名 **宁夏枸杞**
拉丁名 *Lycium barbarum*
别　名 中宁枸杞、枸杞

基本形态特征： 灌木，高0.8～2.0m。枝细密，灰白色或黄色。叶互生或在短枝上簇生，披针形或长椭圆形，先端短渐尖或急尖，基部楔形，全缘。花在长枝上1～2朵生叶腋，在短枝上2～6朵同叶簇生；花萼钟形；花冠漏斗状，蓝紫色，檐部5裂，裂片明显短于花冠筒，卵形，顶端圆钝。浆果红色或橙色，椭圆形或长椭圆形。花果期5～10月。

分布： 宁夏普遍栽培，有近野化种。我国华北、西北等地也有分布。

生境及适应性： 田间、路边、山前等地广泛分布。喜阳，耐寒耐旱，适应性广。

观赏及应用价值： 观花观果。花果量大，果子晶莹剔透，红得可爱。可作园林地被，特别是作为西北地区的特色花果灌木应用。

图324 宁夏枸杞

天仙子属 *Hyoscyamus*

中文名 **天仙子**
拉丁名 ***Hyoscyamus niger***
别　名 **莨菪、牙痛子、山烟子**

基本形态特征：二年生草本，高达1m，全株被黏性腺毛。基生叶莲座状，茎生叶互生，卵形或三角状卵形，无柄，半抱茎。花在茎中部单生叶腋，在茎上部单生于苞片叶腋内而聚集成蝎尾状总状花序，通常偏向一侧，梗短或无；花萼筒状钟形，5浅裂，裂片大小不等，花后增大成坛状，基部圆形；花冠钟形，黄色而具紫色脉纹。蒴果包藏于宿存萼内，长卵圆形。花期6～7月，果期7～9月。

分布：宁夏各地均有分布。我国分布于华北、西北及西南。

生境及适应性：多生于山坡、路旁、村庄附近。喜阳耐寒，适应性广泛。

观赏及应用价值：观花观果。花型碗状似荷，色斑奇特美丽，花繁茂；果期似一串串小番茄。可用于自然花境点缀、道路美化布置等。

图325 天仙子

茄属 *Solanum*

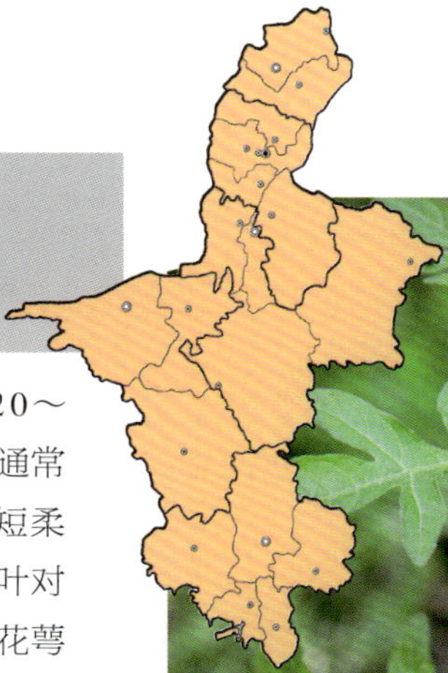

中文名 **青杞**
拉丁名 ***Solanum septemlobum***
别　名 **野茄子**

基本形态特征：多年生草本或亚灌木，高20～50cm。茎直立，多分枝，有棱。单叶互生，卵形，通常具不整齐的羽状深裂，裂片披针形，两面疏被短柔毛；叶柄疏被短柔毛。二歧聚伞花序顶生或与叶对生；总花梗具微柔毛；花梗无毛，基部具关节；花萼杯状，疏被白色短柔毛；花冠蓝紫色，先端5深裂，裂片长圆形。浆果近球形，成熟时红色，花果期6～10月。

分布：宁夏各地均有分布。我国东北、华北、西北及山东、河南、安徽、江苏、四川等地也有分布。

生境及适应性：多生于荒地、路旁及田边。喜阳，适应性广泛。

观赏及应用价值：观花观果。花色艳丽，果玲珑可爱，略带藤本性，可作为园林地被、自然花境素材应用。

图326 青杞

旋花科 CONVOLVULACEAE　旋花属 *Convolvulus*

中文名 **刺旋花**
拉丁名 *Convolvulus tragacanthoides*
别　名 鬼芥头、木旋花

基本形态特征： 半灌木，高5～12cm，全株被银灰色丝状毛。茎铺散呈垫状，多分枝；小枝坚硬具刺，节间短。叶互生，狭倒披针形或线形，先端钝，基部渐狭，无柄。花单生或2～3朵集生于枝顶，花梗短粗；萼片椭圆形或长圆状倒卵形，顶端具小尖头；花冠漏斗状，粉红色，冠檐5浅裂。蒴果圆锥形，被毛。花期6～9月，果期8～10月。

分布： 宁夏产贺兰山东麓和西华山，分布量较多。我国内蒙古、陕西、甘肃、新疆、四川等地也有分布。

生境及适应性： 多生于山前砾石滩地及干旱山坡上。喜光照，极耐寒耐旱，耐贫瘠土壤。

观赏及应用价值： 观花观姿。花大而艳丽，盛花期繁茂壮美，极其漂亮；株型圆整，可作为花境点缀及岩石园布置。

图327 刺旋花

中文名 **银灰旋花**
拉丁名 *Convolvulus ammannii*
别　名 白打碗花、阿（亚）氏旋花、小旋花

基本形态特征： 多年生矮小草本，全株密被银灰色绢毛。叶互生，近无柄，基部叶倒披针形，上部叶线形或线状披针形，先端锐尖，基部狭。花单生枝端，具细花梗；萼片5，不等大，外面密被银灰色绢毛；花冠漏斗形，白色、淡玫瑰色或白色带紫色条纹，花冠外瓣中带密被银灰色绢毛，褶内无毛，冠檐5浅裂。蒴果球形，2裂。花期6～9月，果期9～10月。

分布： 宁夏全区有分布。我国东北、华北、西北及河南、西藏等地也有分布。

生境及适应性： 多生于山坡、草地及沙质地。喜荫，稍耐寒，喜冷凉气候，但亦耐旱。

观赏及应用价值： 观花观叶。植株低矮，花色多样，叶色银白亮丽，成片景观非常夺目漂亮。可作为园林地被或花境点缀。

图328 银灰旋花

花荵科 POLEMONIACEAE　花荵属 *Polemonium*

中文名 **花荵**
拉丁名 ***Polemonium coeruleum***

基本形态特征： 多年生草本，高50～100cm，具根状茎。茎直立，单一，不分枝。奇数羽状复叶，互生，向上渐短，叶轴具狭翅，具小叶11～21，小叶卵状披针形，全缘，上面绿色，无毛，背面浅绿色，偶被毛；小叶无柄。圆锥状聚伞花序顶生，被腺毛；花萼宽钟形，外面密生腺毛；花冠蓝紫色，裂片5，倒卵形。蒴果卵形。花期6～7月，果期8～9月。

分布： 宁夏产六盘山，分布量较多。我国西北及山西、湖北、四川等地也有分布。

生境及适应性： 多生于海拔2100～2300m的林缘或林下。喜阳，耐寒，稍微耐旱，喜土层深厚土壤。

观赏及应用价值： 观花。其植株挺秀，花朵大而精巧，淡蓝紫色的花充满神秘感，观赏性强，可用于自然花境、花坛的布置，宜片植。

图329 花荵

紫草科 BORAGINACEAE　软紫草属 *Arnebia*

中文名 **灰毛软紫草**
拉丁名 ***Arnebia fimbriata***
别　名 灰（毛）假紫草

基本形态特征： 多年生草本，高20～40cm。茎直立，自基部分枝，上部不分枝，圆柱形，密被短柔毛及刚毛。茎下部叶长椭圆状披针形，上部叶狭披针形，两面密生短柔毛及刚毛；无柄。蝎尾状单歧聚伞花序顶生，花多数，渐次延长，花后长可达20cm；花萼5深裂达近基部，裂片线形；花冠高脚碟状，紫红色，花冠筒细长，顶端5裂，裂片近圆形；小坚果。花期6～8月，果期7～9月。

分布： 宁夏产贺兰山、麻黄山及平罗、银川、中卫、青铜峡等市(县)，分布量较多。我国内蒙古及甘肃等地也有分布。

生境及适应性： 多生于干旱山坡及沙质地上。喜阳，极耐旱耐寒，适应贫瘠土壤。

观赏及应用价值： 主观花。花量大，花色美艳，冠丛饱满，成片景观十分壮美，可用于花境点缀、道路绿化及岩石园布置。

图330 灰毛软紫草

中文名 **疏花软紫草**
拉丁名 *Arnebia szechenyi*
别　名 疏花假紫草、黄花软紫草

基本形态特征：多年生草本，高10～30cm。茎直立，多分枝，密被短柔毛，混生有开展的刚毛。叶矩圆形或卵状矩圆形，全缘，两面密被短柔毛及刚毛，无柄。单歧聚伞花序顶生；苞片矩圆形或卵状矩圆形，两面密生短柔毛和刚毛；花萼5深裂，密被短柔毛和刚毛；花冠高脚碟状，黄色，花冠筒细长，顶端5裂，裂片椭圆形。小坚果4，卵形，具疣状突起。花果期6～7月。

分布：宁夏产贺兰山及同心、中宁、中卫等市(县)，分布量较多。我国内蒙古及甘肃等地也有分布。

生境及适应性：多生于干旱山坡上。喜阳，极耐旱耐寒，适应贫瘠土壤。

观赏及应用价值：主观花。花量大，花色为亮黄色，且花冠常带有橙黑色斑块，极其美丽。冠丛饱满，成片景观十分壮美，可用于花境点缀、道路绿化及岩石园布置。

图331 疏花软紫草

微孔草属 *Microula*

中文名 **长叶微孔草**
拉丁名 *Microula trichocarpa*

基本形态特征：二年生草本，高30～50cm。茎直立，具纵条棱，被开展的灰白色长硬毛。基生叶长椭圆形或倒披针状长椭圆形，两面被平伏短硬毛；茎生叶长椭圆状倒披针形，两面被平伏硬毛；无柄。单歧聚伞花序顶生；苞片卵状披针形；花梗短；花萼5深裂，裂片线状披针形；花冠蓝色，裂片5，近圆形或矩圆形。小坚果2～4个，宽倒卵形。花期7月，果期8～9月。

分布：宁夏产六盘山，分布量较多。我国陕西、甘肃、四川、青海、西藏等地也有分布。

生境及适应性：多生于山谷草地或林缘湿地。喜荫及半湿润环境，稍耐寒，稍喜土层深厚土壤。

观赏及应用价值：观花观果。花蓝色，紧密，甚为美丽，小坚果外形奇特，亦具有一定观赏性，可作为园林地被应用。

图332 长叶微孔草

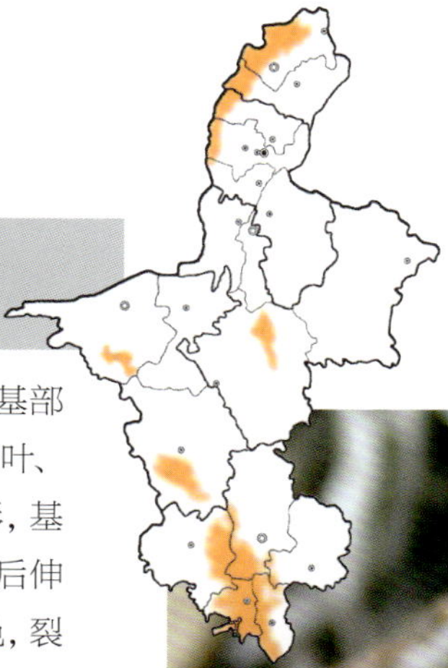

齿缘草属 *Eritrichium*

中文名 **齿缘草**
拉丁名 ***Eritrichium rupestre***

基本形态特征：多年生草本，高10～20cm。茎基部具短分枝，呈垫状，地上数茎丛生，常不分枝，与叶、花萼均被柔毛并混生有刚毛；叶线状倒披针形，基生叶多数丛生。单歧聚伞花序顶生，紧密，花后伸长；花萼5深裂，裂片倒卵状长椭圆形；花冠蓝色，裂片5，宽倒卵形或近圆形。小坚果陀螺形，具小疣状突起和毛。花期6～7月，果期7～8月。

分布：宁夏产贺兰山、罗山、香山、南华山、六盘山，分布量较多。我国华北及甘肃等地也有分布。

生境及适应性：多生于干旱山坡。喜半荫，较耐寒耐旱，对土壤要求不高。

观赏及应用价值：主观花。花朵奇特，娇小可爱，可作为园林地被应用观赏。

图333 齿缘草

鹤虱属 *Lappula*

中文名 **鹤虱**
拉丁名 ***Lappula stricta***

基本形态特征：一年生或二年生草本，高30～50cm。茎直立或斜伸，多由基部分枝，密被毛。基生叶倒披针形，两面密生灰白色硬毛；茎生叶披针形，无柄。单歧聚伞花序顶生，果时长达15cm；苞片椭圆状披针形；花冠蓝色，裂片5，近圆形；子房4裂。小坚果4，卵形，密生小疣状突起。花期5～6月，果期6～7月。

分布：宁夏产罗山及盐池、灵武、中卫等市(县)，分布量较多。我国西北及华北各地也有分布。

生境及适应性：多生于向阳干旱山坡上。喜荫或半荫，稍耐旱耐寒，对土壤要求不高。

观赏及应用价值：观花观果。植株低矮，花蓝色美丽，花量大；花型奇特，有一定观赏性，可用做园林地被。

图334 鹤虱

唇形科 LABIATAE　黄芩属 *Scutellaria*

中文名　滇黄芩

拉丁名　*Scutellaria amoena*

别　名　小黄芩、条芩、子芩、枯芩

基本形态特征：多年生草本；根状茎粗壮，灰黄褐色。茎直立，四棱形，常带紫红色；叶卵状披针形或矩圆状披针形，先端钝圆或钝尖，基部楔形。总状花序顶生；花梗密被开展的柔毛及腺毛；花序轴被开展的柔毛及头状腺毛；小苞片叶状，向上渐小，边缘具柔毛及头状腺毛；花冠蓝紫色，疏被细柔毛；花盘肥厚，前方隆起。小坚果近球形，黑色，具小瘤状突起。花期5～6月，果期7～9月。

分布：宁夏产六盘山，分布量较多。我国陕西、四川、贵州、云南等地也有分布。

生境及适应性：多生长于海拔1300～3200m左右的灌丛草地及河滩、沙石滩上。喜阳，耐寒耐旱，耐土壤贫瘠。

观赏及应用价值：观花。花型奇特，花密集，株形饱满、奔放，是很好的花境材料和庭院美化材料，宜丛植，片植。

图335　滇黄芩

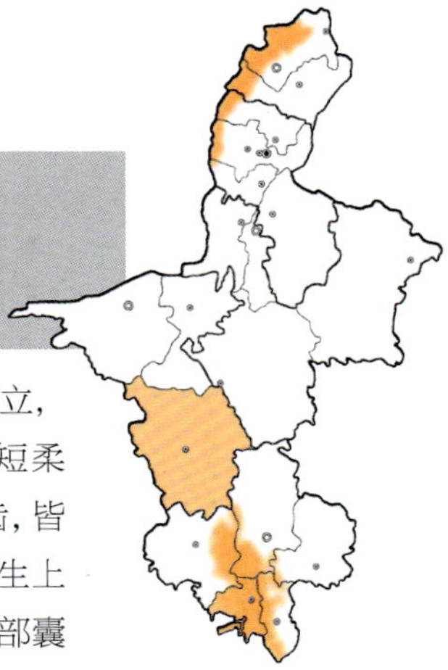

中文名　多毛并头黄芩

拉丁名　*Scutellaria scordifolia*

别　名　多毛黄芩

基本形态特征：多年生草本，高15～40cm。茎直立，不分枝或从基部分枝，四棱形，带紫红色，被短柔毛。叶三角状狭卵形，基部微心形，边缘具锯齿，皆被毛，沿脉较密；叶柄短，密被短柔毛。花单侧生上部叶腋；花冠蓝紫色，外面被细柔毛；花冠筒基部囊状膝曲，檐部二唇形，上唇盔状，下唇中裂片较大，近圆形，侧裂片小，三角状长圆形。小坚果球形，黄色。花期6～7月，果期7～8月。

分布：宁夏产六盘山、贺兰山及隆德、海原等县，分布量较多。我国山西、陕西、甘肃、青海等地也有分布。

生境及适应性：多生于中海拔山坡草地、路边及沟渠旁。喜荫不耐强光，稍耐寒，不耐旱，稍耐贫瘠土壤。

观赏及应用价值：主要观花。蓝色唇形花冠绒质可爱，多朵聚集于植株上部，较为美丽；果期形态亦具有一定观赏性。可应用于花境、花坛及混合盆栽。

图336　多毛并头黄芩

中文名 **甘肃黄芩**

拉丁名 *Scutellaria rehderiana*

基本形态特征：多年生草本。根状茎斜行，粗1.5～13mm。茎直立，高达30cm，四棱，多分枝，被白色短柔毛，近木质。叶对生，有短柄，卵形至卵状三角形，先端钝或急尖，基部圆形或楔形，缘有不规则疏齿或全缘，上面被稀毛，下面脉上有细毛，缘密生短睫毛。总状花序顶生，偏向一侧排列，长3～10cm；苞片卵形或椭圆形，被长睫毛；花萼盾片高约1mm，果时增大；花冠粉红色、淡紫色至紫蓝色，长1.8～2.2cm，花筒基部弯曲；雄蕊4，2长2短；花盘环状，前方隆起。小坚果2，褐色。花期7～8月。

分布：宁夏贺兰山，分布量较多。我国内蒙古、甘肃、陕西、山西等地也有分布。

生境及适应性：多生于向阳草坡，滩地。喜阳，耐寒耐旱，耐土地贫瘠。

观赏及应用价值：主观花。植株矮小，花色亮丽，形态精致，花朵繁密，株丛奔放，可用于缀花草坪及自然花境、岩石园等布置。

图337 甘肃黄芩

荆芥属 *Nepeta*

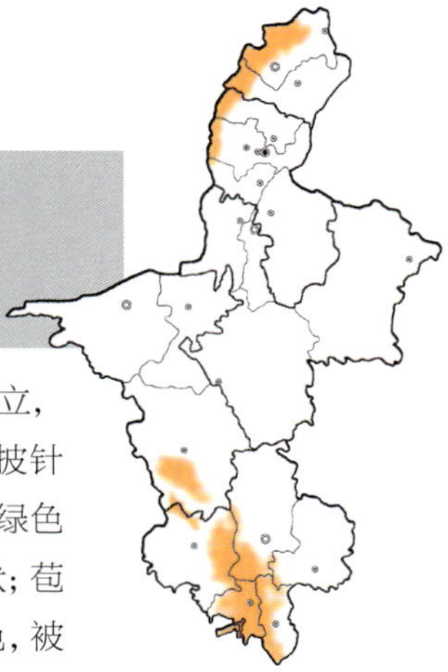

中文名 **康藏荆芥**

拉丁名 *Nepeta prattii*

别　名 **野藿香、康滇荆芥**

基本形态特征：多年生草本，高30～80cm。茎直立，单一，四棱形，被短柔毛。叶狭长卵形或卵状披针形，边缘具牙齿状锯齿，上面绿色无毛，下面淡绿色疏被短毛。轮伞花序生于茎顶部，密集成短穗状；苞片线形带紫色，边缘具缘毛；花萼片长，暗紫色，被短柔毛，二唇形；花冠紫红色，外面疏被短柔毛，冠檐二唇形，上唇2裂，下唇3裂，中裂片肾形，侧裂片半圆形。花期7～8月，果期9月。

分布：宁夏产六盘山、南华山、月亮山及贺兰山，分布量较多。我国河北、山西、陕西、甘肃、青海、四川、西藏等地也有分布。

生境及适应性：多生于山坡草地、林缘、山谷溪旁。喜湿喜荫，喜冷凉环境，在肥厚土壤中生长较好。

观赏及应用价值：观花。轮伞花序花朵密集，群体效果壮观，花期持续时间较长；宜作园林地被、自然花境等应用。

图338 康藏荆芥

中文名 **裂叶荆芥**
拉丁名 *Nepeta tenuifolia*
别　名 荆芥、假苏

基本形态特征：多年生草本，高30～100cm。茎直立多分枝，常紫红色，密被白色短柔毛。叶通常指状3全裂，偶5裂，裂片线状披针形，中裂片较大，全缘被毛。多数轮伞花序组成顶生穗状花序；小苞片线形；花萼管状钟形，萼齿三角状披针形；花冠淡红色，稍伸出花萼，外面被短柔毛，上唇全缘或先端微凹。小坚果卵三棱形，光滑。花期7～8月，果期8～9月。

分布：宁夏产贺兰山，分布集中且量较多。我国东北、华北及河南、陕西、甘肃、青海、四川、贵州等地也有分布。

生境及适应性：多生于山谷石隙中或沟谷旁。喜凉及中强光，耐荫，稍耐旱，对土壤要求不高。

观赏及应用价值：观花。花量密集，色彩鲜艳，叶形奇特，观赏性状好，宜作花境丛植点缀或组合盆栽。

图339 裂叶荆芥

青兰属 *Dracocephalum*

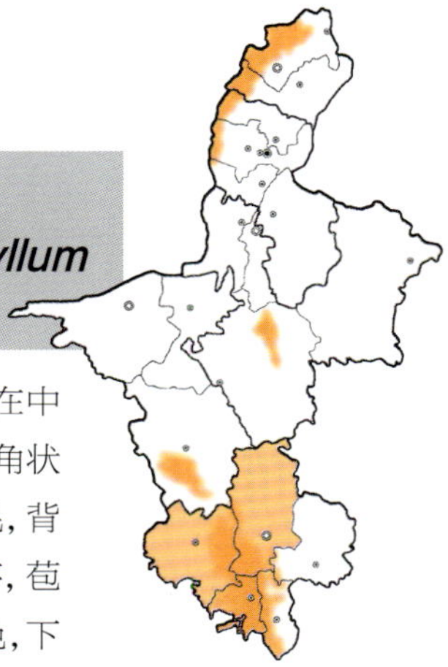

中文名 **白花枝子花**
拉丁名 *Dracocephalum heterophyllum*
别　名 异叶青兰

基本形态特征：多年生草本，高10～25cm。茎在中部以下具长的分枝，四棱形，密生短柔毛。叶三角状长卵形或狭长卵形，边缘具锯齿，两面被短柔毛，背面密生腺点。轮伞花序密集而成顶生穗状花序，苞片狭倒卵形或披针形，边缘具缘毛；花萼黄绿色，下部稍带紫色，二唇形；花冠白色，外面密被短柔毛，冠檐二唇形，上唇直伸，先端2浅裂，下唇开展，3裂。花期5～7月。

分布：宁夏产贺兰山、罗山、六盘山、南华山及固原、西吉、隆德等市(县)，分布量较多。我国山西、内蒙古、甘肃、青海、新疆、四川、西藏等地也有分布。

生境及适应性：多生于山坡草地、石质河滩地或田地。喜阳，耐半荫，喜稍湿润凉爽气候，对土壤要求不高。

观赏及应用价值：观花。植株低矮，花开繁茂，群丛效果好，宜作为园林地被应用于花境、道路绿化带及庭院中。

图340 白花枝子花

中文名 **灌木青兰**
拉丁名 *Dracocephalum fruticulosum*

图341 灌木青兰

基本形态特征： 矮小亚灌木，高可达20cm。树皮灰褐色，不规则片状剥落，多分枝，分枝微四棱形，带紫色，密被短柔毛。叶小，椭圆形或卵状椭圆形。轮伞花序生枝顶部，密集成穗状花序，下部绿色，密被短毛，上部紫红色，为不明显的二唇裂；花冠紫红色，外面密被短柔毛，冠檐二唇形，上唇宽椭圆形，下唇与上唇等长，3裂。花期6～7月。

分布： 宁夏主产贺兰山及罗山，分布量较多。我国内蒙古也有分布。

生境及适应性： 多生于石质山坡或山崖上。喜阳，耐寒耐旱，耐土壤贫瘠。

观赏及应用价值： 观花。花紫红色带彩斑，鲜艳美丽，花量大，萼片亦具有观赏性，群丛地被效果好。可应用于自然花境、庭院及公园中。

中文名 **香青兰**
拉丁名 *Dracocephalum moldavica*
别　名 枝子花、山薄荷

图342 香青兰

基本形态特征： 一年生草本。茎直立，多自中部以下对生分枝，钝四棱形，常带紫色，被短毛。叶对生，三角状长卵形或披针形，边缘疏具锯齿，分裂较深，两面沿脉被短毛，背面被腺点。轮伞花序生枝的上部叶腋，疏散；苞片椭圆形；花萼二唇形，上唇3裂，下唇2裂，裂片先端具短刺尖；花冠淡蓝紫色，冠檐二唇形，下唇3裂，中裂片先端2裂，基部收缩。小坚果顶端平，光滑。花期7～8月。

分布： 宁夏产贺兰山及盐池、吴忠、同心等县（市），分布量较多。我国东北、华北、西北及河南等地也有分布。

生境及适应性： 多生于干旱山坡或石质河滩地。喜阳，耐半荫，耐寒耐旱，对土壤要求不高。

观赏及应用价值： 观花。花开繁密，花叶皆具有香味。可用于阳坡地被、香草园、岩石园等。

糙苏属 *Phlomis*

中文名 **糙苏**
拉丁名 ***Phlomis umbrosa***
别　名 **山苏、山芝麻**

基本形态特征：多年生草本，高30～60cm。茎直立，多分枝，基部带紫红色，被倒向短柔毛。叶近圆形或圆卵形，或卵状长圆形，先端急尖，基部深心形或浅心形，边缘具不整齐的圆齿，齿端具胼胝质尖。轮伞花序生茎的上部，疏散，具4～8朵花；苞片线形，硬直；花萼管状，疏被星状毛；花冠粉红色，冠檐二唇形，上唇盔状。花期6～7月。

分布：宁夏分布于六盘山，分布量多。我国华北及辽宁、山东、陕西、甘肃、四川、湖北、贵州、广东等地也有分布。

生境及适应性：多生于林缘及灌木丛中。喜半荫，较耐寒耐旱，对土壤要求不高。

观赏及应用价值：观花。花朵密集，略有香味，群丛效果好，亦用于自然花境点缀。

图343 糙苏

脓疮草属 *Panzeria*

中文名 **脓疮草**
拉丁名 ***Panzeria lanata* var. *alaschanica***
别　名 **阿拉善脓疮草**

基本形态特征：多年生草本，高20～40cm。茎直立，多分枝，四棱形，密生白色绒毛。叶片三角状卵圆形或扁圆形，茎生叶3～5深裂，上面绿色，叶脉下陷，下面灰白色，皆被毛。轮伞花序具多朵花，多数组成密集的顶生穗状花序；苞片线形，先端具硬刺尖，被绒毛；花冠淡黄白色或白色，外面密生长柔毛，冠檐二唇形。花期5～7月，果期7～8月。

分布：宁夏产中卫、青铜峡、银川、贺兰、平罗、石嘴山等市(县)，分布量较多。我国内蒙古、陕西等地也有分布。

生境及适应性：多生于沙质地上，全光照，耐寒，对干旱环境适应性强，对土壤要求不高。

观赏及应用价值：观花。唇形花冠奇特可爱，丛生覆盖性好，自播繁衍能力强，花期不断，可作为乡土资源用于西北干旱园林地被，亦可在花境及岩石园中应用。

图344 脓疮草

兔唇花属 *Lagochilus*

中文名 **冬青叶兔唇花**
拉丁名 ***Lagochilus ilicifolius***
别　名 **兔唇花**

基本形态特征：多年生草本，高10～20cm。根木质。茎多由基部分枝，微四棱形，灰白色，密被白色短硬毛。叶楔状菱形，先端具裂齿，齿端具短芒状刺尖，基部楔形，硬革质，两面无毛；无柄；下部的叶常为倒卵状披针形，全缘或具3个短齿。轮伞花序具2～4朵花，生于茎中上部叶腋内；苞片针刺状；花萼钟形，硬革质，无毛，萼齿5，不等大；花冠淡黄色，里面被短伏毛，先端2裂，裂片先端圆形，下唇3裂，中裂片倒肾形，侧裂片小，椭圆形。花期6～7月，果期8月。

分布：宁夏产中卫、青铜峡、银川、贺兰、平罗、石嘴山、盐池等市(县)，成片集中分布且量较多。我国内蒙古、陕西、甘肃等地也有分布。

生境及适应性：多生于沙地及贺兰山东麓冲积扇上。喜阳，耐寒耐旱，耐土壤贫瘠。

观赏及应用价值：观花观姿。该种为干旱半干旱地区的主要草本植物，叶革质常绿，花娇小可爱，对恶劣环境适应性强，叶和花组成比较独特的植株，可以开发为奇特盆花或用于岩石园及屋顶绿化。

图345 冬青叶兔唇花

鼠尾草属 *Salvia*

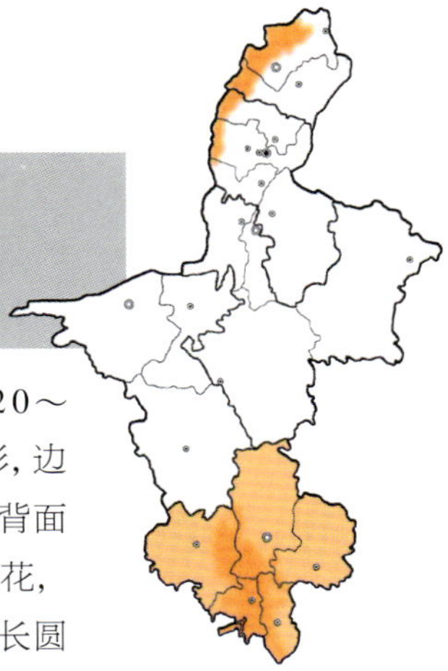

中文名 **荫生鼠尾草**
拉丁名 ***Salvia umbratica***
别　名 **山苏子**

基本形态特征：一年生或二年生草本，高20～100cm。茎直立，具分枝，被毛。叶三角形或戟形，边缘具不整齐的粗锯齿，表面疏生具节短柔毛，背面密生腺点，沿脉散生短柔毛。轮伞花序具2～4朵花，多数集成顶生或腋生总状花序；苞片卵形至长圆形；花萼钟形二唇；花冠蓝紫色或紫红色，外面疏生长柔毛，上唇长圆状倒心形，下唇较上唇宽短，3裂。小坚果椭圆形。花期7～8月，果期8～10月。

分布：宁夏产贺兰山、六盘山及固原市，分布量较多。我国河北、陕西、山西、甘肃、安徽等地也有分布。

生境及适应性：多生于山坡草地或灌丛中。喜阳，耐半荫，耐寒耐旱，对土壤要求不高。

观赏及应用价值：主观花。紫红色花开繁密，毛茸茸较为美丽，群从效果好。可用于阳坡地被、香草园、岩石园等。

图346 荫生鼠尾草

百里香属 *Thymus*

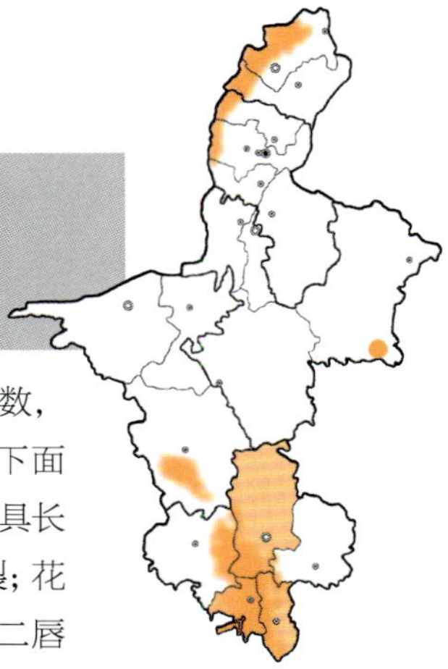

中文名 百里香
拉丁名 *Thymus mongolicus*
别 名 地角花、山薄荷、麝香草

基本形态特征：矮小半灌木，高2～10cm。茎多数，匍匐或上升。叶狭卵形或椭圆形，叶脉3对，在下面明显隆起，两面无毛，被腺点，全缘，基部边缘具长缘毛。轮伞花序密集成头状；花萼钟形，二唇裂；花冠紫红色或淡紫红色，外面疏被短柔毛，冠檐二唇裂，上唇直立，倒卵状椭圆形，下唇开展，3裂，裂片椭圆形。花期6～7月，果期8月。

分布：宁夏产贺兰山、六盘山、南华山、麻黄山以及泾源、隆德、固原等市(县)，分布量较多。我国华北及陕西、甘肃、青海等地也有分布。

生境及适应性：多生于海拔2000～2400m的山坡、石质河滩地、路边等处。喜阳，喜冷凉湿润环境，较耐贫瘠，耐半荫。

观赏及应用价值：观花。植株矮小，平伏性和覆盖性好，花小却繁多密集，且带有淡淡香味，可作为园林地被片植或丛植。

图347 百里香

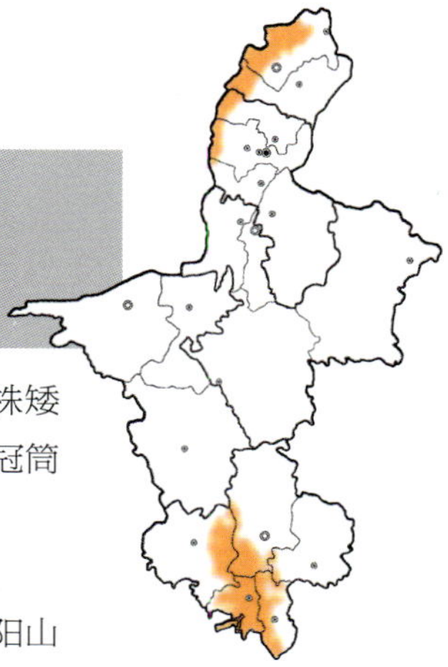

中文名 白花百里香
拉丁名 *Thymus mongolicus* var. *leucanthus*

基本形态特征：本变种与正种的主要区别为植株矮小；叶较小，卵状长圆形或长圆形；花白色，花冠筒内密生粗毛。

分布：宁夏产贺兰山、六盘山，分布量较少。

生境及适应性：多生于海拔2000～2400m的向阳山坡。喜冷凉湿润环境，较耐贫瘠，耐半荫。

观赏及应用价值：观花。植株矮小，平伏性和覆盖性好，花小却繁多密集，且带有淡淡香味，可作为园林地被片植或丛植。

图348 白花百里香

香薷属 *Elsholtzia*

中文名 **矮密花香薷**
拉丁名 *Elsholtzia densa* var. *calycocarpa*
别　名 矮株密花香薷、萼果香薷

基本形态特征： 一年生草本，高20～60cm。茎直立，四棱形，多从基部分枝，被短柔毛。叶长圆状披针形至椭圆形，边缘在基部以上具锯齿，两面均被短柔毛，侧脉6～9对。穗状花序长圆形或近圆形，密被紫色串珠状长柔毛；花淡紫色，萼齿5，前2枚较短，外面及边缘密被紫色串珠状长柔毛；花冠管向上渐宽，冠檐二唇形，上唇直立，先端微缺，下唇3裂。小坚果灰褐色。花果期7～10月。

分布： 宁夏产六盘山长征亭附近及南华山，分布量较多。我国山西、陕西、甘肃、四川、云南等地也有分布。

生境及适应性： 多生于河滩地、林缘路边。喜阳，耐寒，喜稍湿润凉爽气候，对土壤要求不高。

观赏及应用价值： 观花。植株低矮，花量大且具有香味，毛茸茸的蓝紫色穗状花序野趣十足，可引种作为园林地被植物应用于花境、庭院及道路绿化带，亦可开发为盆花栽培观赏。

图349 矮密花香薷

益母草属 *Leonurus*

中文名 **益母草**
拉丁名 *Leonurus japonicus*
别　名 益母蒿、益母艾、红花艾、坤草

基本形态特征： 一年生或两年生草本。根长圆锥形，灰棕色，具多数须根。茎直立，多由上部分枝，钝四棱形，具槽，下部无毛，上部棱上密生倒向短伏毛。叶片形状变化较大，下部叶片轮廓卵形，基部楔形，掌状3深裂，叶柄略具翅，被平伏短柔毛；中部叶菱形，3深裂；花序最上面的苞叶线形。轮伞花序腋生，多数远离而组成顶生穗状花序；苞片刺状，被微柔毛；花萼管状钟形，外面被微柔毛；花冠紫红色至淡紫色；雄蕊4，前对较长，花丝被微毛；花柱与前对雄蕊等长，先端等2浅裂。小坚果倒卵状三棱形，黑色，光滑。花期6～8月，果期7～9月。

分布： 宁夏全区广泛分布，主产贺兰山及引黄灌区。我国分布于南北各地。

生境及适应性： 多生于山坡灌丛、荒地、果园、田埂。喜阳，稍耐荫，较耐寒，耐干旱，对土壤要求不高。

观赏及应用价值： 观花。益母草花色淡雅，花香清新，花序奇特轮生，株形整齐，是很好的花境竖线条植物材料。

图350 益母草

木犀科 OLEACEAE　丁香属 *Syringa*

中文名　暴马丁香
拉丁名　*Syringa reticulata*

基本形态特征：灌木或小乔木，高3～5m。小枝褐色，无毛，老枝黑褐色。单叶对生，叶片圆卵形、卵形或卵状披针形，全缘，表面绿色，背面淡绿色，两面无毛或背面疏生短柔毛；叶柄长，无毛。圆锥花序顶生；花萼小，钟形，无毛齿；花冠白色，花丝远较花被长。蒴果矩圆形，黄褐色。花期6～7月，果期8～9月。

分布：宁夏产贺兰山，分布量较少。我国东北、华北及河南、陕西、甘肃、青海等地也有分布。

生境及适应性：常生于山地针阔叶混交林内、林缘、路边、河岸及河谷灌丛中。中生树种；喜温暖湿润气候，耐严寒，对土壤要求不严，喜湿润的冲积土。

观赏及应用价值：观花观姿。树姿美观，花香浓郁，可作蜜源植物和提取芳香油，是公园、庭院及人行道较好的绿化观赏树种。

图351　暴马丁香

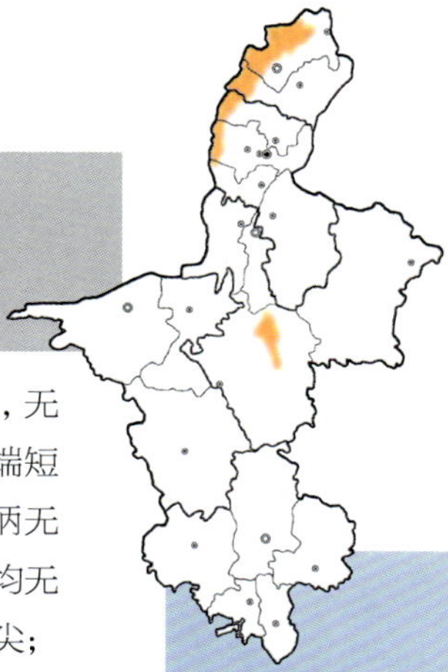

中文名　华北紫丁香
拉丁名　*Syringa oblata*
别　名　紫丁香、丁香

基本形态特征：落叶灌木，高约2m。小枝灰色，无毛。叶对生，圆卵形至肾形，通常宽大于长，先端短渐尖，基部截形至心形，全缘，两面无毛；叶柄无毛。圆锥花序顶生，长10～25cm，总花梗及花梗均无毛；花萼小，钟形，边缘4裂，裂片三角形，先端尖；花冠紫红色，高脚碟状，花冠筒细长，顶端4裂，裂片卵形或长圆形，长5～7mm，先端圆钝；雄蕊2，着生于花冠筒中上部；子房上位，2室，花柱柱状，柱头2裂。蒴果长圆形，稍扁，长1.5～2.0cm，先端尖，平滑。花期5～6月，果期7月。

分布：宁夏主产贺兰山、罗山等地，分布量较多。我国华北及辽宁、吉林、山东、陕西、甘肃、四川等地也有分布。

生境及适应性：多生于海拔1800～2200m的山坡及山谷中。喜阳，略耐半荫，耐寒耐旱，对土壤要求不高。

观赏及应用价值：观花。花色艳丽，芳香，花序密集花量大，花期较长，宜广植于庭园、居民区等绿地中；也可多种丁香配植成专类园，形成美丽、清雅、芳香、花开不绝的景观。

图352 华北紫丁香

中文名 **小叶丁香**
拉丁名 *Syringa pubescens* subsp. *microphylla*
别　名 小叶巧玲花、菘萝茶

基本形态特征：灌木。幼枝灰褐色，疏被短柔毛，后渐无毛。叶对生，椭圆形或狭卵形，全缘。圆锥花序顶生；花萼小，钟形，疏被短柔毛，顶端截形或具4浅齿；花冠淡紫色或紫红色，花冠筒细长，花冠裂片4，披针形。蒴果圆柱形，绿褐色，具白色疣状突起。花期5～6月，果期7月。

分布：宁夏产六盘山、南华山及香山，分布量较多。我国辽宁、河北、河南、湖北、陕西、甘肃等地也有分布。

生境及适应性：生于海拔2200m左右的山谷灌丛中。喜阳，耐半荫，耐寒，稍耐旱，对土壤要求不高。

观赏及应用价值：观花。为丁香属常见园林观赏植物，花色艳丽、气味芬芳、抗性强，是良好的庭园、绿化树种，亦可用于植物专类园设计。

图353 小叶丁香

中文名 **羽叶丁香**
拉丁名 *Syringa pinnatifolia*
别　名 山沉香

基本形态特征：落叶灌木，高1.5～3.0m。小枝灰褐色，无毛，老枝灰黑褐色。奇数羽状复叶，对生，叶轴无毛，腹面具槽；小叶7～9个，狭卵形或卵状椭圆形，长7～15mm，宽3～7mm，先端圆钝，具小尖头，基部偏斜，宽楔形至近圆形，全缘，上面绿色，下面灰绿色，两面无毛，顶端3小叶基部常连合；小叶近无柄。圆锥花序侧生，长4～7cm，总花梗及花梗均无毛，花萼钟形，长约2mm，先端具不规则的浅齿，无毛，花冠白色或淡粉红色，4裂，裂片卵圆形；长约3mm，先端稍钝，花冠筒细长，长约1cm；雄蕊2，着生于花冠筒喉部。蒴果长椭圆形，长1.0～1.3cm，黑褐色，先端尖，上部具灰白色斑点。花期5月，果期6月。

分布：宁夏产贺兰山及香山，国家三级濒危保护植物，只集中在几个沟谷分布，有些山谷分布数量极少。我国陕西、四川等地也有分布。

生境及适应性：多生于海拔2200m左右的沟谷两侧灌丛中，分布区域性明显，集中分布于贺兰山几个山谷，有的山谷只有零星几株分布。喜半荫，耐寒，喜稍湿润气候，对土壤要求不高。

观赏及应用价值：观花观叶。为国家珍稀濒危树种，花朵小巧可爱，略带清香，叶清秀别致，可用于庭院美化绿化，亦是研究植物分布区系的重要植物之一。

图354 羽叶丁香

玄参科 SCROPHULARIACEAE

腹水草属 *Veronicastrum*

中文名 草本威灵仙

拉丁名 ***Veronicastrum sibiricum***

别　名 轮叶婆婆纳

基本形态特征：二年至多年生草本。茎高0.3～1.0m，直立，上部分枝，密被短曲毛。叶3～4枚轮生或对生，叶片长椭圆形至披针形，边缘具狭三角状尖齿，有时为重齿，顶端的叶常近于全缘，两面被短毛。总状花序长穗状，集成圆锥状，各部分被短腺毛；花冠紫色或蓝色。蒴果。花期7～8月。

分布：宁夏产六盘山，分布量较多。我国东北、华北、陕西北部、甘肃东部及山东半岛等地也有分布。

生境及适应性：多生于山坡草地。喜半荫，耐寒，喜湿润凉爽气候，喜腐殖质土壤。

观赏及应用价值：主观花。轮生叶秀美，花序蓝紫色亭亭玉立，观赏效果好。可用于花境点缀及盆栽观赏。

图355 草本威灵仙

婆婆纳属 *Veronica*

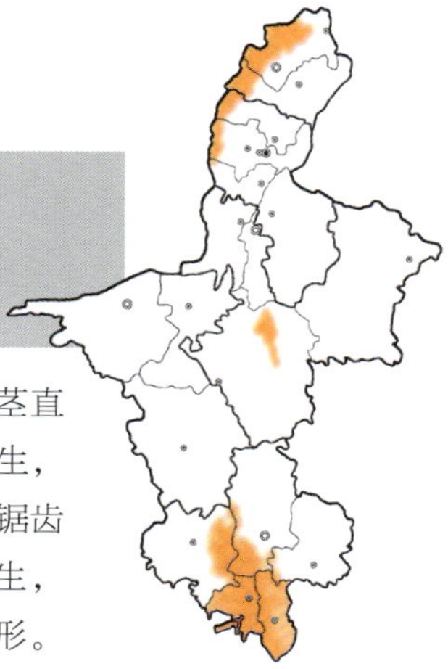

中文名 北水苦荬

拉丁名 ***Veronica anagallis-aquatica***

基本形态特征：多年生草本，高20～60cm。茎直立，不分枝或分枝，常呈暗紫色，无毛。叶对生，椭圆形或卵状椭圆形，基部抱茎，边缘具浅钝锯齿或近全缘，两面无毛；无叶柄。总状花序腋生，花萼4深裂；花冠淡紫色，4深裂，裂片宽卵形。蒴果卵圆形或近圆形，无毛。花期5～9月，果期6～10月。

分布：宁夏产贺兰山、六盘山、罗山及泾源、隆德等县，分布量较多。我国分布于长江以北及西南各地。

生境及适应性：多生于山谷溪边、湿地或沼泽旁。喜阳，喜湿，但亦耐荫，稍耐旱较耐寒，可水陆两生。

观赏及应用价值：主观花。花小巧可爱，整个花序淡紫色似小塔，较为美丽，可作为水生植物应用于水景园。

图356 北水苦荬

中文名 **细叶婆婆纳**
拉丁名 *Veronica linariifolia*
别　名 追风草、水蔓菁、线叶婆婆纳

基本形态特征：多年生草本，高30～50cm。茎直立，单生或数条丛生，少上部分枝，密被白色卷曲柔毛。下部的叶常对生，中、上部的多互生，线形或线状披针形，下部边缘全缘，上部边缘具不规则的锯齿。总状花序单生茎顶或复出，长穗状，被白色短柔毛；苞片线形；花萼4深裂；花冠蓝色或蓝紫色，花冠筒长达花冠的1/2。蒴果卵球形，无毛。花期5～8月，果期6～9月。

分布：宁夏产六盘山及罗山，分布量较多。我国东北及内蒙古等地也有分布。

生境及适应性：多生于山坡草地、灌丛。喜半荫及冷凉气候，对土壤要求不高。

观赏及应用价值：主观花。花序美丽似长塔，蓝紫色充满神秘感，可用于花境布置及盆栽观赏。

图357 细叶婆婆纳

小米草属 *Euphrasia*

中文名 **小米草**
拉丁名 *Euphrasia pectinata*

基本形态特征：一年生草本，高7～25cm。茎直立，常带暗紫色，被白色柔毛。叶对生，卵形或宽卵形，每边具数个深刻尖锯齿或牙齿；无柄。穗状花序顶生；苞叶与茎生叶同形且较大，对生；花萼管状，4裂，裂片三角状披针形；花冠白色或淡紫色，具暗紫色条纹，被柔毛，檐部二唇形，上唇直立，2浅裂片，下唇开展，3裂。蒴果卵状矩圆形，被柔毛。花期7～8月，果期9月。

分布：宁夏产六盘山、贺兰山、罗山、南华山，分布量较多。我国分布于东北、华北及西北各地。

生境及适应性：多生于阳坡草地或灌丛中。喜阳，耐半荫，喜湿润冷凉环境。

观赏及应用价值：主观花。花型独特，花色明丽，成片景观好。可用于园林地被应用。

图358 小米草

马先蒿属 *Pedicularis*

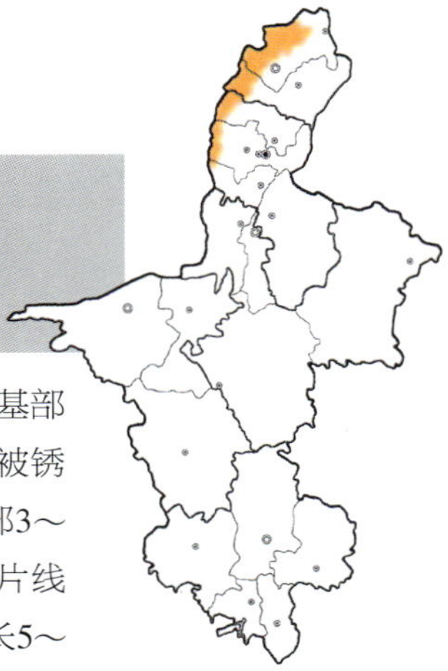

图359 阿拉善马先蒿

中文名 阿拉善马先蒿
拉丁名 *Pedicularis alaschanica*
别　名 黄甜蜜蜜

基本形态特征：多年生草本，高15～35cm。茎自基部多分枝，呈丛生状，上部不分枝，微四棱形，密被锈色短柔毛。基生叶早枯，茎生叶下部对生，上部3～4枚轮生，叶片披针状长椭圆形，羽状全裂，裂片线形，边缘具细锯齿，两面无毛。穗状花序顶生，长5～20cm，上部花轮稍密，下部花轮间断；花冠黄色，花冠筒在中上部稍向前屈膝，盔镰状弓曲，额向前下方倾斜，端渐细成稍下弯的喙，下唇3浅裂。蒴果卵形。花期7～8月，果期8～9月

分布：宁夏产贺兰山，分布量较少。我国内蒙古、甘肃、青海等地也有分布。

生境及适应性：多生于山谷草地或山坡。喜湿润冷凉气候，喜半荫，喜腐殖质土壤。

观赏及应用价值：观花。植株低矮，花形奇特美丽，娇小玲珑，可用于花境、地被或盆栽观赏。

中文名 穗花马先蒿
拉丁名 *Pedicularis spicata*
别　名 罗氏马先蒿

基本形态特征：一年生草本，高15～50cm。茎自基部分枝，呈丛生状，略四棱形。基生叶具柄，叶片长椭圆状披针形，羽状浅裂至深裂；基生叶叶柄较长，茎生叶叶柄较短，密生柔毛。穗状花序顶生，上部花轮紧密，下部花轮有时间断；下部的苞片叶状，被白色长柔毛；花萼钟形，被柔毛；花冠紫红色。蒴果斜狭卵形，无毛，先端具短尖。花期5～8月，果期6～9月。

分布：宁夏产六盘山、南华山、月亮山及固原市原州区，大量成片分布。我国东北、华北及陕西、甘肃、青海、四川、湖北等地也有分布。

生境及适应性：多生于海拔2500m左右的山谷溪流旁或阴坡灌丛下。喜半荫、湿润、冷凉，喜腐殖质土壤。

观赏及应用价值：主观花。花朵紫红色，密集，成片景观效果好，可用于园林地被或容器景观配置。

图360 穗花马先蒿

中文名 弯管马先蒿
拉丁名 *Pedicularis curvituba*

基本形态特征：一年生草本，高15～35cm。茎自基部多分枝，四棱形，具4裂短柔毛。叶轮生，叶片长椭圆状披针形至线状披针形，羽状全裂，裂片对生或互生，线形，不规则羽状深裂或具缺刻状粗齿，两面无毛。总状花序顶生，上中部花轮紧密，下部疏离；苞片叶状；花萼卵状钟形，无毛；花冠黄色，盔端渐细成喙，侧裂片大，斜卵形，中裂片小，宽卵形。蒴果狭斜卵形。花期7～8月，果期8～9月。

分布：宁夏产六盘山、罗山及南华山，分布量较多。我国甘肃也有分布。

生境及适应性：多生于海拔2400m左右的山坡草地或灌丛下。喜半荫，喜冷凉湿润，稍耐贫瘠土壤。

观赏及应用价值：主观花。花色鲜黄、明丽，成片花景观较好，可用于园林景观地被或盆栽观赏。

图361 弯管马先蒿

中文名 藓生马先蒿
拉丁名 *Pedicularis muscicola*

基本形态特征：多年生草本。茎丛生或基部平卧上部斜升，长达30cm，被白色柔毛。叶互生，叶片长椭圆形或椭圆状披针形，羽状全裂，边缘具尖锐重锯齿，两面无毛。花生叶腋，花梗被柔毛；花萼长管状，全缘；花冠玫瑰红色，疏被白色柔毛，盔几乎在基部即向左方扭折使其顶部向下，前端渐细为卷曲或S形的长喙，喙反向上方卷曲，下唇极大，侧裂片稍大，中裂片较小，长圆形。蒴果稍扁平，偏卵形。花期5～7月，果期7～8月。

分布：宁夏产贺兰山、罗山、南华山、六盘山及隆德等地，大量分布。我国华北及陕西、甘肃、青海、湖北等地也有分布。

生境及适应性：生于林下或阴湿的灌丛中。喜半荫，喜湿润冷凉气候，喜腐殖质土壤。

观赏及应用价值：观花观叶。花粉色，花型奇特美丽，植株匍匐性好，成片景观壮美，其叶多红褐色，观赏性较好。可作为林下或林缘地被应用，或作为迷你盆栽观赏。

图362 藓生马先蒿

中文名 中国马先蒿
拉丁名 *Pedicularis chinensis*

基本形态特征：一年生草本，高8～30cm。基生叶丛生，茎生叶互生，叶片线状长椭圆形或披针状长椭圆形，羽状浅裂至中裂，裂片多达12对，上面无毛，下面无毛或近无毛；基生叶叶柄长达4cm，茎生叶叶柄较短，几无毛。总状花序顶生，长5～10cm；苞片叶状，较小；花冠黄色，盔直立，喙半环状指向喉部，下唇宽，顶端圆，外侧基部耳形，中裂片扁圆形。蒴果长圆状披针形。花期7～8月，果期8～9月。

分布：宁夏产六盘山及南华山，分布量较多。我国华北及陕西、甘肃、青海等地也有分布。

生境及适应性：多生于高山草甸或山谷半阴坡。喜荫或半荫，喜湿润和冷凉环境，要求土壤肥沃。

观赏及应用价值：观花。花黄色奇特，多带紫斑纹，较为美丽，花量也较大，可用做园林地被片植或丛植。

图363 中国马先蒿

玄参属 *Scrophularia*

中文名 贺兰玄参
拉丁名 *Scrophularia alaschanica*

基本形态特征：多年生草本。根粗壮，灰褐色。茎直立，多从基部分枝，四棱形，中空。叶卵形或卵状椭圆形，先端渐尖，基部宽楔形或截形，边缘具不规则的粗重锯齿；叶柄无毛。聚伞花序成分节的穗状或顶生成近头状；花梗被短腺毛；花冠黄绿色，花冠筒稍向前倾；雄蕊短于下唇，退化雄蕊短匙形；子房三角状圆锥形。蒴果卵形或宽卵形，无毛。花期6～7月，果期7～8月。

分布：宁夏主产贺兰山，分布量较少。我国内蒙古等地也有分布。

生境及适应性：多生于海拔2300m左右的平坦山谷及郁闭度较低的林下、林缘或草灌丛中，喜湿润冷凉的环境。

观赏及应用价值：观花。花黄绿色，花形奇特，株型小巧。可用于地被花境点缀及庭院美化。

图364 贺兰玄参

地黄属 *Rehmannia*

中文名 **地黄**
拉丁名 ***Rehmannia glutinosa***

基本形态特征：多年生草本，根状茎肉质。茎直立，通常单生，紫红色略四棱形。叶通常基生，呈莲座状，叶片倒卵状长椭圆形或倒卵形，先端钝，基部渐狭成柄，边缘具不整齐的圆钝齿。总状花序顶生，苞片叶状，小；花梗密生柔毛及腺毛，花萼宽钟状或坛状，萼齿5，卵状披针形或卵状三角形，花冠筒形 外面紫红色，花冠裂片5；雄蕊4，着生于花冠筒近基部；子房幼时2室，老时1室，花柱细长，柱头2裂，裂片片状。蒴果卵圆形，先端具喙；种子多数，褐色，卵状三角形，表面具蜂窝状网纹。花期5～6月，果期6～7月。

分布：宁夏全区普遍分布且量较多。我国华北及辽宁、山东、河南、陕西、甘肃、湖北、江苏等地也有分布。

生境及适应性：多生于山崖、山坡、路边及沙质地，喜阳，耐寒耐旱，适应性强。

观赏及应用价值：观花。花量大而密集，花形奇特可爱。可在岩石园、药用园内种植，亦可作为自然花境点缀，宜片植、丛植。

图365 地黄

芯芭属 *Cymbaria*

中文名 **蒙古芯芭**
拉丁名 ***Cymbaria mongolica***
别　名 光药大黄花

基本形态特征：多年生草本。根状茎多分枝，密生浅棕色绵毛，具褐色鳞片。茎丛生，密生灰色或锈色短柔毛。叶对生，叶片长椭圆形，先端急尖，基部渐狭，全缘，无柄。花生于茎上部叶腋；花梗被柔毛；小苞片2，披针形，边缘具1～2个小裂片；花萼长约2cm，萼筒长约5cm，沿脉被柔毛，萼齿5，线形；花冠黄色，花冠筒喉部稍扩大，檐部二唇形；雄蕊4，2强，前方1对稍长。蒴果长卵形。花期5～6月，果期7～8月。

分布：宁夏产贺兰山，分布量较少。我国华北及陕西、甘肃、青海等地也有分布。

生境及适应性：多生于向阳山坡及林缘，喜阳，耐寒耐旱，喜沙质或偏沙石土壤。

观赏及应用价值：观花。花型独特，色彩鲜艳，可用于自然花境点缀及岩石园。

图366 蒙古芯芭

列当科 OROBANCHACEAE　列当属 *Orobanche*

中文名 **黄花列当**
拉丁名 ***Orobanche pcnostachya***
别　名 独根草

基本形态特征：二年生或多年生寄生草本，高15～30cm，全株密生腺毛。茎直立，单一，不分枝，肉质，粗壮，直径4～12mm，黄褐色。叶鳞片状，卵状披针形或狭披针形，长1～2cm，先端尾状渐尖，黄褐色。穗状花序顶生，长5～15cm；苞片卵状披针形，先端尾尖；花萼2深裂达基部，每裂片再2中裂；花冠筒形，长约2cm，黄色，檐部二唇形，上唇浅裂，下唇3浅裂，中裂片较大；花柱细长，伸出花冠外，疏被腺毛。蒴果矩圆形，2瓣裂。花期7月，果期8月。

分布：宁夏产盐池、中卫沙坡头、同心等市(县)，分布量多。我国东北、华北及山东、河南、陕西、甘肃、安徽等地也有分布。

生境及适应性：多生于山坡、草地或沙丘上。喜阳，耐寒耐旱，耐土壤贫瘠。

观赏及应用价值：观花。株型奇特如一座座小塔，花开时黄色鲜艳，带有一种蜡质感，非常美丽。干枯时如一棵棵小松塔挺立于沙土中，亦有一定观赏价值，可用于岩石园及干旱沙质园林造景。

图367　黄花列当

紫葳科 BIGNONIACEAE　角蒿属 *Incarvillea*

中文名 **角蒿**
拉丁名 ***Incarvillea sinensis***

基本形态特征：一年生草本，高15～50cm。茎直立，圆柱状，有条纹，微被柔毛。叶基部对生，上部叶互生，二至三回羽状深裂至全裂，裂片4～7对，下部裂片再羽状分裂，最终裂成线形或线状披针形，近无毛。总状花序顶生，具花4～18朵；花萼钟形，顶端5裂，裂片钻形；花冠红色或红紫色，漏斗状，略呈二唇形，上唇2裂，下唇3裂，中裂片稍大。蒴果长角状。花期6～8月，果期7～9月。

分布：宁夏产贺兰山、罗山及平罗、盐池等县，广泛分布且量较多。我国东北、华北及山东、河南、陕西、甘肃、青海、四川等地也有分布。

生境及适应性：多生于山坡、河滩地、沙地及田边。喜阳，耐寒耐旱，耐盐碱，适应性广，自播繁衍能力强。

观赏及应用价值：主观花。花色鲜艳，花冠美丽，可用于花境点缀、道路美化及岩石园布置。

图368　角蒿

桔梗科 CAMPANULACEAE　党参属 *Codonopsis*

中文名 **党参**
拉丁名 ***Codonopsis pilosula***

基本形态特征：多年生缠绕草本，长约1～2m，含白色乳汁。根肉质，锥状圆柱形。茎细长，多分枝，带绿色，下部带紫晕，无毛。叶互生，偶成对生，卵形或狭卵形，先端钝或尖，基部圆形，边缘具浅波状钝齿，两面疏被短硬毛；叶柄疏被短硬毛。花生于分枝顶端，1～3朵，花梗细，无毛；花萼无毛，裂片5；花冠宽钟形，长2.0～2.5cm，淡黄绿色，先端5浅裂，裂片三角形，无毛；花药黄色。蒴果圆锥形，3瓣裂，花萼宿存。花期7～8月，果期8～9月。

分布：宁夏产六盘山，分布量多。我国东北、华北及河南、陕西、甘肃、四川等地也有分布。

生境及适应性：多生于林缘、灌丛或草丛中。喜半荫，喜湿润凉爽气候，喜土层深厚土壤。

观赏及应用价值：观花。花如风铃悬挂于藤蔓间，较为可爱。可用于园林立体绿化，栽于墙垣、花架或大树林缘。

图369 党参

沙参属 *Adenophora*

中文名 **宁夏沙参**
拉丁名 ***Adenophora ningxianica***

基本形态特征：多年生草本，高25～45cm。根粗壮，木质。茎直立，多数丛生，不分枝，稍被短硬毛。茎生叶互生，狭卵状披针形或狭披针形，先端渐尖，基部楔形，边缘具不规则的疏锯齿，两面近无毛，几乎无柄。总状花序顶生；花梗细；花萼无毛，裂片钻形；花冠筒状钟形，蓝色或蓝紫色，5浅裂，裂片卵状三角形。蒴果长椭圆形。花期7～9月，果期9～10月。

分布：宁夏产贺兰山，零星或片状分布且量较多，但由于药用挖采及生境退化也正在减少。我国内蒙古等地有分布。

生境及适应性：多生于山谷石质河滩地、干旱山坡或阴坡岩石缝隙中。喜荫，耐寒耐旱，耐土壤贫瘠。

观赏及应用价值：以观花为主。其花似风铃，蓝色美丽，花朵密集开放甚为壮观，可作为宿根园材料、花境素材、组合配置用，宜丛植、片植。

图370 宁夏沙参

中文名 **泡沙参**
拉丁名 *Adenophora potaninii*
别　名 灯花草、白沙参、丛生沙参、山沙参

基本形态特征： 多年生草本，高80～120cm。根粗壮，肉质。茎直立，单一，不分枝，无毛。茎生叶互生，卵状椭圆形，边缘具少数不规则的粗锯齿，上面疏被短糙毛，背面沿脉被短糙毛；无柄。圆锥花序顶生；花冠钟形，蓝紫色，5浅裂，裂片卵状三角形。蒴果椭圆形。花期8～9月，果期9～10月。

分布： 宁夏产六盘山和南华山、西华山，分布量较多。我国山西、陕西、甘肃、青海、四川等地也有分布。

生境及适应性： 多生于山坡草地、灌丛或林下。喜半荫，耐寒耐旱，耐土壤贫瘠。

观赏及应用价值： 以观花为主。其花序似一串风铃，较为可爱，可作为园林美化地被及宿根专类园应用。

图371 泡沙参

中文名 **紫沙参**
拉丁名 *Adenophora paniculata*

基本形态特征： 多年生草本，高20～120cm。根肉质，圆锥形。茎直立，单一，无毛。茎下部叶椭圆形或菱状椭圆形，开花时枯萎，茎中部及上部叶卵状披针形或披针形，边缘具疏浅锯齿，有时全缘，两面被短毛；无柄。圆锥花序顶生，多分枝，无毛；花冠钟形，口部稍收缢，蓝色，无毛，5浅裂。蒴果卵形或卵状圆形。花期7～9月，果期9月。

分布： 宁夏产六盘山，分布量多。我国东北、华北及山东、河南、陕西等地也有分布。

生境及适应性： 多生于山坡草地或沟谷草甸。喜半荫，耐寒，稍耐旱，对土壤要求不高。

观赏及应用价值： 以观花为主。花色美艳，花朵繁多，可作为地被应用于公园、花境及庭院中。

图372 紫沙参

茜草科 RUBIACEAE　野丁香属 *Leptodermis*

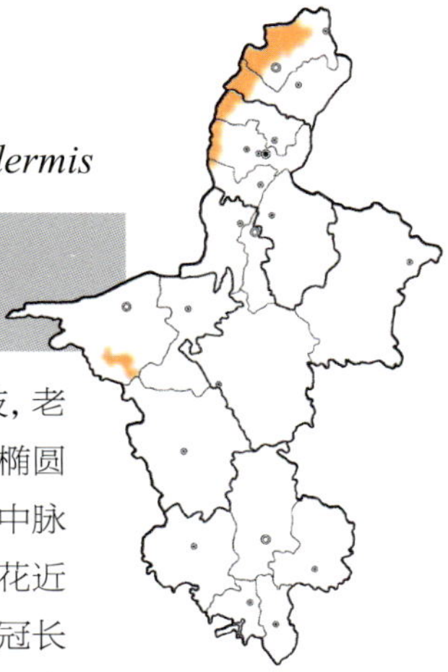

中文名　内蒙野丁香
拉丁名　*Leptodermis ordosica*

基本形态特征： 矮小灌木，高20～40cm。多分枝，老枝暗灰色，小枝较细，灰色或灰黄色。叶对生，椭圆形或长椭圆形，全缘，边缘常反卷，两面无毛，中脉在两面隆起，侧脉不明显；托叶三角状披针形。花近无梗，1～3朵簇生叶腋或枝端；小苞片膜质，花冠长漏斗形，紫红色。蒴果椭圆形，黑褐色，萼裂片及小苞片宿存。花期6～7月，果期7～8月。

分布： 宁夏产贺兰山及香山，多集中呈片状分布，分布量较少，受人为因素威胁。我国内蒙古也有分布。

生境及适应性： 多生于石质干旱山坡或山坡岩石缝隙中。喜阳，耐寒耐旱，耐土壤贫瘠。

观赏及应用价值： 观花观姿。株型匍匐低矮紧凑，紫色小花精巧繁多，是较好的木本地被植物，可用于公园绿地、道路绿化带及岩石园配置，亦可盆栽造型观赏。

图373　内蒙野丁香

忍冬科 CAPRIFOLIACEAE
接骨木属 *Sambucus*

中文名　血满草
拉丁名　*Sambucus adnata*

基本形态特征： 多年生草本，高40～60cm。奇数羽状复叶，具5～9小叶，小叶长椭圆形或椭圆状披针形，两侧不对称，边缘具细锯齿，两面无毛。伞房状复聚伞花序顶生，总花梗及花梗被短毛或无毛；花萼杯状；花冠辐状，白色，花冠裂片5，偶为6，近圆形或卵圆形。浆果圆形，红色。花期6～7月，果期8月。

分布： 宁夏产六盘山，分布量较多。我国甘肃、四川、云南等地也有分布。

生境及适应性： 多生于林下、沟边、灌丛、山谷斜坡湿地等处。喜半荫，喜湿润冷凉气候，耐寒，不耐旱，喜腐殖质土壤。

观赏及应用价值： 观花观果。花小而繁密，小巧可爱；红果晶莹剔透，秀色可人。园林中可植于路旁、墙垣、林缘或水边等地观赏。

图374　血满草

荚蒾属 *Viburnum*

中文名 **鸡树条荚蒾**
拉丁名 ***Viburnum opulus* var. *calvescens***

基本形态特征：灌木，高2～3m。树皮灰褐色，无毛。单叶对生，卵形，顶端3裂，裂片卵形，中裂片较大，裂片边缘具不规则的粗齿，仅脉腋偶具簇毛；叶柄顶端具2盘状腺体。复伞形聚伞花序顶生，总花梗及花梗均无毛，外围具大型白色不孕的边花，中央为能孕的两性花；花冠辐状，乳白色，裂片5，近圆形。果实近圆球形，红色。花期6～8月，果期8～9月。

分布：宁夏产六盘山，分布量较少。我国东北、华北及陕西、甘肃、四川、湖北、安徽、浙江等地也有分布。

生境及适应性：多生于林缘或杂木林中。喜阳，耐半荫，耐寒耐旱，稍喜土层深厚土壤。

观赏及应用价值：观花观果。华北地区为春花秋实常用树种。花序大型，花开繁茂，犹如雪白托盘层层点缀满树，秋季硕果累累，鲜亮可人。多用于园林景观配置栽培，宜丛植、列植。

图375 鸡树条荚蒾

中文名 **蒙古荚蒾**
拉丁名 ***Viburnum mongolicum***
别　名 **白暖条、蒙古绣球花、土连树、软木条**

基本形态特征：灌木，高2～3m。树皮褐色，纵裂，幼枝棕褐色，老枝灰白色，被星状毛。叶片卵形或椭圆形，疏被柔毛，先端圆钝或急尖，基部圆形，边缘具浅锯齿。复伞形聚伞花序顶生；花萼管状，无毛，萼齿5；花冠钟形，黄绿色，花冠裂片5，半圆形，先端圆。核果椭圆形，核扁，背面具2浅槽，腹面具3浅槽。花期6月，果期6～8月。

分布：宁夏产贺兰山、六盘山及南华山，分布量较多，且不同海拔生境存在丰富变化。我国华北、东北及陕西、甘肃、青海等地也有分布。

生境及适应性：多生于山坡灌丛或山谷。喜阳，耐半荫，耐寒耐旱，稍耐瘠薄。

观赏及应用价值：观花观果。株型饱满，春花秋实，硕果秀色可人，可植于庭院观赏或园林绿地配置，可丛植、列植或孤植。

图376 蒙古荚蒾

中文名 **球花荚蒾**
拉丁名 *Viburnum glomeratum*

基本形态特征：灌木，高1～4m。树皮灰黑色，幼枝灰棕色，密生星状毛。叶卵形，边缘具锯齿；叶柄密生星状毛。复伞形聚伞花序顶生；苞片线形至披针形，密生星状毛，花萼管状钟形；花冠辐状，白色；花冠裂片5，近圆形。核果椭圆形，先红后黑；核扁，背面具2浅槽，腹面具3浅槽。花期5月，果期6～7月。

分布：宁夏产六盘山，分布量较多。我国陕西、甘肃、四川、湖北、河南等地也有分布。

生境及适应性：多生于海拔2100m左右的沟谷河滩地或灌丛中。喜阳，耐半荫，稍喜湿润，耐寒，稍耐贫瘠。

观赏及应用价值：观花观果。春花秋实观赏树种，特别是果实，无论先红还是后黑，都光亮可人，极具观赏价值。可作园林美化树种，应用于街道、公园或庭院等。

图377 球花荚蒾

中文名 **香荚蒾**
拉丁名 *Viburnum farreri*
别　名 香探春、翘兰、丹春、野绣球

基本形态特征：落叶灌木，高可达3m。树皮灰褐色，小枝棕色或棕褐色，无毛。单叶对生，叶椭圆形，边缘具不规则状锯齿，上面疏被平伏柔毛，背面脉腋具簇毛。圆锥状聚伞花序顶生；苞片线形，边缘具喙毛；花冠高脚碟状，粉红色，花冠筒管状，无毛，花冠裂片5，宽卵形或卵圆形。核果矩圆形，鲜红色。花期4月，果期7月。

分布：宁夏产六盘山，分布量较少。我国甘肃、河北及河南等地也有分布。

生境及适应性：多生于海拔2100m左右的山谷河滩地、路边或林缘。耐半荫，耐寒，喜肥沃松软土壤，不耐贫瘠和积水。

观赏及应用价值：观花观果。花美而香，果多而鲜红。香荚蒾花白色而浓香，花期极早，是华北地区重要的早春花木。从植于草坪边、林荫下、建筑物前都极适宜；其耐半荫，可栽植于建筑物的东西两侧或北面，丰富耐荫树种的种类。

图378 香荚蒾

莛子藨属 *Triosteum*

中文名 **莛子藨**
拉丁名 ***Triosteum pinnatifidum***
别　名 羽裂莛子藨

基本形态特征：多年生草本，高40～50cm。茎直立，疏被灰白色刚毛。叶对生，3～4对，顶端2对较靠近，几成轮生状，叶片倒卵状椭圆形，羽状浅裂至深裂，有时全缘，裂片2～3对，卵形，两面疏被刚毛。由无总梗的2对聚伞花序轮生，2～4轮再组成顶生穗状花序；花冠漏斗形，黄绿色，腹面基部为圆形囊状距，冠檐二唇形，上唇4裂，裂片三角状宽卵形，下唇全缘，宽椭圆形。核果卵形，被腺毛。花果期6～7月。

分布：宁夏产六盘山，丛生型或散生型分布且量较少。我国山西、河北、河南、陕西、甘肃、青海、四川等地也有分布。

生境及适应性：多生于林下或灌丛中。喜半荫及稍湿润冷凉气候，耐寒，喜腐殖质土壤。

观赏及应用价值：观花、观叶、观果。其叶型和花都较奇特，果实也比较显眼，可用于林缘耐荫地被及花境布置。

图379 莛子藨

六道木属 *Abelia*

中文名 **南方六道木**
拉丁名 ***Abelia dielsii***
别　名 太白六道木

基本形态特征：灌木，高1.5～2.5m。小枝灰白色，无毛。叶对生，披针形，先端长渐尖，基部楔形，边缘全缘或具不规则的缺刻状疏锯齿，两面疏被柔毛，背面沿脉稍密，边缘具缘毛。花对生于短侧枝顶端，具总花梗，无毛；花梗短，无毛；花萼线形，光滑无毛，萼片4，长椭圆形，顶端圆，无毛；花冠钟状高脚碟形，外面无毛，裂片4，近圆形，白色或粉色。瘦果革质。花期6月，果期7～8月。

分布：宁夏产六盘山，分布量较多。我国山西、陕西、甘肃、四川、贵州、云南、西藏、安徽、浙江、福建、河南、湖北、江西等地也有分布。

生境及适应性：多生于海拔1800～2000m的山坡灌木林中或河滩地灌丛中。喜阳，耐半荫，耐寒耐旱，也稍耐湿。

观赏及应用价值：观花观姿。树形优美，枝条常弯拱开张，花朵似小蜂蝶，小巧而繁密，持续花期长，花后粉红色萼片宿存长久，远看仍是花开一片，景观效果很好。可栽于墙垣、小径转角、街道、绿地中央、水边等处进行景观布置，宜列植、丛植。

图380 南方六道木

忍冬属 *Lonicera*

中文名 **葱皮忍冬**
拉丁名 ***Lonicera ferdinandii***
别　名 **烂皮袄、葱皮木、秦岭忍冬、秦岭金银花**

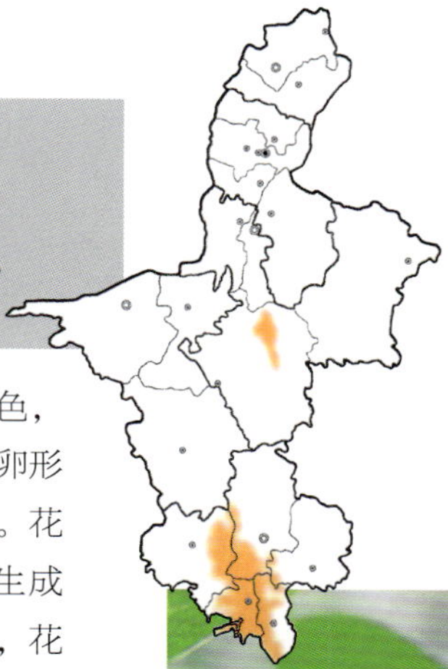

基本形态特征：灌木，高1.0～1.5m。幼枝灰绿色，密生粗毛，老枝黑褐色，条状剥落。叶对生，卵形或卵状矩圆形，上面被平伏柔毛，背面被硬毛。花对生于幼枝上部叶腋；苞片卵形，小苞片合生成壶状花杯；花冠黄色，外面疏被柔毛，二唇形，花冠筒基部膨大成囊状，上唇4裂，先端圆。浆果红色，外包开裂的花杯。花期6月，果期7～8月。

分布：宁夏产六盘山及罗山，分布量较少。我国华北及陕西、甘肃、青海、河南、四川等地也有分布。

生境及适应性：多生于海拔1700～2000m的山谷杂木林中。喜半荫，耐寒，喜稍湿润气候。

观赏及应用价值：观花观果。春花秋实，花量繁多，红色浆果光亮诱人。可用于庭院、园林绿地等栽培。

图381　葱皮忍冬

中文名 **粗毛忍冬**
拉丁名 ***Lonicera hispida***
别　名 **刚毛忍冬、刺毛金银花**

基本形态特征：灌木，高1.0～2.5m。幼枝绿棕色，被开展或倒向的硬毛，老枝灰褐色，条状剥落。叶对生，长椭圆形，两面被硬毛。花对生于当年生枝的最下1对叶的叶腋中；苞片宽卵形；相邻两个花萼离生，被腺毛及刚毛，萼檐环状，无萼齿；花冠黄白色，外面疏被腺毛及刚毛，基部膨大成囊，顶端5裂，裂片长椭圆形。浆果红色。花期5～6月，果期8月。

分布：宁夏产六盘山，分布量较多。我国西北及山西、河北、四川、云南、西藏等地也有分布。

生境及适应性：多生于山坡灌木丛中、林缘或高山草地上。喜阳，耐半荫，喜稍湿润凉爽气候。

观赏及应用价值：观花观果。花淡雅而繁多，果晶亮可人，宜在庭院、公园、道路旁栽培，宜孤植、列植。

图382　粗毛忍冬

中文名 **冠果忍冬**
拉丁名 *Lonicera stephanocarpa*

基本形态特征：灌木，高1～2m。幼枝暗紫褐色，无毛，老枝灰黑色，条状剥落。叶对生，椭圆形，两面被平伏柔毛。花对生于当年生枝条基部的叶腋；苞片大，宽卵形，膜质，脉纹明显，混合毛被；花冠黄白色，外面疏被腺毛及短硬毛，基部膨大成囊，边缘5裂，裂片卵形，边缘具短缘毛。浆果大，橘红色，长卵形。花期5～6月，果期7～8月。

本种与大盘山分布的另一种刚（粗）毛忍冬（*L. hispida*）极为相似，区别在于本种的苞片是软毛及刺毛，而后者仅有细软毛。

分布：宁夏产六盘山，分布量较多。我国陕西、甘肃、四川等地也有分布。

生境及适应性：多生于杂木林中或林缘。喜半荫，喜稍湿润冷凉气候，喜土层深厚土壤。

观赏及应用价值：观花观果。本种花、果较大，有别于其他忍冬，花亮黄色，并生，下垂，果实橘红色硕大，有很高的观赏价值。宜引种公园、庭院观赏栽植。

图383 冠果忍冬

中文名 **华西忍冬**
拉丁名 *Lonicera webbiana*
别　名 裂叶忍冬、绿紫忍冬、威（魏）氏忍冬

基本形态特征：灌木，高1.0～1.5m。幼枝绿色，老枝灰褐色，无毛。叶对生，长椭圆形，边缘全缘或植株下部的叶边缘呈波状或羽状浅裂，皆被毛。花对生，总花梗长；苞片锥形；花冠暗紫红色，花冠筒在基部以上膨大成囊状，花冠筒内被白色长柔毛，上唇4裂，裂片卵形，下唇较宽；雄蕊5，与花冠裂片近等长。浆果球形，熟时红色。花期5～6月，果期7～8月。

分布：宁夏产六盘山，分布量较多。我国西北及山西、湖北、四川、云南、西藏等地也有分布。

生境及适应性：多生于针、阔叶混交林林缘、灌丛或沟谷边。喜半荫，耐寒，喜稍湿润气候和腐殖质土壤。

观赏及应用价值：观花观果。叶形秀美，株型整齐，可于庭院、道路栽培，孤植、丛植或列植。

图384 华西忍冬

中文名 **金花忍冬**
拉丁名 *Lonicera chrysantha*
别　名 柴金银花、黄花金银花、千层子

基本形态特征： 灌木，高1～2m。枝黑灰色，幼枝绿色或带红色，密生白色柔毛。叶菱形或倒卵状菱形，两面被毛，边缘具缘毛。花对生叶腋；苞片锥形，被毛；萼筒分离，萼齿短；花冠黄白色，后变黄色，基部膨大成囊状，花冠筒长，上唇4浅裂。浆果红色，直径5～6mm。花期6月，果期7～8月。

分布： 宁夏产六盘山，分布量较多。我国东北、华北及山东、陕西、甘肃、青海、四川、河南、湖北、浙江等地也有分布。

生境及适应性： 多生于海拔1750～2200m的灌丛或林缘。喜半荫，喜湿润冷凉气候，稍耐干旱和瘠薄。

观赏及应用价值： 观花观果。花色由淡黄色至金黄色变化，朵朵挺立如欲飞之鹰，红果亦亭亭玉立，观赏效果较好。可应用于公园、道路绿化、混合花境布置等。

图385 金花忍冬

中文名 **金银花**
拉丁名 *Lonicera japonica*
别　名 忍冬、老翁须

基本形态特征： 攀缘灌木，高1.5～2.0m。枝褐色，疏被短柔毛，中空。叶对生，卵形或宽卵形，两面疏被柔毛，沿脉稍密，边缘具缘毛。花对生叶腋，总花梗短，密被柔毛及腺毛；苞片线形，被毛，小苞片成杯状；两相邻花萼分离，萼齿披针形，常带紫红色，被柔毛及腺毛；花冠黄白色，外面被柔毛，二唇形，上唇4裂。果黑色。花期6月。

分布： 宁夏产六盘山，分布量较多。我国东北、华北、华东、华中及陕西、甘肃、四川、云南等地也有分布。

生境及适应性： 多生于海拔1600～1800m的阴坡杂木林下或林缘。喜阳，耐半荫，喜微湿环境，亦耐旱耐寒，对土壤要求不高。

观赏及应用价值： 主要观花。攀缘性好，花繁茂且持续期长。可用于公园、小区、机关等地的垂直绿化。

图386 金银花

中文名 **陇塞忍冬**
拉丁名 *Lonicera tangutica*
别　名 **唐古特忍冬**

基本形态特征： 灌木，高1～3m。幼枝棕褐色，无毛，老枝灰白色，几无毛。叶倒披针形或长椭圆形，两面疏被柔毛。花对生，总花梗细长，下垂，无毛；苞片披针形；花萼无毛，相邻两子房大部至全部合生；花冠黄白色带红晕，外面无毛，基部稍膨大具浅囊，边缘近5等裂，先端尖。浆果红色。花期5～6月，果期6～7月。

分布： 宁夏产六盘山，集中区域状分布且量较少。我国陕西、甘肃、青海、四川、湖北、云南及西藏等地也有分布。

生境及适应性： 多生于山坡灌木林中。喜半荫，耐寒，喜湿润稍耐旱，喜土层深厚土壤。

观赏及应用价值： 观花观果。春花秋实，果型奇特可爱，晶莹透亮，可作为地被灌木，用于园林景观配置。

图387 陇塞忍冬

中文名 **毛药忍冬**
拉丁名 *Lonicera serreana*
别　名 **山咪（味）咪**

基本形态特征： 灌木，高1.5～2.0m。小枝褐色，疏被短柔毛，老枝灰白色。叶对生，倒卵形至倒卵状披针形，两面被柔毛，梗短或无。花对生，总花梗长，下垂，被柔毛；苞片卵形，具缘毛；花冠淡黄色或粉白色，仅里面被长柔毛，基部具稍膨大的浅囊，边缘近等5裂；雄蕊5，与花冠等长或稍长。果实红色。花期6～7月，果期7～8月。

分布： 宁夏产六盘山，分布量较多。我国河北、河南、山西、陕西、甘肃、四川等地也有分布。

生境及适应性： 多生于海拔1900～2200m的山坡林缘或山谷河滩地。喜阳，耐半荫，耐寒，稍耐旱，对土壤要求不高。

观赏及应用价值： 观花观果。花色有丰富变化，果实鲜亮，可用于园林栽培、庭院绿化观赏。

图388 毛药忍冬

中文名 **盘叶忍冬**
拉丁名 *Lonicera tragophylla*
别　名 大金银花、大（叶）银花、贯叶忍冬、托盘忍冬、叶藏花

基本形态特征： 藤本。小枝黄绿色，光滑无毛。叶椭圆形，全缘，两面无毛或仅脉处有毛；下部叶具短柄，上部叶无柄或基部合生，花序下的1对叶合生成盘状，扁椭圆形或近圆形。头状花序顶生，具花4～11朵；花冠黄色至橙红色，上部外面带红色，二唇形，裂片长约为花冠长的1/3。果紫红或紫黑色。花期6～7月，果期8～9月。

分布： 宁夏产六盘山，分布量较多。我国河北、河南、山西、陕西、甘肃、四川、湖北、安徽、浙江等地也有分布。

生境及适应性： 多生于海拔1600～1900m的杂木林中。喜阳，耐半荫，耐寒，稍耐旱，喜腐殖质土壤。

观赏及应用价值： 观花观叶。花大而丰，花期持续时间长，叶型独特似荷包耳，较为可爱。可用于公园、机关、小区等地的垂直绿化或花境的立体花架造型。

图389 盘叶忍冬

中文名 **四川忍冬**
拉丁名 *Lonicera szechuanica*
别　名 五台忍冬、光滑忍冬

基本形态特征： 小灌木，高1.0～1.5m。幼枝褐色，无毛，老枝灰褐色。叶对生或多集生于小枝的顶端，宽倒卵形至长椭圆形，无毛；叶柄无毛。花对生，总花梗无毛；苞片卵状披针形；两相邻花萼完全合生，萼齿小，顶端圆；花冠淡黄色，外面无毛，基部膨大成浅囊状，顶端5裂，裂片直立。浆果红色。花期5～6月，果期6～7月。

分布： 宁夏产六盘山，分布量较少。我国河北、山西、陕西、甘肃、青海、湖北、四川、云南、西藏等地也有分布。

生境及适应性： 多生于海拔2100～2300m左右的山坡或山顶的云杉林中或杂木林缘及灌丛中。喜半荫和湿润冷凉气候，耐寒，亦稍耐旱，喜土层深厚土壤。

观赏及应用价值： 观花观果。花、果期较早，春花秋实，丰盛美丽，可在庭院、公园栽培观赏。

图390 四川忍冬

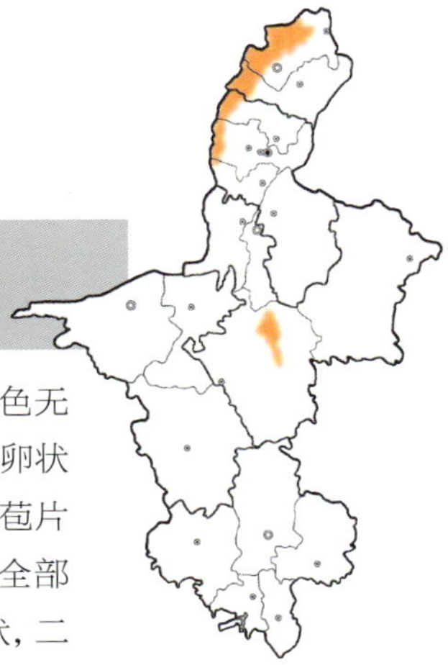

中文名 小叶忍冬
拉丁名 *Lonicera microphylla*

基本形态特征： 灌木，高1.0～1.5m。幼枝浅棕色无毛，老枝灰白色条状剥落。叶对生，倒卵形或倒卵状椭圆形，上面几无毛，边缘具疏缘毛。花对生；苞片线形；花萼无毛，相邻的两个花萼大部至几乎全部合生；花冠淡黄色，外面无毛，基部膨大成囊状，二唇形，上唇4裂，裂片矩圆形，花冠筒内疏被柔毛。浆果近球形，红色。花期6月，果期7～8月。

分布： 宁夏产贺兰山及罗山，分布量较多。我国新疆、青海、甘肃及内蒙古等地也有分布。

生境及适应性： 多生于山坡、林缘或沟谷边，垂直海拔分布以1200～2000m较多。喜光，耐半荫，较耐寒耐旱，耐土壤瘠薄。

观赏及应用价值： 观花观果。其叶片秀美飘逸，株型端整，最大的观赏特征是其果实，橘红色或红色，对生的两个果子基部膨大并联合在一起，呈半透明状，极其可爱，可作庭园美化及水土保持植物。在贺兰山一些景点已处于半引种状态，适应性较好。

图391 小叶忍冬

中文名 岩生忍冬
拉丁名 *Lonicera rupicola*
别　名 西藏忍冬、矮金银花

基本形态特征： 灌木，高达2m。老枝灰黑色，小枝棕褐色，被短绒毛。叶对生或3叶轮生，长椭圆形，表面绿色，几无毛，网脉明显，背面密生灰白色绒毛。花对生，总花梗长，被短绒毛；苞片披针形；萼齿披针形，边缘疏具缘毛；花冠粉红色或淡紫红色，被柔毛，顶端近5等裂，裂片椭圆形。果实近球形，红色。花期6月，果期7～8月。

分布： 宁夏产六盘山，分布量较多。我国甘肃、云南、四川、西藏等地也有分布。

生境及适应性： 多生于海拔2000～2500m左右的高山灌丛草甸、流石滩边缘、林缘、河滩草地中。喜阳，耐半荫，喜湿润气候；沙石土质中生长亦较好。

观赏及应用价值： 观花观果。其紫花红果甚为显眼，株型紧凑低矮，可用于庭院栽培、花境点缀或岩石园布置。

图392 岩生忍冬

败酱科 VALERIANACEAE　败酱属 *Patrinia*

中文名　**糙叶败酱**
拉丁名　*Patrinia rupestris* subsp. *scabra*

基本形态特征： 多年生草本，高22～50cm。基生叶卵形，羽状深裂，花期枯萎；茎生叶对生，叶片狭卵形至卵状披针形，3～6对羽状深裂至全裂，顶生裂片较侧裂片大，边缘具圆钝裂齿，侧裂片矩圆状披针形，全缘或具少数齿牙，两面无毛或上面疏被短硬毛。聚伞花序3～7枝在枝端排成伞房状；花冠较大，紫红色。果实倒卵状圆柱形。花期7～8月，果期8～9月。

分布： 宁夏产六盘山、南华山、麻黄山及固原等市(县)，分布量较多。我国华北及河南、甘肃等地也有分布。

生境及适应性： 多生于林缘、山沟及草地。喜湿，耐半荫，耐寒，适应性较好。

观赏及应用价值： 主观花。群体效果好，可用于花境设计，片植。

图393 糙叶败酱

中文名　**黄花败酱**
拉丁名　*Patrinia scabiosaefolia*
别　名　黄花龙牙、黄花草、山白菜

基本形态特征： 多年生草本，高1.0～1.5m。根状茎横走。基部叶簇生，卵形或长卵形，有长柄，不裂或羽状分裂，边缘有粗齿，花时枯萎；茎生叶对生，披针形或阔卵形，2～3对羽状深裂或全裂，顶端裂片最大，椭圆形，边缘有粗齿，两面疏生粗毛或无；靠近花序的叶片线形，全缘。顶生大型伞房状聚伞花序；花冠黄色，上端5裂。瘦果长椭圆形。花期7～8月。

分布： 宁夏主产六盘山，分布量较少。我国分布很广，除青海、新疆、西藏和海南，全国各地均有分布。

生境及适应性： 多生于山坡林下、林缘和灌丛中以及路边、田埂边的草丛中。

观赏及应用价值： 观花。花鲜黄色美丽可爱，盛花期花量大，群丛景观好，可作为园林地被及自然花境材料布置。

图394 黄花败酱

缬草属 *Valeriana*

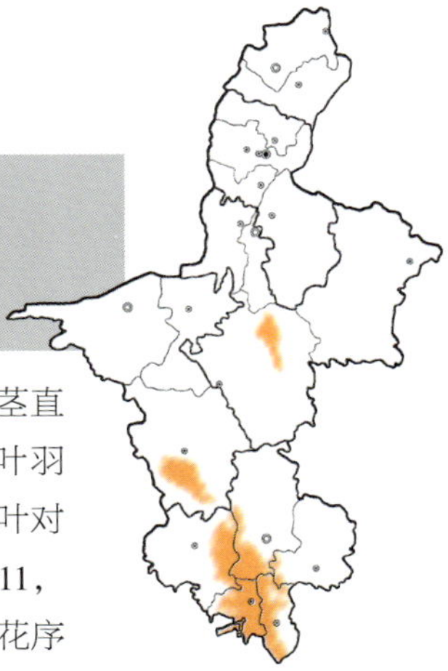

中文名 **缬草**
拉丁名 ***Valeriana officinalis***
别　名 毛节缬草

基本形态特征： 多年生草本，高可达130cm。茎直立不分枝，中空具纵棱，被白色粗毛。基生叶羽状全裂或不裂，边缘具粗锯齿，具长柄；茎生叶对生，倒卵状椭圆形，羽状深裂至全裂，裂片7～11，常具不规则的疏齿，两面被毛，背面毛稍密。花序顶生，伞房状三出聚伞圆锥花序；总苞片羽状深裂，裂片线形，被毛；花冠5裂，顶端圆钝，紫红色。瘦果卵状矩圆形。花期6～7月，果期7～8月。

分布： 宁夏产六盘山、罗山及南华山，分布量较多。我国东北、华北及陕西、甘肃、四川、贵州、云南等地也有分布。

生境及适应性： 多生于林缘、草地、路边。喜湿，耐半荫，稍耐寒，对土壤要求不严。

观赏及应用价值： 观花。黄色花序，小花密集，颜色鲜亮，株型清秀，可应用于园林地被及花境应用。

图395 缬草

川续断科 DIPSACACEAE　川续断属 *Dipsacus*

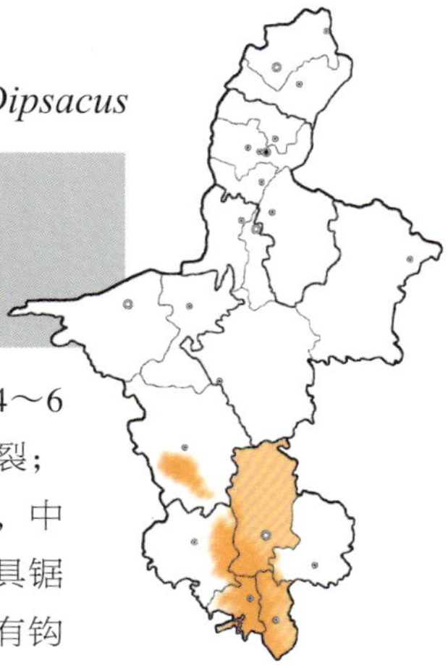

中文名 **续断**
拉丁名 ***Dipsacus japonicus***
别　名 日本续断

基本形态特征： 多年生草本。高约1m。茎4～6棱，棱上有倒钩刺。基生叶通常3裂，有时不裂；茎生叶具3～5个羽状裂片，裂片长圆状卵形，中央裂片较大，各裂片基部下延成狭翅，边缘具锯齿，两面被白色柔毛，沿背面叶脉和叶柄均有钩刺。头状花序球形或广椭圆形；基部有数片总苞片；漏斗状花冠紫红色或蓝白色，裂片2大2小，内外均被毛；小总苞四棱柱状。瘦果稍外露，长圆楔形。花期8～9月，果期10～11月。

分布： 宁夏产六盘山、南华山及固原市原州区、泾源等市(县)，分布量较多。我国各地均有分布。

生境及适应性： 多生于海拔1740～2400m的山坡草地及林缘、路边。喜光耐半荫，不耐旱，对土壤要求不严。

观赏及应用价值： 观花观姿。花色紫红或蓝白带有神秘感，开花持续时间长，可作为园林地被应用及花境布置的竖线条花材。

图396 续断

蓝盆花属 *Scabiosa*

图397 华北蓝盆花

中文名 **华北蓝盆花**
拉丁名 ***Scabiosa tschiliensis***
别　名 **山萝卜、高丽菊花**

基本形态特征： 多年生草本，高30～50cm。茎直立，被白色细柔毛。基部叶丛生，椭圆形至卵状披针形，边缘具不整齐锯齿，两面被平贴短柔毛；叶柄具狭翅，基部成鞘状，密生短柔毛；茎生叶对生，大头羽状深裂，顶裂片卵形，具不规则锯齿至全缘。头状花序顶生；总苞片背面有柔毛，边花大，呈放射状；花萼5裂，刺毛状；花冠蓝紫色，筒状，先端5裂，裂片3大2小。果序椭圆形或近球形；瘦果。花期6～8月，果期8～10月。

分布： 宁夏产六盘山及南华山，分布量较多。我国分布在东北及华北。

生境及适应性： 多生于海拔1800～2400m的山坡草地、林缘及溪边。喜湿，喜冷凉气候，喜半荫，要求土层深厚。

观赏及应用价值： 主观其蓝紫色或紫红色花序。似张张笑脸，极富情趣。可应用于花坛、花境及道路美化。

菊科 COMPOSITAE　马兰属 *Kalimeris*

图398 全叶马兰

中文名 **全叶马兰**
拉丁名 ***Kalimeris integrifolia***
别　名 **全叶鸡儿肠、野粉团花**

基本形态特征： 多年生草本，高50～100cm。茎直立，多分枝，具纵沟棱，密被向上的短柔毛。叶互生，较密，披针形，全缘，两面密被灰白色短毛，无柄；上部叶渐小。头状花序单生枝顶；总苞半球形；总苞片3层，先端尖，边缘紫红色或褐色，外层较短，披针形；边花淡紫色，舌状，管状花黄色，顶端5裂。瘦果倒卵形，扁平，疏被短毛。花期7～8月，果期8～9月。

分布： 宁夏产六盘山，大量分布。我国分布于西部、北部、东北部及东部。

生境及适应性： 多生于林缘或灌丛中。喜半荫及湿润环境，耐寒，对土壤要求不高。

观赏及应用价值： 以观花为主。小紫色花开展且花量繁多，黄色心花犹如小眼睛一般点缀其间，群丛效果充满野趣。可丛植、片植于花境、花坛及庭院绿地中。

狗娃花属 *Heteropappus*

中文名 **阿尔泰狗娃花**
拉丁名 ***Heteropappus altaicus***
别　名 **阿尔泰紫菀**

基本形态特征：多年生草本，高8～40cm。基生叶互生，线形或线状倒披针形，全缘，无柄，两面被弯曲的短硬毛。头状花序单生枝端或在茎顶排列成伞房花序；总苞半球形；总苞片2～3层，草质，边缘膜质，背面被短硬毛。舌状花淡蓝紫色，管状花黄色，外面被毛。舌状花和管状花的冠毛红褐色。瘦果倒卵状矩圆形，密被长柔毛。花期5～9月，果期6～10月。

分布：宁夏全区普遍分布。我国东北、华北、西北及湖北、四川等地有分布。

生境及适应性：生于荒漠、沙地、路边、山坡。喜荫，耐寒耐旱，亦稍耐水湿，耐土壤贫瘠。

观赏及应用价值：以观花为主。花开繁密，株型紧凑饱满，整体好似一紫色花球，观赏效果好，可作为自然花境、公园花坛及道路绿化的布置材料。

图399 阿尔泰狗娃花

紫菀属 *Aster*

中文名 **三褶脉紫菀**
拉丁名 ***Aster ageratoides***
别　名 三脉叶马兰

基本形态特征：多年生草本，高30～60cm。茎直立，单一，有时上部稍分枝，圆柱形，被短硬毛，下部近无毛。叶卵形至长椭圆状披针形，或渐狭成具翅的短柄。头状花序在茎顶排列成伞房花序或圆锥状伞房花序，稀单生茎顶；总苞宽钟形或半球形，3层；舌状花紫红色或淡红色，管状花黄色。瘦果倒卵状椭圆形，棕褐色。花期7～9月，果期9～10月。

分布：宁夏产六盘山，分布量较多，罗山、南华山，广泛分布。我国各地普遍分布。

生境及适应性：多生于林中或林缘草地。喜半荫，喜稍湿润冷凉气候，耐寒，对土壤要求不严。

观赏及应用价值：观花。花多且繁密，紫红色小花，花开显眼，艳丽奔放，群丛效果好，可作为自然花境、庭院美化的应用材料。

图400 三褶脉紫菀

火绒草属 *Leontopodium*

中文名 **矮火绒草**
拉丁名 ***Leontopodium nanum***
别　名 **无茎火绒草**

基本形态特征： 多年生草本，垫状，高4～10cm。花茎通常直立单生。基部叶丛生；茎生叶匙形或线状匙形，基部渐狭成短窄的鞘部，边缘平，两面密被长柔毛状绵毛；苞叶少数，不开展成星状苞叶群。头状花序1～3个；总苞被灰白色绵毛，苞片4～5层，线形或披针形；花雌雄异株，雄花花冠漏斗状，雌花花冠细管状，黄绿色。瘦果无毛或疏被短毛。花期5～6月，果期6～7月。

分布： 宁夏产贺兰山和六盘山，分布量较多。我国西北及内蒙古、四川、西藏等地有分布。

生境及适应性： 多生于山坡草地、灌丛边缘。喜荫，耐半荫，耐寒，喜湿润冷凉气候，喜腐殖质土壤。

观赏及应用价值： 观花观叶。整株银灰色，株型矮小整齐，排列紧密，盛花时植株心花淡黄色，远看犹如白雪中镶嵌的黄宝石，群从观赏效果好。可用于自然花境点缀、公园花坛及庭院布置。

图401 矮火绒草

中文名 **长叶火绒草**
拉丁名 ***Leontopodium longifolium***
别　名 **兔耳子草**

基本形态特征： 多年生草本，高15～40cm。茎直立，不分枝，密生白色或灰白色棉状茸毛，后渐脱落。基生叶莲座状丛生，线状倒披针形，上面近无毛，下面被短茸毛；茎生叶线状长矩圆形，向上渐小而成披针形，基部等宽或稍半抱茎，两面被毛，中脉明显隆起；苞叶多数，卵状披针形，两面密生淡黄白色茸毛。头状花序多数，密集；总苞片约3层，长椭圆形；小花雌雄异株，雄花花冠细漏斗状；雌花花冠细管状。瘦果圆柱形，具短粗毛。花期7～8月，果期8～9月。

分布： 宁夏产六盘山、月亮山及固原市原州区、隆德等县，分布量较多。我国华北及陕西、甘肃、青海、四川、西藏等地也有分布。

生境及适应性： 多生于山坡草地或灌丛。喜半荫及湿润凉爽气候，耐寒，土层深厚些生长较好。

观赏及应用价值： 观花观叶。整株银灰色，矮小整齐，也排列紧密雅致，群从观赏好似片片薄雪。可用于自然花境点缀、公园花坛及庭院布置。

图402 长叶火绒草

中文名 **湿生美头火绒草**
拉丁名 *Leontopodium calocephalun* var. *uliginosum*
别　名 湿生火绒草

基本形态特征：多年生草本，高5～20cm。茎直立，纤细，不分枝，密被白色棉状茸毛，后渐脱落。不育枝上叶丛生，倒披针形；茎生叶线状倒披针形，抱茎，边缘常反卷；苞叶多数，卵状披针形或菱状披针形，两面密被灰白色棉状茸毛，形成开展的苞叶群。头状花序5～7个，密集；总苞宽钟形，苞片3～4层；雌花花冠细管状；两性花花冠细漏斗状。瘦果矩圆形。花期7～8月，果期8～9月。

分布：宁夏产六盘山及南华山，丛块状分布且量较少。我国甘肃、青海、四川、云南等地也有分布。

生境及适应性：多生于林下湿润处或崖下岩石缝隙中。喜半荫及湿润冷凉气候，耐寒，喜腐殖质土壤。

观赏及应用价值：以观叶、观姿为主。叶肥厚宽大，绒质感，株型低矮整齐，群体效果犹如地上一颗颗银灰色的小星星。可用于自然花境点缀、公园及庭院绿化美化，宜丛植、片植。

图403 湿生美头火绒草

香青属 *Anaphalis*

中文名 **红花疏生香青**
拉丁名 *Anaphalis sinica* var. *remota*
别　名 红花香青

基本形态特征：多年生草本，高20～35cm。茎单生或疏散丛生。叶互生，长椭圆形或倒披针形，被白色或黄白色长绵毛。头状花序多数，排列成二至三回的复伞房花序，密集；总苞钟形，浅红色，外面疏被蛛丝状绵毛，内层长椭圆形，乳白色。瘦果，被小腺点。花期6～8月，果期8～10月。

分布：宁夏产六盘山，分布量较少，分散分布。我国山西、甘肃等地也有分布。

生境及适应性：多生于草地或山谷湿地。喜半荫，喜湿润冷凉及腐殖质土壤。

观赏及应用价值：观叶观花。株型秀美低矮，小花粉红色楚楚动人，叶银白色具绒质感，花叶皆有清香味，可用于自然花境点缀、庭院布置及盆栽观赏。

图404 红花疏生香青

中文名 **黄腺香青**
拉丁名 *Anaphalis aureopunctata*

基本形态特征： 多年生草本，高40～50cm。茎直立，不分枝，多上部被白毛。基生叶莲座状，匙形，两面被灰白色绵毛；茎生叶互生，椭圆形，基部渐狭成长柄，且下延沿茎形成翅，皆被毛，具离基三出脉。头状花序多数，排列成复伞房花序；总苞钟形，外层总苞片卵形，棕褐色，内层椭圆形，白色或黄白色，最内层长椭圆形，顶端圆；雌株头状花序具多数雌花，中央具2～3个两性花。花期7～8月，果期8～9月。

分布： 宁夏产六盘山，分布量较多。我国分布于西北部、北部、西部及西南部。

生境及适应性： 多生于林缘草地。喜半荫，喜稍湿润凉爽气候，喜腐殖质土壤。

观赏及应用价值： 观花观叶。株型秀雅，叶具有绒质感，花娇小玲珑，整株具清香，可用于花境、花坛点缀布置及作为香草植物盆栽观赏。

图405 黄腺香青

中文名 **铃铃香青**
拉丁名 *Anaphalis hancockii*
别　名 铃铃香、铜钱花

基本形态特征： 多年生草本，高20～30cm，全株被银白色毛。根茎直立或基部稍弯，不分枝，具纵条棱。基生叶倒卵状披针形；茎生叶互生，披针形，基部下延成狭翅，全缘，具明显的离基三出脉。头状花序多数，在茎顶排列成复伞房花序；总苞宽钟形，约4层，最外层长椭圆形，棕褐色，内层卵状椭圆形，白色，最内层倒披针形；雌株头状花序具多数雌花，雄株头状花序全部具两性花。瘦果棕褐色，被乳头状突起。花期7～8月，果期8～9月。

分布： 宁夏产南华山、六盘山，分布量较多。我国河北、山西、陕西、甘肃、青海、四川及西藏等地也有分布。

生境及适应性： 生于山坡草地。喜半荫，喜湿润冷凉气候及腐殖质土壤。

观赏及应用价值： 观花观叶。花叶皆美，有绒质感，纯洁无瑕，散发清香，可用于园林地被、自然花境点缀，亦可作为盆栽观赏。

图406 铃铃香青

中文名 **乳白香青**
拉丁名 *Anaphalis lactea*
别 名 大矛香艾

基本形态特征： 多年生草本，高10～20cm，全株被毛。茎直立，丛生，不分枝。基生叶及茎下部叶卵状倒披针形，基部渐狭成具翅的柄，茎中部和上部的叶直立或贴伏于茎上，披针形，具1条脉。头状花序多数，在茎顶排列成复伞房花序；总苞钟形4层，外层卵形褐色，内层椭圆形，上半部乳白色，下半部棕褐色，最内层倒披针形，下半部3/5收缩成爪；雌雄异株，雄株头状花序全为不育两性花。瘦果，无毛。花期7～9月，果期9～10月。

分布： 宁夏产南华山及固原市原州区、隆德等县，分布量较多。我国甘肃、青海、四川等地也有分布。

生境及适应性： 多生于林缘、水边及高山草甸。喜半荫，喜湿润冷凉气候，喜腐殖质土壤。

观赏及应用价值： 观花观叶。叶肥厚且具有绒质感，花玲珑可爱，刚开花时苞片显淡粉红色后变乳白色，极具观赏价值，可用于自然花境、庭院美化及盆栽观赏。

图407 乳白香青

中文名 **珠光香青**
拉丁名 *Anaphalis margaritacea*
别 名 山荻

基本形态特征： 多年生草本。茎直立或斜升，单生或少数丛生，高30～60cm，全株被灰白色绵毛。下部叶在花期常枯萎；中部叶开展，线形或线状披针形，有单脉或3～5出脉。头状花序多数，在茎和枝端排列成复伞房状；总苞宽钟状或半球状，5～7层；雌株头状花序外围有多层雌花；雄株头状花序全部为雄花或外围有极少数雌花。瘦果长椭圆形，有小腺点。花果期8～11月。

分布： 宁夏主产六盘山，分布量较多。我国西南部、西部、中部都有分布。

生境及适应性： 多生于林缘、溪畔及高山草甸。喜阳或半荫，耐寒，喜湿润冷凉气候，喜腐殖质土壤。

观赏及应用价值： 观花观叶。全株叶银灰色具有绒质感，花娇小可爱且微具香气，极具观赏价值，可用于自然花境点缀、庭院美化及盆栽观赏。

图408 珠光香青

中文名 **线叶珠光香青**
拉丁名 *Anaphalis margaritacea* var. *japonica*

基本形态特征： 此变种在叶的长宽和节间的长短等方面有极大的变异。通常不分枝，但茎断折后多分枝，大量密生较短而先端圆形的叶，与一般生于茎下部的叶相似。茎高30～60cm；叶线形，顶端渐尖，下部叶顶端钝或圆形，上面被蛛丝状毛或脱毛，下面被淡褐色或黄褐色密绵毛。

分布： 宁夏产六盘山，分布量较多。我国甘肃西部和南部、陕西南部、四川、湖北西部、贵州、云南、西藏(波密、察隅)等地也有分布。

生境及适应性： 同珠光香青。

观赏及应用价值： 观花观叶。银白色一片，地被观赏效果很好，可用于花境、庭院绿化的配置。

图409 线叶珠光香青

旋覆花属 *Inula*

中文名 **蓼子朴**
拉丁名 *Inula salsoloides*
别 名 沙地旋覆花、黄喇嘛、秃女子草

基本形态特征： 多年生草本，高20～40cm。茎自基部开始多分枝，直立或弧形斜升，被短粗毛。叶互生，三角状卵形或披针形，全缘，常反卷，上面无毛，下面被腺点及硬毛。头状花序单生枝端；总苞倒卵形，4～5层不等长，黄绿色，干膜质；边缘雌花舌状，舌片线状长椭圆形，淡黄色；中央盘花管状，黄色。瘦果圆柱形。花期6～8月，果期8～10月。

分布： 宁夏同心县以北地区普遍分布，分布量多。我国分布于西北、华北及辽宁等地。

生境及适应性： 多生于沙地、荒漠及半荒漠地区、沟渠旁。喜阳，耐寒耐旱，耐风沙及贫瘠。

观赏及应用价值： 观花。花小却量大，黄色夺目，叶型也较为特别，可用于园林地被开发，且全株可入药，栽培药用价值也较高，可结合观赏药草园配置。

图410 蓼子朴

蓍属 *Achillea*

中文名 **齿叶蓍**
拉丁名 *Achillea acuminata*
别　名 单叶蓍

基本形态特征：多年生草本，高50～70cm。茎直立，单生或2～3个丛生，上部具分枝，疏被短柔毛。叶互生，线状披针形，基部抱茎，边缘重锯齿，两面疏被短柔毛。头状花序多数，集成疏散的伞房花序；总苞半球形，3层，淡黄色；边缘舌状花14朵，舌片白色，矩圆状宽椭圆形；管状花亦为白色。瘦果宽倒披针形。花期7月，果期8月。

分布：宁夏产六盘山，分布量较多。我国东北及内蒙古、陕西、甘肃、青海等地也有分布。

生境及适应性：多生于山坡草地、山谷溪边灌丛或林缘。喜阳或半荫，喜稍湿润凉爽气候，耐寒，对土壤要求不严。

观赏及应用价值：以观花、观叶为主。株型整齐，羽叶细腻秀美，花白如雪，密集且花期长，可作为地被用于公园绿地、花坛、花境等布置。

图411　齿叶蓍

菊属 *Chrysanthemum*

中文名 **甘菊**
拉丁名 *Chrysanthemum lavandulaefolium*

基本形态特征：多年生草本，高25～50cm。茎直立，单生或2～3个丛生，常带暗紫色，疏被柔毛，上部毛稍密。叶互生，卵形至近圆形，羽状全裂，裂片2～3对，被柔毛。头状花序多数，排列成复伞房花序；总苞碟形，总苞片约5层；舌状花黄色，舌片椭圆形，顶端圆钝，管状花黄色。瘦果小。花期8～9月，果期9～10月。

分布：宁夏产六盘山、南华山、罗山、云雾山、炭山及麻黄山，分布广泛且量多。我国西北、华北、东北及山东、江苏、浙江、湖北、四川、云南等地也有分布。

生境及适应性：多生于山坡、荒地及河谷。喜光，耐半荫，耐寒亦稍耐旱，对土壤要求不严。

观赏及应用价值：观花为主。花小而繁密，略带清香，盛花期犹如蜜蜂飞舞，热闹奔放，充满野趣。可用于自然花境、庭院及岩石园布置，亦是抗逆性菊花育种的优秀亲本材料。

图412　甘菊

中文名 **小红菊**
拉丁名 *Chrysanthemum chanetii*

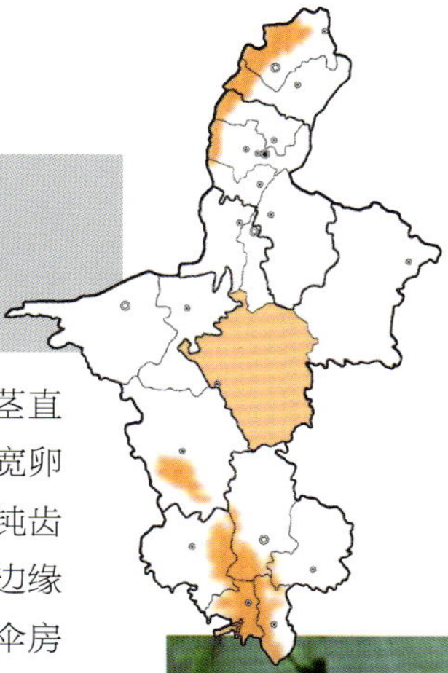

基本形态特征：多年生草本，高20～60cm。茎直立或基部弯曲，疏被柔毛。基生叶和茎下部叶宽卵形或肾形，通常3～5掌状或羽状浅裂，边缘具钝齿或芒状尖齿，两面被柔毛和腺点；上部叶小，边缘羽状浅裂或全缘。头状花序在茎顶排列成疏的伞房状，稀单生茎顶；总苞浅杯状，4～5层。舌状花粉红色、紫红色或白色，先端具2～3小齿；管状花黄色。瘦果倒卵形。花果期8～10月。

分布：宁夏产六盘山、贺兰山、南华山及同心等地，分布量较多。我国东北、华北及陕西、甘肃、青海等地也有分布。

生境及适应性：多生于林缘、灌丛、山坡草地。喜荫或半荫，耐寒，喜微湿润环境，喜土层深厚土壤。

观赏及应用价值：以观花为主。花色艳丽，花朵盛开时间长，群丛效果极具野趣。可用于花境、花坛及道路绿化美化，亦是地被菊育种的重要亲本之一。

图413 小红菊

中文名 **紫花野菊**
拉丁名 *Chrysanthemum zawadskii*
别　名 山菊

基本形态特征：多年生草本，高15～50cm。茎直立，不分枝或上部分枝，具纵棱，被短柔毛。叶互生，卵形或近圆形，羽状深裂，裂片卵状椭圆形，2～3对，边缘羽状浅裂或具齿，上面无毛或疏被短柔毛，下面疏被短柔毛。头状花序单生或2～5个排列成疏松伞房花序；总苞浅碟状，苞片4层；舌状花紫红色，倒披针形或长椭圆形，顶端具3小齿或全缘，中央管状盘花黄色。瘦果。花期7～8月，果期9～10月。

分布：宁夏产贺兰山、罗山、六盘山、月亮山和南华山，分布量较多。我国东北、华北及陕西、甘肃、安徽、浙江等地也有分布。

生境及适应性：多生于草地或林下。喜半荫，耐寒，喜冷凉湿润气候，喜腐殖质土壤或深层沙质土壤。

观赏及应用价值：以观花为主。花开繁盛，花较大且色泽鲜艳，花期长且群丛效果好，可丛植、片植用于园林地被、花境布置，亦是地被菊育种的重要亲本之一。

图414 紫花野菊

女蒿属 *Hippolytia*

中文名 贺兰山女蒿
拉丁名 *Hippolytia alashanensis*

基本形态特征： 小灌木或半灌木，高25～50cm。老枝灰褐色，具纵条棱，密被短毛。叶倒卵状矩圆形，不规则羽状深裂，侧裂片2～4对，全缘或下侧具1小齿，边缘稍反卷，顶裂片先端3浅裂。头状花序3～10个，在枝端排列成束状伞房花序；总苞宽钟形或半球形，约4层，中层椭圆形，内层倒卵状矩圆形，先端钝圆；小花漏斗状，约20朵，全为两性花，金黄色。瘦果倒卵状矩圆形，有腺点。花期7～8月，果期9～10月。

分布： 宁夏产贺兰山，分布量正在减少，为贺兰山重点保护植物。我国内蒙古、甘肃等地也有分布。

生境及适应性： 多生于悬崖边、干旱向阳山坡、山谷阳面石缝等地。喜荫，耐半荫，耐寒耐旱，耐土壤贫瘠。生长缓慢，原生境较易毁坏，需加强保护。

观赏及应用价值： 以观花、观姿为主。花小巧精致，亭亭玉立，叶秀美，株型低矮却苍劲有力，可用于花境布置、岩石园及盆景造型。

图415 贺兰山女蒿

亚菊属 *Ajania*

中文名 柳叶亚菊
拉丁名 *Ajania salicifolia*
别 名 茅香

基本形态特征： 小半灌木，高30～60cm。老枝黑褐色，从枝端莲座状叶丛中发出更新短枝或长花枝，花枝紫红色，被白色茸毛。叶线形，全缘，上面绿色，稍被疏毛，背面白色，密被毛。头状花序多数在茎顶排列成密集的伞房花序；总苞钟形，4层，边缘棕褐色膜质，外层总苞片卵形，中内层卵形、倒卵形。瘦果椭圆形，具脉纹。花果期6～9月。

分布： 宁夏产六盘山，分布量较多。我国陕西、甘肃、青海、四川等地也有分布。

生境及适应性： 多生于海拔2250m左右的高山草甸或石质河滩地。喜阳，耐寒稍耐旱，耐土壤贫瘠。

观赏及应用价值： 观叶观花。株型紧凑整齐，叶细长优美，花繁密，群丛效果好，可用于花境及岩石园布置。

图416 柳叶亚菊

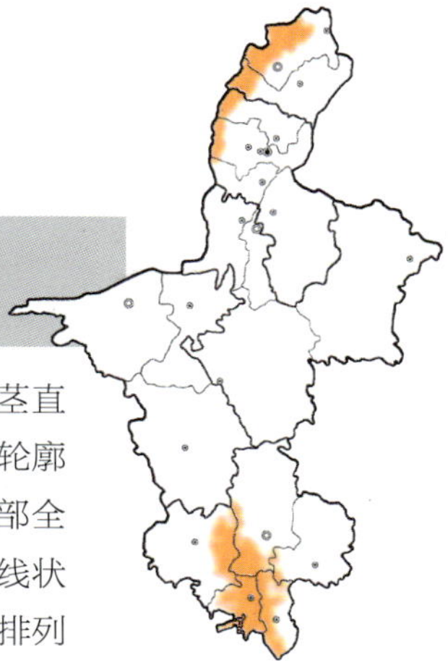

中文名 **细裂亚菊**
拉丁名 *Ajania przewalskii*

基本形态特征：多年生草本，高35～50cm。茎直立，不分枝，通常红紫色，被白色短柔毛。叶轮廓宽卵形或卵形，二回羽状分裂，一至二回全部全裂，1回裂片2～4对，排裂较紧密，末回裂片线状披针形；具叶柄。头状花序小，多数，在茎顶排列成复伞房花序或伞房花序；总苞钟形，苞片4层；边花雌性，花色淡黄白色，盘花两性，花冠细管状。瘦果细长。花期8月，果期9月。

分布：宁夏产贺兰山及六盘山，分布量较多。我国甘肃、青海、四川等地也有分布。

生境及适应性：多生于山坡林缘。喜阳，耐半荫，稍耐寒，对土壤要求不严。

观赏及应用价值：观花观姿。株型优美，花开繁密，群丛地被效果好。可用于道路美化、花境布置及园林景观配置。

图417 细裂亚菊

中文名 **细叶亚菊**
拉丁名 *Ajania tenuifolia*
别 名 细叶菊艾

基本形态特征：多年生草本，高10～20cm。茎不分枝或自基部分枝，被短柔毛。叶轮廓半圆形或三角状卵形，二回羽状分裂，一回裂片2～3对，末回裂片长椭圆形或倒披针形；叶柄长。头状花序少数，在茎顶排列成伞房花序，黄褐色；总苞钟形，苞片4层，无毛；边花雌性，花冠管状，盘花两性，花冠管状。花期7～8月。

分布：宁夏产六盘山及南华山，常成片分布，分布量较多。我国甘肃、青海、四川、西藏等地也有分布。

生境及适应性：多生于向阳山坡及草甸。喜阳，耐寒耐旱，适应性广。

观赏及应用价值：观叶观花。花密集且持续期长，叶小巧美丽，可作为地被用于道路美化、园林公园及花境布置。

图418 细叶亚菊

橐吾属 *Ligularia*

中文名 大黄橐吾
拉丁名 *Ligularia duciformis*
别　名 野荷花

基本形态特征： 多年生草本，高达1m。茎直立，粗壮，具纵沟棱，密被棕色短伏毛。叶大，宽圆形或肾形，宽大于长，宽可达80cm，先端钝圆，基部心形，边缘具不整齐的细齿，上面近无毛，下面密被棕色短毛；叶柄粗壮，具纵沟棱，密被棕色毛，抱茎。头状花序多数，在茎顶排列成总状复伞房花序；总苞圆筒形；花全部管状，5～7朵，花冠黄色。瘦果倒卵状长椭圆形，褐色无毛。花期7～8月，果期8～9月。

分布： 宁夏产六盘山，在隆德、泾源等县城分布较集中且量较多。我国甘肃、四川、湖北、云南、西藏等地也有分布。

生境及适应性： 多生于山谷溪边。喜半荫，喜湿润冷凉气候，耐寒，喜腐殖质土壤。

观赏及应用价值： 观叶观花。叶翠绿硕大，如荷叶般秀美，层次分明，花序直挺粗壮，花量大，繁密盛大，极具观赏价值。宜用于自然花境、水景布置等应用，可丛植、片植。

图419 大黄橐吾

中文名 掌叶橐吾
拉丁名 *Ligularia przewalskii*
别　名 甘青橐吾、裂叶橐吾

基本形态特征： 多年生草本，高50～80cm。茎直立单生，常带暗紫色。基生叶轮廓近圆形或肾形，基部深心形，掌状深裂，裂片通常7个，菱形或菱状椭圆形，中裂片3裂，侧裂片2～3裂，边缘具疏齿，上面疏被短硬毛，下面无毛；叶柄长20～30cm，具纵沟棱，无毛；茎生叶少数，叶柄较短，鞘状抱茎。头状花序多数，在茎顶排列成总状花序；苞叶狭线形；总苞圆筒形，边缘膜质；舌状花和管状花黄色。瘦果圆柱形，冠毛紫褐色。花期7～8月，果期8～9月。

分布： 宁夏产六盘山和南华山，分布量较多。我国山西、内蒙古、陕西、甘肃、青海、四川等地也有分布。

生境及适应性： 多生于林缘、草地或山谷溪边。喜半荫，喜湿润冷凉气候，喜腐殖质土壤。

观赏及应用价值： 观花观叶。叶大而美丽，花序硕大繁密，群体效果好。宜用于林缘、水边的地被植物造景，可丛植、片植。

图420 掌叶橐吾

狗舌草属 *Tephroseris*

中文名 **红轮狗舌草**
拉丁名 ***Tephroseris flammea***
别　名 **红轮千里光**

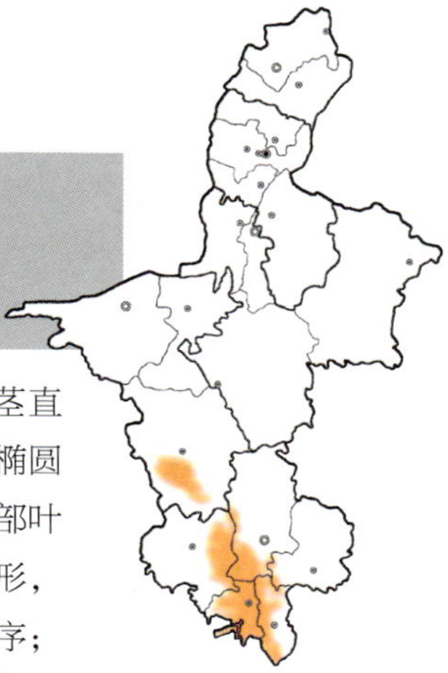

基本形态特征：多年生草本，高10～60cm。茎直立，单一，具纵沟棱，被柔毛。基生叶卵状长椭圆形或狭卵形，被柔毛；叶柄基鞘状抱茎；茎下部叶与基生叶相似，茎中部和上部叶长椭圆状披针形，无柄。头状花序3～7个，在茎顶排列成伞房花序；总苞宽钟形，1层，线形或线状长椭圆形，暗紫色，先端边缘具短缘毛。瘦果圆柱形，被短柔毛。花期7月，果期8～9月。

分布：宁夏产六盘山及南华山，分布量较多。我国分布于西北至东北部。

生境及适应性：多生于林缘、草地、路边。喜荫，耐半荫，耐寒稍耐旱，喜湿润冷凉气候，喜土层深厚土壤。

观赏及应用价值：以观花为主。花型美观，舌状花明丽奔放飘逸，独具美感，花色鲜艳，群植效果好。宜作为地被材料用于花境、公园、道路美化，丛植或片植。

图421 红轮狗舌草

合耳菊属 *Synotis*

中文名 **术叶合耳菊**
拉丁名 ***Synotis atractylidifolia***
别　名 **术叶千里光、术叶菊**

基本形态特征：一年生草本，高8～20cm。茎具纵条棱，疏被白色毛。叶互生，长椭圆形，不规则的羽状深裂，两面疏被白色毛，无柄；上部叶线形，具疏锯齿或全缘。头状花序多数，在茎顶和枝端排列成松散的伞房花序；梗细，具数个狭线形的小苞叶，总苞钟形；总苞片1层；边缘膜质；无舌状花，管状花冠细，顶端5裂。瘦果圆柱形，褐色，微被短柔毛。花期7～8月，果期8～9月。

分布：宁夏产南华山、贺兰山等地，分布量较多。我国华北及甘肃、青海、新疆等地也有分布。

生境及适应性：多生于山沟沙质地。喜阳，亦耐半荫，耐寒耐旱，亦稍耐水湿，耐土壤贫瘠。

观赏及应用价值：观花。花色美丽，繁密且周期长，群丛效果好。可用于干旱地园林及岩石园的绿化配置，如公园、街道、庭院等地皆可广泛应用，管理粗放。

图422 术叶合耳菊

千里光属 *Senecio*

中文名 **额河千里光**
拉丁名 ***Senecio argunensis***
别　名 羽叶千里光

基本形态特征：多年生草本，高60～120cm。茎直立，单一或从中部分枝，有纵棱，常带紫红色。基生叶花期枯萎，茎生叶互生，宽椭圆形或椭圆形，羽状深裂，边缘具少数小裂片或尖粗锯齿，两面被毛；无柄。头状花序多数，复伞房状排列；总苞钟状，倒披针形；舌状花10～12个，舌片黄色，具棕褐色纵条纹，狭线形。瘦果圆柱形。花期6～7月，果期7～8月。

分布：宁夏产六盘山，分布量较多。我国东北部、北部、西部、中部至东部有分布。

生境及适应性：多生于林缘或山谷溪旁，喜湿润凉爽气候及腐殖质土壤，较耐寒。

观赏及应用价值：观花。花鲜黄色，明亮艳丽，花朵繁茂，羽叶秀美。可作为地被应用于公园及自然花境中，宜丛植或片植于林缘或水边。

图423　额河千里光

蓝刺头属 *Echinops*

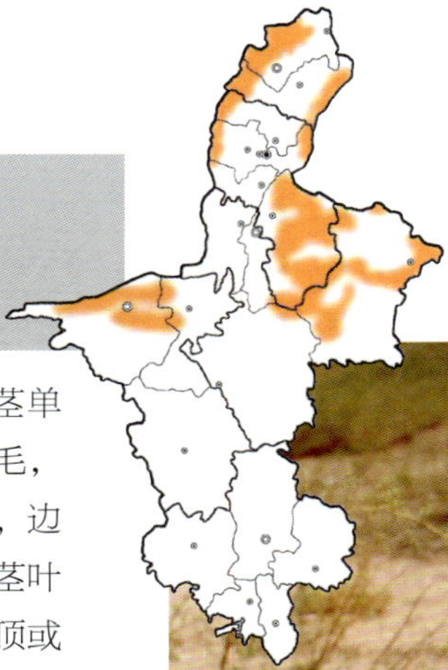

中文名 **砂蓝刺头**
拉丁名 ***Echinops gmelini***
别　名 砂兰刺头

基本形态特征：一年生草本，高10～90cm。茎单生，淡黄色，全部茎枝被稀疏的头状具柄的腺毛，有时脱落。下部茎叶线形或线状披针形，抱茎，边缘具刺齿或三角形刺齿裂或刺状缘毛；中上部茎叶与下部茎叶同形，但减小。复头状花序单生茎顶或枝端；全部苞片16～20个，外层及中层苞片线状倒披针形，内层苞片长椭圆形，浅褐色；小花蓝色或白色，花冠5深裂，裂片线形。瘦果倒圆锥形。花果期6～9月。

分布：宁夏产贺兰山及全区荒草滩、荒漠边缘，分布量多。我国黑龙江、吉林、辽宁、内蒙古、新疆(准噶尔盆地及塔里木盆地)、青海(柴达木盆地)、甘肃、陕西(北部)、河北、河南(北部)等地也有分布。

生境及适应性：多生于山坡砾石地、荒漠草原、黄土丘陵或河滩沙地。喜阳，极耐旱耐寒，不耐积水，喜沙质土壤。

观赏及应用价值：观花观叶。花球精巧可爱，叶形奇特，可用于耐旱地被点缀及岩石园布置。

图424　砂蓝刺头

风毛菊属 *Saussurea*

中文名 **草地风毛菊**
拉丁名 ***Saussurea amara***
别　名 **驴耳风毛菊、羊耳朵**

基本形态特征： 多年生草本，高20～60cm。基生叶与茎下部叶卵状长椭圆形或长椭圆状宽披针形，边缘全缘，稍反卷，具极短的骨质刺，两面无毛；叶柄基部扩展成鞘；叶向上渐变小，披针形或线状披针形。头状花序多数，在茎顶或枝端排列成伞房花序；总苞片5～6层，顶端淡紫红色；花冠粉红色。瘦果圆柱形，浅棕色。花期7～8月，果期8～9月。

分布： 宁夏引黄灌区普遍分布，分布量多。我国分布于东北、华北及西北。

生境及适应性： 多生于田边、路旁、渠沟边或开阔浅草滩上。喜荫，耐半荫，耐寒耐旱，对土壤要求不高。

观赏及应用价值： 以观花为主。花多且花期长，花苞片亦有一定观赏性，可作园林地被，花境点缀。

图425 草地风毛菊

中文名 **大耳叶风毛菊**
拉丁名 ***Saussurea macrota***
别　名 **小耳叶风毛菊**

基本形态特征： 多年生草本，高50～80cm。根状茎粗壮，直伸。茎直立，单生，不分枝或上部分枝，具纵沟棱，被短毛。叶卵状长椭圆形或宽披针形，抱茎，具耳，边缘具不规则的疏浅齿，被蛛丝状绵毛和长柔毛。头状花序，在茎顶或枝端排列成伞房花序；总苞筒形；总苞片5～6层，暗紫红色；花冠暗紫色。瘦果圆柱形，褐色。花期6～7月；果期7～8月。

分布： 宁夏产六盘山，分布量较多。我国陕西、甘肃、四川等地也有分布。

生境及适应性： 多生于山坡草地。喜半荫及稍冷凉湿润环境。

观赏及应用价值： 主要以观花为主。株型秀丽整齐，花娇小可爱，花苞片亦具有一定观赏性，可用作花境片植、丛植应用。

图426 大耳叶风毛菊

中文名 **小花风毛菊**
拉丁名 *Saussurea parviflora*
别　名 下延风毛菊、燕尾风毛菊

基本形态特征：多年生草本，高40～90cm。根状茎横走。茎直立，单生，不分枝，具纵沟棱。叶长椭圆形，边缘疏具细尖齿，仅下面被毛。头状花序多数在茎顶排列成伞房花序；总苞筒状钟形；总苞片3～4层，外层总苞片卵形，先端尖，顶端常黑色，背面疏被短柔毛；花冠紫色，花冠裂片线形。瘦果圆柱形，黑色。花期7～8月，果期8～9月。

分布：宁夏产南华山及罗山，分布量较多。我国东北、华北及甘肃、青海、新疆等地也有分布。

生境及适应性：多生于林下。喜荫，稍耐寒耐旱，喜腐殖质土壤。

观赏及应用价值：以观花为主。花色明丽且花量大，株型整齐，可作园林地被应用。

图427 小花风毛菊

中文名 **翼茎风毛菊**
拉丁名 *Saussurea alata*
别　名 翅茎风毛菊

基本形态特征：多年生草本。茎具翼，疏被柔毛。基生叶羽状裂，长3～12cm，二回羽状深裂，叶柄长1～7cm，柄基鞘状；中部与上部茎生叶线形或长椭圆形，全缘，无柄；叶两面疏被柔毛和腺点。头状花序有梗，排成伞房状花序；总苞长圆形或卵形，外层总苞片先端不反折；舌状花红紫色。瘦果倒圆锥状，深褐色，冠毛污黄色。花果期7～8月。

分布：宁夏产六盘山，分布量较多。我国内蒙古、陕西西北部、甘肃及新疆等地也有分布。

生境及适应性：多生于荒草地或盐碱地。喜阳，耐半荫，耐寒，稍耐旱，对土壤要求不高。

观赏及应用价值：观花观姿。花量大，花朵繁密，盛花时粉红一片如霞，群丛效果较好，且茎秆长得较为奇特，也具有一定观赏性。可作为园林地被种植于庭院、花境、道路绿化带中，宜丛植、片植。

图428 翼茎风毛菊

中文名 **紫苞风毛菊**
拉丁名 *Saussurea iodostegia*
别　名 紫苞雪莲

基本形态特征：多年生草本，高30～70cm。茎直立，单生，不分枝，具纵沟棱，无毛或上部疏被白色长柔毛。基生叶丛生，长椭圆状披针形，基部渐狭成长柄，边缘疏具细尖齿，仅上面疏被白柔毛；茎生叶少数，无柄，基部抱茎；最上部的叶苞状椭圆形；基部抱茎，边缘具细齿和白色长柔毛。头状花序2～6个在茎顶密集成伞房花序；总苞宽钟形，3～4层，上半部紫红色或全部紫红色；管状花紫色。瘦果矩圆形，无毛。花期7～8月，果期8～9月。

分布：宁夏产六盘山、南华山及月亮山，成片分布且量较多。我国东北、华北及陕西、四川等地也有分布。

生境及适应性：多生于林缘或山坡草地。喜荫，稍耐半荫，喜湿润冷凉环境，耐寒，喜土层深厚土壤。

观赏及应用价值：以观花为主。整个花苞大而美丽，形奇特，特别是紫红色的苞片观赏性高，观赏期长，宜用做花境片植观赏，景观较佳。

图429 紫苞风毛菊

牛蒡属 *Arctium*

中文名 **牛蒡**
拉丁名 *Arctium lappa*
别　名 恶实、大力子

基本形态特征：二年生草本，高30～80cm。根肥大，肉质。茎直立，上部多分枝，具纵条棱，疏被短柔毛。基生叶大型，丛生，宽卵形或心形，全缘或具小齿，常波状起伏，上面无毛，下面密被灰白色绵毛；茎生叶互生，宽卵形，具短柄。头状花序单生枝顶或多数排列成伞房状；总苞球形多层，下部边缘具骨质齿，顶端具钩状刺；管状花紫红色。瘦果椭圆形或倒卵形，具三棱。花果期6～8月。

分布：宁夏全区普遍分布。我国分布于北部、中部至西南。

生境及适应性：多生于路旁、田边、山坡及村庄附近。喜荫，耐寒，稍耐土壤贫瘠。

观赏及应用价值：以观花、观果为主。叶宽大翠绿，花果形状奇特，可用于公园地被、自然花境点缀等。

图430 牛蒡

蜎菊属 *Olgaea*

中文名 **蝟菊**
拉丁名 ***Olgaea lomonosowii***

基本形态特征：多年生草本，高15～40cm。茎直立，多由基部分枝，具纵棱，密被灰毛。基生叶长椭圆状披针形，基部渐狭成具翅的柄，通常沿中脉密被灰绵毛；茎生叶线状长椭圆形，基部向茎下延成翅。头状花序大，单生枝顶或茎顶；总苞宽钟形；总苞片多层，长针状，暗紫色，被绵毛；管状花紫红色，花冠裂片线形。瘦果长椭圆形，无毛。花果期8～9月。

分布：宁夏产贺兰山，分布量较多。我国分布于东北、华北及甘肃等地。

生境及适应性：多生于向阳山坡。喜荫，耐寒耐旱，耐土壤贫瘠。

观赏及应用价值：以观花为主。紫色花序奇特美丽，花期长，群丛景观效果好，可作为园林地被应用，亦可用于岩石园布置。

图431 蝟菊

麻花头属 *Serratula*

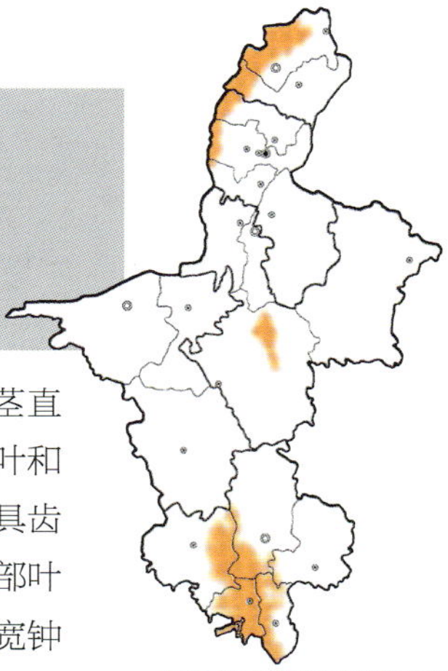

中文名 **麻花头**
拉丁名 ***Serratula centauroides***
别　名 **菠叶麻花头、菠菜帘子、草地麻花头**

基本形态特征：多年生草本，高40～50cm。茎直立不分枝，具纵沟棱，下部疏被短柔毛。基生叶和茎下部的叶长椭圆形，羽状深裂至全裂，边缘具齿牙，两面无毛或仅下面疏被短毛；茎中部及上部叶渐变小，裂片线形。头状花序单生茎顶，总苞宽钟形至杯状，约6层，上半部黑褐色，边缘密生毛；花冠淡紫色。瘦果圆柱形，褐色，具纵棱。花期6～7月，果期7～8月。

分布：宁夏产贺兰山、罗山及六盘山，分布量较多。我国华北及山东、陕西、甘肃等地也有分布。

生境及适应性：多生于林缘草地、山坡、路边。喜荫，耐寒，喜湿润冷凉气候，喜土层深厚土壤。

观赏及应用价值：以观花为主。花开艳丽，花朵大，像紫色的毛线球般可爱，可作为地被用于自然花境点缀及缀花草地。

图432 麻花头

莴苣属 *Lactuca*

中文名 **青甘莴苣**
拉丁名 *Lactuca roborowskoo*
别　名 川甘毛鳞菊、青甘岩参

基本形态特征： 多年生草本。基生叶羽状，顶裂片卵形，全缘，侧裂片2～7对，长椭圆形或线形，全缘或一侧有1锯齿，最下端侧裂片长锯齿状，最上部叶披针形或线状披针形，不裂，无柄，基部箭头状；叶两面无毛。头状花序排成圆锥状；总苞圆柱状，总苞片紫红色；舌状花紫红色。瘦果长椭圆形，红黑色。花果期7～9月。

分布： 宁夏主产贺兰山北部及周边等地，广泛分布，分布量多。我国甘肃、青海、四川、西藏东部及东北部也有分布。

生境及适应性： 多生于海拔1900～4200m山坡林下灌丛或草地。喜阳，耐寒耐旱，耐盐碱，耐土壤贫瘠。

观赏及应用价值： 主观花。花淡蓝色清新可爱，株型低矮，抗逆性强，宜用于西北园林中作为地被植物，也可用于岩石园。

图433 青甘莴苣

苦荬菜属 *Ixeris*

中文名 **山苦荬**
拉丁名 *Ixeris chinensis*
别　名 苦菜

基本形态特征： 多年生草本，高10～30cm，具乳汁，全株无毛。茎丛生，具分枝，直立或斜升。基生叶莲座状，披针形或倒披针形，边缘全缘或不规则的羽状浅裂或深裂；茎生叶披针形，基部稍抱茎，无柄。头状花序多数，排列成疏的伞房状圆锥花序；总苞圆筒状，苞片2层；舌状花黄色、白色或淡紫红色。瘦果狭披针形，稍扁，红棕色。花果期5～8月。

分布： 宁夏全区普遍分布。我国分布于南北各地。

生境及适应性： 生于山坡、路边、荒地、渠沟旁或田间。喜阳，耐半荫，耐寒耐旱，适应性广泛。

观赏及应用价值： 主要观花。花量大且持续期长，花色丰富美丽，可作为公园、庭院布置及花境点缀。

图434 山苦荬

蒲公英属 *Taraxacum*

中文名 **蒲公英**
拉丁名 *Taraxacum mongolicum*

基本形态特征：多年生草本，高10～40cm。叶倒卵状披针形，基部渐狭成柄，大头羽状深裂或浅裂，边缘具不规则的齿；叶柄及主脉常带红色。花莛1至数个，与叶近等长或稍长；总苞宽钟形；外层总苞片卵状披针形，边缘膜质，内层总苞片线状披针形；舌状花黄色。瘦果倒披针形；冠毛白色。花果期5～7月。

分布：宁夏全区普遍分布。我国分布于东北、华北、西北、华东、华中及西南。

生境及适应性：多生于山坡草地、田地、路旁。喜荫耐半荫，耐寒，适应性广。

观赏及应用价值：以观花为主。花多且总量大，地被效果好。可用于缀花草坪、自然花境点缀等。

图435 蒲公英

天南星科 ARACEAE 天南星属 *Arisaema*

中文名 **一把伞南星**
拉丁名 *Arisaema erubescens*
别 名 天南星、虎掌南星、一把伞、蛇包谷

基本形态特征：多年生草本植物。块茎扁球形，密生须根。叶1枚，柄长30～60cm，叶片呈放射状分裂，形如一把伞，裂片披针形至椭圆形，长渐尖，具线形长尾。花序佛焰苞绿色，有白色条纹，檐部卵状长椭圆形或卵形，长端渐尖，具长2～3cm的尾尖；雄花序长，花稍密，无柄；雌花序花密生，附属器棒状。果序长约3cm，浆果橘红色。花期5～6月，果期7月。

分布：宁夏产六盘山，分布量较多。我国除东北及山东、江苏、内蒙古、新疆之外，各地均有分布。

生境及适应性：多生于林下或林缘草地、溪水边。喜荫喜湿，不耐旱，稍耐寒，喜腐殖质土壤。

观赏及应用价值：观花观叶观果。叶形掌状，佛焰苞直挺美丽，果实成熟时亦鲜艳美丽。耐荫性强，可开发用于林下地被及水景布置。

图436 一把伞南星

半夏属 *Pinellia*

中文名 **半夏**
拉丁名 ***Pinellia ternata***
别　名 **三叶半夏、三叶老、三步跳、麻玉果、燕子尾**

基本形态特征：多年生小草本，高15～30cm。块根圆球形，同时具多数块状须根。叶出自块茎顶端，叶柄长10～20cm，在叶柄下部内侧生一白色珠芽；幼苗具全缘单叶，卵状心形至戟形；老株叶片3全裂，裂片长圆形至披针形，中裂片较大，全缘，两面光滑无毛。肉穗花序顶生；佛焰苞绿色，檐部长椭圆形，绿色或上部边缘带紫红色。浆果卵状椭圆形，绿色。花期5～7月，果期8月。

分布：宁夏六盘山山地农田、荒地或草地均有分布，分布量较多。除内蒙古、新疆、青海、西藏等地尚未发现野生种外，全国各地均有分布。

生境及适应性：多生于山坡、溪边阴湿的草丛中或林下。喜湿喜阳，并耐荫，稍耐寒，对土壤要求不高。

观赏及应用价值：观叶观花。半夏叶形小巧优美，佛焰苞花序亦独特，耐荫性强，可开发用于林下地被或水际植物点缀。

图437 半夏

禾本科 GRAMINEAE　箭竹属 *Fargesia*

中文名 **华西箭竹**
拉丁名 ***Fargesia nitida***
别　名 **华西华桔竹、高山冷竹、毛毛竹、扫帚竹、松花竹**

基本形态特征：秆高达2m，上部节间长6～8cm。叶鞘紫色，边缘具纤毛，鞘口具黄色缘毛；叶片先端渐尖，基部收缩成叶柄，叶缘一边有纤毛状细锯齿，一边为软骨质。圆锥花序开展，分枝细长，分枝着生处通常有1分裂成纤维状的苞片；小穗长15～25mm，具2～5朵花；颖先端渐尖，无毛或上部微被毛，第一颖具1～3脉，第二颖具5～7脉；外稃先端渐尖，具9脉；雄蕊3；柱头2，羽毛状。花期4～5月。

分布：宁夏产六盘山，分布量较多，且较集中分布。我国陕西、甘肃、四川、湖北、江西、云南等地也有分布。

生境及适应性：多生于杂木林中及林缘、路边。喜半荫，喜稍湿润环境，稍耐寒。

观赏及应用价值：观姿观叶。株型秀雅，叶色青翠，可作为墙篱、灌丛应用于园林中。

图438 华西箭竹

芦苇属 *Phragmites*

中文名 **芦苇**
拉丁名 ***Phragmites australis***

基本形态特征：多年生草本，高1～3m。根状茎粗壮，横走。秆直立，粗壮，节下通常具白粉。叶鞘无毛或被细毛；叶舌有毛，光滑或边缘粗糙。圆锥花序小穗通常含3～7花；颖不等长，具3脉；第一小花通常雄性，第二小花两性，基盘密生白色长柔毛。花果期7～11月。

分布：宁夏普遍分布。全国各地均有分布。

生境及适应性：多生于池沼、河边、沟渠旁、路边、湿润地及田间。喜阳，耐水湿，稍耐旱。

观赏及应用价值：观叶观姿。群体景观秀丽清雅，随风摇曳，可用于花境布置及水景园布置，宜丛植及片植。

图439 芦苇

拂子茅属 *Calamagrostis*

中文名 **假苇拂子茅**
拉丁名 ***Calamagrostis pseudophragmites***
别　名 **眯眯草、假苇拂子草**

基本形态特征：多年生草本，高25～130cm。秆直立无毛。叶鞘短于节间或下部的长于节间，无毛；叶舌膜质，常撕裂；叶片线形，上面及边缘粗糙，下面较平滑。圆锥花序开展，长椭圆状披针形或长椭圆形，分枝被短纤毛；颖不等长，线状披针形，脊上糙涩；外稃透明膜质，边缘粗糙，芒自顶端伸出，粗糙，内稃长为外稃的近一半。花果期6～9月。

分布：宁夏全区普遍分布。我国东北、华北、西北及四川、云南等地有分布。

生境及适应性：多生于干旱山坡或沙地。喜阳，耐寒，抗风，耐干旱贫瘠。

观赏及应用价值：观姿。植株纤细，群体景观秀雅，可作为观赏草用于花境配置，果期整个果序蓬松舒展，随风飘摆，较为美观，宜丛植或片植。

图440 假苇拂子茅

百合科 LILIACEAE　贝母属 *Fritillaria*

中文名 **宁夏贝母**
拉丁名 ***Fritillaria taipaiensis* var. *ningxiaensis***
别　名 贝母(药)

基本形态特征： 多年生草本，高20～60cm。鳞茎扁球形，直径1.0～1.5cm。茎直立，无毛。叶线形，最下2片对生，其上的轮生、对生或散生；花下叶3片轮生，先端卷曲或直伸，基部半抱茎，两面无毛。花1～2朵；花被钟形，黄绿色，具紫色小方格；花被片6，两轮排列，外轮花被片倒卵状矩圆形，先端急尖，内轮花被片狭倒卵形，先端钝。果实圆柱形，3裂。花期5～6月，果期7～8月。

分布： 原种太白贝母(*Fritillaria taipaiensis*)产陕西、甘肃、四川和湖北等地。该变种仅见于宁夏，产六盘山，分布集中，量较少。

生境及适应性： 多生于林下或林缘草地。喜湿润冷凉，不耐强光，喜半荫。

观赏及应用价值： 观花。宁夏贝母花形似钟铃，轻盈娇小，且花色奇特，适于作为盆花或花境点缀、丛植。其鳞茎亦可入药。

图441 宁夏贝母

百合属 *Lilium*

中文名 **山丹**
拉丁名 ***Lilium pumilum***
别　名 细叶百合、灯伞花、卷莲花

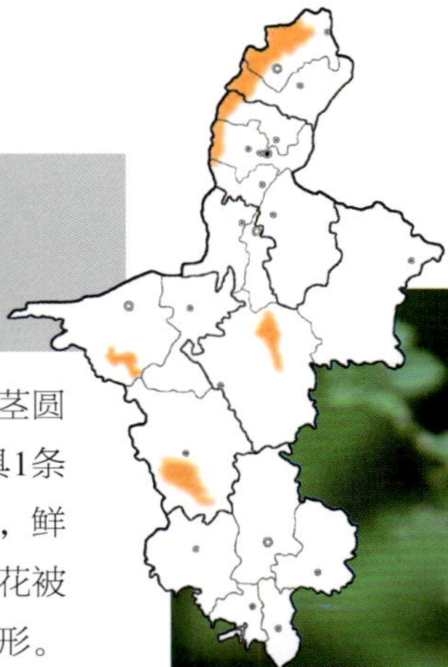

基本形态特征： 多年生草本，高20～50cm。鳞茎圆锥形或长卵形。茎直立。叶散生，狭线形，具1条明显的脉；无柄。花单生或数朵排成总状花序，鲜红色，通常无斑点，有时有少数斑点，下垂；花被片反卷，蜜腺两边有乳头状突起。蒴果长椭圆形。花期7～8月，果期8～9月。

分布： 宁夏产贺兰山、罗山、香山、南华山，分布量较多。我国东北、华北及河南、陕西、甘肃、青海等地也有分布。

生境及适应性： 多生于向阳山坡。喜光，喜湿，稍耐荫。

观赏及应用价值： 观花。花橘红色，艳丽，花朵较多，可用于花境配置及作为百合育种资源。其鳞茎可药用、食用。

图442 山丹

葱属 *Allium*

中文名 **茖葱**
拉丁名 ***Allium victorialis***
科 属 **格葱、胡椒草、鹿耳葱、岩蒜**

基本形态特征：多年生草本。鳞茎近圆柱形。叶片2，倒卵状长椭圆形或卵状长椭圆形，沿叶柄稍下延；叶柄下部鞘状抱茎。花莛单一，圆柱形；总苞膜质；伞形花序球形，具多数花；花被片白色，有时淡紫色。花期5～7月，果期7～8月。

分布：宁夏产六盘山，分布量较多。我国东北、华北及陕西、甘肃、四川、河南、湖北、浙江等地也有分布。

生境及适应性：多生于林下、林缘及阴湿草地。喜荫，喜湿，较耐贫瘠土壤。

观赏及应用价值：观花观叶。主要观赏其蓝紫色花序，另外其叶大鲜翠，花期长，景观效果较好，在花境中可大面积丛植或片植。

图443 茖葱

中文名 **青甘韭**
拉丁名 ***Allium przewalskianum***

基本形态特征：多年生草本。具根状鳞茎，丛生，鳞茎外皮红棕色，呈明显网状。叶半圆柱状至圆柱状，具4～5个纵裂，短于或近等长于花莛。花莛圆柱状，高20～40cm，基部被叶鞘；总苞单侧开裂，具与总苞片等长的喙；伞形花序球形或半球形，花稍密集；花被片深紫红色，内轮花被片椭圆形，外轮花被片狭卵形或卵形，稍短；子房近球形。花期7～8月，果期8～9月。

分布：宁夏产贺兰山及六盘山，分布量较多。我国西北及四川、云南、西藏等地也有分布。

生境及适应性：多生于山坡、灌丛旁或草地阳面。喜阳，耐旱，喜微湿润环境，喜土层深厚土壤。

观赏及应用价值：观花观姿。植株线条优美，主要观赏其紫红色的花序。可用于宿根园及花境中，丛植或片植。

图444 青甘韭

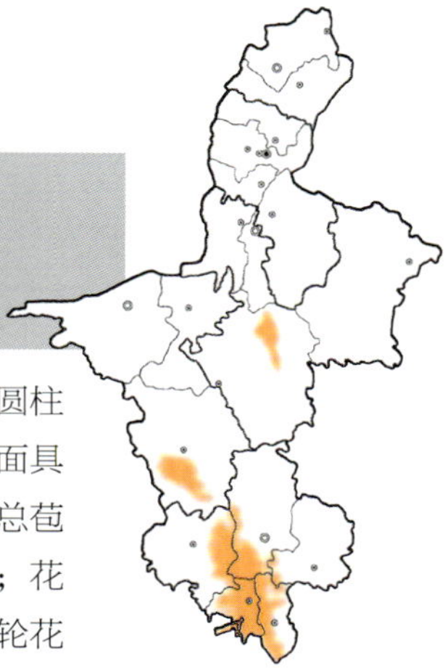

中文名 **天蓝韭**
拉丁名 *Allium cyaneum*
别　名 白狼葱

基本形态特征：多年生草本，具根状茎。鳞茎圆柱形，细长；鳞茎外皮暗褐色。叶半圆柱状，上面具沟槽。花莛纤细，高15～25cm，下部被叶鞘；总苞单侧开裂或2裂；伞形花序半球形，无小苞片；花被片天蓝色或紫蓝色，卵状椭圆形或卵形，内轮花被片稍长。花期8～9月，果期9～10月。

分布：宁夏产南华山、罗山及六盘山，分布量较多。我国陕西、甘肃、青海、四川、西藏及湖北等地也有分布。

生境及适应性：多生于山坡及草地的阳面。喜光照充足及湿润的环境，耐贫瘠，稍耐干旱。

观赏及应用价值：观花。天蓝韭花色迷人，充满神秘感，观赏价值极高；可作为宿根园及花境的竖线条花材大面积应用。

图445　天蓝韭

舞鹤草属 *Maianthemum*

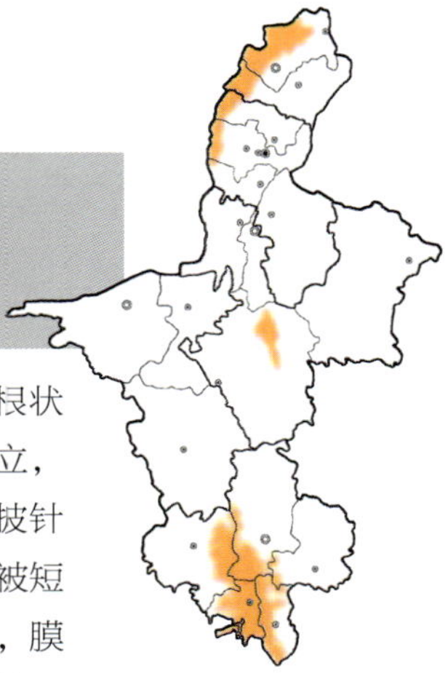

中文名 **舞鹤草**
拉丁名 ***Maianthemum bifolium***
别　名 二叶舞鹤草

基本形态特征：多年生草本，高10～20cm。根状茎细长，横走或斜走，节上生纤细须根。茎直立，无毛或疏生糙毛。基生叶1片，狭卵形或卵状披针形，具长柄；茎生叶三角状卵形，两面沿脉疏被短柔毛。总状花序顶生，花单生或双生；苞片小，膜质；花被片白色或淡黄色，卵状椭圆形，先端钝。浆果球形。花期6月，果期7～8月。

分布：宁夏产贺兰山、罗山及六盘山，广泛分布于中高海拔地区，分布量较多。我国东北、华北及陕西、甘肃、青海、四川等地也有分布。

生境及适应性：多生于林下及林缘、水边。较耐荫，喜湿凉气候，光照不宜过强。

观赏及应用价值：观花。舞鹤草株形小巧，花期犹如白鹤展翅欲飞，观赏价值较高，适宜作为园林耐荫地被或迷你型盆栽。

图446　舞鹤草

黄精属 *Polygonatum*

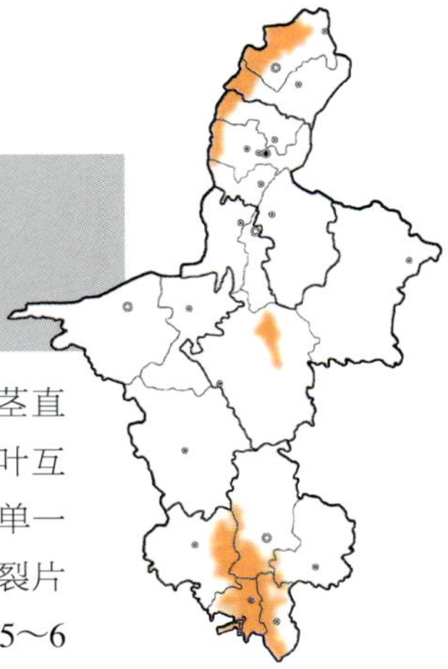

中文名 **玉竹**
拉丁名 ***Polygonatum odoratum***
别　名 **萎蕤、尾参、铃铛菜**

基本形态特征：多年生草本，根状茎肉质。茎直立，高20～40cm，光滑，基部具膜质鳞片。叶互生，椭圆形或卵状长椭圆形，全缘，无毛。花单一或双生叶腋；花被黄绿色至白色，顶端6裂，裂片卵形，先端钝。浆果球形，成熟时黑色。花期5～6月，果期7月。

分布：宁夏产贺兰山、罗山和六盘山，分布量较多。我国东北、华北及陕西、甘肃、青海、山东、河南、湖北、湖南、安徽、江西、江苏、台湾等地也有分布。

生境及适应性：多生于林下、林缘或灌丛旁。喜荫喜湿，腐殖质土中生长较好，亦能生长在土层少的岩缝中。

观赏及应用价值：观花观果。叶似竹清脆秀丽，花似玉盏玲珑可爱，观赏性强，秋季叶色变蓝后的群体景观很好。可用于宿根园布置，地被造景。其根可入药。

图447 玉竹

铃兰属 *Convallaria*

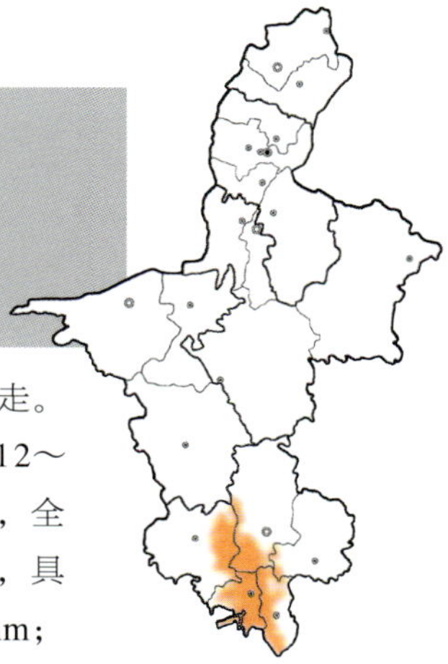

中文名 **铃兰**
拉丁名 ***Convallaria majalis***
别　名 **草玉铃（玲）、君影草、香水花**

基本形态特征：多年生草本。根状茎细弱，横走。叶2片，叶片椭圆形或倒卵状长椭圆形，长12～15cm，宽6.5～7.5cm，先端急尖，基部楔形，全缘，两面无毛；叶柄较叶短。总状花序顶生，具花约10朵；花被宽钟形，长7～8mm，宽约7mm；顶端6浅裂，裂片卵形，长2.0～2.5mm，先端尖。浆果球形，直径约6mm，红色。花期5～6月，果期7～8月。

分布：宁夏产六盘山，分布量较多。我国东北、华北及山东、河南、湖南、浙江、陕西、甘肃等地也有分布。

生境及适应性：多生于林缘或林下阴湿处。喜湿润冷凉气候，较耐寒，但亦稍耐旱，喜欢腐殖质土壤。

观赏及应用价值：观花观叶观果。花洁白如玉，娇小玲珑，叶宽大翠绿，与白花相映成趣，果熟时变红，亦有一番情趣。可作为林下地被、自然花境点缀，宜丛植、片植。

图448 铃兰

重楼属 *Paris*

中文名 北重楼
拉丁名 *Paris verticillata*

基本形态特征： 多年生草本，高30～50cm。根状茎细长，直立单一，常带暗紫色。叶5～8片轮生，倒卵状披针形或披针形，先端渐尖，基部楔形；近无柄或具短柄。花单一，顶生，花梗长4～17cm；外轮花被片4，狭卵形或卵状披针形；内轮花被片4，线形，黄绿色，短于外轮花被片；子房近球形，紫褐色，顶端无盘状花柱基，花柱4，向外反卷。蒴果浆果状，不开裂。花期5～6月，果期8～9月。

分布： 宁夏产六盘山，分布量较多。我国东北、华北及陕西、甘肃、四川、安徽、浙江等地也有分布。

生境及适应性： 多生于山坡林下及溪边水旁。喜荫喜湿及肥沃土壤，不喜强光照射。

观赏及应用价值： 观花观果。花型奇特，植株秀美。可用于盆栽及园林花境点缀，效果极佳。根可药用。

图449 北重楼

中文名 重楼
拉丁名 *Paris polyphylla*
别 名 七叶一枝花

基本形态特征： 多年生草本，高30～70cm。茎直立，单一，常带暗紫色。叶7～10片轮生，倒披针形或椭圆状披针形；具短柄。花单一，顶生，花梗长4～17cm；外轮花被片5～6，狭卵形或卵状披针形，先端渐尖，绿色；内轮花被片细线形；雄蕊为外轮花被片的2倍，暗紫色；子房球形，绿色，具棱。花期6～7月，果期8～9月。

分布： 宁夏产六盘山，分布量较多。我国河南、湖北、安徽、陕西、甘肃、福建、广东、云南、西藏等地也有分布。

生境及适应性： 多生于山坡林下或阴湿沟谷溪旁。喜荫喜湿，忌强光照射。

观赏及应用价值： 观花观果。观赏价值同北重楼。可作为盆栽或耐荫地被，根入药。

图450 重楼

鸢尾科 IRIDACEAE　射干属 *Belamcanda*

中文名 **射干**
拉丁名 *Belamcanda chinensis*
别　名 寸干

基本形态特征： 多年生草本，高50～110cm。根状茎呈不规则的块状。茎直立，实心。叶互生，2行排列，剑形，先端渐尖，基部鞘状抱茎。伞房状聚伞花序顶生，每分枝顶端聚生数朵花；花梗细长；花梗及花序分枝处均有膜质苞片；花橙红色，其上散生紫褐色斑点；花被片6，2轮排列，外轮花被裂片倒卵形，内轮花被片较外轮稍短而狭；花柱顶端3裂。蒴果倒卵形或长椭圆形。花期5～8月，果期7～9月。

分布： 宁夏产六盘山，分布量较多。我国华东、中南、西南及陕西、甘肃、山西、河北、吉林、辽宁等地也有分布。

生境及适应性： 多生于山坡、草地、溪边或林缘。喜湿润冷凉气候，较耐寒，稍耐旱，对土壤要求不高。

观赏及应用价值： 主观花。花色夺目，花型独特，紫斑鲜艳新奇，花期持续时间较长。是园林中很好的宿根地被材料，可用于花坛、花境及庭院美化，宜丛植、片植。

图451 射干

鸢尾属 *Iris*

中文名 **马蔺**
拉丁名 *Iris lactea* var. *chinensis*
别　名 马兰花、马莲

基本形态特征： 多年生草本。叶基生，线形或宽线形，先端渐尖，基部鞘状，常带紫红色。花茎高3～25cm；苞片草质，黄绿色，边缘膜质，白色，线状披针形，内含2～4朵花；花蓝紫色，外轮花被裂片倒披针形，内轮花被片狭倒披针形，基部渐尖；花柱分枝扁平，花瓣状。蒴果圆柱形，具6条纵肋，顶端具喙。花期5～6月，果期7～8月。

分布： 宁夏全区普遍分布。我国东北、华北、西北及山东、河南、安徽、江苏、浙江、湖北、湖南、四川、西藏等地也有分布。

生境及适应性： 多生于山坡草地、路边、荒地及河边沙质地。适应性广泛。

观赏及应用价值： 观叶观花。叶形秀丽，飘逸舒畅，花色艳丽且花型独特，可用于花境、道路、墙垣等美化点缀，宜丛植。

图452 马蔺

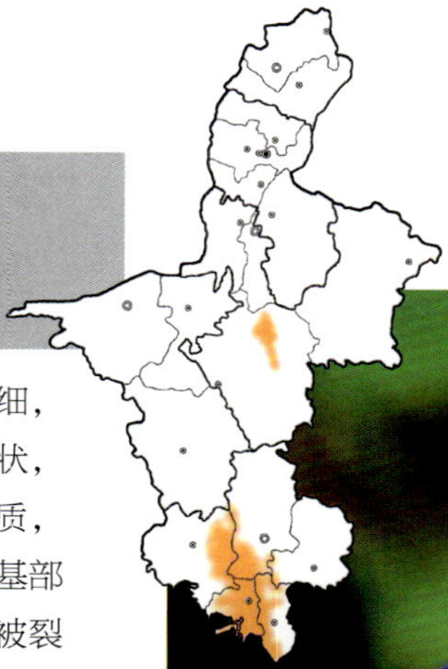

中文名 **锐果鸢尾**
拉丁名 *Iris goniocarpa*
别　名 小排草

基本形态特征：多年生草本。根状茎短，须根细，多分枝，黄白色。叶线形，先端渐尖，基部鞘状，黄绿色，中脉不明显。花茎细弱；苞片2，膜质，披针形或卵状披针形，先端长渐尖，黄绿色，基部略带淡红色，内含1朵花；花蓝紫色，外轮花被裂片倒卵状椭圆形或椭圆形，先端圆钝或微凹，中脉上具须毛状附属物，内轮花被裂片狭长椭圆形或倒披针形，直立；雄蕊长约1.5cm，花药黄色，与花丝等长；花柱分枝花瓣状，顶端裂片狭三角形。蒴果三棱状椭圆形，顶端具短喙，黄绿色；种子倒卵形，黑褐色，有光泽。花期5～6月，果期7月。

分布：宁夏产罗山及六盘山，分布量较多。我国陕西、甘肃、青海、四川、云南、西藏等地也有分布。

生境及适应性：多生于山坡草地及林缘，喜阳，耐半荫，喜冷凉湿润气候，喜腐殖质土壤。

观赏及应用价值：观花。花朵别致，清新淡雅，可用于花境边缘、林缘及盆栽欣赏，极富野趣。

图453 锐果鸢尾

中文名 **天山鸢尾**
拉丁名 *Iris loczyi*

基本形态特征：多年生丛生草本。根状茎块状。叶丝型，直立，先端渐尖，基部鞘状。花茎直立，基部具鞘状叶；苞片3，草质，边缘狭膜质，狭披针形，先端渐尖，中脉明显，内含1～2朵花；花蓝紫色，花被管伸出苞片，外轮花被裂片长椭圆形或矩圆状长椭圆形，中部鞘状，下部略宽，先端圆钝，基部渐狭，内轮花被裂片倒披针形，先端尖；雄蕊先端钝；花柱顶端裂片半圆形。果实长倒卵形至圆柱形，顶端具短喙。 花期4～5月，果期7～8月。

分布：宁夏产贺兰山东麓洪积扇上，分布量较多。我国内蒙古、甘肃、青海、新疆、四川、西藏等地也有分布。

生境及适应性：多生于山坡、碎石地及疏散灌木丛。喜阳，较耐寒耐旱，对土壤要求不高，沙质土较好。

观赏及应用价值：观花。株型低矮，叶秀丽，蓝紫色的花朵清新神秘，群丛效果较好。可作为地被用于花境点缀、庭院布置或岩石园造景，宜丛植或片植，或直接容器栽培观赏。

图454 天山鸢尾

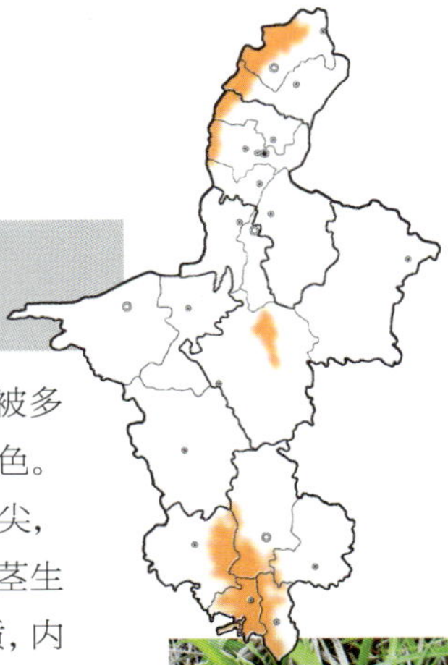

中文名 **准噶尔鸢尾**
拉丁名 ***Iris songarica***

基本形态特征： 多年生草本。根状茎粗短，外被多数折断的棕褐色叶鞘，须根多数，棕褐色或黑褐色。叶基生，线形，长13～40cm，宽3～5mm，先端渐尖，基部鞘状，灰绿色。花茎高15～35cm，具3～4片茎生叶；苞片3，披针形，先端渐尖，草质，边缘膜质，内含2朵花；花蓝紫色，外轮花被裂片提琴形，内轮花被片倒披针形，直立；花柱顶端3裂。蒴果三棱状卵圆形，顶端具喙。花期6月，果期8～9月。

分布： 宁夏产贺兰山、罗山、六盘山，生于海拔2900m左右的高山草地，分布量较多。我国分布于西北及四川、内蒙古等地。

生境及适应性： 多生于草地、缓坡或石缝中。喜荫，耐寒，喜冷凉环境，对土壤要求不高，耐土壤贫瘠。

观赏及应用价值： 主观花。花色神秘清雅，花量大，株丛低矮，群体效果好。宜丛植、片植作为宿根地被应用于花境、花坛或直接作为容器栽培欣赏。

图455 准噶尔鸢尾

兰科 ORCHIDACEAE 杓兰属 *Cypripedium*

中文名 **毛杓兰**
拉丁名 ***Cypripedium franchetii***
别 名 **独龙抢宝、凤凰抱蛋**

基本形态特征： 陆生草本，高15～40cm。根状茎粗壮，横走，具多数须状根。茎直立，密生柔毛。叶3～4，互生，椭圆形至长椭圆形，基部抱茎，两面疏被柔毛。苞片叶状，狭椭圆形，两面被柔毛；花单生，紫红色，中萼片宽卵形或卵状椭圆形，合萼片椭圆形或卵形，较中萼片小，先端具2齿；花瓣披针形，唇瓣囊状，口径与花瓣长度相等，内折侧裂片三角形，囊底具长柔毛；退化雄蕊箭形或近卵形，基部具耳及短柄。蒴果。花期5～7月。果期8～9月。

分布： 宁夏产六盘山，零星小丛分布且量较少。我国山西、河南、陕西、甘肃、四川、湖北等地也有分布。

生境及适应性： 多生于疏林下或林缘。幼时喜光，花期喜荫，耐寒，喜湿润冷凉气候，喜腐殖质土壤。

观赏及应用价值： 主观花。花大且花型独特，极为美观，特别是硕大的囊状唇瓣甚为可爱。可应用于自然花境点缀，宜丛植、片植，也可引种作为盆花观赏。

图456 毛杓兰

中文名 **紫点杓兰**
拉丁名 *Cypripedium guttatum*
别　名 小口袋花、斑花杓兰、小囊兰

基本形态特征：植株较矮，高约20cm。根状茎细长，横走节上生数条须状根。茎直立，叶片2，着生于茎的中部或稍上，互生或近对生，椭圆形或卵状长椭圆形，抱茎，上面无毛，背面疏被短柔毛。苞片1，叶状，卵状披针形，先端渐尖，基部抱茎，两面疏被短柔毛，边缘具短缘毛；花单生，白色，具紫色条纹及斑点；中萼片卵形或卵状椭圆形，合萼片狭长椭圆形，顶端2裂；花瓣斜卵状披针形或近提琴形，与合萼片几等长；唇瓣近球形，与中萼片近等大，囊几乎无前面内弯的边缘；子房纺锤形，密被短柔毛。花期6月，果期7～8月。

分布：宁夏产六盘山，分布量较少。我国分布于东北、华北及山东、四川、云南、西藏等地。

生境及适应性：多生于海拔2100～2300m的高山林下。喜半荫，喜湿润冷凉气候，喜腐殖质土壤。

观赏及应用价值：观花。花型独特，精巧雅致，其花瓣上的斑点尤为漂亮，活泼动人，其叶也翠绿秀美，整体株型观赏性较好。可用于自然花境点缀或庭院美化，宜丛植。亦可作为盆栽观赏。

图457 紫点杓兰

绶草属 *Spiranthes*

中文名 **绶草**
拉丁名 *Spiranthes sinensis*
别　名 盘龙参

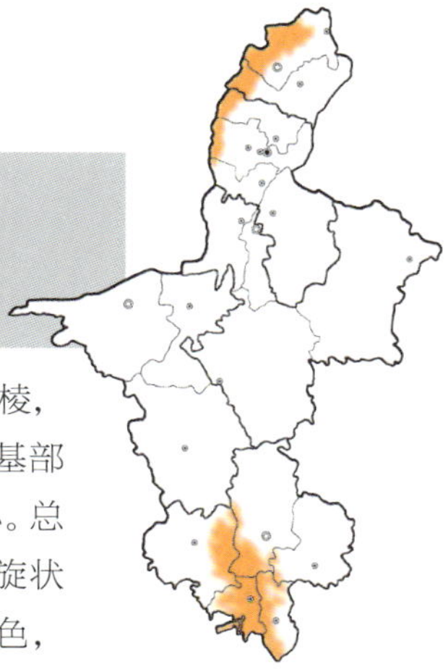

基本形态特征：草本，高约25cm。茎直立，具纵棱，无毛。基生叶4～6，线状披针形，先端渐尖，基部渐狭成鞘状柄，无毛；茎生叶2～4片，向上渐小。总状花序顶生，密集成穗状，花序轴被柔毛，螺旋状扭转；苞片卵状披针形，稍长于子房；花粉红色，中萼片线状长椭圆形，先端钝，侧萼片披针形，与中萼片等长或稍长；花瓣线状长椭圆形，与中萼片等长，与中萼片结合成盔，唇瓣与萼片近等长，中部稍缢缩，中部以上边缘具强烈皱缩状啮齿。花期7～8月，果期8～9月。

分布：宁夏产六盘山及贺兰山，分布量较少。我国广泛分布于各地。

生境及适应性：多分布于沼泽化的草甸或潮湿林缘。稍喜阳，喜湿润冷凉气候，耐寒，不耐旱，喜腐殖质土壤。

观赏及应用价值：观花。花多小巧精致，颜色淡雅，花朵的排列呈现出优美的曲线，非常赏心悦目。宜作为自然花境的点缀或作为小容器栽培欣赏。

图458 绶草

参考文献

曹建军. 宁夏野生观赏植物[M]. 银川：宁夏人民出版社, 1989.

陈俊愉主编. 中国花卉品种分类学[M]. 北京：中国林业出版社, 2000.

陈俊愉主编. 中国农业百科全书·观赏园艺卷[M]. 北京：中国农业出版社, 1996.

陈晓光, 李剑萍, 韩颖娟, 李志军, 陈葆德. 宁夏近20年来植被覆盖度及其与气温降水的关系[J]. 生态学杂志, 2007, 26(9)：1375-1383.

陈晓光, 苏占胜, 郑广芬, 等. 宁夏气候变化的事实分析[J]. 干旱区资源与环境, 2005, 19 (6)：43-47.

戴君虎, 白洁, 邵力阳, 等. 六盘山植物区系基本特征的初步分析[J]. 地理研究, 2007, 26(1)：91-101.

狄维忠主编. 贺兰山维管植物[M]. 兰州：西北大学出版社, 1986.

第二军医大学药学系生药学教研室编著.中国药用植物图鉴[M]. 上海：上海教育出版社,1960.

傅立国主编.中国高等植物[M]. 青岛出版社.

傅立国主编.中国植物红皮书：稀有濒危植物[M]. 第一册.北京：科学出版社, 1991, 9.

高正中, 戴法和. 宁夏植被[M]. 银川：宁夏人民出版社, 1988.

郭浩. 六盘山水源涵养林研究[D]. 北京：中国林业科学研究院学位论文, 2006.

国家环境保护局, 中国科学院植物研究所编.中国珍稀濒危保护植物名录(第1册)[M]. 北京:科学出版社, 1987.

国家统计局农村社会经济调查总队. 2000. 中国西部农村统计资料[M]. 北京：中国统计出版社.

侯宽昭编.吴德邻等修订.中国种子植物科属词典(2版)[M]. 北京：科学出版社, 1982.

胡天华, 王继飞, 周全良. 宁夏贺兰山野生木本观赏植物资源及开发利用[J]. 农业科学研究, 2009, 30(2)：39-43.

胡天华. 宁夏贺兰山自然保护区植被区划及植物区系组成[J]. 宁夏农林科技, 2003, (6)：10-11.

金晓媚, 万力, 薛忠歧等. 宁夏地区水资源对植被生长的影响研究.[J]. 现代地质, 2007, 12 (21)：632.

李登武, 王成吉, 杜永峰, 等. 宁夏种子植物区系研究[J]. 植物研究, 2003, 23(1)：24-31.

李进兴著.西夏瓷器[M]. 银川：宁夏人民出版社, 2003.

李进兴著.西夏陶模[M]. 银川：宁夏人民出版社, 1998.

李晓莺, 曹有龙, 罗青, 等. 宁夏荒漠地区野生油脂植物名录[J]. 西北农业学报, 2005, 14(5)：56-60.

李艳春, 李艳芳. 宁夏近百年来的气候变化及突变分析[J]. 高原气象, 2001, 21 (1) ：101-104.

梁存柱, 朱宗元, 王炜, 等. 贺兰山植物群落类型多样性及空间分异[J]. 植物生态学报, 2004, 28(3)：361-381.

刘惠兰. 宁夏野生经济植物[M]. 银川：宁夏人民出版社, 1989.

罗乐, 张启翔, 潘会堂, 孙明, 于超.宁夏野生观赏植物资源[G].载张启翔主编.中国观赏园艺研究进展2010. 北京：中国林业出版社, 2010.

马德滋, 刘惠兰, 胡福秀. 宁夏植物志(第二版)[M]. 银川：宁夏人民出版社, 2007.

马德滋, 刘惠兰. 宁夏植物志(第一卷)[M]. 银川：宁夏人民出版社, 1986.

马红彬, 王宁. 宁夏草地的分类[J]. 宁夏农学院学报, 2000, 21(2)：62-67.

马琼, 徐秀梅. 宁夏大罗山植被类型划分[J]. 宁夏农林科技, 2001(6)：6-9.

马天彩. 宁夏风物志[M]. 银川：宁夏人民出版社, 1985.

宁夏花卉产业年产值突破亿元[J]. 陕西统计与社会, 2007, 1.

宁夏回族自治区统计局关于2008年国民经济和社会发展统计公报.

宁夏林业厅自然保护区办公室, 宁夏六盘山自然保护区管理处主编. 六盘山自然保护区科学考察[M]. 银川：宁夏人民出版社, 1988.

宁夏农业志编纂委员会.宁夏农业志[M]. 银川：宁夏人民出版社, 1999.

宁夏森林编辑委员会. 宁夏森林[M]. 北京：中国林业出版社, 1990.

宋玉霞, 许兴, 曹有龙, 等. 宁夏荒漠野生农药植物名录[J]. 宁夏大学学报, 2001, 22(1)：73-76.

苏顺. 宁夏贺兰山东麓土地开发利用初探[J]. 宁夏科技, 2001, 6.

苏雪痕编著.植物造景[M]. 北京：中国林业出版社, 1994.

孙权. 宁夏风蚀退化生态系统的土壤质量[M]. 银川：宁夏人民出版社, 2004.

汤济广, 梅廉夫, 李祺, 等. 六盘山盆地构造演化及对成藏的控制[J]. 石油天然气学报, 2009, 31(5)：1-6.

田连恕主编. 贺兰山东地植被[M]. 呼和浩特：内蒙古大学出版社, 1996.

汪绎辰.银川小志. 清.

王吉智. 宁夏土壤[M]. 银川：宁夏人民出版社, 1990.

王连喜, 闵庆文, 李凤霞, 等. 宁夏南部山区不同下垫面的小气候特征分析[J]. 资源科学, 2005,27(4)：18-21.

王连喜. 农业气候资源及分析[M]. 银川：宁夏人民出版社, 2008.

王梦麦, 戴军虎, 白洁, 等. 利用树木年轮重建六盘山地区1900年以来的干湿变化[J]. 古地理学报, 2009, 11(3)：355-360.

王淑英. 加强六盘山林区保护工作的思考[J]. 宁夏农林科技, 2007, (5)：174-175.

王志平等.西夏博物馆[M]. 银川：宁夏人民出版社, 2006.

温存. 宁夏盐池沙地主要植物群落土壤水分动态研究[D]. 北京：北京林业大学学位论文, 2007.

吴征镒编撰.植物名实图考(清)[M]. 北京：文物出版社, 1993.

吴征镒, Peter H. Raven 主编.Flora of China 5 (中国植物志 英文版)[M]. 北京：科学出版社.

吴征镒. 中国种子植物属的分布区类型[J]. 云南植物研究, 1991. 增刊IV：1-139.

解新明, 马万里, 赵良成. 贺兰山禾本科植物的生态地理分布及区系特征[J]. 干旱区资源与环境, 1999, 13(2)：17-24.

徐秀梅, 董玉芝. 宁夏大罗山自然保护区种子植物区系特征[J]. 干旱区研究, 1997, 14(2)：19-24.

徐秀梅, 马琼. 宁夏大罗山植被研究[M].银川：宁夏人民出版社, 2001.

徐秀梅. 宁夏三大主要山地林区木本植物区系分析探讨[J]. 宁夏农学院学报, 1997, 18(1)：55-59.

许林书. 土壤地理学原理[M]. 哈尔滨：东北师范大学出版社, 2006.

薛正昌.宁夏·固原风物志[M]. 昆明：云南人民出版社, 2002.

燕玲, 卫智军, 杨静, 等. 贺兰山珍稀濒危植物花粉形态观察[J]. 内蒙古农业大学学报, 2000, 21(2)：20-27.

余治家, 赵世华, 袁彩霞著.六盘山主要野生木本观赏植物[M]. 银川：宁夏人民出版社, 2008.

张克, 郁东宁. 宁夏野生花卉及观赏树木资源调查及利用[J]. 北京农学院学报, 2002, 17(1)：18-21.

张旭斌. 宁夏六盘山植物区系及野生药用植物资源保护与可持续利用对策研究[D]. 西北农林科技大学硕士学位论文, 2005.

张耀甲, 蒲训, 孙纪周. 六盘山自然保护区植物资源的保护及开发利用[J]. 国土与自然资源研究, 1992(1)：59-63, 75.

张永利, 魏文俊, 冷泠等. 宁夏六盘山不同森林类型林地的贮水量[J]. 中国水土保持科学, 2007, 10.

张智, 林莉, 孙银川, 等. 全球变暖对宁夏六盘山区气候的影响[J]. 干旱区资源与环境, 2007, 21 (8)：64-67.

章文才主编.英汉园艺学词典[M]. 北京：中国农业出版社, 1992.

赵爱桃, 郭思加. 宁夏草地类型、特点及其利用[J]. 中国草地, 1996(6)：17-21, 37.

赵淑文, 燕玲. 阿拉善荒漠区种子植物区系特征分析[J]. 干旱区资源与环境, 2008, 22(11)：167-174.

中国科学院内蒙古宁夏综合考察队. 内蒙古植被[M]. 北京：科学出版社, 1985.

中国科学院植物研究所编.新编拉汉英植物名称[M]. 北京：航空工业出版社, 1996.

中国科学院中国植物志编辑委员会编.中国植物志[M]. 北京：科学出版社, 1959-2004.

钟福平, 钟建华, 由伟丰, 等. 六盘山地区下白垩统六盘山群乃家河组核形石形成的环境意义[J]. 岩石矿物学杂志, 2010, 29(2)：206-212.

周全良, 楼晓钦, 温学飞. 宁夏野生灌木资源及开发利用前景[J]. 宁夏农学院学报, 2004, 25(4)：15-21.

朱源, 江源, 刘全儒, 等. 基于等面积高度带划分的贺兰山维管植物物种丰富度的海拔分布格局[J]. 生物多样性, 2007, 15(4)：408-418.

朱旃. 宁夏志. 明代.

调查网 HYPERLINK "http://218.75.110.91/userweb2/index.php?Uid=095168452&lang=gb" http://218.75.110.91/userweb2/index.php?Uid=095168452&lang=gb.

搜狐网旅游频道(HYPERLINK "http://travel.sohu.com/18/93/article212349318.shtml" http://travel.sohu.com/18/93/article212349318.shtml).

宁夏新闻网(HYPERLINK "http://www.nxnews.net/news/index.htm" http://www.nxnews.net/news/index.htm).

行政区划网站(HYPERLINK "http://www.xzqh.org" www.xzqh.org).

植物通网站(http://www.zhiwutong.com).

中国天气(http://www.weather.com.cn/static/html/article/20080922/13833.shtml).

中央政府门户网站(http://www.gov.cn).

附录：宁夏观赏植物种质资源名录

编号	种名	科名	属名	拉丁名
1	红枝卷柏	卷柏科	卷柏属	*Selaginella sanguinolenta*
2	中华卷柏	卷柏科	卷柏属	*Selaginella sinensis*
3	问荆	木贼科	木贼属	*Equisetum arvense*
4	蕨菜	蕨科	蕨属	*Pteridium aquilinum* var.*latiusculum*
5	陕西峨眉蕨	蹄盖蕨科	峨眉蕨属	*Lunathyrium giraldii*
6	羽节蕨	蹄盖蕨科	羽节蕨属	*Gymnocarpium jessoense*
7	中华蹄盖蕨	蹄盖蕨科	蹄盖蕨属	*Athyrium sinense*
8	变异铁角蕨	铁角蕨科	铁角蕨属	*Asplenium varians*
9	华北鳞毛蕨	鳞毛蕨科	鳞毛蕨属	*Dryopteris goeringiana*
10	华北石韦	水龙骨科	石韦属	*Pyrrosia davidii*
11	网眼瓦韦	水龙骨科	瓦韦属	*Lepisorus clathratus*
12	华北落叶松	松科	落叶松属	*Larix principis-rupprechtii*
13	华山松	松科	松属	*Pinus armandii*
14	青海云杉	松科	云杉属	*Picea crassifolia*
15	叉子圆柏	柏科	圆柏属	*Sabina vulgaris*
16	刺柏	柏科	刺柏属	*Juniperus formosana*
17	杜松	柏科	刺柏属	*Juniperus rigida*
18	膜果麻黄	麻黄科	麻黄属	*Ephedra przewalskii*
19	中麻黄	麻黄科	麻黄属	*Ephedra intermedia*
20	木姜子	樟科	木姜子属	*Litsea pungens*
21	北五味子	五味子科	五味子属	*Schisandra chinensis*
22	驴蹄草	毛茛科	驴蹄草属	*Caltha palustris*
23	升麻	毛茛科	升麻属	*Cimicifuga foetida*
24	类叶升麻	毛茛科	类叶升麻属	*Actaea asiatica*
25	伏毛铁棒锤	毛茛科	乌头属	*Aconitum flavum*
26	露蕊乌头	毛茛科	乌头属	*Aconitum gymnandrum*
27	松潘乌头	毛茛科	乌头属	*Aconitum sungpanense*
28	西伯利亚乌头	毛茛科	乌头属	*Aconitum barbatum* var. *hispidum*
29	翠雀花	毛茛科	翠雀属	*Delphinium grandiflorum*
30	单花翠雀花	毛茛科	翠雀属	*Delphinium candelabrum* var. *monanthum*
31	蓝翠雀花	毛茛科	翠雀属	*Delphinium caeruleum*
32	细须翠雀花	毛茛科	翠雀属	*Delphinium siwanense* var. *leptopogon*
33	甘肃耧斗菜	毛茛科	耧斗菜属	*Aquilegia oxysepala* var. *kansuensis*
34	耧斗菜	毛茛科	耧斗菜属	*Aquilegia viridiflora*
35	无距耧斗菜	毛茛科	耧斗菜属	*Aquilegia ecalcarata*
36	紫花耧斗菜	毛茛科	耧斗菜属	*Aquilegia viridiflora* f. *atropurpurea*
37	瓣蕊唐松草	毛茛科	唐松草属	*Thalictrum petaloideum*
38	东亚唐松草	毛茛科	唐松草属	*Thalictrum minus* var. *hypoleucum*
39	展枝唐松草	毛茛科	唐松草属	*Thalictrum squarrosum*
40	大火草	毛茛科	银莲花属	*Anemone tomentosa*
41	卵裂银莲花	毛茛科	银莲花属	*Anemone narcissiflora* var. *sibirica*
42	疏齿银莲花	毛茛科	银莲花属	*Anemone obtusiloba* subsp. *ovalifolia*
43	水仙银莲花	毛茛科	银莲花属	*Anemone narcissiflora*
44	小花草玉梅	毛茛科	银莲花属	*Anemone rivularis* var. *flore-minore*
45	小银莲花	毛茛科	银莲花属	*Anemone exigua*
46	银莲花	毛茛科	银莲花属	*Anemone cathayensis*
47	展毛银莲花	毛茛科	银莲花属	*Anemone demissa*
48	蒙古白头翁	毛茛科	白头翁属	*Pulsatilla ambigua*
49	细叶白头翁	毛茛科	白头翁属	*Pulsatilla turczaninovii*
50	粗齿铁线莲	毛茛科	铁线莲属	*Clematis argentilucida*
51	大瓣铁线莲	毛茛科	铁线莲属	*Clematis macropetela*
52	短尾铁线莲	毛茛科	铁线莲属	*Clematis brevicaudata*
53	多叶铁线莲	毛茛科	铁线莲属	*Clematis nannophylla* var. *foliosa*
54	甘青铁线莲	毛茛科	铁线莲属	*Clematis tangutica*
55	粉绿铁线莲	毛茛科	铁线莲属	*Clematis glauca*
56	灌木铁线莲	毛茛科	铁线莲属	*Clematis fruticosa*
57	毛果铁线莲	毛茛科	铁线莲属	*Clematis peterae* var. *trichocarpa*
58	棉团铁线莲	毛茛科	铁线莲属	*Clematis hexapetala*

（续）

编号	种名	科名	属名	拉丁名
59	芹叶铁线莲	毛茛科	铁线莲属	*Clematis aethusifolia*
60	小叶铁线莲	毛茛科	铁线莲属	*Clematis nannophylla*
61	绣球藤	毛茛科	铁线莲属	*Clematis montana*
62	甘青侧金盏花	毛茛科	侧金盏花属	*Adonis bobroviana*
63	美丽毛茛	毛茛科	毛茛属	*Ranunculus pulchellus*
64	星叶草	星叶草科	星叶草属	*Circaeaster agrestis*
65	匙叶小檗	小檗科	小檗属	*Berberis vernae*
66	刺叶小檗	小檗科	小檗属	*Berberis sibirica*
67	短柄小檗	小檗科	小檗属	*Berberis brachypoda*
68	甘肃小檗	小檗科	小檗属	*Berberis kansuensis*
69	黄芦木	小檗科	小檗属	*Berberis amurensis*
70	毛脉小檗	小檗科	小檗属	*Berberis giraldii*
71	毛叶小檗	小檗科	小檗属	*Berberis brachypoda*
72	秦岭小檗	小檗科	小檗属	*Berberis circumserrata*
73	陕西小檗	小檗科	小檗属	*Berberis shensiana*
74	首阳小檗	小檗科	小檗属	*Berberis dielsiana*
75	西伯利亚小檗	小檗科	小檗属	*Berberis sibirica*
76	细脉小檗	小檗科	小檗属	*Berberis dictyoneura*
77	显脉小檗	小檗科	小檗属	*Berberis phanera*
78	延安小檗	小檗科	小檗属	*Berberis purdomii*
79	直穗小檗	小檗科	小檗属	*Berberis dasystachya*
80	置疑小檗	小檗科	小檗属	*Berberis dubia*
81	桃儿七	小檗科	桃儿七属	*Sinopodophyllum hexandrum*
82	南方山荷叶	小檗科	山荷叶属	*Diphylleia senensis*
83	短角淫羊藿	小檗科	淫羊藿属	*Epimedium brevicornu*
84	红毛七	小檗科	红毛七属	*Caulophyllum robustum*
85	五脉绿绒蒿	罂粟科	绿绒蒿属	*Meconopsis quintuplinervia*
86	光果野罂粟	罂粟科	罂粟属	*Papaver nudicaule* var. *aquilegioides*
87	野罂粟	罂粟科	罂粟属	*Papaver nudicaule*
88	白屈菜	罂粟科	白屈菜属	*Chelidonium majus*
89	角茴香	罂粟科	角茴香属	*Hypecoum erectum*
90	糙果紫堇	紫堇科	紫堇属	*Corydalis trachycarpa*
91	贺兰山延胡索	紫堇科	紫堇属	*Corydalis alaschanica*
92	灰绿黄堇	紫堇科	紫堇属	*Corydalis adunca*
93	曲花紫堇	紫堇科	紫堇属	*Corydalis curviflora*
94	蛇果紫堇	紫堇科	紫堇属	*Corydalis ophiocarpa*
95	条裂黄堇	紫堇科	紫堇属	*Corydalis linarioides*
96	小黄紫堇	紫堇科	紫堇属	*Corydalis raddeana*
97	灰榆	榆科	榆属	*Ulmus glaucescens*
98	啤酒花	桑科	葎草属	*Humulus lupulus*
99	胡桃	胡桃科	胡桃属	*Juglans regia*
100	辽东栎	壳斗科	栎属	*Quercus liaotungensis*
101	毛榛	桦木科	榛属	*Corylus mandshurica*
102	虎榛子	桦木科	虎榛子属	*Ostryopsis davidiana*
103	鹅耳枥	桦木科	鹅耳枥属	*Carpinus turczaninowii*
104	白桦	桦木科	桦木属	*Betula platyphylla*
105	糙皮桦	桦木科	桦木属	*Betula utilis*
106	红桦	桦木科	桦木属	*Betula albo-sinensis*
107	尖叶盐爪爪	藜科	盐爪爪属	*Kalidium cuspidatum*
108	沙蓬	藜科	沙蓬属	*Agriophyllum squarrosum*
109	木本猪毛菜	藜科	猪毛菜属	*Salsola arbuscula*
110	缘毛卷耳	石竹科	卷耳属	*Cerastium furcatum*
111	叉歧繁缕	石竹科	繁缕属	*Stellaria dichotoma*
112	繁缕	石竹科	繁缕属	*Stellaria media*
113	薄蒴草	石竹科	薄蒴草属	*Lepyrodiclis holosteoides*
114	麦瓶草	石竹科	蝇子草属	*Silene conoidea*
115	女娄菜	石竹科	蝇子草属	*Silene aprica*
116	石生蝇子草	石竹科	蝇子草属	*Silene tatarinowii*
117	狗筋蔓	石竹科	狗筋蔓属	*Cucubalus baccifer*
118	瞿麦	石竹科	石竹属	*Dianthus superbus*

（续）

编号	种名	科名	属名	拉丁名
119	石竹	石竹科	石竹属	*Dianthus chinensis*
120	头状石头花	石竹科	石头花属	*Gypsophila capituliflora*
121	狭叶草原石头花	石竹科	石头花属	*Gypsophila davurica* var. *angustifolia*
122	紫萼石头花	石竹科	石头花属	*Gypsophila patrinii*
123	山荞麦	蓼科	蓼属	*Polygonum aubertii*
124	宽叶沙木蓼	蓼科	木蓼属	*Atraphaxis bracteata*
125	波叶大黄	蓼科	大黄属	*Rheum franzenbachii*
126	六盘山鸡爪大黄	蓼科	大黄属	*Rheum tanguticum* var. *liupanshanense*
127	总序大黄	蓼科	大黄属	*Rheum racemiferum*
128	二色补血草	白花丹科	补血草属	*Limonium bicolor*
129	黄花补血草	白花丹科	补血草属	*Limonium aureum*
130	细枝补血草	白花丹科	补血草属	*Limonium tenellum*
131	草芍药	芍药科	芍药属	*Paeonia obovata*
132	川赤芍	芍药科	芍药属	*Paeonia vertchii*
133	毛果芍药	芍药科	芍药属	*Paeonia lactiflora* var. *trichocarpa*
134	软枣猕猴桃	猕猴桃科	猕猴桃属	*Actinidia arguta*
135	四萼猕猴桃	猕猴桃科	猕猴桃属	*Actinidia tetramera*
136	黄海棠	藤黄科	金丝桃属	*Hypericum ascyron*
137	突脉金丝桃	藤黄科	金丝桃属	*Hypericum przewalskii*
138	乌腺金丝桃	藤黄科	金丝桃属	*Hypericum attenuatum*
139	少脉椴	椴树科	椴树属	*Tilia paucicostata*
140	野葵	锦葵科	锦葵属	*Malva verticillata*
141	野西瓜苗	锦葵科	木槿属	*Hibiscus trionum*
142	鸡腿堇菜	堇菜科	堇菜属	*Viola acuminata*
143	裂叶堇菜	堇荚科	堇菜属	*Viola dissecta*
144	奇异堇菜	堇菜科	堇菜属	*Viola mirabilis*
145	球果堇菜	堇菜科	堇菜属	*Viola collina*
146	双花堇菜	堇菜科	堇菜属	*Viola biflora*
147	柽柳	柽柳科	柽柳属	*Tamarix chinensis*
148	甘蒙柽柳	柽柳科	柽柳属	*Tamarix austromongolica*
149	刚毛柽柳	柽柳科	柽柳属	*Tamarix hispida*
150	细穗柽柳	柽柳科	柽柳属	*Tamarix leptostachys*
151	宽苞水柏枝	柽柳科	水柏枝属	*Myricaria bracteata*
152	宽叶水柏枝	柽柳科	水柏枝属	*Myricaria platyphylla*
153	三春水柏枝	柽柳科	水柏枝属	*Myricaria paniculata*
154	河北杨	杨柳科	杨属	*Populus hopeiensis*
155	山杨	杨柳科	杨属	*Populus davidiana*
156	黄花柳	杨柳科	柳属	*Salix caprea*
157	毛蕊杯腺柳	杨柳科	柳属	*Salix cupularis* var. *lasiogyne*
158	拟五蕊柳	杨柳科	柳属	*Salix paraplesia*
159	沙柳	杨柳科	柳属	*Salix psammophila*
160	丝毛柳	杨柳科	柳属	*Salix luctuosa*
161	线叶柳	杨柳科	柳属	*Salix wilhelmsiana*
162	小叶柳	杨柳科	柳属	*Salix hypoleuca*
163	灰毛庭荠	十字花科	庭荠属	*Alysssum canescens*
164	紫花碎米荠	十字花科	碎米荠属	*Cardamine tangutorum*
165	贺兰山南芥	十字花科	南芥属	*Arabis alaschanica*
166	硬毛南芥	十字花科	南芥属	*Arabis hirsuta*
167	紫花棒果芥	十字花科	棒果芥属	*Sterigmostemum matthioloides*
168	小花糖芥	十字花科	糖芥属	*Erysimum cheiranthoides*
169	蚓果芥	十字花科	念珠芥属	*Neotorularia humilis*
170	红花鹿蹄草	鹿蹄草科	鹿蹄草属	*Pyrola incarnata*
171	鹿蹄草	鹿蹄草科	鹿蹄草属	*Pyrola calliantha*
172	独丽花	鹿蹄草科	独丽花属	*Moneses uniflora*
173	狼尾花	报春花科	珍珠菜属	*Lysimachia barystachys*
174	假报春	报春花科	假报春属	*Cortusa matthioli*
175	阿拉善点地梅	报春花科	点地梅属	*Androsace alashanica*
176	长叶点地梅	报春花科	点地梅属	*Androsace longifolia*
177	陕西点地梅	报春花科	点地梅属	*Androsace engleri*
178	西藏点地梅	报春花科	点地梅属	*Androsace mariae*

（续）

编号	种名	科名	属名	拉丁名
179	雪山点地梅	报春花科	点地梅属	*Androsace septentrionalis*
180	直茎点地梅	报春花科	点地梅属	*Androsace erecta*
181	翠南报春	报春花科	报春花属	*Primula sieboldii*
182	粉叶报春	报春花科	报春花属	*Primula farinosa*
183	甘青报春	报春花科	报春花属	*Primula tangutica*
184	黄甘青报春	报春花科	报春花属	*Primula tangutica* var. *flavescens*
185	伞报春	报春花科	报春花属	*Primula nutans*
186	胭脂花	报春花科	报春花属	*Primula maximowiczii*
187	光叶溲疏	绣球花科	溲疏属	*Deutzia nitidula*
188	建德山梅花	绣球花科	山梅花属	*Philadelphus sericanthus*
189	毛萼山梅花	绣球花科	山梅花属	*Philadelphus dasycalyx*
190	太平花	绣球花科	山梅花属	*Philadelphus pekinensis*
191	黄脉八仙花	绣球花科	绣球属	*Hydrangea xanthoneura*
192	冰川茶藨子	茶藨子科	茶藨子属	*Ribes glaciale*
193	长刺茶藨子	茶藨子科	茶藨子属	*Ribes alpestre*
194	穆坪茶藨子	茶藨子科	茶藨子属	*Ribes moupinense*
195	糖茶藨子	茶藨子科	茶藨子属	*Ribes himalense*
196	细枝茶藨子	茶藨子科	茶藨子属	*Ribes tenue*
197	狭果茶藨子	茶藨子科	茶藨子属	*Ribes stenocarpum*
198	小叶茶藨子	茶藨子科	茶藨子属	*Ribes pulchellum*
199	瓦松	景天科	瓦松属	*Orostachys fimbriatus*
200	红景天	景天科	红景天属	*Rhodiola rosea*
201	小丛红景天	景天科	红景天属	*Rhodiola dumulosa*
202	七叶鬼灯檠	虎耳草科	鬼灯檠属	*Rodgersia aesculifolia*
203	落新妇	虎耳草科	落新妇属	*Astilbe chinensis*
204	鳞余虎耳草	虎耳草科	虎耳草属	*Saxifraga cernua*
205	毛金腰	虎耳草科	金腰属	*Chrysosplenium pilosum*
206	秦岭金腰	虎耳草科	金腰属	*Chrysosplenium biondianum*
207	中华金腰	虎耳草科	金腰属	*Chrysosplenium sinicum*
208	细叉梅花草	虎耳草科	梅花草属	*Parnassia oreophila*
209	高山绣线菊	蔷薇科	绣线菊属	*Spiraea alpina*
210	海拉尔绣线菊	蔷薇科	绣线菊属	*Spiraea hailarensis*
211	金丝桃叶绣线菊	蔷薇科	绣线菊属	*Spiraea hypericifolia*
212	迴折绣线菊	蔷薇科	绣线菊属	*Spiraea tomentulosa*
213	耧斗菜叶绣线菊	蔷薇科	绣线菊属	*Spiraea aquilegifolia*
214	毛果绣线菊	蔷薇科	绣线菊属	*Spiraea trichocarpa*
215	美丽绣线菊	蔷薇科	绣线菊属	*Spiraea elegans*
216	蒙古绣线菊	蔷薇科	绣线菊属	*Spiraea mongolica*
217	南川绣线菊	蔷薇科	绣线菊属	*Spiraea rosthornii*
218	三裂叶绣线菊	蔷薇科	绣线菊属	*Spiraea trilobata*
219	土庄绣线菊	蔷薇科	绣线菊属	*Spiraea pubescens*
220	乌拉绣线菊	蔷薇科	绣线菊属	*Spiraea uratensis*
221	小叶绣球绣线菊	蔷薇科	绣线菊属	*Spiraea blumei* var. *microphylla*
222	绣球绣线菊	蔷薇科	绣线菊属	*Spiraea blumei*
223	毛叶绣线梅	蔷薇科	绣线梅属	*Neillia ribesioides*
224	中华绣线梅	蔷薇科	绣线梅属	*Neillia sinensis*
225	高丛珍珠梅	蔷薇科	珍珠梅属	*Sorbaria arborea*
226	珍珠梅	蔷薇科	珍珠梅属	*Sorbaria kirilowii*
227	川康栒子	蔷薇科	栒子属	*Cotoneaster ambiguus*
228	黑果栒子	蔷薇科	栒子属	*Cotoneaster melanocarpus*
229	红花栒子	蔷薇科	栒子属	*Cotoneaster rubens*
230	华中栒子	蔷薇科	栒子属	*Cotoneaster silvestrii*
231	灰栒子	蔷薇科	栒子属	*Cotoneaster acutifolius*
232	毛灰栒子	蔷薇科	栒子属	*Cotoneaster acutifolius* var. *villosulus*
233	毛叶水栒子	蔷薇科	栒子属	*Cotoneaster submultiflorus*
234	匍匐栒子	蔷薇科	栒子属	*Cotoneaster adpressus*
235	全缘栒子	蔷薇科	栒子属	*Cotoneaster integerrimus*
236	水栒子	蔷薇科	栒子属	*Cotoneaster multiflorus*
237	西北栒子	蔷薇科	栒子属	*Cotoneaster zabelii*

（续）

编号	种名	科名	属名	拉丁名
238	细枝栒子	蔷薇科	栒子属	*Cotoneaster tenuipes*
239	准噶尔栒子	蔷薇科	栒子属	*Cotoneaster soongoricus*
240	甘肃山楂	蔷薇科	山楂属	*Crataegus kansuensis*
241	北京花楸	蔷薇科	花楸属	*Sorbus discolor*
242	湖北花楸	蔷薇科	花楸属	*Sorbus hupehensis*
243	陕甘花楸	蔷薇科	花楸属	*Sorbus koehneana*
244	木梨	蔷薇科	梨属	*Pyrus xerophila*
245	甘肃海棠	蔷薇科	苹果属	*Malus kansuensis*
246	山荆子	蔷薇科	苹果属	*Malus baccata*
247	多腺悬钩子	蔷薇科	悬钩子属	*Rubus phoenicolasius*
248	秀丽莓	蔷薇科	悬钩子属	*Rubus amabilis*
249	针刺悬钩子	蔷薇科	悬钩子属	*Rubus pungens*
250	水杨梅	蔷薇科	路边青属	*Geum aleppicum*
251	白毛银露梅	蔷薇科	委陵菜属	*Potentilla glabra* var. *mandshurica*
252	齿裂西山委陵菜	蔷薇科	委陵菜属	*Potentilla sischanensis* var. *peterae*
253	鹅绒委陵菜	蔷薇科	委陵菜属	*Potentilla anserina*
254	二裂委陵菜	蔷薇科	委陵菜属	*Potentilla bifurca*
255	金露梅	蔷薇科	委陵菜属	*Potentilla fruticosa*
256	匍匐委陵菜	蔷薇科	委陵菜属	*Potentilla reptans*
257	匍枝委陵菜	蔷薇科	委陵菜属	*Potentilla flagellaris*
258	西山委陵菜	蔷薇科	委陵菜属	*Potentilla sischanensis*
259	小叶金露梅	蔷薇科	委陵菜属	*Potentilla parvifolia*
260	银露梅	蔷薇科	委陵菜属	*Potentilla glabra*
261	东方草莓	蔷薇科	草莓属	*Fragaria orientalis*
262	伞房草莓	蔷薇科	草莓属	*Fragaria corymbosa*
263	蛇莓	蔷薇科	蛇莓属	*Duchesnea indica*
264	扁刺蔷薇	蔷薇科	蔷薇属	*Rosa sweginzowii*
265	刺玫蔷薇	蔷薇科	蔷薇属	*Rosa davurica*
266	单瓣黄刺玫	蔷薇科	蔷薇属	*Rosa xanthina* f. *normalis*
267	峨眉蔷薇	蔷薇科	蔷薇属	*Rosa omeiensis*
268	扁刺峨眉蔷薇	蔷薇科	蔷薇属	*Rosa omeiensis* f. *pteracantha*
269	华西蔷薇	蔷薇科	蔷薇属	*Rosa moyesii*
270	黄蔷薇	蔷薇科	蔷薇属	*Rosa hugonis*
271	美蔷薇	蔷薇科	蔷薇属	*Rosa bella*
272	秦岭蔷薇	蔷薇科	蔷薇属	*Rosa tsinglingensis*
273	山刺玫	蔷薇科	蔷薇属	*Rosa davidii*
274	龙芽草	蔷薇科	龙芽草属	*Agrimonia pilosa*
275	地榆	蔷薇科	地榆属	*Sanguisorba officinalis*
276	高山地榆	蔷薇科	地榆属	*Sanguisorba alpina*
277	长柄扁桃	蔷薇科	李属	*Prunus pedunculata*
278	稠李	蔷薇科	李属	*Prunus padus*
279	刺毛樱桃	蔷薇科	李属	*Prunus setulosa*
280	短梗稠李	蔷薇科	李属	*Prunus brachypoda*
281	李	蔷薇科	李属	*Prunus salicina*
282	毛叶欧李	蔷薇科	李属	*Prunus dictyoneura*
283	毛樱桃	蔷薇科	李属	*Prunus tomentosa*
284	蒙古扁桃	蔷薇科	李属	*Prunus mongolica*
285	山桃	蔷薇科	李属	*Prunus davidiana*
286	山杏	蔷薇科	李属	*Prunus sibirica*
287	四川樱桃	蔷薇科	李属	*Prunus szechuanica*
288	西南樱桃	蔷薇科	李属	*Prunus duclouxii*
289	榆叶梅	蔷薇科	李属	*Prunus triloba*
290	锐齿臭樱	蔷薇科	臭樱属	*Maddenia incisoserrata*
291	白刺花	蝶形花科	槐属	*Sophora davidii*
292	苦豆子	蝶形花科	槐属	*Sophora alopecuroides*
293	甘肃木蓝	蝶形花科	木蓝属	*Indigofera potaninii*
294	河北木蓝	蝶形花科	木蓝属	*Indigofera bungeana*
295	杭子梢	蝶形花科	杭子梢属	*Campylotropis macrocarpa*
296	多花胡枝子	蝶形花科	胡枝子属	*Lespedeza floribunda*

（续）

编号	种名	科名	属名	拉丁名
297	胡枝子	蝶形花科	胡枝子属	*Lespedeza bicolor*
298	细梗胡枝子	蝶形花科	胡枝子属	*Lespedeza virgata*
299	苦马豆	蝶形花科	苦马豆属	*Swainsonia salsula*
300	矮角锦鸡儿	蝶形花科	锦鸡儿属	*Caragana brachypoda*
301	甘蒙锦鸡儿	蝶形花科	锦鸡儿属	*Caragana opulens*
302	甘肃锦鸡儿	蝶形花科	锦鸡儿属	*Caragana kansuensis*
303	鬼箭锦鸡儿	蝶形花科	锦鸡儿属	*Caragana jubata*
304	荒漠锦鸡儿	蝶形花科	锦鸡儿属	*Caragana roborovskyi*
305	柠条锦鸡儿	蝶形花科	锦鸡儿属	*Caragana korshinskii*
306	通天河锦鸡儿	蝶形花科	锦鸡儿属	*Caragana przewalskii*
307	细叶锦鸡儿	蝶形花科	锦鸡儿属	*Caragana stenophylla*
308	小叶锦鸡儿	蝶形花科	锦鸡儿属	*Caragana microphylla*
309	边向花黄耆	蝶形花科	黄耆属	*Astragalus moellendorffii*
310	甘肃边向花黄耆	蝶形花科	黄耆属	*Astragalus moellendorffii* var. *kansuensis*
311	不丹黄耆	蝶形花科	黄耆属	*Astragalus bhotanensis*
312	草木犀状黄耆	蝶形花科	黄耆属	*Astragalus melilotoides*
313	灰叶黄耆	蝶形花科	黄耆属	*Astragalus discolor*
314	乳白黄耆	蝶形花科	黄耆属	*Astragalus galactites*
315	细茎黄耆	蝶形花科	黄耆属	*Astragalus miniatus*
316	胀萼黄耆	蝶形花科	黄耆属	*Astragalus ellipsoideus*
317	直立黄耆	蝶形花科	黄耆属	*Astragalus adsurgens*
318	刺叶柄棘豆	蝶形花科	棘豆属	*Oxytropis aciphylla*
319	大花棘豆	蝶形花科	棘豆属	*Oxytropis grandiflora*
320	多叶棘豆	蝶形花科	棘豆属	*Oxytropis myriophylla*
321	黄花棘豆	蝶形花科	棘豆属	*Oxytropis ochrocephala*
322	六盘山棘豆	蝶形花科	棘豆属	*Oxytropis ningxiaensis*
323	密花棘豆	蝶形花科	棘豆属	*Oxytropis imbricata*
324	砂珍棘豆	蝶形花科	棘豆属	*Oxytropis gracilima*
325	小花棘豆	蝶形花科	棘豆属	*Oxytropis glabra*
326	小叶小花棘豆	蝶形花科	棘豆属	*Oxytropis glabra* var. *tannis*
327	少花米口袋	蝶形花科	米口袋属	*Gueldenstaedtia verna*
328	甘草	蝶形花科	甘草属	*Glycyrrhiza uralensis*
329	圆果甘草	蝶形花科	甘草属	*Glycyrrhiza squamulosa*
330	红花岩黄耆	蝶形花科	岩黄耆属	*Hedysarum multijugum*
331	宽叶多序岩黄耆	蝶形花科	岩黄耆属	*Hedysarum polybotrys* var. *alaschanicum*
332	蒙古岩黄耆	蝶形花科	岩黄耆属	*Hedysarum mongolicum*
333	木岩黄耆	蝶形花科	岩黄耆属	*Hedysarum fruticosum* var. *lignosum*
334	细枝岩黄耆	蝶形花科	岩黄耆属	*Hedysarum scoparium*
335	百脉根	蝶形花科	百脉根属	*Lotus corniculatus*
336	细叶百脉根	蝶形花科	百脉根属	*Lotus tenuis*
337	绣球小冠花	蝶形花科	小冠花属	*Coronilla varia*
338	广布野豌豆	蝶形花科	野豌豆属	*Vicia cracca*
339	肋脉野豌豆	蝶形花科	野豌豆属	*Vicia costata*
340	歪头菜	蝶形花科	野豌豆属	*Vicia unijuga*
341	大山黧豆	蝶形花科	山黧豆属	*Lathyrus davidii*
342	牧地山黧豆	蝶形花科	山黧豆属	*Lathyrus pratensis*
343	白香草木犀	蝶形花科	草木犀属	*Melilotus albus*
344	黄香草木犀	蝶形花科	草木犀属	*Melilotus officinalis*
345	天蓝苜蓿	蝶形花科	苜蓿属	*Medicago lupulina*
346	野苜蓿	蝶形花科	苜蓿属	*Medicago falcata*
347	紫花苜蓿	蝶形花科	苜蓿属	*Medicago sativa*
348	沙冬青	蝶形花科	沙冬青属	*Ammopiptanthus mongolicus*
349	披针叶黄华	蝶形花科	黄华属	*Thermopsis lanceolala*
350	牛奶子	胡颓子科	胡颓子属	*Elaeagnus umbellata*
351	沙枣	胡颓子科	胡颓子属	*Elaeagnus angustifolia*
352	沙棘	胡颓子科	沙棘属	*Hippophae rhamnoides*
353	黄瑞香	瑞香科	瑞香属	*Daphne giraldii*
354	唐古特瑞香	瑞香科	瑞香属	*Daphne tangutica*
355	鄂北荛花	瑞香科	荛花属	*Wikstroemia pampaninii*

（续）

编号	种名	科名	属名	拉丁名
356	狼毒	瑞香科	狼毒属	*Stellera chamaejasme*
357	高山露珠草	柳叶菜科	露珠草属	*Circaea alpina*
358	滇藏柳叶菜	柳叶菜科	柳叶菜属	*Epilobium wallichianum*
359	柳兰	柳叶菜科	柳叶菜属	*Epilobium angustifolium*
360	毛梾	山茱萸科	山茱萸属	*Cornus walteri*
361	沙梾	山茱萸科	山茱萸属	*Cornus bretschneideri*
362	陕西卫矛	卫矛科	卫矛属	*Euonymus schensianus*
363	石枣子	卫矛科	卫矛属	*Euonymus sanguineus*
364	栓翅卫矛	卫矛科	卫矛属	*Euonymus phellomanus*
365	紫花卫矛	卫矛科	卫矛属	*Euonymus porphyreus*
366	南蛇藤	卫矛科	南蛇藤属	*Celastrus orbiculatus*
367	大戟	大戟科	大戟属	*Euphorbia pekinensis*
368	甘遂	大戟科	大戟属	*Euphorbia kansui*
369	乳浆大戟	大戟科	大戟属	*Euphorbia esula*
370	沙生大戟	大戟科	大戟属	*Euphorbia kozlovii*
371	狭叶沙生大戟	大戟科	大戟属	*Euphorbia kozlovii* var. *angustifolia*
372	泽漆	大戟科	大戟属	*Euphorbia helioscopia*
373	黑桦树	鼠李科	鼠李属	*Rhamnus maimovicziana*
374	柳叶鼠李	鼠李科	鼠李属	*Rhamnus erythroxylon*
375	小叶鼠李	鼠李科	鼠李属	*Rhamnus parvifolia*
376	酸枣	鼠李科	枣属	*Zizyphus jujuba* var. *spinosa*
377	乌头叶蛇葡萄	葡萄科	蛇葡萄属	*Ampelopsis aconitifolia*
378	宿根亚麻	亚麻科	亚麻属	*Linum perenne*
379	西伯利亚远志	远志科	远志属	*Polygala sibirica*
380	膀胱果	省沽油科	省沽油属	*Staphylea holocarpa*
381	文冠果	无患子科	文冠果属	*Xanthoceras sorbifolia*
382	茶条槭	槭树科	槭属	*Acer ginnala*
383	重齿槭	槭树科	槭属	*Acer duplicato-serratum*
384	桦叶四蕊槭	槭树科	槭属	*Acer tetramerum* var. *betulifolium*
385	细裂槭	槭树科	槭属	*Acer stenolobum*
386	元宝枫	槭树科	槭属	*Acer tuncatum*
387	青麸杨	漆树科	盐肤木属	*Rhus potaninii*
388	白鲜	芸香科	白鲜属	*Dictamnus dasycarpus*
389	黄檗	芸香科	黄檗属	*Phellodendron amurense*
390	臭檀	芸香科	吴茱萸属	*Evodia daniellii*
391	针枝芸香	芸香科	拟芸香属	*Haplophyllum tragacanthoides*
392	白刺	蒺藜科	白刺属	*Nitraria tangutorum*
393	匍根骆驼蓬	蒺藜科	骆驼蓬属	*Peganum nigellastrin*
394	蝎虎驼蹄瓣	蒺藜科	驼蹄瓣属	*Zygophyllum mucronatum*
395	霸王	蒺藜科	霸王属	*Sarcozygium xanthoxylon*
396	草地老鹳草	牻牛儿苗科	老鹳草属	*Geranium pratense*
397	粗根老鹳草	牻牛儿苗科	老鹳草属	*Geranium dahuricum*
398	毛蕊老鹳草	牻牛儿苗科	老鹳草属	*Geranium eriostemon*
399	尼泊尔老鹳草	牻牛儿苗科	老鹳草属	*Geranium nepalense*
400	鼠掌老鹳草	牻牛儿苗科	老鹳草属	*Geranium sibiricum*
401	水金凤	凤仙花科	凤仙花属	*Impatiens noli-tangere*
402	红毛五加	五加科	五加属	*Acanthopanax giraldii*
403	藤五加	五加科	五加属	*Acanthopanax leucorrhizus*
404	羽叶三七	五加科	人参属	*Panax pseudo-ginseng* var. *bipinnatifidus*
405	黄花楤木	五加科	楤木属	*Aralia chinensis* var. *nuda*
406	窃衣	伞形科	窃衣属	*Torilis scabra*
407	鸡冠棱子芹	伞形科	棱子芹属	*Pleurospermum cristatum*
408	北柴胡	伞形科	柴胡属	*Bupleurum chinense*
409	多伞北柴胡	伞形科	柴胡属	*Bupleurum chinense* f. *chiliosciadium*
410	红柴胡	伞形科	柴胡属	*Bupleurum scorzonerifolium*
411	黄花鸭跖柴胡	伞形科	柴胡属	*Bupleurum commelynoideum* var. *flaviflorum*
412	小叶黑柴胡	伞形科	柴胡属	*Bupleurum smithii* var. *parvifolium*
413	紫花大叶柴胡	伞形科	柴胡属	*Bupleurum longiradiatum* var. *porphyranthum*
414	田葛缕子	伞形科	葛缕子属	*Carum buriaticum*

（续）

编号	种名	科名	属名	拉丁名
415	内蒙西风芹	伞形科	西风芹属	*Seseli intramongolicum*
416	多裂独活	伞形科	独活属	*Heracleum dissectifolium*
417	达乌里龙胆	龙胆科	龙胆属	*Gentiana dahurica*
418	管花秦艽	龙胆科	龙胆属	*Gentiana siphonantha*
419	假水生龙胆	龙胆科	龙胆属	*Gentiana pseudo-aquatica*
420	鳞叶龙胆	龙胆科	龙胆属	*Gentiana squarrosa*
421	麻花艽	龙胆科	龙胆属	*Gentiana straminea*
422	秦艽	龙胆科	龙胆属	*Gentiana macrophylla*
423	条纹龙胆	龙胆科	龙胆属	*Gentiana striata*
424	椭圆叶花锚	龙胆科	花锚属	*Halenia elliptica*
425	扁蕾	龙胆科	扁蕾属	*Gentianopsis barbata*
426	湿生扁蕾	龙胆科	扁蕾属	*Gentianopsis paludosa*
427	镰萼喉花草	龙胆科	喉花草属	*Comastoma falcatum*
428	北方獐牙菜	龙胆科	獐牙菜属	*Swertia diluta*
429	红直獐牙菜	龙胆科	獐牙菜属	*Swertia erythrosticta*
430	白麻	夹竹桃科	罗布麻属	*Apocynum pictum*
431	罗布麻	夹竹桃科	罗布麻属	*Apocynum venetum*
432	杠柳	萝藦科	杠柳属	*Periploca sepium*
433	地梢瓜	萝藦科	鹅绒藤属	*Cynanchum thesioides*
434	鹅绒藤	萝藦科	鹅绒藤属	*Cynanchum chinense*
435	老瓜头	萝藦科	鹅绒藤属	*Cynanchum komarovii*
436	雀瓢	萝藦科	鹅绒藤属	*Cynanchum thesioides* var. *australe*
437	竹灵消	萝藦科	鹅绒藤属	*Cynanchum inamoenum*
438	宁夏枸杞	茄科	枸杞属	*Lycium barbarum*
439	天仙子	茄科	天仙子属	*Hyoscyamus niger*
440	青杞	茄科	茄属	*Solanum septemlobum*
441	刺旋花	旋花科	旋花属	*Convolvulus tragacanthoides*
442	银灰旋花	旋花科	旋花属	*Convolvulus ammannii*
443	花荵	花荵科	花荵属	*Polemonium coeruleum*
444	灰毛软紫草	紫草科	软紫草属	*Arnebia fimbriata*
445	疏花软紫草	紫草科	软紫草属	*Arnebia szechenyi*
446	钝萼附地菜	紫草科	附地菜属	*Trigonotis amblyosepala*
447	长叶微孔草	紫草科	微孔草属	*Microula trichocarpa*
448	齿缘草	紫草科	齿缘草属	*Eritrichium rupestre*
449	鹤虱	紫草科	鹤虱属	*Lappula myosotis*
450	劲直鹤虱	紫草科	鹤虱属	*Lappula stricta*
451	倒提壶	紫草科	琉璃草属	*Cynoglossum amabile*
452	蒙古莸	马鞭草科	莸属	*Caryopteris mongholica*
453	滇黄芩	唇形科	黄芩属	*Scutellaria amoena*
454	多毛并头黄芩	唇形科	黄芩属	*Scutellaria scordifolia*
455	甘肃黄芩	唇形科	黄芩属	*Scutellaria rehderiana*
456	细花黄芩	唇形科	黄芩属	*Scutellaria tenuiflora*
457	大花荆芥	唇形科	荆芥属	*Nepeta sibirica*
458	康藏荆芥	唇形科	荆芥属	*Nepeta prattii*
459	裂叶荆芥	唇形科	荆芥属	*Nepeta tenuifolia*
460	白花枝子花	唇形科	青兰属	*Dracocephalum heterophyllum*
461	甘青青兰	唇形科	青兰属	*Dracocephalum tanguticum*
462	灌木青兰	唇形科	青兰属	*Dracocephalum fruticulosum*
463	毛建草	唇形科	青兰属	*Dracocephalum rupestre*
464	香青兰	唇形科	青兰属	*Dracocephalum moldavica*
465	糙苏	唇形科	糙苏属	*Phlomis umbrosa*
466	蒙古糙苏	唇形科	糙苏属	*Phlomis mongolica*
467	宝盖草	唇形科	野芝麻属	*Lamium amplexicaule*
468	益母草	唇形科	益母草属	*Leonurus japonicus*
469	脓疮草	唇形科	脓疮草属	*Panzerina alaschanica*
470	冬青叶兔唇花	唇形科	兔唇花属	*Lagochilus ilicifolius*
471	荫生鼠尾草	唇形科	鼠尾草属	*Salvia umbratica*
472	白花百里香	唇形科	百里香属	*Thymus mongolicus* var. *leucanthus*
473	百里香	唇形科	百里香属	*Thymus mongolicus*

（续）

编号	种名	科名	属名	拉丁名
474	矮密花香薷	唇形科	香薷属	*Elsholtzia densa* var. *calycocarpa*
475	互叶醉鱼草	醉鱼草科	醉鱼草属	*Buddleja alternifolia*
476	雪柳	木犀科	雪柳属	*Fontanesia fortunei*
477	水曲柳	木犀科	梣属	*Fraxinus mandshurica*
478	暴马丁香	木犀科	丁香属	*Syringa reticulata*
479	北京丁香	木犀科	丁香属	*Syringa pekinensis*
480	华北紫丁香	木犀科	丁香属	*Syringa oblata*
481	四川丁香	木犀科	丁香属	*Syringa sweginzowii*
482	小叶丁香	木犀科	丁香属	*Syringa pubescens* subsp. *microphylla*
483	羽叶丁香	木犀科	丁香属	*Syringa pinnatifolia*
484	贺兰玄参	玄参科	玄参属	*Scrophularia alaschanica*
485	地黄	玄参科	地黄属	*Rehmannia glutinosa*
486	草本威灵仙	玄参科	腹水草属	*Veronicastrum sibiricum*
487	北水苦荬	玄参科	婆婆纳属	*Veronica anagallis-aquatica*
488	长果婆婆纳	玄参科	婆婆纳属	*Veronica ciliata*
489	细叶婆婆纳	玄参科	婆婆纳属	*Veronica linariifolia*
490	山罗花	玄参科	山罗花属	*Melampyrum roseum*
491	小米草	玄参科	小米草属	*Euphrasia pectinata*
492	阿拉善马先蒿	玄参科	马先蒿属	*Pedicularis alaschanica*
493	粗野马先蒿	玄参科	马先蒿属	*Pedicularis rudis*
494	甘肃马先蒿	玄参科	马先蒿属	*Pedicularis kansuensis*
495	穗花马先蒿	玄参科	马先蒿属	*Pedicularis spicata*
496	弯管马先蒿	玄参科	马先蒿属	*Pedicularis curvituba*
497	藓生马先蒿	玄参科	马先蒿属	*Pedicularis muscicola*
498	中国马先蒿	玄参科	马先蒿属	*Pedicularis chinensis*
499	蒙古芯芭	玄参科	芯芭属	*Cymbaria mongolica*
500	黄花列当	列当科	列当属	*Orobanche pycnostachya*
501	列当	列当科	列当属	*Orobanche coerulescens*
502	弯管列当	列当科	列当属	*Orobanche cernua*
503	角蒿	紫葳科	角蒿属	*Incarvillea sinensis*
504	党参	桔梗科	党参属	*Codonopsis pilosula*
505	秦岭党参	桔梗科	党参属	*Codonopsis tsinglingensis*
506	紫斑风铃草	桔梗科	风铃草属	*Campanula puncatata*
507	多歧沙参	桔梗科	沙参属	*Adenophora wawreana*
508	宁夏沙参	桔梗科	沙参属	*Adenophora ningxianica*
509	泡沙参	桔梗科	沙参属	*Adenophora potaninii*
510	秦岭沙参	桔梗科	沙参属	*Adenophora petiolata*
511	紫沙参	桔梗科	沙参属	*Adenophora paniculata*
512	内蒙野丁香	茜草科	野丁香属	*Leptodermis ordosica*
513	接骨木	忍冬科	接骨木属	*Sambucus williamsii*
514	血满草	忍冬科	接骨木属	*Sambucus adnata*
515	鸡树条荚蒾	忍冬科	荚蒾属	*Viburnum opulus* var. *calvescens*
516	阔叶荚蒾	忍冬科	荚蒾属	*Viburnum lobophyllum*
517	蒙古荚蒾	忍冬科	荚蒾属	*Viburnum mongolicum*
518	球花荚蒾	忍冬科	荚蒾属	*Viburnum glomeratum*
519	陕西荚蒾	忍冬科	荚蒾属	*Viburnum schensianum*
520	香荚蒾	忍冬科	荚蒾属	*Viburnum farreri*
521	莛子藨	忍冬科	莛子藨属	*Triosteum pinnatifidum*
522	南方六道木	忍冬科	六道木属	*Abelia dielsii*
523	伞花六道木	忍冬科	六道木属	*Abelia umbellata*
524	葱皮忍冬	忍冬科	忍冬属	*Lonicera ferdinandii*
525	粗毛忍冬	忍冬科	忍冬属	*Lonicera hispida*
526	冠果忍冬	忍冬科	忍冬属	*Lonicera stephanocarpa*
527	红脉忍冬	忍冬科	忍冬属	*Lonicera nervosa*
528	华西忍冬	忍冬科	忍冬属	*Lonicera webbiana*
529	金花忍冬	忍冬科	忍冬属	*Lonicera chrysantha*
530	金银花	忍冬科	忍冬属	*Lonicera japonica*
531	陇塞忍冬	忍冬科	忍冬属	*Lonicera tangutica*
532	毛药忍冬	忍冬科	忍冬属	*Lonicera serreana*

（续）

编号	种名	科名	属名	拉丁名
533	盘叶忍冬	忍冬科	忍冬属	*Lonicera tragophylla*
534	四川忍冬	忍冬科	忍冬属	*Lonicera szechuanica*
535	小叶忍冬	忍冬科	忍冬属	*Lonicera microphylla*
536	岩生忍冬	忍冬科	忍冬属	*Lonicera rupicola*
537	糙叶败酱	败酱科	败酱属	*Patrinia rupestris* subsp. *scabra*
538	黄花败酱	败酱科	败酱属	*Patrinia scabiosaefolia*
539	缬草	败酱科	缬草属	*Valeriana officinalis*
540	续断	川续断科	川续断属	*Dipsacus japonicus*
541	华北蓝盆花	川续断科	蓝盆花属	*Scabiosa tschiliensis*
542	全叶马兰	菊科	马兰属	*Kalimeris integrifolia*
543	阿尔泰狗娃花	菊科	狗娃花属	*Heteropappus altaicus*
544	三褶脉紫菀	菊科	紫菀属	*Aster ageratoides*
545	狭苞紫菀	菊科	紫菀属	*Aster farreri*
546	中亚紫菀木	菊科	紫菀木属	*Asterothamnus centrali-asiaticus*
547	矮火绒草	菊科	火绒草属	*Leontopodium nanum*
548	长叶火绒草	菊科	火绒草属	*Leontopodium longifolium*
549	湿生美头火绒草	菊科	火绒草属	*Leontopodium calocephalun* var. *uliginosum*
550	红花疏生香青	菊科	香青属	*Anaphalis sinica* var. *remota*
551	黄腺香青	菊科	香青属	*Anaphalis aureopunctata*
552	铃铃香青	菊科	香青属	*Anaphalis hancockii*
553	乳白香青	菊科	香青属	*Anaphalis lactea*
554	线叶珠光香青	菊科	香青属	*Anaphalis margaritacea* var. *japonica*
555	旋叶香青	菊科	香青属	*Anaphalis contorta*
556	珠光香青	菊科	香青属	*Anaphalis margaritacea*
557	蓼子朴	菊科	旋覆花属	*Inula salsoloides*
558	暗花金挖耳	菊科	天名精属	*Carpesium triste*
559	高原天名精	菊科	天名精属	*Carpesium lipskyi*
560	齿叶蓍	菊科	蓍属	*Achillea acuminata*
561	甘菊	菊科	菊属	*Chrysanthemum lavandulaefolium*
562	小红菊	菊科	菊属	*Chrysanthemum chanetii*
563	紫花野菊	菊科	菊属	*Chrysanthemum zawadskii*
564	贺兰山女蒿	菊科	女蒿属	*Hippolytia alashanensis*
565	灌木亚菊	菊科	亚菊属	*Ajania fruticulosa*
566	柳叶亚菊	菊科	亚菊属	*Ajania salicifolia*
567	细裂亚菊	菊科	亚菊属	*Ajania przewalskii*
568	细叶亚菊	菊科	亚菊属	*Ajania tenuifolia*
569	盐蒿	菊科	蒿属	*Artemisia halodendron*
570	大黄橐吾	菊科	橐吾属	*Ligularia duciformis*
571	掌叶橐吾	菊科	橐吾属	*Ligularia przewalskii*
572	羽裂蟹甲草	菊科	蟹甲草属	*Cacalia tangutica*
573	兔儿伞	菊科	兔儿伞属	*Syneilesis aconitifolia*
574	款冬	菊科	款冬属	*Tussilago farfara*
575	红轮狗舌草	菊科	狗舌草属	*Tephroseris flammea*
576	额河千里光	菊科	千里光属	*Senecio argunensisi*
577	术叶合耳菊	菊科	合耳菊属	*Synotis atractylidifolia*
578	砂蓝刺头	菊科	蓝刺头属	*Echinops gmelini*
579	草地风毛菊	菊科	风毛菊属	*Saussurea amara*
580	大耳叶风毛菊	菊科	风毛菊属	*Saussurea macrota*
581	小花风毛菊	菊科	风毛菊属	*Saussurea parviflora*
582	盐地风毛菊	菊科	风毛菊属	*Saussurea salsa*
583	翼茎风毛菊	菊科	风毛菊属	*Saussurea alata*
584	紫苞风毛菊	菊科	风毛菊属	*Saussurea iodostegia*
585	牛蒡	菊科	牛蒡属	*Arctium lappa*
586	顶羽菊	菊科	顶羽菊属	*Acroptilon repens*
587	蝟菊	菊科	蝟菊属	*Olgaea lomonosowii*
588	麻花头	菊科	麻花头属	*Serratula centauroides*
589	毛连菜	菊科	毛连菜属	*Picris japonica*
590	青甘莴苣	菊科	莴苣属	*Lactuca roborowskoo*
591	山苦荬	菊科	苦荬菜属	*Ixeris chinensis*

（续）

编号	种名	科名	属名	拉丁名
592	蒲公英	菊科	蒲公英属	*Taraxacum mongolicum*
593	一把伞南星	天南星科	天南星属	*Arisaema erubescens*
594	半夏	天南星科	半夏属	*Pinellia ternata*
595	华西箭竹	禾本科	箭竹属	*Fargesia nitida*
596	芦苇	禾本科	芦苇属	*Phragmites australis*
597	沙芦草	禾本科	冰草属	*Agropyron mongolicun*
598	高异燕麦	禾本科	异燕麦属	*Helictotrichon altius*
599	大拂子茅	禾本科	拂子茅属	*Calamagrostis macrolepis*
600	假苇拂子茅	禾本科	拂子茅属	*Calamagrostis pseudophragmites*
601	芨芨草	禾本科	芨芨草属	*Achnatherum splendens*
602	虎尾草	禾本科	虎尾草属	*Chloris virgata*
603	白草	禾本科	狼尾草属	*Pennisetum flaccidum*
604	荻	禾本科	荻属	*Triarrhena sacchariflora*
605	小香蒲	香蒲科	香蒲属	*Typha minima*
606	东方泽泻	泽泻科	泽泻属	*Alisma orientale*
607	知母	百合科	知母属	*Anemarrhena asphodeloides*
608	小顶冰花	百合科	顶冰花属	*Gagea hiensis*
609	宁夏贝母	百合科	贝母属	*Fritillaria taipaiensis* var. *ningxiaensis*
610	山丹	百合科	百合属	*Lilium pumilum*
611	茖葱	百合科	葱属	*Allium victorialis*
612	贺兰韭	百合科	葱属	*Allium eduardii*
613	青甘韭	百合科	葱属	*Allium przewalskianum*
614	天蓝韭	百合科	葱属	*Allium cyaneum*
615	七筋姑	百合科	七筋姑属	*Clintonia udensis*
616	管花鹿药	百合科	鹿药属	*Smilacina henryi*
617	合瓣鹿药	百合科	鹿药属	*Smilacina tubifera*
618	舞鹤草	百合科	舞鹤草属	*Maianthemum bifolium*
619	大苞黄精	百合科	黄精属	*Polygonatum megaphyllum*
620	黄精	百合科	黄精属	*Polygonatum sibiricum*
621	卷叶黄精	百合科	黄精属	*Polygonatum cirrhifolium*
622	热河黄精	百合科	黄精属	*Polygonatum macropodium*
623	玉竹	百合科	黄精属	*Polygonatum odoratum*
624	铃兰	百合科	铃兰属	*Convallaria majalis*
625	北重楼	百合科	重楼属	*Paris verticillata*
626	重楼	百合科	重楼属	*Paris polyphylla*
627	宽叶重楼	百合科	重楼属	*Paris polyphylla* var. *latifolia*
628	狭叶重楼	百合科	重楼属	*Paris polyphylla* var. *stenophylla*
629	戈壁天门冬	百合科	天门冬属	*Asparagus gobicus*
630	攀援天门冬	百合科	天门冬属	*Asparagus brachyphyllus*
631	红葱	鸢尾科	红葱属	*Eleutherine plicata*
632	射干	鸢尾科	射干属	*Belamcanda chinensis*
633	粗根鸢尾	鸢尾科	鸢尾属	*Iris tigridia*
634	大苞鸢尾	鸢尾科	鸢尾属	*Iris bungei*
635	马蔺	鸢尾科	鸢尾属	*Iris lactea* var. *chinensis*
636	锐果鸢尾	鸢尾科	鸢尾属	*Iris goniocarpa*
637	天山鸢尾	鸢尾科	鸢尾属	*Iris loczyi*
638	野鸢尾	鸢尾科	鸢尾属	*Iris dichotoma*
639	准噶尔鸢尾	鸢尾科	鸢尾属	*Iris songarica*
640	黄花杓兰	兰科	杓兰属	*Cypripedium flavum*
641	毛杓兰	兰科	杓兰属	*Cypripedium franchetii*
642	紫点杓兰	兰科	杓兰属	*Cypripedium guttatum*
643	火烧兰	兰科	火烧兰属	*Epipactis helleborine*
644	勘察加鸟巢兰	兰科	鸟巢兰属	*Nettia camtschatea*
645	绶草	兰科	绶草属	*Spiranthes sinensis*
646	广布红门兰	兰科	红门兰属	*Orchis chusua*
647	二叶舌唇兰	兰科	舌唇兰属	*Platanthera chlorantha*
648	凹舌兰	兰科	凹舌兰属	*Coeloglossum viride* var. *bracteatum*
649	角盘兰	兰科	角盘兰属	*Herminium monorchis*

植物中文名拼音索引（各论）

A

阿尔泰狗娃花 244
阿尔泰紫菀 244
阿拉善点地梅 121
阿拉善马先蒿 224
阿拉善脓疮草 216
阿穆尔小檗 89
阿（亚）氏旋花 208
矮火绒草 245
矮脚锦鸡儿 163
矮金银花 240
矮密花香薷 219
矮株密花香薷 219
奥氏蓼 108

B

霸王 192
霸王属 192
白刺 191
白刺属 191
白打碗花 208
白花百里香 218
白花丹科 110-111
白花棍儿茶 148
白花结 127
白花悬钩子 144
白花枝子花 214
白拉拉秧 86
白狼葱 267
白麻 203
白毛银露梅 148
白柠条 165
白暖条 232
白屈菜 97
白屈菜属 97
白沙参 230
白石枣 142
白香草木犀 175
白皂角 142
百合科 265-269
百合属 265
百花木通 87
百里香 218
百里香属 218
百脉根属 173
柏科 73
柏氏小檗 92
败酱科 241-242
败酱属 241
斑花杓兰 273
半夏 263
半夏属 263
瓣蕊唐松草 81
棒果芥属 119
宝兴茶藨子 128
报春花科 120-126
报春花属 124-126
暴马丁香 220
北柴胡 196
北重楼 269
北沙柳 116
北水苦荬 222
贝母属 265
贝母（药） 265
笔头草 70
边向花黄芪 166
边向花黄耆 166
边向花黄蓍 166
扁刺峨眉蔷薇 153
扁刺蔷薇 150
扁蕾 202
扁蕾属 202
扁麻 146
变异铁角蕨 71
辫子艽 78
杓兰属 272
波叶大黄 109
菠菜帘子 260
菠叶麻花头 260
勃氏麻黄 74
补血草属 110-111

C

糙果紫堇 98
糙苏 216
糙苏属 216
糙叶败酱 241
草本威灵仙 222
草地风毛菊 257
草地麻花头 260
草甸老鹳草 192
草豆 174
草莓属 149
草木犀属 175-176
草木犀状黄芪 166
草木犀状黄耆 166
草木犀状黄蓍 166
草芍药 111
草藤 173
草乌 77
草玉铃（玲） 268
草原老鹳草 192
叉繁缕 104
叉歧繁缕 104
叉叶委陵菜 145
茶藨子科 128-130
茶藨子属 128-130
茶叶花 203
茶叶树 185
柴胡属 196-197
柴金银花 237
柴树 103
长瓣铁线莲 84
长柄扁桃 157
长梗扁桃 157
长果茶藨子 129
长果醋栗 129
长肉芽草 167
长叶火绒草 245
长叶微孔草 210
常山 127
柽柳 114
柽柳科 114-115
柽柳属 114-115
匙叶小檗 87
齿叶蓍 250
齿缘草 211
齿缘草属 211
翅刺峨眉蔷薇 153
翅茎风毛菊 258
重楼 269
重楼属 269
稠李 158
臭李 158
臭山槐 142
臭枸子 141
川赤芍 112
川甘毛鳞菊 261
川续断科 242-243
川续断属 242
串珠芥 119
唇形科 212-219
刺柏 73
刺柏属 73
刺藨 144
刺莓莓 144
刺黄檗 90
刺梨子 150
刺毛金银花 235
刺毛山樱花 158
刺毛山樱桃 158
刺毛樱桃 158
刺玫蔷薇 151
刺石榴 153
刺悬钩子 144
刺旋花 208
刺叶柄棘豆 167
刺叶小檗 88
葱皮木 235
葱皮忍冬 235
葱属 266-267
丛生沙参 230
粗根老鹳草 193
粗毛忍冬 235
翠南报春 124
翠雀花 78

翠雀属 78-79
寸干 270

D

达乌里龙胆 199
达乌里秦艽 199
打结花 180
大瓣铁线莲 84
大耳叶风毛菊 257
大花罗布麻 203
大黄橐吾 254
大黄属 109
大火草 82
大戟 183
大戟科 183-184
大戟属 183-184
大金银花 239
大力子 259
大马茄 154
大矛香艾 248
大木瓜子 139
大铁（箍）散 197
大头翁 82
大卫蔷薇 155
大叶柴胡 197
大叶龙胆 201
大叶小檗 89
大（叶）银花 239
大油瓶子 150
丹春 233
单瓣黄刺玫 151
单叶蓍 250
担棍子 139
党参 229
党参属 229
灯花草 230
灯伞花 265
地柏枝 71
地胡椒 121
地黄 227
地黄属 227
地角花 218
地梢瓜 205
地梢花 205
地榆 156
地榆属 156-157
滇藏醋栗 128
滇黄芩 212
点地梅属 121-123
蝶形花科 162-178
丁香 220
丁香属 220-221
东方草莓 149
东亚唐松草 81
冬青叶兔唇花 217
豆豆苗 176
豆花牛脖筋 171
豆麻 187
独根草 228
独活属 199
独龙抢宝 272
杜松 73
短柄小檗 88
短（角）脚锦鸡儿 163
短角淫羊藿 95
短尾铁线莲 84
短柱金丝桃 112
段报春 125
断肠草 77, 86, 97
钝叶鼠李 184
多花胡枝子 162
多花栒子 139
多裂独活 199
多毛并头黄芩 212
多毛黄芩 212
多蕊金丝桃 112
多叶棘豆 167

E

峨眉蔷薇 153
鹅肠菜 105
鹅耳伸筋 105
鹅绒藤 204
鹅绒藤属 204-206
鹅绒委陵菜 145
额河千里光 256
恶实 259
鄂栒子 137
萼果香薷 219
二裂委陵菜 145
二色补血草 110
二色矶松 110
二叶舞鹤草 267

F

翻白柳 117
繁缕 105
繁缕属 104-105
肥田草 173
粉绿铁线莲 85
粉榆 101
丰瑞花 127
风露草 194
风毛菊属 257-259
凤凰抱蛋 272
凤仙花科 195
凤仙花属 195
佛顶珠 121
佛爷指甲 81
伏毛铁棒锤 77
拂子茅属 264
斧头脑 71
腹水草属 222

G

甘草 170
甘草属 170
甘菊 250
甘青白刺 191
甘青报春 124
甘青铁线莲 85
甘青橐吾 254
甘肃海棠 142
甘肃黄芩 213
甘肃山楂 141
甘肃小檗 89
甘遂 183
甘泽 183
刚毛忍冬 235
纲眼瓦韦 71
杠柳 204
杠柳属 204
高丽菊花 243
高山地榆 157
高山冷竹 263
高山绣线菊 132
茖葱 266
格葱 266
葛缕子属 198
狗舌草属 255
狗娃花属 244
狗指甲 130
枸杞 206
枸杞属 206
挂苦树 127
挂苦绣球 127
观音草 97
观音茶 148
冠果忍冬 236
贯叶忍冬 239
灌木青兰 215
光醋栗 129
光果柳 117
光滑忍冬 239
光药大黄花 227
光叶黄枝挂苦树 127
光叶银露梅 148
广布野豌豆 173
鬼灯檠 131
鬼灯檠属 131
鬼见（箭）愁 164
鬼箭锦鸡儿 164
鬼芥头 208
鬼臼 93
鬼柳 116
桂香柳 179
棍儿菜（茶） 146
过路黄 112

H

海椒七 96
旱生黄堇 98
旱生紫堇 98
旱榆 101
禾本科 263-264
合耳菊属 255
河岸银莲花 83
贺兰山女蒿 252
贺兰玄参 226
鹤虱 211
鹤虱属 211
黑刺 179
黑疙瘩 185
黑果灰栒子 136
黑果栒子 136
黑果栒子木 136
黑桦树 184
黑老鸦脖子 205
黑柳 117
黑水亚麻 187
黑心朴子 205
红柴胡 197
红根草 192
红果 153
红旱莲 113
红花艾 219
红花苦豆子 163
红花疏生香青 246
红花香青 246
红花栒子 136
红花栒子木 136
红花岩黄芪 171
红花岩黄耆 171
红花岩黄蓍 171
红桦 103
红柳 114, 115
红轮狗舌草 255
红轮千里光 255
红麻 203
红毛七 96
红毛七属 96
红毛五加 195
红梅蜡 117
红木鼠李 185
红柠条 165
红栒子 139
红眼刺 154

喉咙草 121
狐尾藻棘豆 167
胡椒草 266
胡颓子科 178-179
胡颓子属 178-179
胡枝子属 162
湖北花楸 141
湖北枸子 137
虎耳草科 131-132
虎掌草 83
虎掌南星 262
花棒 172
花锚属 202
花帽子 172
花楸属 141-142
花荵 209
花荵科 209
花荵属 209
花叶杜梨 142
华北大黄 109
华北蓝盆花 243
华北落叶松 72
华北珍珠梅 135
华北紫丁香 220
华西华桔竹 263
华西箭竹 263
华西金丝桃 112
华西忍冬 236
华西银蜡（腊）梅 148
华西银露梅 148
华中栒子 137
化骨丹 183
桦柴 172
桦木科 103
桦木属 103
桦叶四蕊槭 188
槐属 162
荒漠锦鸡儿 164
黄柏 88
黄檗 87
黄豆子 178
黄甘青报春 125
黄瓜香 156
黄海棠 113
黄花败酱 241
黄花补血草 110
黄花草 241
黄花地丁 97
黄花矶松 110
黄花棘豆 168
黄花金银花 237
黄花列当 228
黄花龙牙 241
黄花苜蓿 176
黄花软紫草 210
黄花山黧豆 175
黄花乌头 78
黄花鸭跖柴胡 197
黄华属 178
黄精属 268
黄喇嘛 249
黄芦木 89
黄脉八仙花 127
黄脉绣球 127
黄耆属 166
黄蔷薇 154
黄芩属 212-213
黄青榆 101
黄瑞香 180
黄唐古特报春 125
黄甜蜜蜜 224
黄腺香青 247
黄香草木犀 176
黄枝挂苦树 127
灰（毛）假紫草 209
灰绿黄堇 98
灰绿铁线莲 85
灰毛软紫草 209
灰毛庭荠 118
灰榆 101
火绒草属 245-246
火烟（焰）子 77

J

鸡蛋黄花 154
鸡儿肠 105
鸡儿头 146
鸡骨升麻 96
鸡冠棱子芹 196
鸡翎草 167
鸡树条荚蒾 232
鸡腿堇菜 114
吉氏珍珠梅 135
棘豆属 167-170
蒺藜科 191-192
夹竹桃科 203
荚蒾属 232-233
假报春 120
假报春属 120
假水生龙胆 200
假苏 214
假苇拂子草 264
假苇拂子茅 264
箭叶锦鸡儿 164
箭竹属 263
江边一碗水 95
交拉模豆 93
角蒿 228
角蒿属 228
角茴香 97
角茴香属 97
角针 186
接骨木属 231
金匙叶草 110
金花忍冬 237
金鸡脚下黄 81
金蜡(腊)梅 146
金老梅 146
金露梅 146
金牛七 77
金色补血草 110
金丝桃属 112-113
金腰属 132
金银花 237
堇菜科 114
堇菜属 114
锦鸡儿属 163-165
锦葵科 113
锦葡萄 129
京大戟 183
荆芥 214
荆芥属 213-214
景天科 130
镜泊乌头 78
迥折绣线菊 133
九倒生 71
桔梗科 229-230
菊科 243-262
菊属 250-251
卷耳属 104
卷莲花 265
蕨菜 70
蕨科 70
蕨属 70
君影草 268

K

喀什膜果麻黄 74
康藏何首乌 108
康藏荆芥 213
康滇荆芥 213
康定柳 116
可喜莓 143
空升麻 75
枯芩 212
苦菜 261
苦豆子 162
苦甘草 162
苦连翘 112
苦马豆 163
苦马豆属 163
苦荬菜属 261
酷柳 179
块根老鹳草 193
筷子南芥 118
宽叶多序岩黄芪 171
宽叶多序岩黄耆 171
宽叶多序岩黄蓍 171
宽叶沙木蓼 108
坤草 219

L

兰科 272-273
蓝刺头属 256
蓝翠雀 79
蓝翠雀花 79
蓝盆花属 243
烂疤眼 184
烂皮袄 235
狼毒 180
狼毒属 180
狼尾菜 120
狼尾花 120
莨菪 207
老瓜头 205
老鹳草属 192-194
老虎刺 165
老君须 206
老蛇盘 131
老翁须 237
老鼠刺 90
肋脉野豌豆 174
类叶牡丹 96
棱子芹属 196
李属 157-161
立金花 75
栎属 103
连参 106
连花生 176
两叶豆苗 174
亮绿小檗 91
辽东栎 103
蓼科 108-109
蓼属 108
蓼子朴 249
列当科 228
列当属 228
裂萼蔷薇 150
裂叶荆芥 214
裂叶忍冬 236
裂叶橐吾 254
林荆子 143
鳞叶龙胆 200
铃铛莱 268
铃兰 268

铃兰属 268
铃铃香 247
铃铃香青 247
菱叶红色木 188
流苏瓦松 130
柳兰 181
柳兰属 181
柳叶菜科 181
柳叶鼠李 185
柳叶亚菊 252
柳属 116-117
六道木属 234
六盘山鸡爪大黄 109
龙胆科 199-202
龙胆属 199-201
龙吐珠 150
龙芽草 156
龙芽草属 156
陇东海棠 142
陇塞忍冬 238
陇塞铁线莲 85
耧斗菜 79
耧斗菜属 79-80
芦苇 264
芦苇属 264
芦芯草 205
鹿耳葱 266
路边青 144
路边青属 144
驴耳风毛菊 257
驴蹄菜 75
驴蹄草 75
驴蹄草属 75
绿升麻 75
绿紫忍冬 236
卵裂银莲花 82
卵叶扁蕾 202
卵叶硬毛南芥 118
轮花茶藨 129
轮叶婆婆纳 222
罗布麻 203
罗布麻属 203
罗氏马先蒿 224
罗氏绣线菊 134
萝藦科 204-206
洛氏锦鸡儿 164
骆驼蒿 191
骆驼蓬属 191
落新妇 131
落新妇属 131
落叶松属 72

M

麻花头 260
麻花头属 260
麻黄科 74
麻黄属 74
麻息 133
麻药子 180
麻玉果 263
马绊肠 168
马草 70
马家木 141
马兰花 270
马兰属 243
马莲 270
马蔺 270
马木 142
马茹子 151
马蹄草（叶） 75
马尾大艽 78
马尾黄连 81
马先蒿属 224-226
蔓生委陵菜 146
蔓乌头 77
牻牛儿苗科 192-194
猫儿眼 183
猫耳刺 164
猫头刺 167
猫眼草 184
猫爪子花 167
毛杓兰 272
毛茛科 75-87
毛节缬草 242
毛金腰 132
毛金腰子 132
毛毛竹 263
毛南芥 118
毛蕊老鹳草 193
毛药忍冬 238
毛叶水栒子 137
毛叶栒子 137
毛樱桃 160
茅香 252
梅桃 160
美丽蔷薇 154
美丽悬钩子 143
美蔷薇 154
蒙古扁桃 160
蒙古黄花木 177
蒙古荚蒾 232
蒙古芯芭 227
蒙古绣球花 232
蒙古绣线菊 133, 134
蒙古岩黄芪 172
蒙古岩黄耆 172
蒙古岩黄蓍 172
眯眯草 264
密花棘豆 168
密穗小檗 92
棉花子花 86
棉团铁线莲 86
面丹子 141
面旦子 141
面梨子 141
膜翅麻黄 74
膜果麻黄 74
磨三转 77
母猪刺 164
木本委陵菜 146
木槿属 113
木蓼属 108
木藤蓼 108
木犀科 220-221
木旋花 208
木贼科 70
木贼属 70
牧地山黧豆 175
牧地香豌豆 175
苜蓿属 176-177
穆坪茶藨 128
穆坪茶藨子 128
穆坪醋栗 128

N

内蒙古邪蒿 198
内蒙西风芹 198
内蒙野丁香 231
南川绣线菊 134
南方六道木 234
南方山荷叶 95
南芥属 118
尼泊尔老鹳草 194
拟五蕊柳 116
拟小柏 93
拟小檗 91
拟芸香属 190
念珠芥 119
念珠芥属 119
宁夏贝母 265
宁夏枸杞 206
宁夏沙参 229
宁夏绣线菊 133
柠条锦鸡儿 165
牛蒡 259
牛蒡属 259
牛扁（药） 78
牛筋条 165
牛奶子 178
牛心朴 205
脓疮草 216
脓疮草属 216
女蒿属 252
女娄菜 105
女青 205

P

排毛绣球 127
盘龙参 273
盘叶忍冬 239
泡沙参 230
披针叶黄华 178
皮溜刺 165
瓢儿 149
苹果属 142-143
婆婆纳属 222-223
婆婆针线包 206
破牛漆 83
匍伏栒子 138
匍匐灰栒子 138
匍匐栒子 138
匍根骆驼蓬 191
匍枝委陵菜 146
葡萄科 186
葡萄叶白头翁 82
蒲公英 262
蒲公英属 262

Q

七叶一枝花 269
槭树科 188-189
槭属 188-189
祁大黄 109
祁连山云杉 72
歧枝繁缕 104
千层子 237
千里光属 256
扦树 72
茜草科 231
蔷薇科 132-161
蔷薇属 150-155
翅兰 233
壳斗科 103
茄科 206-207
茄属 207
芹菜铁线莲 86
芹叶铁线莲 86
秦艽 201
秦胶 201
秦岭金银花 235
秦岭蔷薇 155
秦岭忍冬 235
秦岭小檗 90
青甘韭 266
青甘莴苣 261
青甘岩参 261

青冈柳 103
青海云杉 72
青兰属 214-215
青杞 207
清溪柳 117
楸子树 142
球花荚蒾 233
瞿麦 106
曲花紫堇 100
全叶鸡儿肠 243
全叶马兰 243
全缘栒子 138
全缘栒子木 138
雀冈 79

R

忍冬 237
忍冬科 231-240
忍冬属 235-240
日本续断 242
绒毛秋牡丹 82
乳白香青 248
乳浆大戟 184
软木条 232
软紫草属 209-210
锐果鸢尾 271
瑞香科 180
瑞香狼毒 180
瑞香属 180

S

三步跳 263
三春水柏枝 115
三脉叶马兰 244
三叶半夏 263
三叶老 263
三褶脉紫菀 244
三枝九叶草 95
三爪风 150
伞房草莓 149
伞花胡颓子 178
伞形科 196-199
散寒珠 156
扫帚竹 263
沙参属 229-230
沙地旋覆花 249
沙冬青 177
沙冬青属 177
沙棘 179
沙棘属 179
沙株 181
沙柳 116
沙漠蓼 108
沙枣 179
砂棘豆 169
砂兰刺头 256
砂蓝刺头 256
砂柳 115
砂珍棘豆 169
山白菜 241
山薄荷 215, 218
山沉香 221
山刺柏 73
山刺玫 151, 154, 155
山丹 265
山丁子 143
山定子 143
山荷叶属 95
山黄檗 92
山荆子 143
山菊 251
山苦荬 261
山黧豆属 175
山萝卜 243
山玫瑰 153
山梅花属 127
山咪（味）咪 238
山女娄菜 106
山荞麦 108
山莸 248
山沙参 230
山芍药 111
山石榴 153
山苏 216
山苏子 217
山烟子 207
山杨柳 117
山樱桃 160
山榆 101
山楂属 141
山芝麻 216
山茱萸科 181
山茱萸属 181
珊瑚刺 92
陕甘花楸 142
陕西点地梅 121
陕西小檗 90
芍药科 111-112
芍药属 111-112
蛇包谷 262
蛇果闷头花 100
蛇果紫堇 100
蛇莓 150
蛇莓属 150
蛇泡草 150
蛇葡萄属 186
射干 270
射干属 270
麝香草 218
升麻 75
升麻属 75
湿生扁蕾 202
湿生火绒草 246
湿生美头火绒草 246
蓍属 250
石棒子 134
石龙胆 200
石生麦瓶草 106
石生蝇子草 106
石头花属 107
石韦藤 71
石枣子 182
石竹 107
石竹科 104-107
石竹属 106-107
绶草 273
绶草属 273
疏齿银莲花 83
疏花假紫草 210
疏花软紫草 210
鼠李科 184-186
鼠李属 184-185
鼠尾草属 217
鼠掌老鹳草 194
术叶合耳菊 255
术叶菊 255
术叶千里光 255
栓翅卫矛 182
双歧繁缕 104
水柏枝属 115
水黄草 97
水黄连 97
水金凤 195
水龙骨科 71
水蔓菁 223
水芹菜 196
水栒子 139
水杨梅 144
水枝柏 115
丝毛柳 117
四川忍冬 239
四季牡丹 87
松花竹 263
松科 72
松潘乌头 77
松潘小檗 91
菘萝茶 221
宿根亚麻 187
酸瓢 129
酸枣 186
穗花马先蒿 224

T

台湾桧 73
太白六道木 234
太平花 127
太平瑞圣花 127
太子参 106
唐古特报春 124
唐古特忍冬 238
唐古特铁线莲 85
唐松草属 81
糖茶藨子 128
糖李子 143
桃儿七 93
桃儿七属 93-94
桃耳七 93
藤黄科 112-113
天蓝韭 267
天南星 262
天南星科 262-263
天南星属 262
天山鸢尾 271
天仙子 207
天仙子属 207
田葛缕子 198
田贳蒿 198
甜草 170
条裂黄堇 101
条裂紫堇 101
条芩 212
条纹龙胆 201
铁杆地柏枝 71
铁角蕨科 71
铁角蕨属 71
铁蕨草 71
铁线莲属 84-87
庭荠属 118
莛子藨 234
莛子藨属 234
铜棒锤 101
铜锤紫堇 101
铜钱花 247
头角莲 83
秃女子草 249
土白头翁 82
土常山 127
土黄连（莲） 97
土连树 232
土麻黄 70
土秦艽 83
土芍药 111
兔唇花 217
兔唇花属 217
兔儿条 133

兔耳子草 245
团柳 116
托盘忍冬 239
橐吾属 254
椭圆叶花锚 202

W

瓦花 130
瓦松 130
瓦松属 130
瓦塔 130
瓦韦属 71
歪头菜 174
弯管马先蒿 225
弯果黄堇 100
弯花紫堇 100
万朵刺 155
王不留行 105
网眼瓦韦 71
威（魏）氏忍冬 236
葳严仙 96
微孔草属 210
尾参 268
委陵菜属 145-148
萎蕤 268
卫矛科 182
卫矛属 182
蝟菊 260
蝟菊属 260
文官果 190
文冠果 190
文冠果属 190
问荆 70
莴苣属 261
窝儿七 95
乌拉绣线菊 134
乌头叶蛇葡萄 186
乌头属 77-78
乌药 77
无患子科 190
无茎火绒草 245
无距耧斗菜 80
五加科 195
五加属 195
五台忍冬 239
舞鹤草 267
舞鹤草属 267

X

西北蔷薇 155
西北沙柳 116
西北小檗 87
西北栒子 139
西伯利亚乌头 78
西伯利亚小檗 88
西伯利亚远志 187
西豆根 162
西风芹属 198
西河柳 115
西山委陵菜 147
西洋珍珠梅 135
西藏点地梅 123
西藏忍冬 240
细(枝)茶藨 129
细梗栒子 140
细裂槭 188
细裂亚菊 253
细脉小檗 91
细穗柽柳 115
细叶百合 265
细叶百脉根 173
细叶棘豆 170
细叶角茴香 97
细叶锦鸡儿 165
细叶菊艾 253
细叶落豆秧 173
细叶婆婆纳 223
细叶亚菊 253
细枝补血草 111
细枝茶藨子 129
细枝醋栗 129
细枝栒子 140
细枝岩黄芪 172
细枝岩黄耆 172
细枝岩黄蓍 172
狭萼茶藨子 129
狭果茶藨子 129
狭叶（草原）丝石竹 107
狭叶北丝石竹 107
狭叶草原石头花 107
狭叶草原霞草 107
下延风毛菊 258
纤叶匙叶草 111
纤叶矶松 111
显脉小檗 91
显小檗 91
藓生马先蒿 225
线鸡尾 71
线叶婆婆纳 223
线叶珠光香青 249
香加皮 204
香荚蒾 233
香铃草 113
香青兰 215
香青属 246-249
香薷属 219
香水花 268
香探春 233
小檗科 87-96
小檗属 87-93
小草乌 77
小耳叶风毛菊 257
小红菊 251
小花草玉梅 83
小花风毛菊 258
小花棘豆 169
小黄芩 212
小口袋花 273
小龙胆 200
小米草 223
小米草属 223
小囊兰 273
小排草 271
小前胡 100
小山枣 186
小旋花 208
小叶茶藨子 130
小叶臭栒子 142
小叶丁香 221
小叶黄瓣 90
小叶金老梅 147
小叶金露梅 147
小叶莲 93
小叶柳 117
小叶巧玲花 221
小（叶）秦艽 199
小叶青冈 103
小叶忍冬 240
小叶石棒子 132, 133
小叶鼠李 185
小叶小花棘豆 170
小叶绣球绣线菊 135
小油瓶子 153
缬草 242
缬草属 242
芯芭属 227
新疆野豌豆 174
雄黄草 97
秀丽莓 143
绣球花科 127
绣球藤 87
绣球属 127
绣线菊属 132-135
续断 242
蓿草 177
玄参科 222-227
玄参属 226
悬钩子属 143-144
旋覆花属 249
旋花科 208
旋花属 208
雪花点地梅 123
雪山点地梅 123
雪压花 141
血满草 231
栒子木 139
栒子属 136-140

Y

牙痛子 207
雅食花 163
亚菊属 252-253
亚麻科 187
亚麻属 187
烟锅草 81
胭脂花 125
延安小檗 92
岩黄耆属 171-172
岩角风 71
岩生忍冬 240
岩蒜 266
燕尾风毛菊 258
燕子尾 263
羊吹泡 163
羊耳朵 257
羊角七 77
羊奶条 204
羊柠角 165
杨柴 172
杨柳科 116-117
样样菜花 190
野刺玫 150
野丁香属 231
野粉团花 243
野荷花 254
野胡麻 187
野藿香 213
野决明 178
野麻 203
野麦 106
野玫瑰 154
野棉花 82,86
野苜蓿 176
野南芥菜 118
野茄子 207
野山桃 160
野山楂 141
野芍药 111
野生黄刺玫 151
野豌豆 175
野豌豆属 173-174
野西瓜苗 113
野绣球 233
野罂粟 96
野榆 101

野猪草 176
叶藏花 239
一把伞 262
一把伞南星 262
一支蒿 77
异叶青兰 214
益母艾 219
益母草 219
益母草属 219
益母蒿 219
翼茎风毛菊 258
荫生鼠尾草 217
淫羊藿 95
淫羊藿属 95
银灰旋花 208
银老梅 148
银莲花属 82-83
银露梅 148
蚓果芥 119
罂粟科 96-97
罂粟属 96
樱草 124
蝇子草 106
蝇子草属 105-106
硬毛南芥 118
硬苗柴胡 196
永宁独活 199
油瓶子 150, 154
榆科 101-102
榆属 101-102
羽叶丁香 221
羽叶千里光 256
玉竹 268
鸢尾科 270-272
鸢尾属 270-272
缘毛卷耳 104
远志科 187
远志属 187
云杉属 72
芸香科 190

Z

杂氏灰栒子 139
枣属 186
燥原荠 118
扎贝 71
札氏栒子 139
窄叶鼠李 185
掌叶橐吾 254
针刺悬钩子 144
针枝拟芸香 190
针枝芸香 190
珍珠菜属 120
珍珠梅 135
珍珠梅属 135
珍珠树 135
枝子花 215
直立角茴香 97
直穗小檗 92
纸皮桦 103
痔疮草 145
置疑小檗 93
中国马先蒿 226
中麻黄 74
中宁枸杞 206
肿手花 183
帚星草 71
珠光香青 248
竹灵消 206
竹叶柴胡 196
庄黄 109
追风草 223
准噶尔栒子 140
准噶尔鸢尾 272
准噶尔总花栒子 140
子芩 212
紫斑罗布麻 203
紫苞风毛菊 259
紫苞雪莲 259
紫草科 209-211
紫点杓兰 273
紫丁香 220
紫花棒果芥 119
紫花大叶柴胡 197
紫花耧斗菜 80
紫花苜蓿 177
紫花野菊 251
紫堇科 98-101
紫堇属 98-101
紫苜蓿 177
紫沙参 230
紫菀属 244
紫葳科 228
祖师（司）麻 180

植物拉丁名索引（各论）

A

Abelia 234
Abelia dielsii 234
Acanthopanax 195
Acanthopanax giraldii 195
Acer 188-189
Acer stenolobum 188
Acer tetramerum var. *betulifolium* 188
Aceraceae 188-189
Achillea 250
Achillea acuminata 250
Aconitum 77-78
Aconitum barbatum var. *hispidum* 78
Aconitum flavum 77
Aconitum sungpanense 77
Adenophora 229, 230
Adenophora ningxianica 229
Adenophora paniculata 230
Adenophora potaninii 230
Agrimonia 156
Agrimonia pilosa 156
Ajania 252-253
Ajania przewalskii 253
Ajania salicifolia 252
Ajania tenuifolia 253
Allium 266-267
Allium cyaneum 267
Allium przewalskianum 266
Allium victorialis 266
Alysssum 118
Alysssum canescens 118
Ammopiptanthus 177
Ammopiptanthus mongolicus 177
Ampelopsis 186
Ampelopsis aconitifolia 186
Anaphalis 246-249
Anaphalis aureopunctata 247
Anaphalis hancockii 247
Anaphalis lactea 248
Anaphalis margaritacea 248
Anaphalis margaritacea var. *japonica* 249
Anaphalis sinica var. *remota* 246
Androsace 121-123
Androsace alashanica 121
Androsace engleri 121
Androsace mariae 123
Androsace septentrionalis 123
Anemone 82-83
Anemone cathayensis
Anemone narcissiflora var. *sibirica* 82
Anemone obtusiloba subsp. *ovalifolia* 83
Anemone rivularis var. *flore-minore* 83
Anemone tomentosa 82
Apocynaceae 203
Apocynum 203
Apocynum pictum 203
Apocynum venetum 203
Aquilegia 79-80
Aquilegia ecalcarata 80
Aquilegia viridiflora f. *atropurpurea* 80
Aquilegia vulgarias 79
Arabis 118
Arabis hirsuta 118
Araceae 262-263
Araliaceae 195
Arctium 259
Arctium lappa 259
Arisaema 262
Arisaema erubescens 262
Arnebia 209-210
Arnebia fimbriata 209
Arnebia szechenyi 210
Asclepiadaceae 204-206
Aspleniaceae 71
Asplenium 71
Asplenium varians 71
Aster 244
Aster ageratoides 244
Astilbe 131
Astilbe chinensis 131
Astragalus 166
Astragalus melilotoides 166
Astragalus moellendorffii 166
Atraphaxis 108
Atraphaxis bracteata 108

B

Balsaminaceae 195
Belamcanda 270
Belamcanda chinensis 270
Berberidaceae 87-96
Berberis 87-93
Berberis amurensis 89
Berberis brachypoda 88
Berberis circumserrata 90
Berberis dasystachya 92
Berberis dictyoneura 91
Berberis dubia 93
Berberis kansuensis 89
Berberis phanera 91
Berberis purdomii 92
Berberis shensiana 90
Berberis sibirica 88
Berberis vernae 87
Betula 103
Betula albo-sinensis 103
Betulaceae 103
Bignoniaceae 228
Boraginaceae 209-211
Brassicaceae 118-119
Bupleurum 196-197
Bupleurum chinense 196
Bupleurum commelynoideum var. *flaviflorum* 197
Bupleurum longiradiatum var. *porphyranthum* 197

C

Calamagrostis 264
Calamagrostis pseudophragmites 264
Caltha 75
Caltha palustris 75
Campanulaceae 229-230
Caprifoliaceae 231-240
Caragana 163-165
Caragana brachypoda 163

Caragana jubata 164
Caragana korshinskii 165
Caragana roborovskyi 164
Caragana stenophylla 165
Carum 198
Carum buriaticum 198
Caryophyllaceae 104-107
Caulophyllum 96
Caulophyllum robustum 96
Celastraceae 182
Cerastium 104
Cerastium furcatum 104
Chelidonium 97
Chelidonium majus 97
Chrysanthemum 250-251
Chrysanthemum chanetii 251
Chrysanthemum lavandulaefolium 250
Chrysanthemum zawadskii 251
Chrysosplenium 132
Chrysosplenium pilosum 132
Cimicifuga 75
Cimicifuga foetida 75
Clematis 84-87
Clematis aethusifolia 86
Clematis brevicaudata 84
Clematis glauca 85
Clematis hexapetala 86
Clematis macropetela 84
Clematis montana 87
Clematis tangutica 85
Codonopsis 229
Codonopsis pilosula 229
Compositae 243-262
Convallaria 268
Convallaria majalis 268
Convolvulaceae 208
Convolvulus 208
Convolvulus ammannii 208
Convolvulus tragacanthoides 208
Cornaceae 181
Cornus 181
Cornus bretschneideri 181
Cortusa 120
Cortusa matthioli 120
Corydalis 98-101
Corydalis adunca 98
Corydalis curviflora 100
Corydalis linarioides 101
Corydalis ophiocarpa 100
Corydalis trachycarpa 98
Cotoneaster 136-138
Cotoneaster adpressus 138
Cotoneaster integerrimus 138
Cotoneaster melanocarpus 136
Cotoneaster multiflorus 139
Cotoneaster rubens 136
Cotoneaster silvestrii 137
Cotoneaster soongoricus 140
Cotoneaster submultiflorus 137
Cotoneaster tenuipes 140
Cotoneaster zabelii 139
Crassulaceae 130
Crataegus 141
Crataegus kansuensis 141
Cupressaceae 73
Cymbaria 227
Cymbaria mongolica 227
Cynanchum 204-206
Cynanchum chinense 204
Cynanchum inamoenum 206
Cynanchum komarovii 205
Cynanchum thesioides 205
Cypripedium 272-273
Cypripedium franchetii 272
Cypripedium guttatum 273

D

Daphne 180
Daphne giraldii 180
Delphinium 78-79
Delphinium caeruleum 79
Delphinium grandiflorum 78
Dianthus 106-107
Dianthus chinensis 107
Dianthus superbus 106
Diphylleia 95
Diphylleia senensis 95
Dipsacaceae 242-243
Dipsacus 242
Dipsacus japonicus 242
Dracocephalum 214-215
Dracocephalum fruticulosum 215
Dracocephalum heterophyllum 214
Dracocephalum moldavica 215
Duchesnea 150
Duchesnea indica 150

E

Echinops 256
Echinops gmelini 256
Elaeagnaceae 178-179
Elaeagnus 178-179
Elaeagnus angustifolia 179
Elaeagnus umbellata 178
Elsholtzia 219
Elsholtzia densa var. *calycocarpa* 219
Ephedra 74
Ephedra intermedia 74
Ephedra przewalskii 74
Ephedraceae 74
Epilobium 181
Epilobium angustifolium 181
Epimedium 95
Epimedium brevicornu 95
Equisetaceae 70
Equisetum 70
Equisetum arvense 70
Eritrichium 211
Eritrichium rupestre 211
Euonymus 182
Euonymus phellomanus 182
Euonymus sanguineus 182
Euphorbia 183-184
Euphobia esula 184
Euphorbia kansui 183
Euphorbia pekinensis 183
Euphorbiaceae 183-184
Euphrasia 223
Euphrasia pectinata 223

F

Fagaceae 103
Fargesia 263
Fargesia nitida 263
Fragaria 149
Fragaria corymbosa 149
Fragaria orientalis 149
Fritillaria 265
Fritillaria taipaiensis var. *ningxiaensis* 265
Fumariaceae 98-101

G

Gentiana 199-201
Gentiana dahurica 199
Gentiana macrophylla 201
Gentiana pseudo-aquatica 200
Gentiana squarrosa 200
Gentiana striata 201
Gentianaceae 199-202
Gentianopsis 202
Gentianopsis paludosa 202
Geraniaceae 192-194
Geranium 192-194
Geranium dahuricum 193
Geranium eriostemon 193
Geranium nepalense 194
Geranium pratense 192
Geranium sibiricum 194
Geum 144
Geum aleppicum 144
Glycyrrhiza 170
Glycyrrhiza uralensis 170
Gramineae 263-264

Guttiferae 112-113
Gypsophila 107
Gypsophila davurica var. *angustifolia* 107

H

Halenia 202
Halenia elliptica 202
Haplophyllum 190
Haplophyllum tragacanthoides 190
Hedrysarum 171-172
Hedrysarum multijugum 171
Hedysarum mongolicum 172
Hedysarum polybotrys var. *alaschanicum* 171
Hedysarum scoparium 172
Heracleum 199
Heracleum dissectifolium 199
Heteropappus 244
Heteropappus altaicus 244
Hibiscus 113
Hibiscus trionum 113
Hippolytia 252
Hippolytia alashanensis 252
Hippophae 179
Hippophae rhamnoides 179
Hydrangea 127
Hydrangea xanthoneura 127
Hydrangeaceae 127
Hyoscyamus 207
Hyoscyamus niger 207
Hypecoum 97
Hypecoum erectum 97
Hypericum 112-113
Hypericum ascyron 113
Hypericum gebleri 112

I

Impatiens 195
Impatiens noli-tangere 195
Incarvillea 228
Incarvillea sinensis 228
Inula 249
Inula salsoloides 249
Iridaceae 270-272
Iris 270-272
Iris goniocarpa 271
Iris lactea var. *chinensis* 270
Iris loczyi 271
Iris songarica 272
Ixeris 261
Ixeris chinensis 261

J

Juniperus 73
Juniperus formosana 73
Juniperus rigida 73

K

Kalimeris 243
Kalimeris integrifolia 243

L

Labiatae 212-219
Lactuca 261
Lactuca roborowskoo 261
Lagochilus 217
Lagochilus ilicifolius 217
Lappula 211
Lappula stricta 211
Larix 72
Larix principis-rupprechtii 72
Lathyrus 175
Lathyrus pratensis 175
Leontopodium 245-246
Leontopodium calocephalun var. *uliginosum* 246
Leontopodium longifolium 245
Leontopodium nanum 245
Leonurus 219
Leonurus japonicus 219
Lepisorus 71
Lepisorus clathratus 71
Leptodermis 231
Leptodermis ordosica 231
Lespedeza 162
Lespedeza floribunda 162
Ligularia 254
Ligularia duciformis 254
Ligularia przewalskii 254
Liliaceae 265-269
Lilium 265
Lilium pumilum 265
Limonium 110-111
Limonium aureum 110
Limonium bicolor 110
Limonium tenellum 111
Linaceae 187
Linum 187
Linum perenne 187
Lonicera 235-240
Lonicera chrysantha 237
Lonicera ferdinandii 235
Lonicera hispida 235
Lonicera japonica 237
Lonicera microphylla 240
Lonicera rupicola 240
Lonicera serreana 238
Lonicera stephanocarpa 236
Lonicera szechuanica 239
Lonicera tangutica 238
Lonicera tragophylla 239
Lonicera webbiana 236
Lotus 173
Lotus tenuis 173
Lycium 206
Lycium barbarum 206
Lysimachia 120
Lysimachia barystachys 120

M

Maianthemum 267
Maianthemum bifolium 267
Malus 142-143
Malus baccata 143
Malus kansuensis 142
Malvaceae 113
Medicago 176-177
Medicago falcata 176
Medicago sativa 177
Melilotus 175-176
Melilotus albus 175
Melilotus officinalis 176
Microula 210
Microula trichocarpa 210
Myricaria 115
Myricaria paniculata 115

N

Neotorularia 119
Neotorularia humilis 119
Nepeta 213-214
Nepeta prattii 213
Nepeta tenuifolia 214
Nitraria 191
Nitraria tangutorum 191

O

Oleaceae 220-221
Olgaea 260
Olgaea lomonosowii 260
Onagraceae 181
Orchidaceae 272-273
Orobanchaceae 228
Orobanche 228
Orobanche pycnostachya 228
Orostachys 130
Orostachys fimbriatus 130
Oxytropis 167-170
Oxytropis aciphylla 167
Oxytropis glabra 169
Oxytropis glabra var. *tannis* 170
Oxytropis gracilima 169
Oxytropis imbricata 168
Oxytropis myriophylla 167
Oxytropis ochrocephala 168

P

Paeonia 111-112
Paeonia obovata 111

Paeonia vertchii 112
Paeoniaceae 111-112
Panzeria 216
Panzeria lanata var. *alaschanica* 216
Papaver 96
Papaver nudicaule 96
Papaveraceae 96-97
Papilionaceae 162-178
Paris 269
Paris polyphylla 269
Paris verticiliata 269
Patrinia 241
Patrinia rupestris subsp. *scabra* 241
Patrinia scabiosaefolia 241
Pedicularis 224-226
Pedicularis aiaschanica 224
Pedicularis chinensis 226
Pedicularis curvituba 225
Pedicularis muscicola 225
Pedicularis spicata 224
Peganum 191
Peganum nigellastrin 191
Periploca 204
Periploca sepium 204
Philadelphus 127
Philadelphus pekinensis 127
Phlomis 216
Phlomis umbrosa 216
Phragmites 264
Phragmites australis 264
Picea 72
Picea crassifoiia 72
Pinaceae 72
Pinellia 263
Pinellia ternata 263
Pleurospermum 196
Pleurospermum cristatum 196
Plumbaginaceae 110-111
Polemoniaceae 209
Polemonium 209
Polemonium coeruleum 209
Polygala 187
Polygala sibirica 187
Polygalaceae 187
Polygonaceae 108-109
Polygonatum 268
Polygonatum odoratum 268
Polygonum 108
Polygonum aubertii 108
Polypodiaceae 71
Potentilla 145-148
Potentilla anserina 145
Potentilla bifurca 145
Potentilla flagellaris 146
Potentilla fruticosa 146
Potentilla glabra 148
Potentilla glabra var. *mandshurica* 148
Potentilla parvifolia 147
Potentilla sischanensis 147
Primula 124-125
Primula maximowiczii 125
Primula sieboldii 124
Primula tangutica 124
Primula tangutica var. *flavescens* 125
Primulaceae 120-126
Prunus 157-161
Prunus mongolica 160
Prunus padus 158
Prunus pedunculata 157
Prunus setulosa 158
Prunus tomentosa 160
Pteridiaceae 70
Pteridium 70
Pteridium aquilinum var. *latiusculum* 70

Q

Quercus 103
Quercus liaotungensis 103

R

Ranunculaceae 75-87
Rehmannia 227
Rehmannia glutinosa 227
Rhamnaceae 184-186
Rhamnus 184-185
Rhamnus erythroxylon 185
Rhamnus maimovicziana 184
Rhamnus parvifolia 185
Rheum 109
Rheum franzenbachii 109
Rheum tanguticum var. *liupanshanense* 109
Ribes 128-130
Ribes himalense 128
Ribes moupinense 128
Ribes pulchellum 130
Ribes stenocarpus 129
Ribes tenue 129
Ribesiaceae 128-130
Rodgersia 131
Rodgersia aesculifolia 131
Rosa 151-155
Rosa bella 154
Rosa davidii 155
Rosa davurica 151
Rosa hugonis 154
Rosa omeiensis 153
Rosa omeiensis f. *pteracantha* 153
Rosa sweginzowii 150
Rosa tsinglingensis 155
Rosa xanthina f. *normalis* 151
Rosaceae 132-161
Rubiaceae 231
Rubus 143-144
Rubus amabilis 143
Rubus pungens 144
Rutaceae 190

S

Salicaceae 116-117
Salix 116-117
Salix hypoleuca 117
Salix luctuosa 117
Salix paraplesia 116
Salix psammophila 116
Salvia 217
Salvia umbratica 217
Sambucus 231
Sambucus adnata 231
Sanguisorba 156-157
Sanguisorba alpina 157
Sanguisorba officinalis 156
Sapindaceae 190
Sarcozygium 192
Sarcozygium xanthoxylon 192
Saussurea 257-259
Saussurea alata 258
Saussurea amara 257
Saussurea iodostegia 259
Saussurea macrota 257
Saussurea parviflora 258
Saxifragaceae 131-132
Scabiosa 243
Scabiosa tschiliensis 243
Scrophularia 226
Scrophularia alaschanica 226
Scrophulariaceae 222-227
Scutellaria 212-213
Scutellaria amoena 212
Scutellaria rehderiana 213
Scutellaria scordifolia 212
Senecio 256
Senecio argunensisi 256
Serratula 260
Serratula centauroides 260
Seseli 198
Seseli intramongolicum 198
Silene 105-106
Silene aprica 105
Silene tatarinowii 106
Sinopodophyllum 93-94
Sinopodophyllum hexandrum 93
Solanaceae 206-207

Solanum 207
Solanum septemlobum 207
Sophora 162
Sophora alopecuroides 162
Sorbaria 135
Sorbaria kirilowii 135
Sorbus 141-142
Sorbus hupehensis 141
Sorbus koehneana 142
Spiraea 132-135
Spiraea alpina 132
Spiraea blumei var. *microphylla* 135
Spiraea mongolica 133
Spiraea rosthornii 134
Spiraea tomentulosa 133
Spiraea uratensis 134
Spiranthes 273
Spiranthes sinensis 273
Stellaria 104-105
Stellaria dichotoma 104
Stellaria media 105
Stellera 180
Stellera chamaejasme 180
Sterigmostemum 119
Sterigmostemum matthioloides 119
Swainsonia 163
Swainsonia salsula 163
Synotis 255
Synotis atractylidifolia 255
Syringa 220-221
Syringa oblata 220
Syringa pinnatifolia 221
Syringa pubescens subsp. *microphylla* 221
Syringa reticulata 220

T

Tamaricaceae 114-115
Tamarix 114-115
Tamarix chinensis 114
Tamarix leptostachys 115
Taraxacum 262
Taraxacum mongolicum 262
Tephroseris 255
Tephroseris flammea 255
Thalictrum 81
Thalictrum minus var. *hypoleucum* 81
Thalictrum petaloideum 81
Thermopsis 178
Thermopsis lanceolala 178
Thymelaeaceae 180
Thymus 218
Thymus mongolicus 218
Thymus mongolicus var. *leucanthus* 218
Triosteum 234
Triosteum pinnatifidum 234

U

Ulmaceae 101
Ulmus 101
Ulmus glaucescens 101
Umbelliferae 196-199

V

Valeriana 242
Valeriana officinalis 242
Valerianaceae 241-242
Veronica 222-223
Veronica anagallis-aquatica 222
Veronica linariifolia 223
Veronicastrum 222
Veronicastrum sibiricum 222
Viburnum 232-233
Viburnum farreri 233
Viburnum glomeratum 233
Viburnum mongolicum 232
Viburnum opulus var. *calvescens* 232
Vicia 173-174
Vicia costata 174
Vicia cracca 173
Vicia unijuga 174
Viola 114
Viola acuminata 114
Violaceae 114
Vitaceae 186

X

Xanthoceras 190
Xanthoceras sorbifolia 190

Z

Zizyphus 186
Zizyphus jujuba var. *spinosa* 186
Zygophyllaceae 191-192